中央民族大学社会学与社会工作丛书

# 气候变化风险评估及适应模式

## ——以雄安新区为例

CLIMATE CHANGE RISK ASSESSMENT AND

PRODUCTION , LIVING & ECOSYSTEM ADAPTATION MODELS

Xiong'an New Area as an Example

李国庆　朱守先　等　著

社会科学文献出版社
SOCIAL SCIENCES ACADEMIC PRESS (CHINA)

# "中央民族大学社会学与社会工作丛书"总序

  中央民族大学有着深厚扎实的社会学、人类学、民族学的学术传统。20世纪50年代，中央民族学院研究部有吴文藻、潘光旦、杨成志、费孝通和林耀华等学术大师汇聚于此，在中国学界形成一个以少数民族调查和研究为核心的社会学的高峰时期。在很多研究者看来，20世纪50年代社会学被取消以后，中国社会学就消失了，直到1979年恢复。其实不然，在此期间，相当多的社会学家从原来的汉族研究转向对少数民族的研究，社会学的研究并没有停止，只是活跃在"胡焕庸线"以西的区域从事调查和研究。记得李亦园先生在北京大学"潘光旦纪念讲座"上，提到1949年前以"燕京学派"为代表的主要从事汉族研究的"北派"和以中央研究院为代表的主要从事少数民族研究的"南派"，两派在1949年后发生了很大的变化，"北派"转向了少数民族的研究，而"南派"到台湾后转向了汉族社会的研究。20世纪50年代后，"北派"的重镇转移到了当时的中央民族学院，可以说在1979年社会学以学科的名义恢复前，中央民院的学者们一直延续着这一传统，同时把历史唯物主义作为重要的指导思想，纳入少数民族社会调查和研究之中。虽然当时取消了社会学学科和人类学学科，但是中国社会学和人类学的火种却以新中国民族研究为载体得以保存。1978年，受中央委托，胡乔木同志找到时任中央民族学院副院长的费孝通恢复社会学学科，费先生积极联系、多方奔走，恢复了中国社会学。后来费先生到中国社会科学院创建社会学研究所，又到北京大学创建社会学人类学研究所，把中国社会学进一步发扬光大。在一定意义上可以说，中央民族大学曾经是中国社会学和人类学的主要火种传递者。

  1979年社会学恢复重建，从学科意义上当时的中央民族学院突出民族学、人类学、民俗学等的学科建设，社会学的学科建设相对较晚。学术团

队建设的过程是一个学术共同体形成的过程。中央民族大学的社会学自 21 世纪以来获得较快的发展，2000 年在新合并成立的民族学和社会学学院创建了社会学系，之后不断成长壮大，形成了民大社会学学术共同体。2001 年开始招收本科生，2005 年获得社会学一级学科硕士学位授权点，2011 年获得社会学一级学科博士学位授权点。创系以来，中央民族大学的社会学注重社会学古典理论和研究传统的传承，吸收当代新的社会科学理论和研究方法，不断围绕现代化转型背景下民族地区团结进步等问题进行经验研究，努力促进民族研究的社会科学化和构建中国社会学的民族研究特色，逐渐形成中央民族大学社会学研究的特色和优势。中央民族大学社会学的学术脉络和学术意识直承前贤、薪火相传，结合民大的学科定位与优势，本着"从实求知，美美与共"的学术传统，锻造着一支逐渐强大的学术队伍，为构建中国特色社会学学术体系和实现中华民族伟大复兴做出独特的贡献。在民大社会学这种令人鼓舞的学术氛围中，学术团队里每位成员都扎扎实实，勤恳耕耘在"学术的田野"中，优秀成果不断涌现。阶段性成果通常是以论文或者单篇文章的形式呈现。在学术成果的展示方面，论文固然重要，但由于篇幅所限，难以详尽地表达应有的内容，故而以厚重的书籍的方式来整体汇报研究所得有其独特的优势。比如美国加州大学伯克利分校的社会学传统就从博士生阶段培养学生写书。费孝通先生曾回忆芝加哥大学罗伯特·帕克教授到燕京大学给他们上课，开坛就讲他是来教他们如何写书的。这套丛书的出版，也是继承和发扬这个"写书"的传统，把优秀的社会学成果以图书形式推向学术界。特别是要把"社会"这个无字之书，写成"有字"之书，需要一个知识的生产过程。

当前我国进入现代化转型的稳健发展期，一方面经济社会文化发展取得了巨大的成绩，另一方面也产生了深层次的问题。这里既有现代化转型的一般趋势和问题，又有中国特色的具体条件和道路产生的新经验、新情况。所有这些都需要我们社会学去研究。党的十九大报告提出新时代我国社会主要矛盾已经转化为人民日益增长的美好生活需要和不平衡不充分的发展之间的矛盾。我国幅员辽阔、民族众多，东、中、西部发展不均衡问题依然比较严重，而"胡焕庸线"以西仍然是经济发展比较落后的地区，也是我国少数民族分布比较集中的地区，所以面对新时代我国社会主要矛盾，社会学需要研究中国社会不均衡发展的地区差异和民族差异之间的关

系问题，为实现全面小康和现代化建设目标，让每一个民族都不落下而做出自己的贡献。

当年吴文藻、费孝通、林耀华、李安宅等人为了中国的边疆学和边政问题，采取社区为本的研究策略，开创了社会学的中国学派，迈出了经验研究的坚实步伐。今天中国社会学面对新时代的发展转型问题，尤其是面对民族地区的发展问题和新的民族关系问题，仍然需要进行理论和方法上的创新。我们一方面需要坚定不移地依靠马克思主义哲学来指导社会科学研究，另一方面还需要通过发扬社会学研究的实证精神和田野方法，来扩展对中国民族关系和民族发展的认识和把握，产生出适合中国国情的知识体系和话语体系，为"铸牢中华民族共同体意识"和中华民族的伟大复兴做出自己的贡献。

随着"一带一路"建设的推进，在全球化背景下，"流动"会变成全球社会学的核心概念之一。面对全球化和地方化的问题，人类学家做了很多努力，社会学家在全球社会学的视野下，如何突出这一领域的研究？如像北京、上海、广州等国际化大都市的外国人研究，这些国际大都市的国际移民问题可以回应全球化与地方化之间的关系。人口的流动现象反映了全球体系在中国如何表述的问题。所以萧凤霞教授认为中国研究仍旧是一个过程问题。在一个全球流动和开放的时代，大批中国公民迈出国门走到世界各地，也有大批外国人来到中国从事贸易、求学和旅游，也可能定居下来，出现韩国城、非洲角等新的事物。不管是中国的海外华侨融入当地的生活问题，还是在中国的外国人融入中国社会生活问题，都需要社会学进行深入的调查和研究。

中央民族大学社会学研究团队或学术共同体的形成和发展，也在一定程度上折射出中国社会学发展的一段历程，这个团队本身就是社会变迁的实际参与者，是中国社会学的重镇之一。借助民族学和人类学学科力量，中央民大社会学学术共同体有着自己独特的学术和学科优势。费孝通先生晚年曾对民族学、人类学和社会学三科的关系这样总结："多科并存，互相交叉，各得其所，继续发展。"民大社会学、人类学和民族学共存并进行着"互相交叉"，而后取其所需，这是我们的独特优势。

本丛书希望在构建中国社会学学术体系和话语体系的过程中，在把民族学、人类学和社会学三科打通的基础上，中央民族大学社会学学术同仁

能够发挥自己的优势，生产出促进中华民族伟大复兴的有用的知识，借助"中央民族大学社会学与社会工作丛书"的平台不断地呈现给大家。也希望海内外学术机构和学术同仁给我们支持和帮助，督促我们学术共同体的进步，更多地出版学术精品，助力中华文明新的腾飞！

麻国庆

2019 年 5 月 25 日

# 前　言

　　中央民族大学教授李国庆（中国社会科学院生态文明研究所原研究员）主持的"雄安新区气候变化风险评估及三生适应模式研究"是科技部国家重点研发计划资助项目"京津冀超大城市和城市群的气候变化影响和适应研究"的第四课题，实施期间为2018年5月至2023年4月，已完成全部考核指标，达到预期目标，于2023年7月20日顺利通过绩效评审。

　　2017年4月，党中央决定设立河北雄安新区。《河北雄安新区规划纲要》提出"坚持世界眼光、国际标准、中国特色、高点定位"，即"雄安新区作为北京非首都功能疏解集中承载地，要建设成为高水平社会主义现代化城市、京津冀世界级城市群的重要一极、现代化经济体系的新引擎、推动高质量发展的全国样板"。[①]随着雄安新区建设的全面展开，主体社区结构逐步成形，城市经济体量将迅速增加，人口密度和人员流动性增大，气候变化风险的社会调适需要高度关注。

　　雄安新区所在白洋淀流域地势低洼，夏季降水集中，上游山区洪水源短流急，历史上洪灾频发，同时也是中华人民共和国成立后防护京津、油田和铁路安全的蓄滞洪区。多模式集合预估表明，全球极端暴雨洪涝的发生频率将增加，对人类生命健康和城市运行的负面作用加强；雄安属气候变化敏感地区，未来暴雨洪涝和上游山洪风险加大。特别是雄安新区建设中长期将处于社会重构期，人口结构呈现流动状态。

　　课题组基于精细化气候资料，分析雄安新区的区域气候与极端气候事件的长期变化趋势，从暴雨洪涝、高温热浪和严重雾霾等几个方面，综合评估雄安新区气候系统与社会、经济、生态系统的相互作用机理，分析极

---

[①] 《河北雄安新区规划纲要》，中央纪委网站，http://m.ccdi.gov.cn/content/0e/73/26668.html?eqid=85419809001c4d600000000264570cf1。

端气候变化对雄安新区的生活、生产、生态系统的影响机理，预测雄安新区在起步区、中期发展区、远期控制区的潜在气候变化风险。

模拟气候变化对行政中心容城、高新技术产业区雄县、旅游观光区安新县组团式新区的能源、水源、空气、温度、交通影响，研究雄安新区适应气候变化的生产、生活、生态可持续发展模式，课题组提出雄安新区在未来发展中智能城市绿色技术体系与智慧城市减灾社会体系建设路径的发展策略。

课题的经济社会效益主要是对学科产生的重要影响。

课题组已在《中国人口·资源与环境》《人民论坛》《气候变化研究进展》等国内核心期刊和国外 SSCI 期刊发表学术论文 24 篇。研究成果可以概括为"二三三七"框架模型：首次提出并深入探讨了应对极端气候风险的韧性城市治理双体系理论，创造性提出了雄安新区未来三种社区类型的假设，区分了雄安新区应对气候风险的三种场景，最终系统分析了极端气候事件与超大城市相互作用及其对城市功能发挥影响的机理，并提出了雄安新区生产、生活、生态适应极端气候风险的七种适应模式。研究成果除"二三三七"框架模型之外，还针对雄安新区提出应对气候风险的"双碳"思维与应对暴雨洪涝风险的雨洪管理策略。

## 一 提出并深入探讨了韧性城市治理"双体系"目标

2020 年党的十九届五中全会通过的《中共中央关于制定国民经济和社会发展第十四个五年规划和二〇三五年远景目标的建议》首次提出要"增强城市防洪排涝能力，建设海绵城市、韧性城市"[①]。建设韧性城市是对风险社会的直接回应和解决方案。20 世纪 80 年代德国社会学家乌尔里希·贝克指出，人类所生活的时代进入了现代化发展的新阶段——风险社会，当今社会面临的风险呈现由局部性转为全球性、个体性转为社会性、单一性转为多重性等新特征，[②] 这一观点被广泛接受。2003 年，美国城市规划学家戴维·R.戈德沙尔克提出韧性城市理论，旨在应对风险社会中城市面临的日益严重的自然风险与社会风险冲击，探索确保城市安全运行的智能应灾技

---

① 《十九大以来重要文献选编（中）》，中央文献出版社，2021，第 803 页。
② 〔德〕乌尔里希·贝克:《风险社会》，何博闻译，译林出版社，2004。

术体系与智慧应灾社会体系建设路径。

韧性城市建设的核心内涵是以结构韧性、过程韧性、系统韧性建构一体化韧性城市智能应灾技术体系；以政府主导的公助体系、社区共建的共助体系、个体参与的自助体系建构韧性城市智慧应灾社会体系（见图1）。韧性社会智能应灾技术体系包括：韧性城市智能应灾技术体系结构韧性研究；韧性城市智能应灾技术体系过程韧性研究；韧性城市智能应灾技术体系系统韧性研究。韧性城市智慧应灾社会体系包括：韧性城市智慧应灾社会公助体系建设研究；韧性城市智慧应灾社会共助体系建设研究；韧性城市智慧应灾社会自助体系建设研究。课题组以雄安新区韧性城市为对象，在评估和分析未来极端气候风险对雄安新区的潜在影响基础上，从复杂系统视角把城市韧性分解为结构韧性、过程韧性和系统韧性三个层次：第一，智能应灾的结构性技术体系需要重视城市空间韧性规划，筑牢基于流域的自然疏浚系统；确保城市生命线的应对洪涝能力；把防灾能力现代化作为地下城建设的首要标准；健全气象预警信息决策与红色预警"叫应"机制。

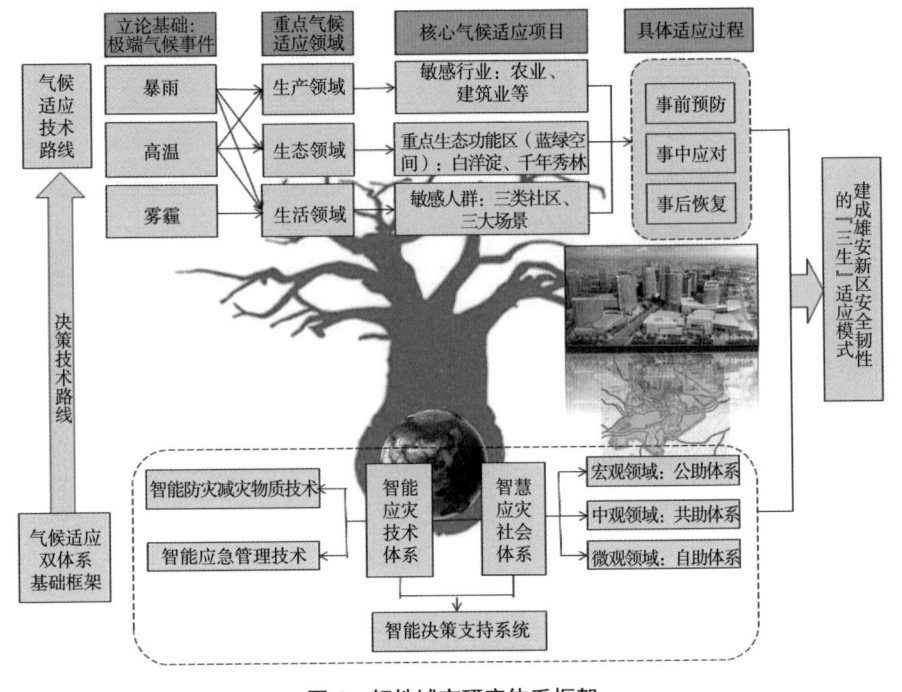

图 1　韧性城市研究体系框架

第二，智能应灾的过程性技术体系需要建立区域能源管理系统，实现街区间电力融通，灾中优先保障生命线设备的供电。第三，智能应灾的系统性技术体系需要建设"一中心四平台"信息分析、决策与联动控制机制，"云上城"与"地上城""地下城"三城影像联动。韧性城市是可持续的物质系统和制度系统的结合体，智慧应灾社会体系一是要建设以政府为核心、确保城市公共安全的公助体系，实施按时间系列的灾情预判，加大新闻报道透明度和权威度，正确引导社会关切。二是建设以社区与单位组织为核心，确保集体共同安全的共助体系。三是建设保障居民自身安全的个体与家庭自助体系。三助体系的规划、建设和运转贯穿灾前、灾中、灾后全过程，智慧应对尤其体现在公助、共助与自助之间的系统性联系上，实现网络空间和现实社会的高度融合，在必要的时间为需要的人提供相应的物品、服务，为所有人特别是脆弱群体提供必要服务，超越年龄、性别、职业等差异，让所有人都能够参与应对气候风险的韧性城市的共建、共治、共享。

## 二 首次提出雄安新区未来社区三类型假设并完成脆弱性分析

雄安新区由于中长期新城规划，未来 20~30 年将属于社会重构期，新城将建设成为社会分工体系高度健全的职业化社会，伴随着产业结构的转型，人口结构也可能呈现一定的转换与流动状态。雄安新区企业、事业单位的性质和组织水平将在一定程度上影响到新城职业群体及居民的人口构成特征，例如教育程度、收入水平、风险意识与适应能力等。因而将由职业特征决定的社区类型作为分析风险的社会调适基本单元，是建立应对极端暴雨洪涝风险的调适机制的有效方法。基于居民的社会特征和经济能力的应对气候风险能力，雄安新区的社区可以分为新建社区、重组社区和建设者之家社区三种类型。

第一，新建社区分布在起步区和外围组团区域，属于北京疏解企事业高端人才的主要居住区。单位的组织与生活保障服务能力强，应灾计划覆盖人群比例高，居民年龄偏低，有较高的归属感，总体上备灾应灾和灾后恢复能力强，社区韧性相对较强。

第二，重组社区主要分布在外围组团和特色小镇区域，社区人群以生态农业、文化产业、旅游和传统手工艺等蓝领职业为主，多属安置社区的

原居民，暴雨洪涝灾害暴露度高。其防灾弱势的关键在于，一是由于原来的熟人社区形态和社会关系被打破，社会资本在应灾领域的优势被削弱，导致灾后恢复能力弱，社区韧性低；二是由于大部分年轻人外出就业，居民老龄人口比例高，在信息传递、避难行动力和避难技能等方面处于弱势，应对暴雨洪涝灾害方面的脆弱性高；三是低收入群体所占比重较高，居民社会保障和医疗保险标准低，社区灾后恢复能力弱；四是地势低洼，老旧住房比例高，环境安全性低，易受暴雨风险冲击。

第三，建设者之家社区作为建筑工人的居住社区，主要分布在外围组团区域。新区建设者人数随着工程进展变动不居，但作为一个常态的社会群体，流动性高，年龄结构低，但劳动强度大，收入和社会保障水平低，且缺乏当地防灾知识，具有一定的灾害脆弱性。

### 三 首次提出应灾的三场景理论

空间分化是城市的典型特征，人的日常移动惯例是建立风险应对的空间秩序。雄安新区需对作为第一空间的家庭空间、第二空间的工作空间，以及作为第三空间的流动空间分类进行风险评估，并制定相应备灾预案。

社区家庭场景是响应极端气候事件的"第一场景"。社区作为城市的基本单元，是居民生活的集中地，也是大规模人群的聚集地。雄安新区将长期处于社会重构期，人口结构呈现流动状态。结合新区建设特征，根据人口发展趋势预测，雄安新区社区可分为三类，包括新建社区、重组社区以及建设者之家社区。居住空间需要建设以社区为中心的共同安全共助体系。社区家庭这一"第一场景"尤为需要关注对暴雨洪涝的应对情况，精准识别社区居民的脆弱性和暴露度，提升社区对暴雨洪涝等极端气候风险的综合应对能力。

工作空间是响应极端气候事件的"第二场景"。随着雄安新区建设进入第七个年头，由学校、医院、企业构成的工作空间已初具雏形，工作空间需要以企业、学校、医院为主体，建设应灾共同安全公助体系。雄安新区正处于建设的起步阶段，建筑工地构成了重点工作场景。新区198平方公里的起步区内，大大小小的建筑工地星罗棋布，在展开塔吊林立、如火如荼建设的同时，工地管理者需要具有高度的防灾减灾意识，组织专人定

期开展隐患排查。制订科学有效的建筑工地响应机制和现场处置方案，压实工程防涝安全责任。密切关注气象信息，迅速将最新强降雨、高温热浪和重度雾霾等极端气候事件的预警信息多渠道、高频次传达给所有参建人员，并根据不同的预警级别，采取针对性的应急处置措施。

介于居住空间与工作空间之间的流动空间是响应极端气候事件的"第三场景"。具体而言，第三场景承担通勤通学、休闲娱乐和购物消费等功能。从韧性城市视角看，雄安新区的地下公共空间构成了应灾备灾的重点场景。雄安新区高度重视地下空间规划建设，正在建设地下城、地上城和云上城三维立体空间。按照《河北雄安新区启动区控制性详细规划》（2020年），雄安新区应以互联互通网络化、高效利用集约化、弹性预留灵活化为原则，分层利用雄安新区地下空间。雄安新区鼓励开发浅层地下空间，预期主要承担商业、娱乐休闲和人行通道等公共休闲空间职能，具有人流量密集、流通性强等公共空间特点，例如购物商场、娱乐场所、停车场、仓库等空间场景。适度开发次浅层地下空间，提供地下市政、地下轨道交通与地下公共服务。然而地下空间建筑结构复杂、环境封闭，如果发生极端气候灾害，人员不易疏散，个体的生命安全受到极大威胁。当极端气候灾害事件发生时，公众，尤其是拥挤人群，如何紧急避险应当引起高度重视。

城市生活者的空间移动单位是个体，应对突发的极端气候风险，需要个体视角的风险适应模式。个体适应要点有以下三个。一是提升风险识别防灾意识。二是提升避难能力，增强自我安全防护和应急技能，核心是熟知避难场所和逃生路线，懂应急、能应急。三是建立公助体系、共助体系对自助体系的支持网络，及时传递信息，避免孤岛效应，帮助个体认识所处环境，做出正确预判和自救决策。第三空间的应灾模式是建立与公共安全公助体系紧密联系互动的自身安全自助体系。

## 四　首次提出雄安新区极端气候适应七种模式

基于雄安新区暴雨洪涝、高温热浪、重度雾霾三种极端气候风险评估与影响，提出了生产、生活、生态"三生"系统适应极端气候风险的七种模式。

适应模式包括智能应灾技术体系和智慧应灾社会体系。其中，智能应

灾技术体系包括智能防灾减灾物质技术和智能应急管理技术，智慧应灾社会体系包括构建公共安全的公助体系、共同安全的共助体系和自身安全的自助体系。

首先是暴雨洪涝的"三生"适应模式。

（1）暴雨洪涝对生产适应模式。智能应灾技术体系为完善雄安新区基础设施系统建设。智能应急管理技术措施为强化雄安新区产业气象服务。智慧应灾社会体系中的公共安全的公助体系构建措施为：建立集中统一、权威高效的应急指挥体系，依托"一中心四平台"建立系统精确的模型进行风险分析与决策管理，政府出台强制性预警响应制度，加大新闻报道透明度与权威性，正确引导社会关切。共同安全的共助体系构建措施为：组织成立应对暴雨洪涝的专班，完善单位组织的应灾管理体系，培育组织社会网络。自身安全的自助体系构建措施为：积极承担主体性责任，通过自组织方式高效利用社会网络资源。

（2）暴雨洪涝对生活适应模式。智能应灾技术体系为：筑牢基于流域的自然疏浚系统，提升设施复合功能，识别地下空间风险程度，健全气象预警信息决策与红色预警"叫应"机制。智能应急管理技术措施为：以"雄安数字化主动电网"为依托，确保城市面对暴雨洪涝时的供电能力，建立区域能源管理系统优先保障城市生命线设施的最低供电需求，利用弱电系统形成覆盖多种空间和多种人群的信息传播网络，完善"一中心四平台"信息分析、决策与联动控制机制。智慧应灾社会体系中的公共安全的公助体系构建措施为：强化专业风险管理和应急处置机构主体责任，促进防汛应急制度衔接整合，强化气象预警和防汛应急响应联动，引导网络舆情的正向发展。共同安全的共助体系构建措施为：动员社区多元主体，建立社区居民的应灾网络，实施"五社联动"，划分雄安新区三种社区类型制定分类实施方案。自身安全的自助体系构建措施为：建立基于城市空间秩序的灾害应急预案，建立自助体系与公助体系、共助体系间的链接。

（3）暴雨洪涝对生态适应模式。智能应灾技术体系为：树立灾前防范意识，加大水利基础设施建设，提升雄安新区水系生态网络的自然连通性，发挥雄安新区生态雨洪系统的多种服务功能，坚持全流域生态保护修复总体规划，倡导城市级多尺度竖向系统设计。智能应急管理技术措施为：加

强水土保持工程建设，加强水文、气象和环境监测的预测预报工作，把生态环境影响评价纳入防洪预案，构建雄安新区蓝绿交织的完整生态雨洪系统，强化新区生态型基础设施建设。

其次是高温热浪的"三生"适应模式。

（1）高温热浪对生产适应模式。智能应灾技术体系为：完善雄安新区建筑工地基础设施的高温预防功能，打造具有高温韧性的雄安新区能源基础设施，打造雄安新区极端高温智能型农业，建设绿色零碳雄安。智能应急管理技术措施为：建设虚拟电厂，将极端高温应对纳入雄安新区数字孪生城市建设，提高雄安新区气象服务智慧服务管理水平。智慧应灾社会体系中的公共安全的公助体系构建措施为：加强对雄安新区热敏感工作群体的管理，针对雄安新区极端高温天气制定公共卫生紧急干预措施，建立雄安新区高温热浪生产领域灾情信息共享平台，多方面全面落实雄安新区高温适应性产业劳动者高温权益。共同安全的共助体系构建措施为：完善雄安新区产业供应链体系，营造清凉的生产环境，完善高温热浪灾害第一响应人制度，建立高温热浪工友服务志愿者组织。自身安全的自助体系构建措施为：高温热浪前确认应对高温热浪的工作环境质量，高温热浪中及时掌握高温热浪信息，高温热浪结束后要进行工作环境和身体健康的修复和重建。

（2）高温热浪对生活适应模式。智能应灾技术体系为：确保高温天气电力供应，实现区域能源管理一体化，建立多异质能流融合互济的综合能源系统，构建分布式能源供电支撑的微电网，与大电网实现互补。智能应急管理技术措施为：健全高温健康风险预警机制，健全高温预警信息决策与红色预警"叫应"机制。智慧应灾社会体系中的公共安全的公助体系构建措施为：建立协同联动的高温预警机制，完善公共纳凉空间规划，完善高温气象预警监测和评估机制。共同安全的共助体系构建措施为：增强对敏感人群的监护，建立民众高温防灾教育机制，识别、排除社区高温风险高发点，保障社区安全。自身安全的自助体系构建措施为：提升个体对高温热浪的风险认知，全面储备应对高温天气的知识技能与物资，熟悉纳凉场所、精准应用，高温脆弱人群自身需在日常生活中进行自我防护。

（3）高温热浪对生态适应模式。智能应灾技术体系中的智能防灾减灾

物质技术措施为：建立多源调水补水的动态机制，提升气象服务保障能力。智能应急管理技术措施为：发展节水农业，大力调整农业结构，发展绿色生态农业。

最后是重度雾霾对生活适应模式。

智能应灾技术体系为：打造利于雾霾调适的基础设施，增强医疗系统应对雾霾风险的能力。智能应急管理技术措施为：充分运用"一脑三网"等新技术和国家气候观象台加强对雾霾天气的监测和评估，严格执行生态规划纲要。智慧应灾社会体系中的公共安全的公助体系构建措施为：构建统一的信息共享平台，完善雾霾风险下抢险救援应急多部门协作联合处置机制；实现多元主体的协同治理。共同安全的共助体系构建措施为：加强对雾霾敏感群体的监护，链接公助体系开展雾霾防治和受灾群众的救济工作。自身安全的自助体系构建措施为：多方面了解雾霾应急知识提升避灾自救能力，在雾霾风险发生前、中、后及时采取适合的对策；主动参与监督雾霾风险治理，将自身生活方式朝绿色方向转变。

## 五 首次提出雄安新区应对气候风险的"双碳"思维

在国家碳达峰、碳中和"双碳"背景下雄安新区在迈向碳中和目标过程中面临重大的战略机遇，雄安新区碳中和将经历初始碳中和、波动碳中和与稳态碳中和三个发展阶段。在初建阶段，同步开展绿电规划且绿电供给有余；随着人口与经济规模的扩张，能源需求量迅速攀升导致绿电供给比率下降，出现碳中和波动现象；到人口和经济结构处于稳态发展阶段，随着高附加值高技术产业比例的提升，以及绿电等能源利用技术的进步，则进入稳态碳中和发展阶段。

此外，从与碳源相对应的碳汇潜力分析，雄安新区蓝绿空间与建设用地的规划比例使得其碳汇能力在很长阶段保持在相对稳定的状态，因此除了自然碳汇系统的增值以外，碳捕获、利用与封存技术等人工碳汇手段可作为碳中和系统下的调适工具。

第一，明确碳中和目标的新能源发展和消纳导向。从人口结构演进、产业结构演进、能源结构演进、空间调整优化视角，促进生产、生活、生态"三生"协同推进碳中和路径，制定落实雄安新区"碳达峰、碳中和"工作方案、行动计划，力求推动交通领域能源电动化、氢能化，全面加快

供热领域可再生能源利用规模化。控制一次能源消费总量，全面建成绿电供应体系。强化能源消费调控措施，制定有效的激励措施，引导用户改变用能方式，抑制不合理能源消费，推广应用能源加工转化新技术，大幅提高一次能源利用效率。

第二，建立碳汇权益制度体系。在现有租用土地用于植树造林的条件下，推动林业不动产证市场化改革，完善林权抵押、林权交易、碳汇交易等制度；合理调整森林结构，增加阔叶林、针阔混交林面积占比，对成、过熟林进行适度更新，优化林相结构。

第三，建设碳中和决策支持系统平台。实施能源核算与温室气体排放清单编制常态化机制，推动可再生能源在建筑领域规模化应用。完善碳交易机制，基于生态补偿原理，与能源输出地如冀北地区开展碳中和补偿，将碳中和银行和绿色金融机构融入碳中和决策支持系统，推动碳交易市场科学化与规范化，促进碳中和目标的平衡性与可持续性发展。

## 六 首次提出雄安新区应对暴雨洪涝风险的雨洪管理策略

城市雨洪韧性是雄安新区韧性城市建设的重要内容。在气候变化加剧和城市化快速推进的背景下，雄安新区建设面临更加复杂的水系统问题，需要以系统韧性的思维来构建适应未来内外环境变化的韧性雨洪系统。课题组将韧性理论和复杂适应系统理论作为分析城市雨洪韧性的理论框架，把城市雨洪系统视为由水系空间、自然生态、基础设施和社会经济等子系统所构成的复杂适应系统，提出增强系统韧性是应对水安全风险、提升雨洪管理整体效能的基本途径。在对雄安新区历史和未来暴雨洪涝灾害风险特征及变化进行分析的基础上，从空间、生态、设施和社会等维度，探讨基于系统韧性的雄安新区适应性雨洪管理策略。

在空间韧性维度，通过统筹流域防洪体系的建设管理，综合谋划区域性雨洪风险管控体系，实施低影响开发的城市空间策略，从流域—区域—城市等多层级构筑具有空间整体性的雨洪系统。

在生态韧性维度，通过营造蓝绿交织的自然生态系统，提升水系网络的连通性，发挥生态系统服务的复合功能，构筑更具弹性、与水共生共融的生态雨洪系统。

在设施韧性维度，通过增强防洪防涝设施系统的工程韧性，增强城市

公共设施系统的承灾韧性，构筑具有强健性的基础设施系统。

在社会韧性维度，通过建立多主体协同的组织管理机制、全过程管理的风险管控机制、学习与调适的社会适应机制，完善应对暴雨洪涝灾害的社会管理体系。

课题由中国社会科学院生态文明研究所、中央民族大学、国家气候中心、河北省气候中心、上海社会科学院承担。在长达 5 年的研究期间，课题组先后 10 次（2018 年 1 次、2019 年 2 次、2021 年 3 次、2022 年 1 次、2023 年 3 次）赴雄安新区及容城县、安新县、雄县实地调研，在雄安新区管委会办公室的大力协助下，与雄安新区改革发展局、规划建设局、统计工作组及三县统计局、应急管理局、生态环境局、气象局、宣传网信局及三县县委宣传部、雄安新区城市计算中心、中国雄安集团基础建设公司、雄安新区及三县卫健局、国网河北省电力有限公司雄安新区供电公司等部门开展座谈及实地考察。

课题组提交气候变化风险状况下"三生"应对预案相关重大决策咨询报告 8 份，发表论文 24 篇，其中 SCI 论文 4 篇，出版专著 1 部。2024 年雄安新区建设已经进入了第 7 个年头，开始承接疏解的央企、大学机构。热切期待研究成果转化应用于雄安新区建设规划和相关政策制定，服务对象包括雄安新区交通、能源、郊区农业、城市园林业、建筑、旅游等气候敏感型产业，还涉及居民生命财产安全、健康、消费习惯、出行活动规律，为气候适应型雄安新区的规划和建设提供更加坚实的科学依据和支撑，最终将服务于应对气候变化和生态文明建设的重大战略需求。

李国庆

中央民族大学民族学与社会学学院二级教授

2024 年 7 月 22 日

# 目　录

## 第三篇 雄安新区应对气候变化风险的"双碳"策略

## 第四篇　雄安新区气候变化适应机制与模式

# 第一篇  雄安新区气候变化特征及风险评估

# 第一章　雄安新区气候特征及变化趋势分析*

　　2017 年 4 月 1 日，中共中央、国务院决定在河北省雄县、容城、安新三县及周边部分区域设立国家级新区——雄安新区。雄安新区建设是中国的"千年大计、国家大事"。雄安新区的设立对于集中疏解北京非首都功能、探索人口经济密集地区优化开发新模式、调整优化京津冀城市布局和空间结构、培育创新驱动发展新引擎，具有重大现实意义和深远历史意义。① 雄安新区地处北京、天津、保定腹地，距北京和天津市中心均为 110km，距保定市中心 50km，距北京大兴国际机场 55km，区位优势明显。雄安新区西边紧邻太行山东麓，东边是宽阔的华北平原，面朝渤海湾，镶嵌着"华北明珠"白洋淀。② 受地理环境和东亚季风北边缘带的影响，雄安新区全年盛行东北—西南走向的气流，

*　　本章内容原载于《中国农学通报》2020 年第 23 期，收入本书时做了一些技术性处理，主要内容未做修改。本章执笔人廖要明，博士，中国气象局气候研究开放实验室，国家气候中心正高级工程师，主要研究方向为气候与气候变化对农业和生态系统影响评估研究；黄大鹏，博士，中国气象局气候研究开放实验室，国家气候中心副研究员，主要研究方向为气候变化影响评估、灾害风险评估、遥感 GIS 应用等。

①　本书编写组 . 河北雄安新区解读 [M]. 北京 : 人民出版社，2017: 1–10；叶振宇 . 雄安新区与京、津及河北其他地区融合发展的前瞻 [J]. 发展研究，2017(7): 15–18；姜鲁光，吕佩忆，封志明，等 . 雄安新区土地利用空间特征及起步区方案比选研究 [J]. 资源科学，2017, 39(6): 991–998；葛全胜，董晓峰，毛其智，等 . 雄安新区 : 如何建成生态与创新之都 [J]. 地理研究，2018, 37(5): 849–869；彭建，李慧蕾，刘焱序，等 . 雄安新区生态安全格局识别与优化策略 [J]. 地理学报，2018, 73(4): 701–710；朱江，马柱国，严中伟，等 . 气候变化背景下雄安新区发展中面临的问题 [J]. 中国科学院院刊，2017, 32(11): 1231–1236.

②　刘俊国，赵丹丹，叶斌 . 雄安新区白洋淀生态属性辨析及生态修复保护研究 [J]. 生态学报，2019, 39(9): 3019–3025；张梦嫚，吴秀芹 . 近 20 年白洋淀湿地水文连通性及空间形态演变 [J]. 生态学报，2018, 38(12): 4205–4213；贾秋兰，赵玉兵，王小娟，等 .1972~2012 年白洋淀湿地潜在蒸散量变化分析 [J]. 农学学报，2018, 8(5): 10–14.

夏季温暖湿润，冬季寒冷干燥，春秋季温和怡人。同时，特殊的地理位置和地形导致雄安新区气候敏感，随季风进退波动大，生态环境脆弱。因此，对雄安新区的基本气候特征及其变化趋势进行科学分析，预测未来气候条件的可能变化，为雄安新区的规划和建设提供科技支撑具有十分重要的意义。

## 一 资料与方法

基于雄安新区辖区内容城、安新、雄县 3 个国家气象站点有观测资料以来至 2018 年的逐日降水量、平均气温、最高气温、最低气温、日照时数和平均风速等历史气候资料（见表 1-1），采用算术平均的方法得到雄安新区平均气候要素值，并把一年划分为春季（3~5 月）、夏季（6~8 月）、秋季（9~11 月）、冬季（前一年 12 月 ~ 当年 2 月）4 个季节，利用最小二乘法[①] 求得月、季、年各气候要素变量的线性变化趋势，分析雄安新区气温、降水、日照、风速等基本气候特征及其变化趋势，通过与京津冀地区气候特征的比较，进一步分析雄安新区气候条件与京津冀地区的差异。并采用中国气象局 CMA 陆面数据同化系统（CMA Land Data Assimilation System，CLDAS）[②] 提供的数据以及国家气候中心研发的高分辨率区域气候变化预估数据[③]，其空间分辨率均为 6.25km×6.25km，分析雄安新区最近 10 年（2009~2018 年）以及未来 10 年（2021~2030 年）[④] 降水量和气温的空间分布特征。

表 1-1 雄安新区气象站点信息及资料序列长度

| 站名 | 经度 /°E | 纬度 /°N | 海拔高度 /m | 资料序列 |
|---|---|---|---|---|
| 容城 | 115.85 | 39.05 | 16.1 | 1968.1.1 —2018.12.31 |
| 安新 | 115.93 | 38.92 | 12.8 | 1961.1.1 —2018.12.31 |
| 雄县 | 116.10 | 38.98 | 10.9 | 1974.1.1 —2018.12.31 |

① 魏淑秋 . 农业气象统计 [M]. 福州：福建科学技术出版社，1985.

② 李显风，师春香，胡佳军，等 .CLDAS 数据质量在线评估系统的设计与实现 [J]. 气象科技，2017(6): 1116-1124; 孙帅，师春香，梁晓，等 . 不同陆面模式对我国地表温度模拟的适用性评估 [J]. 应用气象学报，2017, 28(6): 737-749.

③ 童尧，高学杰，韩振宇，等 . 基于 RegCM4 模式的中国区域日尺度降水模拟误差订正 [J]. 大气科学，2017(41): 1156-1166; 吴婕，高学杰，徐影 .RegCM4 模式对雄安及周边区域气候变化的集合预估 [J]. 大气科学，2018(42): 696-705; 石英，韩振宇，徐影，等 .6.25km 高分辨率降尺度数据对雄安新区及整个京津冀地区未来极端气候事件的预估 [J]. 气候变化研究进展，2019, 15(2): 140-149.

④ 本章所用最近 10 年特指 2009~2018 年，未来 10 年特指 2021~2030 年。时间叙述与本章内容最早发表时间有关。叙述用词保留。

## 二 结果与分析

### 1.降水

雄安新区常年（1981~2010年）平均降水量为480.8mm。最近10年（2009~2018年），除东北部地区平均年降水量在450mm以上外，雄安新区其余大部分地区在410~450mm，中部部分地区不足410mm（见图1-1a）。预计未来10年（2021~2030年），雄安新区降水量相对于2011~2020年将普遍增加，其中中东部地区将增加2.1%~4.0%，西部和东北部增加4.0%以上，部分地区增加8%~10%，西北部局部地区超过10%（见图1-1b）。

雄安新区降水量主要集中在夏季，降水量达324.9mm，占全年的68%；冬季降水稀少，降水量仅8.9mm，不足全年降水量的2%。与京津冀地区相比，雄安新区全年和4个季节降水量均偏少，但降水的变率更大，其中年降水量标准差为158.3mm，比京津冀地区（103.5mm）明显偏大（见表1-2）。年内（1981~2010年平均，下同）各月，雄安新区降水主要集中在6~9月，降水总量占全年降水量的78%，其中7月降水量相对最多，为153.3mm。雄安新区6~9月降水量相对较多，且离散性较小，变异系数在50%~70%，其中7月（50%）最小，而其他月份降水量相对较少，离散程度较大，变异系数基本在100%以上，其中12月（191%）最大。

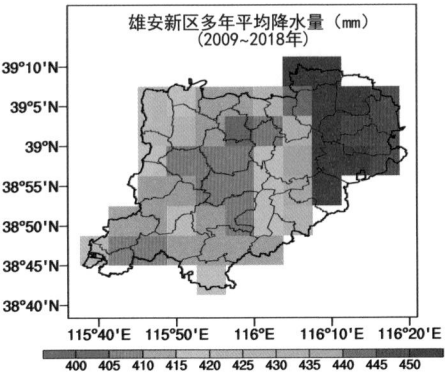
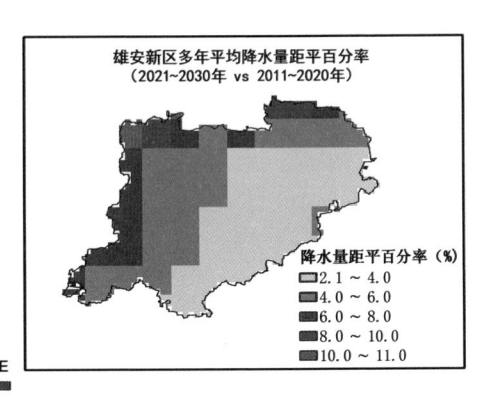

a b

**图1-1 雄安新区最近10年平均降水量(a)及未来10年平均降水量预估(b)**

注：降水量距平百分率是指当前时段降水量与某一时段降水量相比变化的百分数。

　　1961~2018 年，雄安新区平均年降水量总体呈减少趋势（见图 1-2），其中夏季减少趋势最为明显，全年和夏季降水量的线性变化趋势分别为 -8.8mm/10a[①] 和 -16.4mm/10a，与京津冀地区相比，雄安新区年降水量减少速率小，但夏季减少速率大。雄安新区降水的年代际变化特征明显，其中 20 世纪 60 年代平均降水量最多，为 538.2mm，21 世纪前 10 年最少，只有 459.9mm，2011~2018 年，雄安新区平均年降水量为 516.7mm，较 1981~2010 年平均年降水量（480.8mm）偏多 7.5%。不同的季节，雄安新区平均降水量变化特征有所不同，其中夏季和冬季呈减少趋势，线性变化趋势分别为 -16.4mm/10a 和 -0.4mm/10a；春季和秋季降水量呈增多趋势，线性变化趋势分别为 2.0mm/10a 和 6.0mm/10a；与京津冀地区相比，雄安新区各季降水量减少速率或增多速率均较京津冀地区大（见表 1-2）。

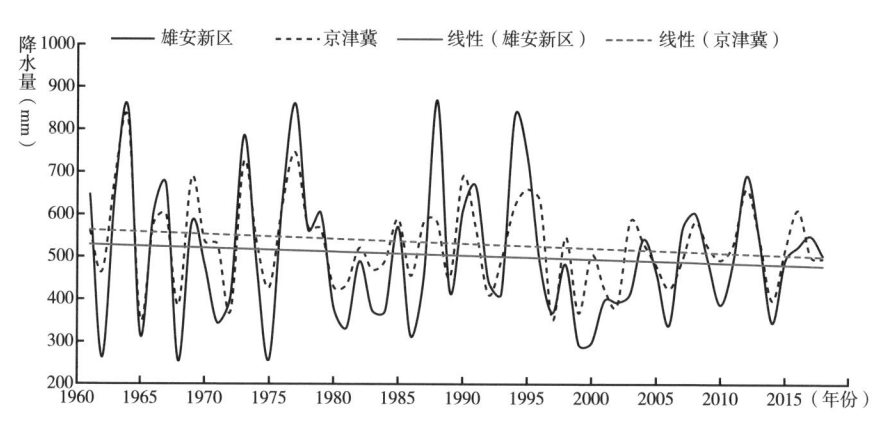

图 1-2　1961~2018 年雄安新区和京津冀地区平均降水量变化

表 1-2　1981~2010 年雄安新区及京津冀四季和全年平均降水量

| 时间 | 降水量 /mm | | | 标准差 /mm | | | 线性变化趋势 /（mm/10a） | |
|---|---|---|---|---|---|---|---|---|
| | 雄安新区 | 京津冀 | 两地之差 | 雄安新区 | 京津冀 | 两地之差 | 雄安新区 | 京津冀 |
| 春季 | 63.4 | 72.6 | -9.2 | 32.8 | 30.3 | 2.5 | 2.0 | 1.7 |
| 夏季 | 324.9 | 342.6 | -17.7 | 135.1 | 90.3 | 44.8 | -16.4 | -15.2 |
| 秋季 | 83.7 | 86.3 | -2.6 | 43.0 | 33.4 | 9.6 | 6.0 | 2.8 |
| 冬季 | 8.9 | 10.4 | -1.5 | 9.1 | 8.0 | 1.1 | -0.4 | -0.2 |
| 全年 | 480.8 | 511.9 | -31.1 | 158.3 | 103.5 | 54.8 | -8.8 | -11.0 |

　　注：1981~2010 年的平均年降水量为 480.8 毫米，与表中四季数据加总不同。这与四舍五入有关。本书表中数据有不一致的，原因相同，不一一列出。

① 10a 表示 10 年，科技论文常用表示方法。

2. 气温

雄安新区年平均气温、年平均最高气温、年平均最低气温分别为12.6℃、18.7℃、7.3℃，标准差分别为0.6℃、0.7℃、0.8℃，与京津冀地区区域平均相比，气温偏高，但标准差略偏小（见表1-3）。雄安新区气温年际变化相对较小，可能与区域内白洋淀水体对温度的调节作用有关。[①] 最近10年，雄安新区东部和西南部部分地区年平均气温在13.1℃~13.3℃，中部和西部大部分地区在12.8℃~13.1℃；雄安新区南部年平均最高气温在18.6℃~18.7℃，局部地区超过18.7℃，而中部和北部大部分地区在18.5℃~18.6℃；雄安新区东部和西南部部分地区年平均最低气温在8.2℃~8.4℃，中部和东部大部分地区在7.5℃~8.2℃(见图1-3a、图1-3b、图1-3c)。预计未来10年（2021~2030年），雄安新区的年平均气温、年平均最高气温和年平均最低气温相对于2011~2020年将明显上升，上升幅度分别为0.43℃~0.48℃、0.38℃~0.47℃和0.47℃~0.50℃（见图1-3d、图1-3e、图1-3f）。

年内，雄安新区7月气温最高，平均气温、平均最高气温和平均最低气温分别为26.8℃、31.9℃、22.3℃，1月气温最低，平均气温、平均最高气温和平均最低气温分别为-4.2℃、2.1℃、-9.3℃。雄安新区各月平均气温、平均最高气温和平均最低气温的标准差最大值均出现在2月，最小值均出现在8月，说明雄安新区2月平均气温离散程度最大，而8月平均气温离散程度相对最小。

表1-3　1981~2010年雄安新区及京津冀四季和全年平均气温

| | 时间 | 气温 /℃ | | 标准差 /℃ | | 线性变化趋势 / (℃/10a) | |
| --- | --- | --- | --- | --- | --- | --- | --- |
| | | 雄安新区 | 京津冀 | 雄安新区 | 京津冀 | 雄安新区 | 京津冀 |
| 平均气温 | 春季 | 13.8 | 12.9 | 1.0 | 1.1 | 0.32 | 0.39 |
| | 夏季 | 25.7 | 24.9 | 0.7 | 0.7 | 0.13 | 0.19 |
| | 秋季 | 12.7 | 12.0 | 0.7 | 0.8 | -0.02 | 0.21 |
| | 冬季 | -2.3 | -3.2 | 1.2 | 1.3 | 0.27 | 0.47 |
| | 全年 | 12.6 | 11.7 | 0.6 | 0.7 | 0.17 | 0.31 |

---

① 肖嗣荣，弓冉.白洋淀气候效应的研究[J].河北省科学院学报，1988(1): 58-64；郑祚芳，任国玉，王耀庭，等.大型人工湖气候效应观测研究——以密云水库为例[J].地理科学，2017, 37(12): 1933-1941；黄淑玲，骆高远.平原水体气候效应及合理利用初探——以嘉兴市为例[J].地域研究与开发，1996, 15(2): 94-96.

续表

| 时间 | | 气温 /℃ | | 标准差 /℃ | | 线性变化趋势 / (℃ /10a) | |
|---|---|---|---|---|---|---|---|
| | | 雄安新区 | 京津冀 | 雄安新区 | 京津冀 | 雄安新区 | 京津冀 |
| 平均最高气温 | 春季 | 20.4 | 19.5 | 1.3 | 1.2 | 0.32 | 0.32 |
| | 夏季 | 31.2 | 30.3 | 0.9 | 0.8 | 0.12 | 0.15 |
| | 秋季 | 19.1 | 18.4 | 0.9 | 0.9 | 0.06 | 0.14 |
| | 冬季 | 3.9 | 3.1 | 1.4 | 1.4 | 0.31 | 0.29 |
| | 全年 | 18.7 | 17.9 | 0.7 | 0.7 | 0.21 | 0.22 |
| 平均最低气温 | 春季 | 7.7 | 6.6 | 1.0 | 1.1 | 0.34 | 0.52 |
| | 夏季 | 20.9 | 19.9 | 0.7 | 0.8 | 0.19 | 0.32 |
| | 秋季 | 7.6 | 6.8 | 0.9 | 0.9 | 0.05 | 0.34 |
| | 冬季 | −7.2 | −8.1 | 1.4 | 1.5 | 0.30 | 0.63 |
| | 全年 | 7.3 | 6.4 | 0.8 | 0.9 | 0.22 | 0.45 |

1961~2018 年，雄安新区年平均气温、年平均最高气温和年平均最低气温总体均呈明显的上升趋势（见图 1-4），线性变化速率分别为0.17℃ /10a、0.21℃ /10a 和 0.22℃ /10a，与京津冀地区平均相比，年平均最高气温升温幅度相差不大，但年平均气温和年平均最低气温升温幅度明显偏小，这可能与京津冀大城市的气候效应有关。[①] 年内各季，雄安新区平均气温在春季和冬季上升速率最快，平均气温、平均最高气温和平均最低气温线性升温趋势都在 0.3℃ /10a 左右，其次为夏季，上升速率在0.1~0.2℃ /10a，而秋季气温变化趋势不明显；京津冀地区各季平均气温、平均最高气温和平均最低气温均呈上升趋势，尤其是平均气温和平均最低气温上升速率明显高于雄安新区（见表 1-3）。

3. 日照

雄安新区常年平均日照时数为 2335.2h，年内各月平均日照时数在149.7~249.8h，其中 12 月最少，5 月最多。年内 4 个季节，春、夏季日照时数相对较多，分别为 682.2h 和 624.7h，秋、冬季日照时数相对较少，分别为 552.3h 和 478.3h。与京津冀地区相比，雄安新区全年和 4 个季节日照

---

① 冯锦明，王君，严中伟 . 城市化气候效应研究的新进展 [J]. 气象科技进展，2014, 4(5): 21–29；李兴荣，胡非，舒文军，等 . 北京秋季城市热岛效应及其气象影响因子 [J]. 气候与环境研究，2008(3): 69–77；刘熙明，胡非，李磊，等 . 北京地区夏季城市气候趋势和环境效应的分析研究 [J]. 地球物理学报，2006, 49(3): 689–697；杜吴鹏，权维俊，轩春怡，等 . 京津冀城市群高温灾害风险区划研究 [J]. 南京大学学报（自然科学），2014, 50(6): 829–837.

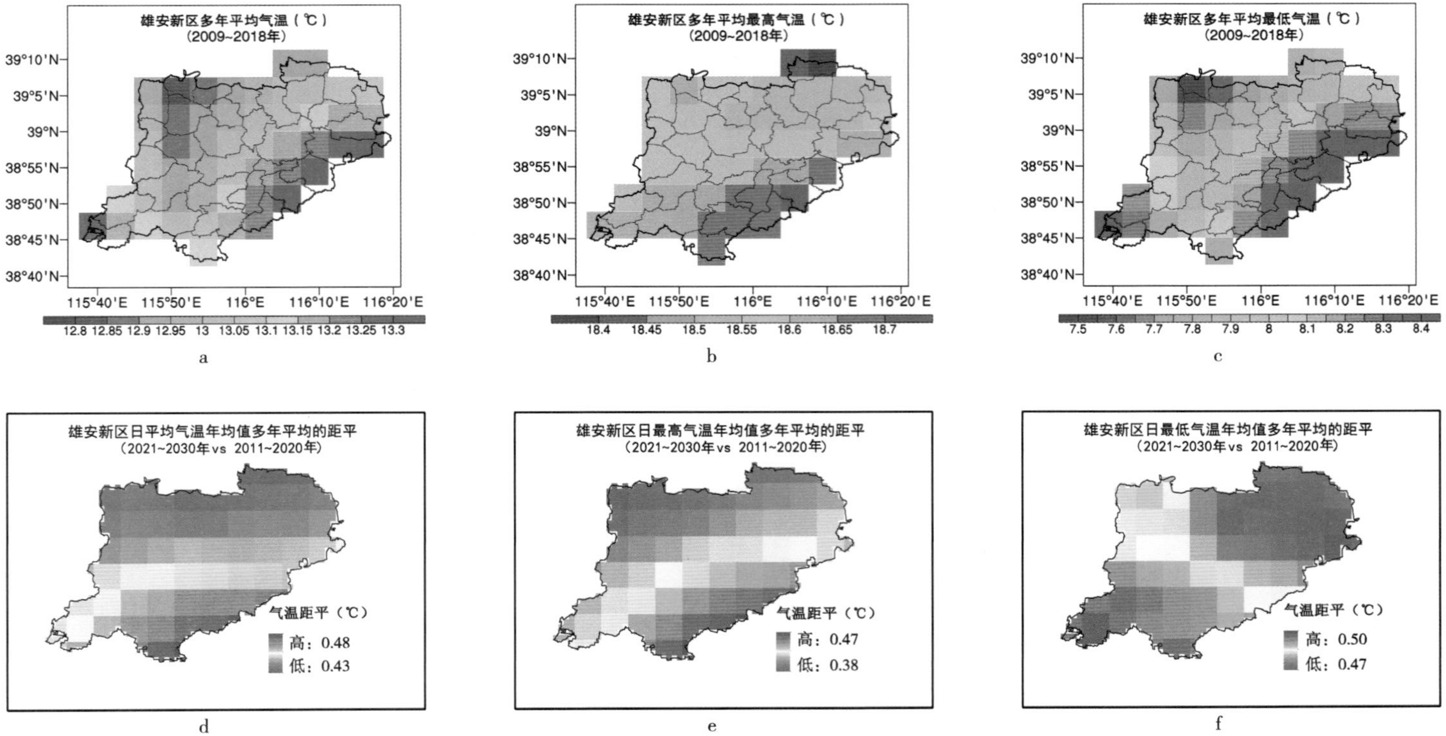


图 1-3　雄安新区最近 10 年平均气温（a）、平均最高气温（b）、平均最低气温（c）及未来 10 年预测（d~f）

时数均偏少，偏少幅度在 34.0~46.9h，其中冬季偏少相对最多；但日照时数的变率除夏季较京津冀地区略偏小外，其余季节和全年均偏大，其中秋、冬季分别偏大 9.8h 和 10.8h，雄安新区年日照时数标准差为 210.9h，比京津冀地区（193.4h）偏大 17.5h（见表 1-4）。

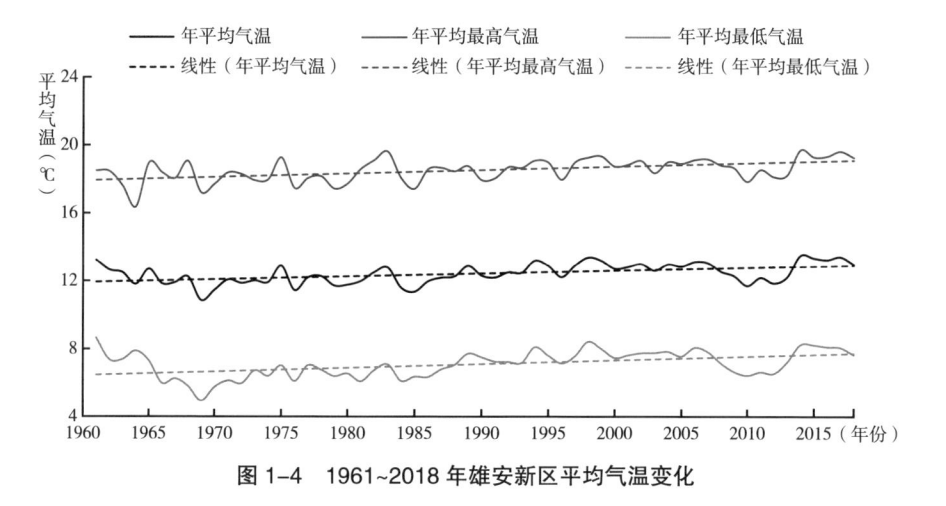

图 1-4  1961~2018 年雄安新区平均气温变化

1961~2018 年，雄安新区平均日照时数总体呈减少趋势（见图 1-5），年内 4 个季节中秋季减少幅度相对最大，春季相对最小。雄安新区全年和秋季日照时数的线性变化趋势分别为 −100.3h/10a 和 −35.3h/10a。与京津冀地区相比，雄安新区除夏季日照时数减少速率偏小外，其余三季和全年减少速率均偏大（见表 1-4）。

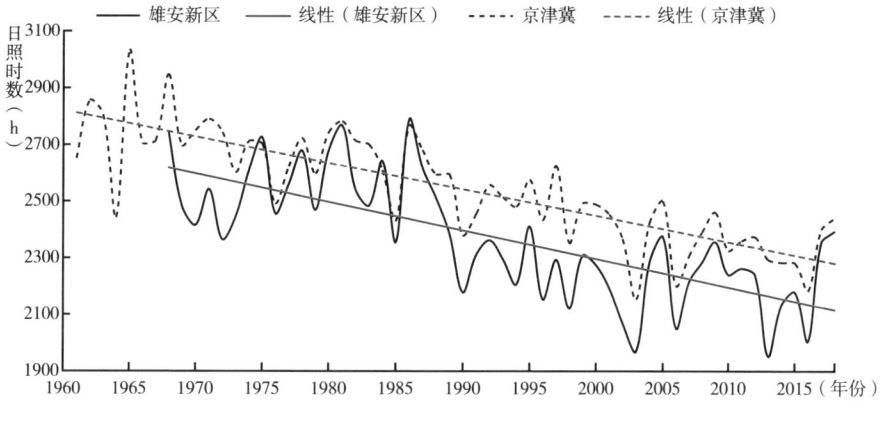

图 1-5  1961~2018 年雄安新区和京津冀地区日照时数变化

表 1-4　雄安新区及京津冀四季和全年日照时数

| 时间 | 日照时数 /h | | | 标准差 /h | | | 线性变化趋势 /(h/10 a) | |
|---|---|---|---|---|---|---|---|---|
| | 雄安新区 | 京津冀 | 两地之差 | 雄安新区 | 京津冀 | 两地之差 | 雄安新区 | 京津冀 |
| 春季 | 682.2 | 718.2 | -36.0 | 62.0 | 59.5 | 2.5 | -13.0 | -12.5 |
| 夏季 | 624.7 | 658.7 | -34.0 | 74.8 | 75.7 | -0.9 | -23.0 | -32.2 |
| 秋季 | 552.3 | 592.0 | -39.7 | 74.8 | 65.0 | 9.8 | -35.3 | -26 |
| 冬季 | 478.3 | 525.2 | -46.9 | 75.8 | 65.0 | 10.8 | -29.2 | -23.5 |
| 全年 | 2335.2 | 2493.9 | -158.7 | 210.9 | 193.4 | 17.5 | -100.3 | -93.2 |

4. 风速

雄安新区年平均风速为 1.7m/s，年内各月平均风速在 1.3~2.4m/s，其中 4 月平均风速相对最大，为 2.4m/s，1 月、8 月、12 月平均风速相对最小，均为 1.3m/s。年内 4 个季节，春季平均风速相对最大，为 2.2m/s，夏季次之，为 1.6m/s，秋、冬平均风速相对最小，均为 1.4m/s。与京津冀地区相比，雄安新区全年和 4 个季节平均风速均偏小，偏小幅度在 0.4~0.6m/s，其中冬季偏小相对最多；雄安新区全年及 4 个季节平均风速的标准差在 0.4~0.6m/s 较京津冀地区（0.3~0.5m/s）略偏大（见表 1-5）。

1961~2018 年，雄安新区年平均风速总体呈减少趋势，减少速率为 0.22（m/s）/10a，但年代际变化特征明显，其中 20 世纪 60 年代年平均风速最大，20 世纪 90 年代最小，21 世纪以来又有缓慢增加的趋势（见图 1-6），年内 4 个季节平均风速总体均呈减小趋势，其中春季减少速率相对最大，夏季相对最小（见表 1-5）。与京津冀地区相比，除冬季减少速率基本一样外，其余 3 个季节和全年雄安新区平均风速减少速率更大（见表 1-5）。

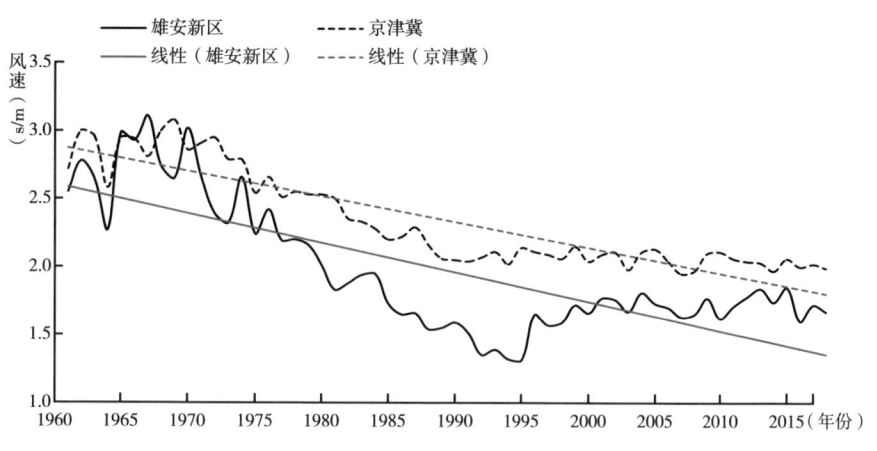

图 1-6　1961~2018 年雄安新区和京津冀地区平均风速变化

表 1-5　雄安新区及京津冀四季和全年平均风速

| 时间 | 平均风速 / (m/s) | | | 标准差 / (m/s) | | | 线性变化趋势 /[ ( m/s )/10a] | |
|------|------|------|------|------|------|------|------|------|
| | 雄安新区 | 京津冀 | 两地之差 | 雄安新区 | 京津冀 | 两地之差 | 雄安新区 | 京津冀 |
| 春季 | 2.2 | 2.7 | -0.5 | 0.6 | 0.5 | 0.1 | -0.29 | -0.25 |
| 夏季 | 1.6 | 2.0 | -0.4 | 0.4 | 0.3 | 0.1 | -0.18 | -0.13 |
| 秋季 | 1.4 | 1.8 | -0.4 | 0.4 | 0.3 | 0.1 | -0.20 | -0.16 |
| 冬季 | 1.4 | 2.0 | -0.6 | 0.5 | 0.4 | 0.1 | -0.21 | -0.21 |
| 全年 | 1.7 | 2.1 | -0.4 | 0.5 | 0.4 | 0.1 | -0.22 | -0.19 |

## 三　结论与讨论

（1）1981~2010 年雄安新区平均年降水量为 480.8mm，标准差为 158.3mm，降水量较京津冀地区偏少，但标准差偏大。年内，雄安新区降水集中在 6~9 月，占全年的 78%，其中 7 月最多；冬季降水稀少，不足全年的 2%。1961~2018 年，雄安新区平均年降水量总体呈减少趋势，其中夏季和冬季呈减少趋势，春季和秋季降水量呈增多趋势；与京津冀地区相比，雄安新区年降水量减少速率偏小，但各季降水量减少速率或增多速率均偏大。

（2）雄安新区年平均气温、年平均最高气温、年平均最低气温分别为 12.6℃、18.7℃、7.3℃，标准差分别为 0.6℃、0.7℃、0.8℃。与京津冀地区相比，雄安新区气温偏高，但标准差略偏小，可能与区域内白洋淀水体对温度的调节作用有关。年内，雄安新区 7 月气温最高，1 月最低，标准差 2 月最大，8 月最小。1961~2018 年，雄安新区年平均气温、年平均最高气温和年平均最低气温总体均呈明显的上升趋势，其中春季和冬季升温明显，其次为夏季，而秋季气温变化趋势不明显。与京津冀地区平均相比，年平均最高气温升温幅度相差不大，但年平均气温和年平均最低气温升温幅度明显偏小，这可能与京津冀大城市的气候效应有关。

（3）雄安新区常年平均日照时数为 2335.2h，标准差为 210.9h。年内，春、夏季日照时数相对较多，秋、冬季日照时数相对较少。与京津冀地区相比，雄安新区全年和 4 个季节日照时数均偏少，其中冬季偏少相对最多；但日照时数的变率除夏季较京津冀地区略偏小外，其余季节和全年均偏大。

1961~2018 年，雄安新区年平均日照时数总体呈减少趋势，4 个季节中秋季减少幅度相对最大，春季相对最小。与京津冀地区相比，雄安新区除夏季日照时数减少速率偏小外，其余三季和全年减少速率均偏大。

（4）雄安新区年平均风速 1.7m/s，年内 4 月平均风速最大，1 月、8 月、12 月相对最小。与京津冀地区相比，雄安新区全年和 4 个季节平均风速均偏小，标准差略偏大。1961~2018 年，雄安新区年平均风速总体呈减小趋势，其中春季减少速率相对最大，夏季最小。与京津冀相比，除冬季减少速率基本一样外，其余 3 个季节和全年雄安新区平均风速减少速率更大。

（5）未来 10 年，雄安新区大部分地区年降水量将增加 2%~6%，但仍难以改变 1961 年以来年降水量减少的变化趋势，干旱仍将是制约雄安新区发展，特别是农业生产和生态环境改善的重要气象灾害。[①] 同时，根据吴婕等[②]的研究，雄安新区未来最大日降水量、最大连续降水量等极端暴雨事件的增加较年降水量的增加更为明显，暴雨洪涝事件的发生频率和强度可能增大，对当地的生产、生活和生态环境也将产生灾害性的影响。[③] 未来 10 年，雄安新区年平均气温、年平均最高气温、年平均最低气温都将明显上升，上升幅度基本在 0.4℃以上，这势必会进一步加重雄安新区的高温和干旱灾害风险。[④] 高温、干旱和暴雨洪涝等气象灾害风险的进一步增加，对雄安新区农业绿色发展，白洋淀湿地治理修复和"千年秀林"等生态工程都将产生一定的不利影响。[⑤]

① 凤蔚，祁晓凡，李海涛，等.雄安新区地下水水位与降水及北太平洋指数的小波分析 [J].水文地质工程地质，2017, 44(6): 1–8；白志杰，任丹丹，杨艳敏，等.雄安新区上游农业种植结构及需水时空演变 [J].中国生态农业学报：中英文，2019, 27(7): 1067–1077；刘大川，周磊，武建军.干旱对华北地区植被变化的影响 [J].北京师范大学学报（自然科学版），2017, 53(2): 222–228；胡实，莫兴国，林忠辉.未来气候情景下我国北方地区干旱时空变化趋势 [J].干旱区地理，2015, 38(2): 239–248.
② 吴婕，高学杰，徐影.RegCM4 模式对雄安及周边区域气候变化的集合预估 [J].大气科学，2018(42): 696–705.
③ 张文龙，崔晓鹏.近 50 a 华北暴雨研究主要进展 [J].暴雨灾害，2012, 31(4): 384–391；郝志新，熊丹阳，葛全胜.过去 300 年雄安新区涝灾年表重建及特征分析 [J].科学通报，2018, 63(22): 2302–2310.
④ 贾佳，胡泽勇.中国不同等级高温热浪的时空分布特征及趋势 [J].地球科学进展，2017, 32(5): 546–559；翟盘茂，袁宇锋，余荣，等.气候变化和城市可持续发展 [J].科学通报，2019, 64(19): 1995–2001.
⑤ 张正斌.关于在雄安新区成立国家绿色先进农业研究院的建议 [J].中国科学院院刊，2017, 32(11): 1249–1255；管志贵，田学斌，孔佑花.基于区块链技术的雄安新区生态价值实现路径研究 [J].河北经贸大学学报，2019, 40(3): 77–86.

# 第二章　雄安新区主要气象灾害特征及变化趋势[*]

雄安新区位于河北省中部，是继深圳和上海浦东两个经济特区之后又一具有重大现实意义和历史意义的国家级新区。雄安新区地处北京、天津、保定腹地，距北京和天津市中心均为110km，距保定市中心50km，距北京大兴国际机场55km，区位优势明显。[①] 雄安新区包括雄县、容城和安新三县以及周边部分区域，起步区面积约100km²，中期发展区面积约200km²，远期控制区面积约2000km²。雄安新区西边紧邻太行山东麓，东边是宽阔的华北平原，境内地势西北较高，东南略低，海拔标高7~19m，平均海拔8.3m。雄安新区属暖温带半干旱半湿润大陆性季风气候，年内四季分明，年平均气温12.6℃，平均年降水量480.8mm，且降水主要集中在6~9月。[②] 特殊的地理位置和地形，导致雄安新区气候敏感，随季风的进退波动较大，暴雨洪涝、干旱、高温热浪、低温冷冻害等气象灾害时有发生，同时也是我国重度雾、霾等灾害性天气的多发区，生态环境条件相对较为脆弱。[③]

---

[*] 本章执笔人廖要明，博士，中国气象局气候研究开放实验室，国家气候中心正高级工程师，主要研究方向为气候与气候变化对农业和生态系统影响评估研究；黄大鹏，博士，中国气象局气候研究开放实验室，国家气候中心副研究员，主要研究方向为气候变化影响评估、灾害风险评估、遥感 GIS 应用等。

[①] 本书编写组 . 河北雄安新区解读 [M]. 北京：人民出版社，2017: 1–10.

[②] 廖要明，黄大鹏 . 雄安新区气候特征及变化趋势分析 [J]. 中国农学通报，2020, 36(23): 90–105.

[③] YANG Wenxia, LI Hongyu, LI Zongtao, et al. Analysis on vapor field for the drought causes in Beijing, Tianjin and Hebei districts in recent years [J]. Agricultural Science & Technology, 2010, 11(1): 117–121; 迟妍妍，许开鹏，王晶晶，等 . 京津冀地区生态空间识别研究 [J]. 生态学报，2018, 38 (23): 8555–8563; SONG Xiaomeng, ZOU Xianju, ZHANG Chunhua, et al. Multiscale（转下页注）

设立雄安新区，是以习近平同志为核心的党中央深入推进京津冀协同发展做出的一项重大决策部署，是重大的历史性战略选择，是千年大计、国家大事。规划和建设雄安新区，对于集中疏解北京非首都功能、探索人口经济密集地区优化开发新模式、调整优化京津冀城市布局和空间结构、培育创新驱动发展新引擎，具有重大的现实意义和深远的历史意义。[①] 中央要求雄安新区建设必须顺应自然、尊重规律，构建合理城市空间布局，努力打造智能新区和绿色低碳新区。因此，雄安新区的建设和规划必须充分考虑区域气候安全、气象防灾减灾、生态环境保护等一系列气候、生态、环境和资源问题。研究分析雄安新区的气象灾害特征，为新区规划建设和安全运行提供科技支撑具有十分重要的意义。近年来，部分学者对雄安新区的暴雨洪涝等气象灾害进行了一些研究[②]，但缺乏系统性。本章将利用历史气候观测资料，对雄安新区的暴雨洪涝、干旱、高温和霾等主要气象灾害的时空分布特征及其变化趋势进行系统分析，并结合气象条件梳理了历史上发生的典型灾害事件，最后根据国家气候中心精细化降水和气温预估数据，对雄安新区未来的暴雨洪涝和高温灾害进行了预测。

## 一　资料与方法

选择暴雨日数、最长连续降水日数、最大日降水量、最大连续降水量、降水强度和暴雨强度作为衡量暴雨洪涝灾害的气象指标，干旱（包括中旱、重旱和特旱，但不包括轻旱，下同）日数、最长连续干旱日数、干旱指数

---

（接上页注③）spatio - temporal changes of precipitation extremes in Beijing‐Tianjin‐Hebei region, China during 1958‐2017[J]. Atmosphere, 2019, 10(8): 462–462;XING Chengguo, ZHAO Shuqin, YAN Haiming, et al. Ecological compensation mechanism for Beijing‐Tianjin‐Hebei region based on footprint balance and footprint deficit [J]. Ecological Economy, 2020, 16(3): 218–229; 宋连春，高荣，李莹，等 . 1961–2012 年中国冬半年霾日数的变化特征及气候成因分析 [J]. 气候变化研究进展，2013, 9 (5): 313–318.

① 朱江，马柱国，严中伟，等 . 气候变化背景下雄安新区发展面临的问题 [J]. 中国科学院院刊，2017, 32 (11): 1231–1236.

② 马丁 . 雄安新区暴雨特性分析 [J]. 河北水利，2019, 5: 44–45; 刘亚龙，刘亚辉 . 论乾隆时期雄安三县的自然灾害 [J]. 防灾科技学院学报，2019, 21(2): 86–91; 郝志新，熊丹阳，葛全胜 . 过去 300 年雄安新区涝灾年表重建及特征分析 [J]. 科学通报，2018, 63(22): 2302‐2310; 刘丽香，杨凯，叶家惠，等 . 雄安新区城市热岛效应的空间异质性 [J]. 环境工程技术学报，2021, 11( 3 ): 546–553;艾婉秀，肖潺，曾红玲，等 . 气候变化对雄安新区城市建设的影响及应对策略[J]. 科技导报，2019, 37(20): 12–18; 石英，韩振宇，徐影，等 . 6.25km 高分辨率降尺度数据对雄安新区及整个京津冀地区未来极端气候事件的预估 [J]. 气候变化研究进展，2019, 15 (2): 140–149.

累计值作为衡量干旱灾害的气象指标，日最高气温≥35℃的高温日数、高温初日和终日、极端最高气温作为衡量高温灾害的气象指标，霾日数作为衡量灾害性霾天气的指标，基于雄安新区辖区内容城、安新、雄县3个国家气象站建站以来（至2020年12月31日）的逐日降水量、最高气温和霾观测气候资料以及综合气象干旱指数MCI[①]，采用算术平均的方法统计得到雄安新区各灾害性指标的区域平均值，利用最小二乘法[②]估计其线性变化趋势，分析雄安新区暴雨洪涝、干旱、高温热浪和灾害性霾天气的基本气候特征及其变化趋势。并采用国家气候中心研发的高分辨率区域气候变化降水和气温预估数据[③]，其空间分辨率均为6.25km×6.25km，分析雄安新区未来30年（2021~2050年）在RCP4.5和RCP8.5气候变化情景下暴雨洪涝和高温天气的空间分布及变化特征。

## 二　结果与分析

### 1. 暴雨洪涝

暴雨洪涝是我国最为常见的自然灾害之一，具有发生频率高、破坏性大、经济损失严重且社会影响广泛等特点。[④] 暴雨洪涝灾害也是影响城市发展的重要因素，雄安新区地势相对低洼，而且降水主要集中在夏季，容易发生暴雨洪涝灾害，历史上有"十年九涝"之说，而且曾多次发生重大灾害，造成严重经济损失和人员伤亡。[⑤] 所以，雄安新区的规划和建设需要充分考虑暴雨洪涝灾害可能带来的不利影响。

雄安新区常年（1991~2020年，下同）平均暴雨日数为1.5天，最长连续降水日数为5.1天，最大日降水量为78.4mm，最大连续降水量为

① 廖要明，张存杰. 基于MCI的中国干旱时空分布及灾情变化特征 [J]. 气象, 2017, 43(11): 1462–1469.

② 魏淑秋. 农业气象统计 [M]. 福州: 福建科学技术出版社, 1985: 82–88.

③ 童尧, 高学杰, 韩振宇, 等. 基于RegCM4模式的中国区域日尺度降水模拟误差订正 [J]. 大气科学, 2017(41): 1156–1166; 吴婕, 高学杰, 徐影. RegCM4模式对雄安及周边区域气候变化的集合预估 [J]. 大气科学, 2018(42): 696–705.

④ 郝志新, 熊丹阳, 葛全胜. 过去300年雄安新区涝灾年表重建及特征分析 [J]. 科学通报, 2018, 63(22): 2302–2310.

⑤ 廖要明, 黄大鹏. 雄安新区气候特征及变化趋势分析 [J]. 中国农学通报, 2020, 36(23): 90–105; 刘亚龙, 刘亚辉. 论乾隆时期雄安三县的自然灾害 [J]. 防灾科技学院学报, 2019, 21(2): 86–91; 盛广耀, 廖要明, 扈海波. 气候变化下雄安新区洪涝灾害的风险评估及适应措施 [J]. 中国人口·资源与环境, 2020, 30(6): 40–52.

102.9mm，平均降水强度和暴雨强度分别为 7.8mm/d 和 90.8mm/d，但各变量的年际变化大，不同区域也有所差异。1994 年，雄安新区平均暴雨日数达 4.3 天，为 1961 年以来最多，而 1962 年和 1999 年全年都没有出现暴雨天气；1977 年，雄安新区平均最长连续降水日数达 11.7 天，为 1961 年以来最多，其中容城和安新自 7 月 20 日至 31 日，连续 12 日出现降水天气，雄县自 7 月 20 日至 30 日连续 11 天出现降水；2016 年 7 月 20 日，雄安新区平均降水量达 183.9mm，为 1961 年以来最大平均日降水量；雄安新区平均最大连续降水量则出现在 1963 年 8 月 4 日至 10 日，达 306.7mm。

1963 年 8 月上旬，海河流域发生特大洪水，过程总降水量最大值达 1329mm，持续时间长达 10 天，暴雨强度之大，受灾面积之广，影响之重在历史上极为罕见；白洋淀及附近地区发生严重洪涝，白洋淀水位超过海拔 11 米达 13 天之久，京广线中断 27 天，安新县 170 个村庄被洪水浸街，人民生命财产损失巨大。[①] 雄县 1977 年分洪道溢洪导致 44 万亩积水，冲毁桥涵闸坝百余座，损坏机井 505 眼，倒塌房屋 6416 间。[②] 2016 年 7 月 19~21 日，华北地区出现大范围暴雨天气，雄安新区的容城、安新、雄县累计降水量分别为 175.7mm、212.6mm 和 191.7mm，容城、安新最大日降水量分别为 167.7mm、205.3mm，均为有记录以来最大值，雄县最大日降水量为 178.6mm，为有记录以来第二多；这次暴雨过程造成容城、雄县共计 51.7 万人受灾，农作物受灾面积 4 万多公顷，直接经济损失 1.1 亿元。

1961~2020 年，雄安新区平均暴雨日数、最长连续降水日数、平均最大日降水量和最大连续降水量总体均呈减少趋势，线性减少趋势分别为 0.09d/10a、0.24d/10a、0.25mm/10a 和 4.15mm/10a（见图 2-1、图 2-2）。但是，雄安新区降水强度和暴雨强度均有增大趋势，平均每 10 年分别增加 0.11mm/d 和 0.89mm/d（见图 2-3）。

---

① 郝志新，熊丹阳，葛全胜.过去 300 年雄安新区涝灾年表重建及特征分析 [J].科学通报，2018，63(22)：2302-2310；周鸣盛.盛夏中国北方的超强区域性持续暴雨 [J].气象，1994，20(7)：3-8；葛全胜，杨林生，金凤君，等.雄安新区资源环境承载力评价和调控提升研究 [J].中国科学院院刊，2017，32 (11)：1206-1215.

② 盛广耀，廖要明，扈海波.气候变化下雄安新区洪涝灾害的风险评估及适应措施 [J].中国人口·资源与环境，2020，30(6)：40-52.

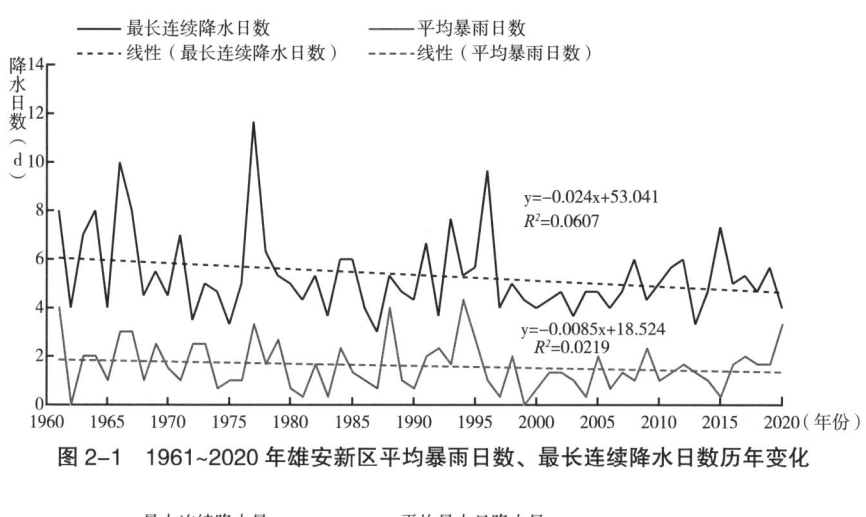

图 2-1　1961~2020 年雄安新区平均暴雨日数、最长连续降水日数历年变化

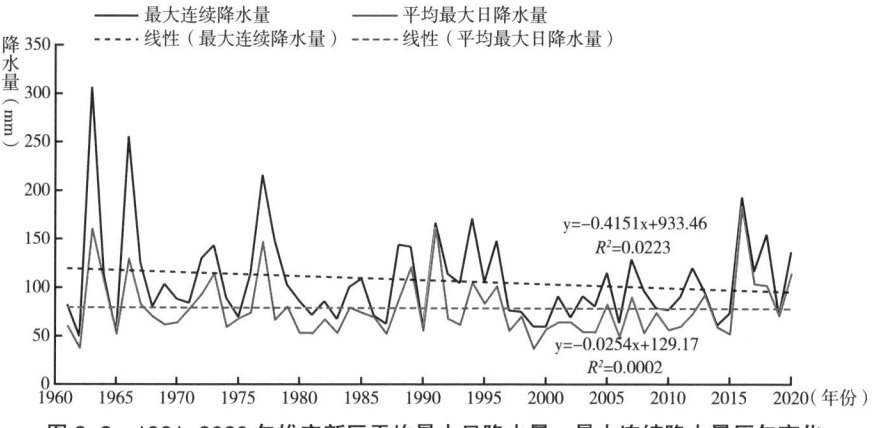

图 2-2　1961~2020 年雄安新区平均最大日降水量、最大连续降水量历年变化

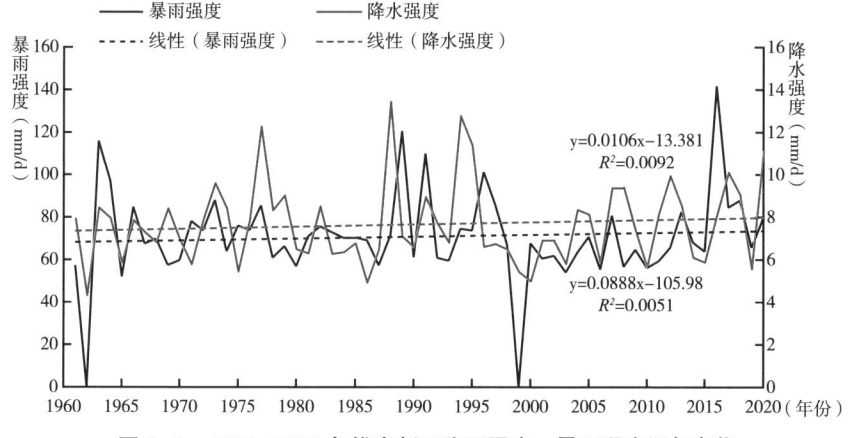

图 2-3　1961~2020 年雄安新区降雨强度、暴雨强度历年变化

2021~2050 年，在 RCP4.5 和 RCP8.5 情景下，雄安新区大部分地区平均年暴雨日数均有所增加，其中 RCP4.5 情景下增加幅度更大，普遍增加 0.20~0.68 天。空间分布上，东北部的雄县增加幅度最大，南部的安新县增加幅度相对较小。

2. 干旱

干旱是指因水分收支或供求不平衡而形成的持续的水分短缺现象，具有影响范围大、持续时间长的特点，对农业、生态和社会经济等都会产生重大影响。[①] 中国是受干旱影响最为严重的国家之一，其中华北地区是我国重要的农牧业基地，干旱发生频率高，影响广泛，雄安新区历史上更是"十年忧九旱"，曾经发生过多起重大干旱灾害，对粮食生产和社会稳定都产生了严重的不利影响。[②] 雄安新区常年平均干旱日数为 52.9 天，其中 3~9 月相对较多，平均每月在 4.9~9.4 天，7 月最多，春天和夏天为干旱的高发时期（见表 2-1）。

表 2-1 雄安新区及所辖三县 1~12 月及全年平均干旱日数

单位：天

| 地区 | 春季 | | | 夏季 | | | 秋季 | | | 冬季 | | | 全年 |
|------|-----|-----|-----|-----|-----|-----|-----|-----|-----|-----|-----|-----|------|
| | 3 月 | 4 月 | 5 月 | 6 月 | 7 月 | 8 月 | 9 月 | 10 月 | 11 月 | 12 月 | 1 月 | 2 月 | |
| 容城 | 8.5 | 5.9 | 6.5 | 7.8 | 9.6 | 4.3 | 4.9 | 3.3 | 1.5 | 0.0 | 0.1 | 2.6 | 55.0 |
| 安新 | 6.9 | 5.5 | 6.0 | 7.4 | 9.2 | 5.0 | 6.6 | 3.5 | 1.6 | 0.0 | 0.0 | 0.7 | 52.4 |
| 雄县 | 6.6 | 5.9 | 6.0 | 9.8 | 9.7 | 4.7 | 5.2 | 3.3 | 0.9 | 0.0 | 0.0 | 1.4 | 53.5 |
| 雄安新区 | 6.7 | 5.7 | 6.0 | 8.6 | 9.4 | 4.9 | 5.9 | 3.4 | 1.2 | 0.0 | 0.0 | 1.1 | 52.9 |

1961~2020 年，雄安新区平均年干旱日数、最长连续干旱日数和干旱指数累计值总体上均呈减少趋势，减少速率分别为 5.9d/10a、4.5d/10a 和 10.9/10a（见图 2-4、图 2-5、图 2-6）。其中 1968 年干旱日数、最长连续干旱日数和干旱指数累计值均为最多，干旱日数达 247 天，1969 年、1975 年、1999 年和 2006 年干旱日数也都在 150 天以上，也都属于干旱比较严重的

---

① 苗正伟，徐利岗，路梅. 基于 SPEI 指数的京津冀地区干旱特征分析 [J]. 人民黄河，2018, 40(7): 51–57.

② 刘亚龙，刘亚辉. 论乾隆时期雄安三县的自然灾害 [J]. 防灾科技学院学报，2019, 21(2): 86–91；刘大川，周磊，武建军. 干旱对华北地区植被变化的影响 [J]. 北京师范大学学报（自然科学版），2017, 53(2): 222–228.

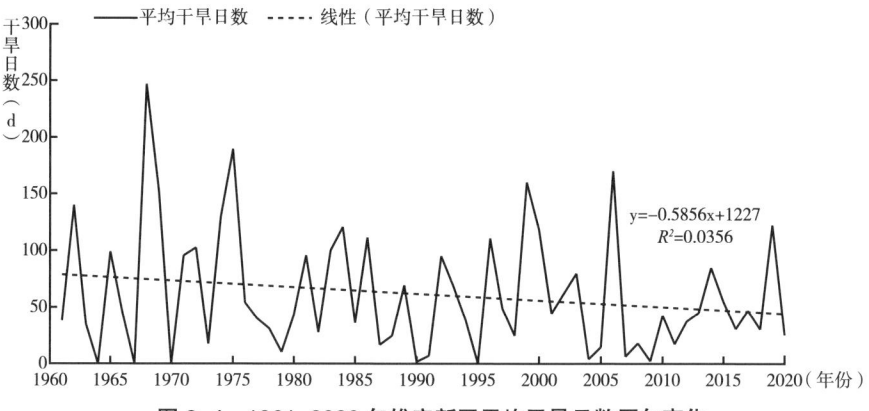

图 2-4 1961~2020 年雄安新区平均干旱日数历年变化

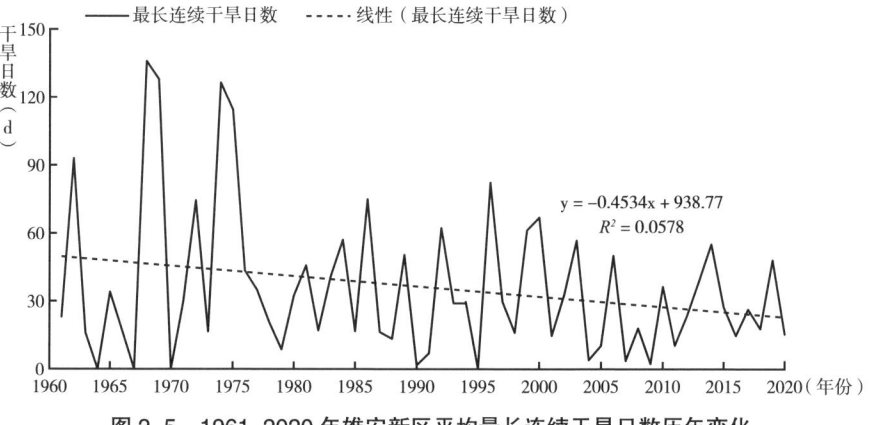

图 2-5 1961~2020 年雄安新区平均最长连续干旱日数历年变化

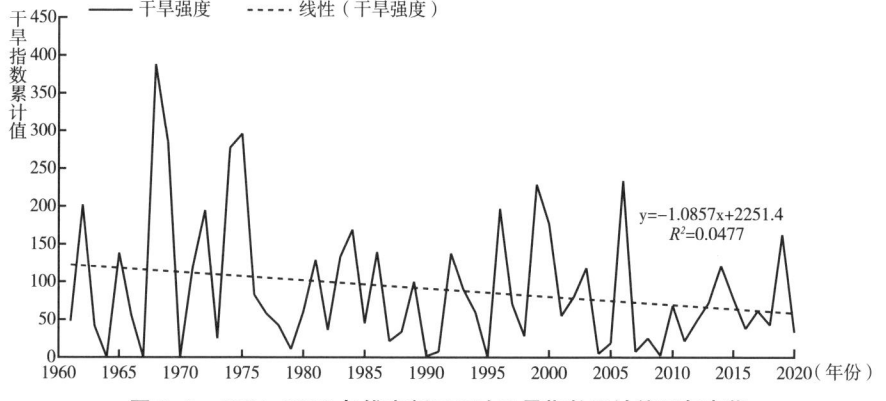

图 2-6 1961~2020 年雄安新区平均干旱指数累计值历年变化

年份。

1968 年干旱持续时间长，基本贯穿了冬小麦和夏玉米的全生育期，而且干旱强度大，对当地的农业生产产生了严重影响。[①]1975 年，河北全省发生春夏连旱，保定等地伏旱尤其严重，雄安新区平均干旱日数达 190 天，为 1961 年以来第二多，干旱少雨导致地下水位急剧下降，对当地的小麦、玉米等农作物生产影响严重。1999 年，河北省中南部地区长期持续干旱，加之气温异常偏高，土壤失墒严重，发生了 1961 年以来历史同期罕见干旱[②]，其中雄安新区平均干旱日数达 160 天，安新出现大旱，雄县旱情十分严重，因旱农作物受灾面积 1.7 万公顷，农业经济损失 6270 万元。2006 年，河北发生严重的冬春旱和秋旱，雄安新区年平均干旱日数达 170 天，干旱对冬小麦生长以及秋播影响较大，部分地区还出现饮水困难。

3. 高温

气象上通常将日最高气温 ≥ 35℃的天气称为高温天气。高温天气会给人体健康、交通运输以及城市用水、用电等各个方面带来不利影响。[③]雄安新区常年平均高温日数为 12.8 天，但年际变化大，最多的年份达 33 天（1968 年），最少的年份只有 1.7 天（1977 年、1979 年和 1995 年）；常年平均极端最高气温为 38.1℃，其中 2000 年最高，达 41℃，1977 年最低，只有 35.1℃；常年平均高温初日为 6 月 3 日，最早出现在 1986 年 5 月 7 日，容城、安新和雄县分别出现了 35.9℃、36.2℃和 36.5℃的高温天气；平均高温终日为 7 月 26 日，最晚出现在 2000 年 9 月 16 日，容城最高气温达 35.1℃。

1999 年，雄安新区平均高温日数达 26.3 天，其中 6 月 24 日至 7 月 2 日，河北省保定中东部、石家庄北部部分地区出现持续高温天气，高温持续时间之长为历史同期罕见，雄安新区的安新、雄县和容城极端最高气温分别达 40.1℃、40.3℃和 40.4℃；7 月 23~30 日再次出现持续高温天气，雄安

① 康西言，李春强，杨荣芳 . 河北省冬小麦生育期干旱特征及成因分析 [J]. 干旱地区农业研究，2018, 36(3): 210–217；曹永强，王怡涵，冯兴兴，等 . 河北省夏玉米不同生育期干旱时空分析 [J]. 华北水利水电大学学报（自然科学版），2020, 41(4): 1–9.

② 许月卿，邵晓梅，刘劲松 . 河北省水旱灾害发生情况统计分析 [J]. 国土与自然资源研究，2001, 2: 6–8.

③ 张国华，张江涛，金晓青，等 . 京津冀城市高温的气候特征及城市化效应 [J]. 生态环境学报，2012, 21(3): 455–463；杜吴鹏，权维俊，轩春怡，等 . 京津冀城市群高温灾害风险区划研究 [J]. 南京大学学报（自然科学），2014, 50(6): 829–837.

新区的容城极端最高气温达 39.1℃。2000 年,雄安新区平均高温日数为 29.3 天,为 1961 年以来第二多,其中 7 月 1 日,河北省中南部最高气温普遍在 40℃以上,雄安新区的安新、容城最高气温分别达 41.0℃和 41.2℃,为 1961 年以来最高纪录,雄县最高气温 40.9℃,为 1961 年以来第二高。2018 年 6 月 20~30 日,京津冀东南部地区出现持续高温天气,其中 6 月 27 日雄安新区雄县最高气温达 40.4℃,容城和安新都是 39.9℃。

1961~2020 年,雄安新区平均高温日数和极端最高气温有增多和升高的趋势(见图 2-7),高温天气出现的初日和终日都有所推迟,但变化幅度较小,变化趋势不明显(见图 2-8)。

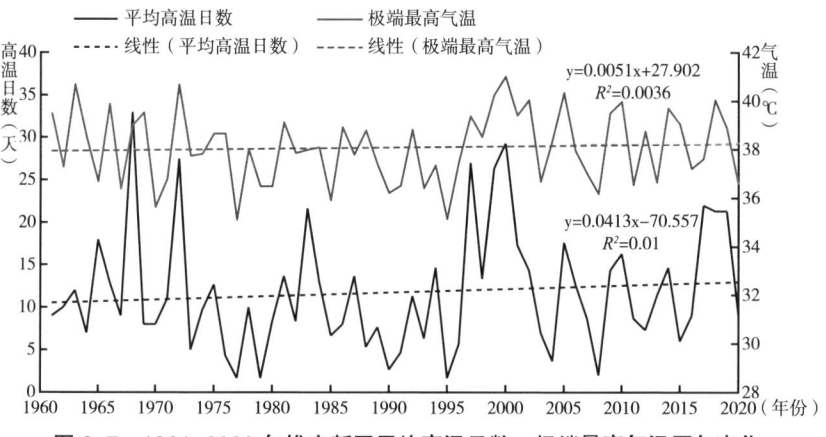

图 2-7 1961~2020 年雄安新区平均高温日数、极端最高气温历年变化

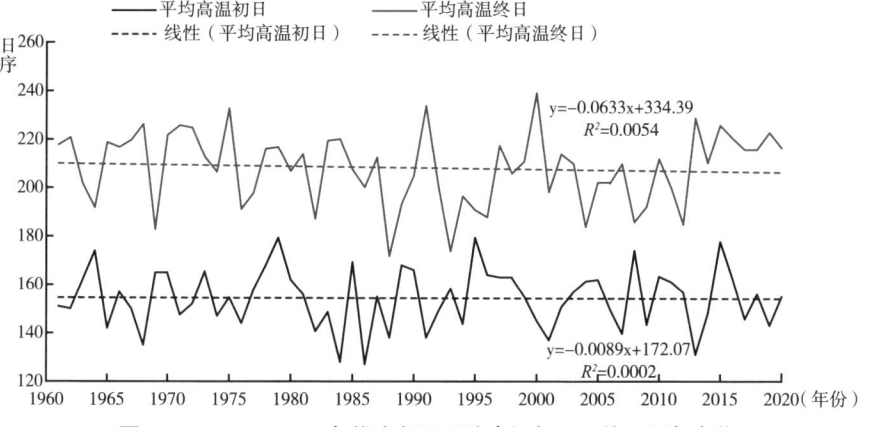

图 2-8 1961~2020 年雄安新区平均高温初日、终日历年变化

2021~2050 年，在 RCP4.5 和 RCP8.5 气候变化情景下，雄安新区大部分地区平均年高温日数均有较大幅度的增加，其中 RCP8.5 情景下增加更为明显，大部分地区平均年高温日数将增加 8.3~9.4 天。空间分布上，南部的安新县和东北部的雄县增加幅度更大，西北部的容城县增加幅度相对较小。

4. 霾

雄安新区地处京津冀腹地平原，西邻太行山，北望燕山，低层大气受山地—平原热力环流、海陆环流影响，在山地与平原交界地带大致沿等高线走向形成一条风场辐合带，成为大气污染物的汇聚带，不利于污染物扩散；而且雄安新区位于河北省中部，周边被大城市或传统重工业集聚区所包围，容易接受周边大气污染物的输送。[①] 雄安新区常年平均霾日数为 12.7 天，霾天气主要出现在 10~12 月和 1~3 月，其中 1 月相对最多，平均为 2.8 天（见图 2-9）。1961~2020 年，雄安新区平均年霾日数总体呈增多趋势，增多速率为 3.7d/10a，其中 2016 年平均霾日数相对最多，达 62d，但近年来霾日数有减少趋势；与京津冀地区平均相比，雄安新区年霾日数相对偏少（见图 2-10），空气质量相对较好。

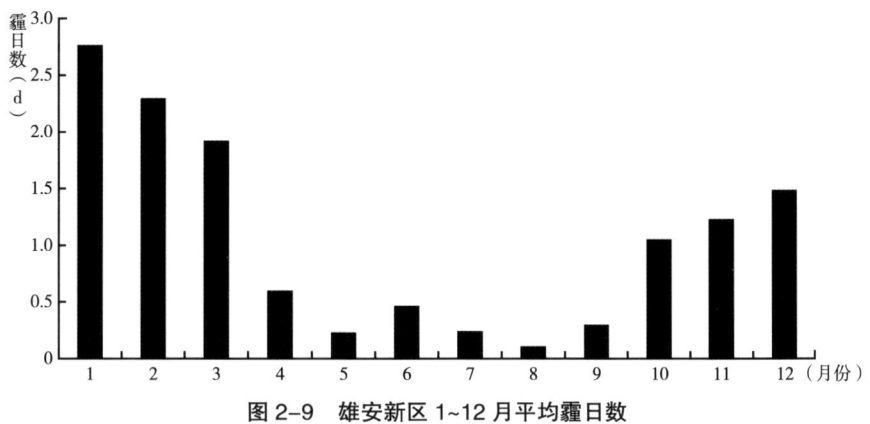

图 2-9　雄安新区 1~12 月平均霾日数

① 刘树华，刘振鑫，李炬，等．京津冀地区大气局地环流耦合效应的数值模拟．中国科学：D 辑，
　 2009, 39(1): 88-98；葛全胜，董晓峰，毛其智，等．雄安新区：如何建成生态与创新之都 [J]. 地
　 理研究，2018, 37 (5): 849-869.

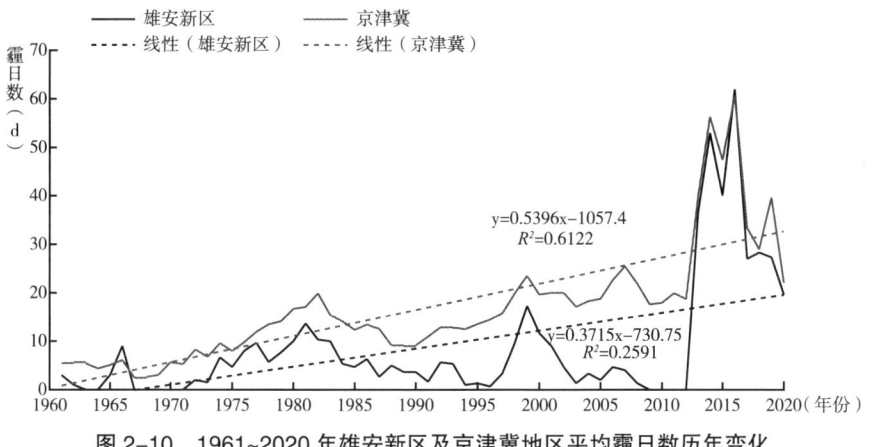

图2-10 1961~2020年雄安新区及京津冀地区平均霾日数历年变化

2016年12月16~21日，京津冀及周边地区出现大范围持续性霾天气，北京、天津、河北等地的部分城市出现"爆表"，北京和石家庄局地PM2.5峰值浓度分别超过600 $\mu g/m^3$ 和1100 $\mu g/m^3$，北京、天津、石家庄等27个城市启动空气重污染红色预警，中小学和幼儿园停课，北京、天津、石家庄等多个机场出现航班大量延误和取消，多条高速公路关闭；呼吸道疾病患者增多。2017年京津冀地区空气质量优良率大致在38.9%~79.7%，雄安新区空气质量优良率达61.9%，PM2.5浓度为68.1 $\mu g/m^3$，明显优于石家庄和保定市等其他地区。

### 三 结论与讨论

（1）雄安新区常年平均暴雨日数为1.5天，最长连续降水日数为5.1天，最大日降水量为78.4mm，最大连续降水量为102.9mm，平均降水强度和暴雨强度分别为7.8mm/d和90.8mm/d。1961~2020年，雄安新区暴雨日数、最长连续降水日数、平均最大日降水量和最大连续降水量总体均呈减少趋势，但是降水强度和暴雨强度有增大趋势，暴雨灾害发生的风险仍然不容小觑。[①]预计2021~2050年雄安新区大部分地区平均年暴雨日数均有所增加，其中东北部的雄县增加幅度最大，南部的安新县增加幅度相对较小。安新

---

① 盛广耀，廖要明，扈海波. 气候变化下雄安新区洪涝灾害的风险评估及适应措施 [J]. 中国人口·资源与环境，2020, 30(6): 40–52.

县地势相对较低,而且白洋淀大部分也处于安新县,未来暴雨日数增加幅度小,对于当地防灾减灾是有利的。

(2)雄安新区常年平均干旱日数为 52.9 天,其中春天和夏天为干旱的高发时期,同时也是农作物和植被的主要生长季节,需要密切关注干旱对当地农业生产和生态环境的影响。1961~2020 年,雄安新区平均年干旱日数、最长连续干旱日数和干旱指数累计值总体上均呈减少趋势,干旱灾害有减轻趋势,这对雄安新区的农业生产、人民生活和生态环境改善是有利的。

(3)雄安新区常年平均高温日数为 12.8 天,平均高温初日为 6 月 3 日,平均高温终日为 7 月 26 日。1961~2020 年,雄安新区平均高温日数和极端最高气温有增多和升高的趋势,高温初日和终日有推迟趋势,但变化幅度较小,趋势不明显。预计 2021~2050 年雄安新区大部分地区平均年高温日数有较大幅度的增加,其中南部的安新县和东北部的雄县增加幅度更大,西北部的容城县增加幅度相对较小,而雄安新区的起步区大部分处于容城县,这也在一定程度上说明雄安新区规划有合理性。[①]

(4)雄安新区常年平均霾日数为 12.7 天,较京津冀地区平均偏少,空气质量相对较好。雄安新区霾天气主要出现在 10~12 月和 1~3 月,其中 1 月相对最多,这可能与冬季降水少、风速小等气候原因和供暖等人为因素有关。[②]1961~2020 年,雄安新区平均霾日数总体呈增多趋势,但近年来有减少趋势,可能与近年来京津冀地区切实加强环境治理,实施绿色生态工程和产业转型升级等一系列工作,京津冀及雄安新区周边的大气环境条件得到较好的改善有一定关系。[③]

① HUANG Dapeng, LIAO Yaoming and HAN Zhenyu. Projection of key meteorological hazard factors in Xiongan new area of Hebei province, China [J]. Scientific Reports, 2021(11): 18675. https://doi.org/10.1038/s41598-021-98160-z.
② 廖要明,黄大鹏.雄安新区气候特征及变化趋势分析 [J]. 中国农学通报,2020, 36(23): 90–105.
③ 刘原嘉,王娟,金泽林.雄安新区 NDVI 变化对热环境影响分析 [J]. 测绘科学,2020, 45(11): 107–114;马晓倩,刘征,赵旭阳,等.京津冀雾霾时空分布特征及其相关性研究 [J]. 地域研究与开发,2016, 35 (2): 134-138;尹小礼.我国雾霾治理存在的问题及措施 [J]. 北方环境,2019 (1): 197-198.

# 第三章　气候变化下雄安新区洪涝灾害的风险评估[*]

　　雄安新区建设是我国的"千年大计、国家大事"，雄安新区可能存在严重洪涝灾害的风险一直为社会所关注。雄安新区位于河北省保定市境内，完整包含雄县、安新、容城三县（以下简称"雄安三县"）。从历史上看，洪涝是雄安地区发生频率最高、社会经济损失最重的自然灾害。气候上，雄安新区属暖温带大陆性季风气候，降水集中于夏秋两季。地形上，雄安新区地处"九河下梢"，属太行山麓平原向冲积平原的过渡带，地势相对低洼，易发生洪涝灾害。有历史记载以来，雄安三县洪涝灾害频发。安新县有"十年九涝"之说，"自东汉以来，见于文字记载的水灾多达300余次"[①]；"明朝至民国期间（公元1368~1949年）洪涝灾173次"[②]；雄县"元世祖至元六年（1269年）至民国37年（1948年），境内共发生特大涝灾56次，平均12年一遇"[③]；容城县"据历史资料记载，1883~1982年的百年间，大涝18次，平均五六年一遇"[④]。历史上洪涝灾害对雄安三县

　　[*]　本章内容原载于《中国人口·资源与环境》2020年第6期，收入本书时做了一些技术性处理，主要内容未做修改。本章执笔人盛广耀，中国社会科学院生态文明研究智库研究员，主要研究方向为城市与区域发展、城市可持续发展；廖要明，博士，中国气象局气候研究开放实验室、国家气候中心正高级工程师，主要研究方向为气候与气候变化对农业和生态系统影响评估研究；扈海波，博士，中国气象局北京城市气象研究所研究员，主要研究方向为城市气象灾害研究。

[①]　安新县地方志编纂委员会. 安新县志[M]. 北京：新华出版社，2000.
[②]　安新县水利志编纂委员会. 安新县水利志（未出版）[M]. 1995.
[③]　雄县县志编纂委员会. 雄县志[M]. 北京：中国社会科学出版社，1992.
[④]　容城县地方志编纂委员会. 容城县志[M]. 北京：方志出版社，1999.

的破坏性大，曾多次造成严重的经济损失，危害民众生计和人民生活。例如，明嘉靖三十二年（1553 年），安新县"大雨坏民田庐，人畜死者无算，大水穿新安北城流入十字街。翌年春大饥，人相食；夏秋大水"①；雄县"夏霖雨四十余日，官舍民房损大半，市可行船"，次年"大饥，莩者载道，人相食"②。

　　洪涝灾害的影响是雄安新区建设过程中必须重点考虑和深入研究的问题，尤其是对气候变化趋势下雄安新区洪涝灾害的影响更应加强研究。郝志新等③利用历史文献对过去 300 年雄安新区洪涝年表做了重建并分析了其时空分布特征。吴婕等④使用 RegCM4 区域模式对 21 世纪中期雄安及其周边区域的气候变化情况进行了预估。现有文献定量评估气候变化下洪涝灾害风险及其影响程度的研究不多。温泉沛等⑤采用灰色关联法、正态信息扩散法，分别构建了基于受灾面积比重和成灾面积比重的暴雨洪涝灾害相对灾情指数及其风险估算模型，分析了我国东南地区气候变暖前后暴雨洪涝灾害的风险变化。吴绍洪等⑥提出包括自然灾害的破坏力（或承险体损毁标准）、承险体的暴露度、灾害发生可能性或孕灾环境三个成分的自然灾害风险定量评估模型。胡恒智等⑦介绍了国际上应用于洪涝风险领域的鲁棒决策、信息差距及适应对策路径 3 种稳健决策方法。Dottori 等⑧使用一个多模型框架，在假设目前的脆弱程度和未来适应措施不存在的情况下，分别估计了不同升温（1.5℃、2.0℃、3.0℃）情景下洪水灾害带来的人员伤亡损失、直接经济损失和随后的间接影响（福利损失）。张君枝等利用第五次耦合模

---

①　安新县地方志编纂委员会.安新县志 [M]. 北京：新华出版社，2000.

②　雄县水利志编纂委员会.雄县水利志 [M]. 北京：中国社会出版社，1994.

③　郝志新，熊丹阳，葛全胜.过去 300 年雄安新区涝灾年表重建及特征分析 [J]. 科学通报，2018，63：2302 - 2310.

④　吴婕，高学杰，徐影.RegCM4 模式对雄安及周边区域气候变化的集合预估 [J]. 大气科学，2018，42(3)：696–705.

⑤　温泉沛，周月华，霍治国，等.气候变暖背景下东南地区暴雨洪涝灾害风险变化[J]. 生态学杂志，2017，36(2)：483–490.

⑥　吴绍洪，高江波，邓浩宇，等.气候变化风险及其定量评估方法 [J]. 地理科学进展，2018，37(1)：28–35.

⑦　胡恒智，顾婷婷，田展.气候变化背景下的洪涝风险稳健决策方法评述 [J]. 气候变化研究进展，2018，14(1)：77–85.

⑧　DOTTORI F，SZEWCZYK W，CISCAR J C, et al. Author correction: increased human and economic losses from river flooding with anthropogenic warming[J]. Nature climate change, 2018.

式比较计划（CMIP5）提供的气候模式模拟结果，结合 FloodArea 洪水淹没模型，对全球升温 1.5℃和 2.0℃情景下，北京市极端降水和淹没风险进行分析。[①]

本章拟通过雄安三县地方史料对 1949~2018 年洪涝灾害记载的整理，统计分析最近 70 年洪涝灾害事件及其影响等级在时间和空间上的变化特征；结合 1960 年以来雄安三县的降水资料，采用离散选择模型，估计洪涝灾害发生及其等级与各种影响因素之间的关系，评估气候变化的降水情景下洪涝灾害，特别是高等级洪涝灾害发生的风险；并简要探讨雄安新区的建设适应措施，以期为雄安新区的规划建设以及制定防洪减灾措施提供参考。

## 一 资料来源与分析方法

### （一）资料来源

本章主要使用文献资料整理的洪涝灾情数据和气象站点观测的降水量数据。文献资料包括雄安三县地方史料和调研收集的近年灾情资料，其中地方史料包括 1949 年后的两轮地方志，包括《安新县志》[②]、《安新县志：1978—2008》[③]、《雄县志》[④]、《雄县志：1990—2012》[⑤]、《容城县志》[⑥]、《容城县志：1990—2010》[⑦] 以及《安新县水利志》[⑧]、《雄县水利志》[⑨] 和《中国气象灾害大典·河北卷》[⑩] 等。根据这些文献资料对洪涝灾害的灾情记录，建立雄安地区 1949~2018 年洪涝灾害发生事件及其影响程度的年表数据集。降水量数据来自国家气候中心的中国地面气候资料日值数据集。通过降水量

---

① 张君枝, 袁冯, 王冀, 等. 全球升温 1.5℃和 2.0℃背景下北京市暴雨洪涝淹没风险研究 [J]. 气候变化研究进展 2020,16(01): 1–12.

② 安新县地方志编纂委员会. 安新县志 [M]. 北京：新华出版社, 2000.

③ 安新县地方志编纂委员会编. 安新县志：1978—2008[M]. 北京：方志出版社, 2017.

④ 雄县县志编纂委员会. 雄县志 [M]. 北京：中国社会科学出版社, 1992.

⑤ 雄县地方志编纂委员会. 雄县志：1990—2012[M]. 石家庄：河北人民出版社, 2018.

⑥ 《容城县志》编辑委员会. 容城县志 [M]. 北京：方志出版社, 1999.

⑦ 容城县地方志编纂委员会. 容城县志：1990—2010[M]. 北京：九州出版社, 2018.

⑧ 安新县水利志编纂委员会. 安新县水利志 ( 未出版 )[M]. 1995.

⑨ 雄县水利志编纂委员会. 雄县水利志 [M]. 北京：中国社会出版社, 1994.

⑩ 《中国气象灾害大典》编委会编. 中国气象灾害大典·河北卷 [M]. 北京：气象出版社, 2008.

日值数据分别得到洪涝灾害发生期间各降水量指标数据，如最大日降水量、最大连续降水量、最大月降水量、主汛期（7月10日~8月10日）降水量、7~8月降水量和年降水量。

## （二）分析方法

### 1. 洪涝灾害影响等级的确定方法

利用地方历史文献资料建立雄安地区洪涝灾害发生时间、类型及其影响程度的灾情数据集。首先，通过对文献资料的整理，按年代顺序梳理历次洪涝灾害发生事件及灾情记录，形成1949~2018年雄安三县洪涝灾害年表。其次，依据各次洪涝灾害灾情记录的描述，区分洪涝灾害类型，提取受灾面积、成灾面积、倒塌房屋、死伤人口、受灾人口、经济损失等灾情数据，确定洪涝灾害的受灾情况，评估雄县、安新、容城三县历次洪涝灾害的影响程度，并以此划分等级。最后，确定雄安地区总体的洪涝灾害发生及其等级情况。在分析雄安地区发生洪涝灾害情况时，只要其中一县某年发生洪涝灾害，则认为雄安地区当年发生了洪涝灾害；在确定洪涝灾害影响等级时，如三县认定的某年洪涝灾害等级不一致，以三县中认定的最高等级为雄安地区该年的洪涝灾害等级。

洪涝灾害等级序列的确定，参考《洪涝灾情评估标准》（SL579-2012）划分为四个等级：特别重大洪涝灾害（4级）、重大洪涝灾害（3级）、较大洪涝灾害（2级）和一般洪涝灾害（1级）。由于历史文献只零星有倒塌房屋、死伤人口、受灾人口、经济损失等灾情数据，而农作物受灾面积或成灾面积则较为齐全，可以计算农作物受灾面积占当年耕地总面积比例。因此，本章主要以农作物受灾面积占当年耕地总面积比例为主要指标，辅之以其他洪涝灾害损失数据及具体描述，确定雄安三县历史年份洪涝灾害的灾情等级。农作物受灾面积占各县耕地总面积比例的具体阈值区间为：>60%为4级特别重大洪涝灾害、30%~60%为3级重大洪涝灾害、15%~30%为2级较大洪涝灾害、<15%为1级一般洪涝灾害（本研究忽略受灾面积很小的轻微灾害）。其中，如有成灾面积而无受灾面积的，按受灾面积大于等于成灾面积估算。此外，容城县1954年、1955年、1956年灾情缺少受灾面积和成灾面积，则根据洪涝灾害的具体描述予以估计。

2. 洪涝灾害的风险评估方法

本章重点关注的是气候变化下不同降水量指标对雄安新区洪涝灾害发生及其等级的影响。研究中的被解释变量分别为洪涝灾害是否发生和洪涝灾害等级，均为分类数据，故本章采用离散选择模型（或称定性反应模型）。首先，分别将不同降水量指标纳入模型进行单因素 logit 回归，通过计算洪涝灾害事件发生的预测准确度，找出导致洪涝灾害发生最直接的降水量指标；其次，将表征水利设施和地形特征的变量纳入模型，对比分析各变量对洪涝灾害发生及其等级的影响差异和边际效应；最后，据此利用 logit 模型的后估计方法，评估气候变化降水增量情景下洪涝灾害尤其是高等级洪涝灾害的发生风险。

## 二 洪涝灾害等级的时空特征及影响因素

### （一）洪涝灾害等级的时间变化特征

按照洪涝灾害等级序列划分标准，将雄安三县 1949~2018 年发生的洪涝灾害逐年进行等级划分，然后确定雄安新区总体的洪涝灾害等级（见图 3-1）。

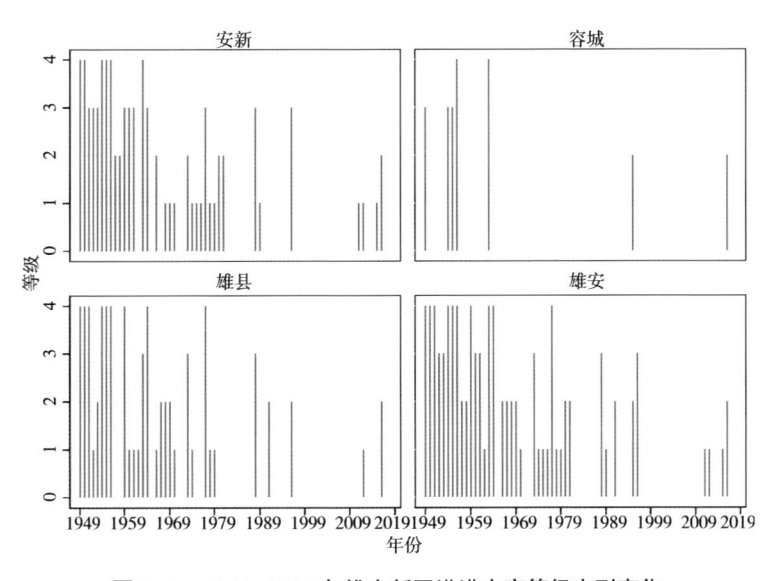

图 3-1　1949~2018 年雄安新区洪涝灾害等级序列变化

从总体发生特征来看，雄安地区 70 年中有 39 年发生过洪涝灾害，平均每 1.8 年发生 1 次。从洪涝灾害影响程度看，当年至少一县发生 4 级特大洪涝灾害 10 次，平均每 7 年发生 1 次，占年次数的 25.6%；3 级重大洪涝

灾害发生 7 次，占年次数的 17.9%；2 级较大洪涝灾害和 1 级一般洪涝灾害各发生 11 次，各占年次数的 28.2%。

从时间变化特征来看，雄安新区洪涝灾害发生频次和影响等级呈不断降低的趋势。按洪涝灾害发生频次分析，可以划分为 1949~1981 年和 1982~2018 年两个时段。

（1）1949~1981 年，洪涝灾害的发生频率高、影响等级大。这一时段雄安地区几乎年年有洪涝灾害发生，33 年中有 30 年发生洪涝灾害，仅 1965 年、1971 年和 1972 年未发生洪涝灾害，平均每 1.1 年一遇。其中，4 级特大洪涝灾害均发生在这一时期，平均每 3.3 年一遇。

（2）1982~2018 年，洪涝灾害的发生频率和影响等级明显降低。这一时段 37 年中有 9 年发生过洪涝灾害，每 4.1 年一遇。其中，以 1 级一般灾害居多，占年洪涝灾害次数的 44%；未发生 4 级特大洪涝。近 20 年来，雄安新区洪涝灾害的频率和等级则更低，1997~2010 年连续 14 年未曾有一县发生等级洪涝灾害。

### （二）洪涝灾害等级的空间分布特征

从空间差异特征来看，在雄安三县中安新、雄县洪涝灾害发生频次高，容城洪涝灾害发生频次低。1949~2018 年 70 年中，安新、雄县各发生洪涝灾害 35 次、29 次；安新发生频次高，平均每 2 年一遇；容城洪涝灾害明显较少，有记载的仅有 7 次，每 10 年一遇。同样分为 1949~1981 年和 1982~2018 年两个时段分析。

（1）1949~1981 年洪涝灾害发生频率高、灾情重。33 年中安新、雄县分别发生洪涝灾害 28 次、24 次，平均每 1.18 年、1.38 年一遇，且 4 级特大洪涝灾害占比高，分别发生了 6 次、9 次；容城发生洪涝灾害 5 次，均为 3 级和 4 级洪涝灾害。

（2）1982~2018 年洪涝灾害发生频率低、灾情普遍较轻。37 年中安新、雄县分别发生洪涝灾害 7 次、5 次，无 4 级特大洪涝灾害；容城仅发生洪涝灾害 2 次，且无 3 级和 4 级洪涝灾害。

### （三）洪涝灾害等级的类型特征

从洪涝灾害的类型看，雄安三县洪灾发生频次低于涝灾，但灾情等级

高；洪灾、涝灾的发生有明显的时间差异。1949~2018 年，雄县、安新、容城三县共发生 71 次县域洪涝灾害，其中洪灾 29 次、涝灾 42 次。洪灾所造成的灾情等级普遍较高，3 级重大洪灾、4 级特大洪灾分别发生 8 次、16 次。从空间分布特征看，安新、雄县发生洪灾次数多但少于本县涝灾，容城洪灾次数少但多于本县涝灾。

从时间分布特征看，洪灾主要发生在 1965 年以前。

（1）1949~1964 年三县共发生洪灾 22 次、涝灾 12 次，这一时间段的洪灾数量占全部洪灾数量的 76%，占此期间洪涝总数的 64.7%。这一时期，由于水利设施脆弱，大清河水系诸河流遇上游洪水，河道乃至白洋淀水位猛涨，多导致堤防决口，呈现"遇洪必重"的灾情特点。其中，1949 年、1954 年、1955 年、1956 年和 1963 年三县同时发生堤防决口而造成特大洪涝灾害。1963 年特大洪水后，在毛泽东同志"一定要根治海河"的号召下，政府对大清河水系进行了全面治理，此后雄安三县的洪水危害大为减轻。

（2）1965~2018 年洪涝灾害以涝灾为主，三县发生涝灾 30 次、洪灾 7 次。安新县 1968 年、1988 年、1996 年和 2012 年因上游河流洪水入白洋淀，导致淀区内农作物和水产养殖不同程度受灾。这一时期，即使遇大的洪水也很少发生堤防决口情况，仅有 2 次决口或溢洪、1 次分洪的灾情记录。雄县 1977 年分洪道溢洪导致"44 万亩积水，冲毁桥涵闸坝百余座，损坏机井505 眼，倒塌房屋 6416 间"[①]；容城县 1995 年 8 月"萍河水位上涨，河道堵塞，堤防决口"[②]；1996 年雄县分洪道分洪"致使分洪道内 8 万亩大秋作物绝收"[③]。

### （四）影响洪涝灾害发生及程度的因素

雄安地区所属的气候类型和所处的地理环境决定了雄安三县是历史上洪涝灾害的多发区，而水利建设状况直接影响灾害发生及其灾情的严重程度。

气象因素。雄安地区属暖温带大陆性季风气候。自设立气象观测站点以来，三县混合平均年降水量仅为 498.7mm，但降水变率大，年极端最大

---

① 雄县水利志编纂委员会. 雄县水利志 [M]. 北京：中国社会出版社，1994.
② 容城县地方志编纂委员会. 容城县志：1990—2010[M]. 北京：九州出版社，2018.
③ 雄县地方志编纂委员会. 雄县志：1990—2012[M]. 石家庄：河北人民出版社，2018.

降水量为 941.7mm（1988 年安新），极端最小降水量为 193.3mm（1968 年安新）；而且降水主要集中于夏秋两季，6~9 月降水量约占全年的 80%，特别是 7 月下旬到 8 月上旬，易产生引发洪涝灾害的气象条件。

地形因素。雄安新区处在大清河水系冲积扇上，属太行山麓平原向冲积平原的过渡带，总地势自西北向东南略有倾斜，西北较高，东南略低，地势平缓，多低洼地，易发生洪涝水患。其中，安新县地面自然坡度比为 1∶2000，西半部最高海拔 10m，东半部最低海拔 5.5m；雄县地势坡度比一般为 1∶5000，海拔高度 7~14m；容城县自然纵坡 1‰ 左右，海拔标高 7~19m。三县平均海拔以容城最高，雄县次之，安新最低。从地形条件来看，洪涝灾害发生的风险安新最高、雄县次之、容城最低。

水利因素。雄安新区属海河流域，境内白洋淀为大清河水系中游缓洪、滞沥的大型平原洼淀，承接大清河水系南支潴龙河、唐河、府河、漕河、瀑河、萍河、孝义河及大清河北支白沟引河等八条河流的洪沥水，河道和淀周堤防的防洪能力对洪涝灾害的发生有很大的影响。历史上特大洪涝灾情均是洪水使河道或淀周堤防决口导致的。在 20 世纪 60 年代中期大力开展水利工程建设以后，雄安三县再未发生特大洪涝灾害。由此可见，防洪排涝设施的建设状况在很大程度上决定了雄安新区洪涝灾害的发生及其灾情等级。

流域因素。雄安新区洪涝灾害除受本地气象、地形和水利等因素影响外，还受到流域性上述诸因素的影响，特别是受到白洋淀上游诸条河流夏季洪水的威胁。除本地极端降水外，白洋淀上游地区的强降水经常导致雄安地区境内河流水位猛涨，从而大大增加雄安地区发生洪涝灾害的风险。其中 1956 年、1963 年和 1996 年最为典型。"1956、1963 年境内降雨量仅 600mm 左右，大清河仍出现洪水猛涨，堤防溃决，造成大面积涝灾。"[①] 其主要致灾因素在于白洋淀上游地区极端降水情况的发生。随着水利工程的大规模建设，白洋淀上游九河上兴修了大大小小 100 多座水库，总库容约 36 亿 m³。雄安地区洪涝灾害在 20 世纪七八十年代后大为减轻的一个重要原因，是上游水库在汛期起到了调蓄洪水的作用。

---

① 雄县县志编纂委员会 . 雄县志 [M]. 北京 : 中国社会科学出版社 , 1992.

## 三 气候变化下雄安新区洪涝灾害的风险评估

### （一）数据和描述性统计

本研究有两个被解释变量：洪涝灾害发生与否（disaster）和洪涝灾害影响等级（grade）。洪涝灾害发生与否变量（disaster）为二分类数据，某年某县发生了洪涝灾害为 1，未发生为 0。洪涝灾害等级变量（grade）为有序多分类数据，表示洪涝灾害的影响程度，某年某县未发生洪涝灾害为 0，发生 1 级一般洪涝灾害（受灾面积比例 <15%）为 1，发生 2 级较大洪涝灾害（受灾面积比例为 15%~30%）为 2，发生 3 级重大洪涝灾害（受灾面积比例为 30%~60%）为 3，发生 4 级特大洪涝灾害（受灾面积比例 >60%）为 4。数据来自本研究所整理的雄安三县 1949~2018 年洪涝灾害灾情数据集。

本研究的核心解释变量为降水量。洪涝灾害的发生根本上是由降水导致的，只有当流域或者区域面雨量达到某一临界条件时才会出现。[①] 其中既可能由短时间的强降水（如某日或某连续降水）造成，本章选择年内最大日降水量（maxday）、最大连续降水量（maxcont）指标；也可能由一段时间内降水过多造成，选择主汛期（7 月 10 日 ~8 月 10 日）降水量（period）、最大月降水量（maxmonth）、7~8 月降水量（jul-aug）和年降水量（annual）指标。由于雄安三县建立地面气象站时间不同，所以所获得的降水量数据起始年份并不一致。安新县的降水量数据自 1960 年起，容城县的降水数据自 1968 年起，雄县的降水数据自 1974 年起。

洪涝灾害的发生及其等级与水利设施的建设状况有很大关系。1963 年海河流域特大水灾发生后，河北省制定了治理海河的"两个十年"规划。第一个十年，即从 1964 年到 1973 年，工程重点放在中下游防洪河道和排沥骨干河道治理方面；第二个十年，即 1974 年到 1983 年，续建、新建、扩建、加固大中型水库，提高防洪安全标准；扩建排渠，提高除涝标准。[②] 雄安三县的地方志也记载了具体的水利建设过程和标准。据此，本章以水利设施建设阶段的划分，设定表征水利设施状况变化的虚拟变量"水利设

① 周月华，彭涛，史瑞琴. 我国暴雨洪涝灾害风险评估研究进展 [J]. 暴雨灾害，2019, 38(5): 494–501.
② 冉世民. 根治海河："治水大军"用奋斗成就梦想 [N]. 河北日报，2018–05–31(11).

施水平"（*facilities*），即 1964 年以前为 1、1964~1973 年为 2、1974~1983 年为 3、1984 年以后为 4。现阶段的水利设施水平为河道防洪标准 10~20 年一遇、除涝标准 5~10 年一遇。

此外，还有表征境内河流汛期洪水和三县地形特征的控制变量。从历史情况看，雄安新区洪涝灾害的发生及其等级不仅与本地降水情况有关，而且还与大清河水系上游地区降水所引起过境洪水有关，故选取虚拟变量"是否因洪致灾"（*flood*）。如果某次洪涝灾害主要由河流洪水泛滥造成，则"是否因洪致灾"（*flood*）变量取值为 1，否则为 0。此变量用于考查洪水对洪涝灾害等级的影响。同时，洪涝灾害的发生与当地的地形地貌状况也有很大关系，故选择三县海拔高度（*altitude*）和地形坡度比（*slope*）表示区域的个体特征。下面是样本变量描述性统计特征（见表 3-1）。

表 3-1　本研究各样本变量的描述性统计特征

| 变量名称 | 单位（取值） | 观测数 | 均值 | 标准差 | 最小值 | 最大值 |
|---|---|---|---|---|---|---|
| 洪涝灾害发生与否 | （0，1） | 210 | 0.34 | 0.474 | 0 | 1 |
| 洪涝灾害影响等级 | （0，1，2，3，4） | 210 | 0.81 | 1.320 | 0 | 4 |
| 最大日降水量 | 10mm | 155 | 7.30 | 3.792 | 1.87 | 26.34 |
| 最大连续降水量 | 10mm | 155 | 9.82 | 5.017 | 2.66 | 30.67 |
| 主汛期降水量 | 10mm | 155 | 17.42 | 9.894 | 2.49 | 43.10 |
| 最大月降水量 | 10mm | 155 | 18.21 | 8.133 | 4.51 | 43.31 |
| 7、8 月降水量 | 10mm | 155 | 28.59 | 12.610 | 8.26 | 68.34 |
| 年降水量 | 10mm | 155 | 49.87 | 15.846 | 19.33 | 94.17 |
| 水利设施水平 | （1，2，3，4） | 210 | 2.93 | 1.226 | 1 | 4 |
| 是否因洪致灾 | （0，1） | 210 | 0.14 | 0.346 | 0 | 1 |
| 海拔高度 | m | 210 | 10.42 | 2.149 | 7.75 | 13 |
| 地形坡度比 | 1/1000 | 210 | 0.57 | 0.331 | 0.2 | 1 |

## （二）模型设定与估计方法

采用概率估计和回归模型，利用历史上洪涝灾情资料和相关气象数据评估研究区域的风险，是暴雨洪涝灾害风险分析的基本方法之一。[①] 洪涝灾

---

[①]　黄崇福，郭君，艾福利，吴彤．洪涝灾害风险分析的基本范式及其应用 [J]. 自然灾害学报，2013，22(4)：11~23.

害发生与否是一个二值反应变量，故采用二分类 Logit 模型进行分析。模型设定如下：

$$\log \frac{P}{1-P} = \alpha_0 + \beta_1 rain + \beta_2 facilities + \beta_3 X_i \tag{1}$$

模型假定洪涝灾害发生与否的概率函数为"逻辑分布"的累积分布函数，则

$$P = P(disaster = 1) = \frac{\exp(\beta_0 + \beta_1 rain + \beta_2 facilities + \beta_3 X_i)}{1 + \exp(\beta_0 + \beta_1 rain + \beta_2 facilities + \beta_3 X_i)} \tag{2}$$

其中，$P$ 为雄安地区发生洪涝灾害的概率，$P/(1-P)$ 则表示洪涝灾害的发生比即洪涝灾害发生与不发生的概率之比；$rain$ 为最大日降水量、最大连续降水量、最大月降水量、主汛期降水量、7~8 月降水量、年降水量等各降水指标变量；$facilities$ 为水利设施水平变量；$X_i$ 为表征个体特征的其他控制变量，如海拔高度、地形坡度比。

洪涝灾害影响等级属于等级分类变量（未发生为 0、一般为 1、较大为 2、重大为 3、特大为 4），采用有序 Logit 模型进行分析。模型一般形式如下：

$$\log\left[\frac{P(y_i \leq j)}{1 - P(y_i \leq j)}\right] = \alpha_j - \beta x_i \tag{3}$$

通过有序 Logit 模型能够计算出累计发生风险，即：

$$P(y_i \leq j | x_i) = \frac{\exp(\alpha_j - \beta x_i)}{1 + \exp(\alpha_j - \beta x_i)} \tag{4}$$

对特定的 $y_i$ 的预测为：

$$P(y_i = j | x_i) = \frac{\exp(\alpha_j - \beta x_i)}{1 + \exp(\alpha_j - \beta x_i)} - \frac{\exp(\alpha_{j-1} - \beta x_i)}{1 + \exp(\alpha_{j-1} - \beta x_i)} \quad (5)$$

出于简化表达形式的目的，式中用 $y$ 代表被解释变量"洪涝灾害影响等级"，$x_i$ 代表各解释变量；$P$ 表示在 $x_i$ 条件下的条件概率；$\alpha_j$ 是模型的截距项，代表有 $j$–1 个取值的常数项，可视为基准累计发生风险；而 β 则是与 $x_i$ 相对应的一组回归系数。

有序 Logit 模型将 $y$ 变量的多个分类拆分成多个二分类 Logistic 回归，在这些二分类 Logistic 回归中，除截距项 $\alpha_j$ 外的系数 β 均相等。因此有序 Logit 模型需满足比例优势假定，它也被称为比例优势模型。本章在不确定这一假定是否成立的情况下，同时为了能够更清楚地分析高等级洪涝灾害发生的风险，将"洪涝灾害影响等级"变量的分类进行合并（即较高等级洪涝灾害为 1、较低及未发生为 0），直接将其转换成新的二分类 Logit 模型进行分析。模型设定如下：

$$\log \frac{P}{1-P} = \alpha_0 + \beta_1 rain + \beta_2 facilities + \beta_3 flood \quad (6)$$

其中，加入虚拟变量 *flood*，即"是否因洪致灾"。

## （三）洪涝灾害事件发生的风险评估

将洪涝灾害发生与否作为被解释变量，通过二分类 Logit 模型评估雄安新区洪涝灾害发生的风险。

首先，分别将不同降水量指标纳入模型进行单因素 Logit 回归，并计算洪涝灾害发生的预测准确度。按二分类 Logit 预测的一般标准，若发生概率的预测值 ≥ 0.5，则认为其预测结果事件发生；反之，则认为不发生。将预测值与样本数据实际值比较，得到正确预测的准确度，从而找出引发洪涝最直接的降水量指标。

洪水致灾并不完全取决于本地降水，更多的是由上游地区降水引起的河道洪水在本地泛滥所造成，所以在分析过程对此进行了区分。单因素 Logit 估计的结果显示（见表 3–2）：不同降水变量的单因素 Logit 模型有较

好的拟合优度，各降水量变量在1%水平上显著，且能较好地预测洪涝灾害事件发生与否的概率。强降水指标变量（最大日降水量或最大连续降水量）对是否发生洪涝灾害的影响，明显大于区间降水指标变量，且预测准确度也高于区间降水量变量，表明强降水是洪涝灾害发生最主要的原因。在强降水指标中，最大日降水量的影响略大于最大连续降水量，与洪涝灾害事件发生概率的预测准确度基本一致。在区间降水量指标中，主汛期降水量和最大月降水量的影响较大，且模型的预测准确度相对较高。

对比全部样本与剔除洪灾样本的结果，剔除洪灾样本的预测准确度均有所提高，但模型拟合度、回归系数和平均边际效应均有所下降。这是因为本地降水，一是会增加洪水致灾的概率和影响；二是即使洪水未泛滥成灾，但如果河道水位居高不下、区域内积水无法排出（俗称"关门涝"），本地降水的影响必然会增加。

表 3-2　以各降水量指标为单因素的估计结果

| 项目 | 最大日降水量 | 最大连续降水量 | 主汛期降水量 | 最大月降水量 | 7~8月降水量 | 年降水量 |
|---|---|---|---|---|---|---|
| 全部观测样本（155） | | | | | | |
| 回归系数 | 0.2522*** | 0.2229*** | 0.1253*** | 0.1260*** | 0.0783*** | 0.0479*** |
| | (0.0229) | (0.0547) | (0.0170) | (0.0257) | (0.0191) | (0.0113) |
| 边际效应 | 0.0366*** | 0.0308*** | 0.0166*** | 0.0179** | 0.0113** | 0.0075** |
| | (0.0116) | (0.0108) | (0.0045) | (0.0071) | (0.0049) | (0.0031) |
| 准 $R^2$ | 0.1415 | 0.1793 | 0.2131 | 0.1603 | 0.1525 | 0.0935 |
| 预测准确度 | 81.29% | 81.94% | 81.29% | 79.35% | 78.06% | 77.42% |
| 剔除洪灾样本（147） | | | | | | |
| 回归系数 | 0.2266*** | 0.2066*** | 0.1241*** | 0.1164*** | 0.0752*** | 0.0458*** |
| | (0.0145) | (0.0485) | (0.0312) | (0.0161) | (0.0231) | (0.0150) |
| 边际效应 | 0.0291*** | 0.0258*** | 0.0143*** | 0.0155*** | 0.0096*** | 0.0063*** |
| | (0.0111) | (0.0109) | (0.0052) | (0.0078) | (0.0055) | (0.0038) |
| 准 $R^2$ | 0.1230 | 0.1501 | 0.1707 | 0.1504 | 0.1351 | 0.0790 |
| 预测准确度 | 85.03% | 85.03% | 82.31% | 82.31% | 78.91% | 80.95% |

注：括号内为县域层面的聚类稳健标准误；***、** 分别表示在1%、5%水平上显著。下同。

　　其次，采用剔除洪灾后的样本，纳入表征水利设施水平和表征个体特征的控制变量，分析不同降水量指标对内涝灾害发生的影响程度。不同时间尺度的降水量指标存在很大的相关性，特别是强降水指标（最大日降水量和最大连续降水量）之间、区间降水指标（主汛期降水量、最大月降水量、7~8月降水量和年降水量）之间高度相关，同时纳入模型中将产生多重共线性的问题。通过逐步回归分析后发现（见表3-3）：最大日降水量和主汛期降水量、最大连续降水量和主汛期降水量两个变量组合，经 VIF 检验不存在共线性问题，模型的拟合度较好且洪涝灾害事件发生概率的预测准确度高；两个模型对主汛期降水量、水利设施水平、海拔高度和地形坡度比的估计结果仅有很小的差异，连续最大降水量对内涝灾害发生的影响略高于最大日降水量。

　　表3-3 的估计结果显示：1960~2018 年最大日降水量、最大连续降水量、主汛期降水量和水利设施水平以及个体地形因素变量均在1% 水平上显著。其中，最大日降水量、最大连续降水量和主汛期降水量系数为正，表明这三个降水量指标直接影响洪涝灾害的发生；水利设施水平系数为负，表明洪涝灾害发生的概率随水利设施建设的不断推进而降低；此外，海拔高度、地形坡度比系数为负，表明地形因素对洪涝灾害的发生有很大影响，海拔高度越高、地形坡度比越大，发生洪涝灾害的风险越低。

表 3-3　不同因素对雄安地区内涝灾害发生的影响估计

|  | （1）1960~2018 年 |  | （2）1968~2018 年 |  | （3）1974~2018 年 |  |
|---|---|---|---|---|---|---|
| 最大日降水量 | 0.1827*** |  | 0.1960*** |  | 0.2845*** |  |
|  | (0.0680) |  | (0.0654) |  | (0.0913) |  |
| 最大连续降水量 |  | 0.2112*** |  | 0.2297*** |  | 0.2936*** |
|  |  | (0.0597) |  | (0.0516) |  | (0.0483) |
| 主汛期降水量 | 0.0994*** | 0.0738*** | 0.0944** | 0.0655** | 0.0950 | 0.0619 |
|  | (0.0317) | (0.0197) | (0.0396) | (0.0276) | (0.0581) | (0.0430) |
| 水利设施水平 | −1.2563*** | −1.2000*** | −1.8062*** | −1.7066*** | −3.3068*** | −2.9869*** |
|  | (0.2823) | (0.2704) | (0.4616) | (0.5084) | (0.4705) | (0.6026) |
| 海拔高度 | −0.5125*** | −0.5637*** | −0.5877*** | −0.6342*** | −0.6015*** | −0.6428*** |
|  | (0.0261) | (0.0459) | (0.0653) | (0.0704) | (0.0674) | (0.0617) |

续表

| | （1）1960~2018 年 | | （2）1968~2018 年 | | （3）1974~2018 年 | |
|---|---|---|---|---|---|---|
| 地形坡度比 | −2.3152*** | −2.2384*** | −2.6802*** | −2.5941*** | −1.7433*** | −1.7773*** |
| | (0.2621) | (0.2960) | (0.3383) | (0.4896) | (0.1586) | (0.0553) |
| 常数项 | 5.3733*** | 5.3113*** | 8.2545*** | 7.9577*** | 12.8350*** | 11.8362*** |
| | (0.7966) | (0.7217) | (1.9668) | (2.1099) | (2.1683) | (2.5693) |
| 观测样本数 | 147 | 147 | 140 | 140 | 129 | 129 |
| 准 $R^2$ | 0.4482 | 0.4609 | 0.4453 | 0.4563 | 0.4990 | 0.4986 |
| 预测准确度 | 89.12% | 90.48% | 91.43% | 90.71% | 91.47% | 91.47% |

由于最大日降水量是气象观测和研究最常用的降水量指标，本章以下主要以含最大日降水量的模型进行说明。回归系数不便于直接解释各变量变化对洪涝灾害事件发生的相对风险，故将其转换为 OR 值（Odds Ratio，又称发生比、几率比）。在各自控制其他变量的情况下，最大日降水量、主汛期降水量每增加 10 毫米，发生内涝灾害的概率分别是不发生内涝灾害的 1.20 倍（$Exp^{0.1827}=1.20$，$p<0.01$）、1.10 倍（$Exp^{0.0994}=1.10$，$p<0.01$）；而随着水利设施建设的不断推进，某一阶段内涝灾害发生的风险仅为之前的 0.28 倍（$Exp^{-1.2563}=0.28$，$p<0.01$）。

由于地形因素的影响，雄安三县洪涝灾害发生概率具有明显的区域差异。通过对区域异质性的估计发现：安新发生内涝灾害的风险最高，雄县发生内涝灾害的概率为安新的 0.49 倍，容城仅为安新的 0.02 倍。

本章还对不同时间起点的样本数据进行了估计。除 1960~2018 年观测样本外，本章按照三县气象站建站时间差异，分别对 1968~2018 年和 1974~2018年两个时间段样本组进行了估计。不同样本组的模型估计结果，模型拟合度和预测准确度略有差异但变化不大；最大日降水量、最大连续降水量的影响逐步略增，主汛期降水量的影响逐步略减，而水利设施的作用不断增强。

进一步地，为了更明确地解释各变量的影响，计算各解释变量对洪涝灾害事件发生的平均边际效应，即某一解释变量变动一个单位，洪涝灾害发生的平均概率如何变化。由 1960~2018 年剔除洪灾样本的估计结果可见（见表3-4）：最大日降水量、主汛期降水量每增加 10 毫米，发生洪涝灾害的平均预测概率将分别增加 1.46 个百分点、0.79 个百分点；而随着水利设施建设的

不断推进，某一阶段发生洪涝灾害的平均预测概率将比之前减少 10.03 个百分点。从不同时间段样本组估计的平均边际效应看，最大日降水量、主汛期降水量的变化很小；但水利设施水平的变化明显，1974~2018 年平均边际效应是 1960~2018 年的 2 倍多，表明水利设施防洪防涝的能力不断提升。此外，从个体分组的平均边际效应看，最大日降水量、主汛期降水量对安新县是否发生洪涝灾害的平均边际效应最大，对容城县的边际影响最低；同样，水利设施建设对降低安新县发生洪涝灾害风险的边际效果也最为明显。

表 3-4　分组估计的平均边际效应

| 项目 | 1960~2018 年 | 1968~2018 年 | 1974~2018 年 | 安新 | 雄县 | 容城 |
|---|---|---|---|---|---|---|
| 最大日降水量 | 0.0146*** | 0.0147*** | 0.0185*** | 0.0234** | 0.0189*** | 0.0042*** |
|  | (0.0057) | (0.0057) | (0.0067) | (0.0094) | (0.0071) | (0.0014) |
| 主汛期降水量 | 0.0079*** | 0.0071*** | 0.0062* | 0.0127*** | 0.0103*** | 0.0023*** |
|  | (0.0019) | (0.0021) | (0.0035) | (0.0027) | (0.0026) | (0.0007) |
| 水利设施水平 | −0.1003*** | −0.1356*** | −0.2151*** | −0.1608*** | −0.1302*** | −0.0288*** |
|  | (0.0130) | (0.0242) | (0.0323) | (0.0178) | (0.0192) | (0.0063) |
| 观测样本数 | 147 | 140 | 129 | 147 | 147 | 147 |

最后，利用 Logit 模型的后估计方法，推测气候变化情景下雄安新区内涝灾害发生的可能性。国家气候中心课题组《雄安新区未来气候变化及气候风险评估报告》（2018）预测的中等排放情景（RCP4.5）下未来气候变化情况：21 世纪近期（2026~2045 年），相对于 1986~2005 年雄安新区夏季平均降水增加值大都在 5%~10%，集合平均的雄安新区在 5.5%，年平均降水与夏季降水变化较为一致；*RX5day*（最大 5 日降水量）变化较小，增加 1.0%；R95P（大于基准期内 95% 分位点的日降水量总和）变化值为 34.1%。吴婕等[①] 所进行的 RCP4.5（典型浓度路径）中等排放情景下气候变化模拟结果也得出：未来年平均降水将有所增加，21 世纪中期雄安新区的增加值为 8% 左右（±10%）；冬季降水相对增加较多（25% 左右），其他季节的增加值一般在 10% 以内；降水极端指数 *RX1day*（最大日降水量）

---

① 吴婕，高学杰，徐影. RegCM4 模式对雄安及周边区域气候变化的集合预估 [J]. 大气科学，2018，42(3): 696–705.

未来也将增加，且数值大于平均降水的增加，雄安新区的增加值为 16% 左右（±16%）。综合两者比较一致的预测结果，可以大致推算本章所关心的三个降水量指标的预测变化：最大日降水量增加 15%~30%，最大连续降水量基本不变（增加 1%），主汛期降水量增加 5%~10%。

不同时期水利设施状况与洪涝灾害的发生密切相关，这里所关注的是现阶段水利设施水平下的可能性。基于 Logit 模型和 1960~2018 年的观测样本，本章估计了随着最大日降水量、主汛期降水量的变化，雄安新区发生涝灾的预测概率变化。由于洪涝灾害主要关心的是极端天气气候事件，表 3-5 主要汇报最大日降水量增加 30%、主汛期降水量均值增加 10% 情景下内涝灾害发生的预测概率。

可以得出以下结果。

（1）在现有水利设施条件下，当前即使最大日降水量达到 100 年一遇（208.0mm），雄安新区（均值状态）也不大可能发生涝灾；而如果最大日降水量达到有记录的最大值（263.4mm），则可能会发生内涝灾害（预测概率均值大于 0.5）。但分县来看，安新县遭受 50 年一遇（177.1mm）、雄县遭受 100 年一遇（208.0mm）的极端降水时可能发生内涝。

（2）在水利设施条件不变、主汛期降水量均值增加 10% 的情况下，如果再遭受 230.2mm（相当于现 50 年一遇最大日降水量增加 30%）以上极端降水时，雄安新区（均值状态）可能会发生内涝灾害。其中，安新遭受 160mm（相当于现 20 年一遇最大日降水量增加 30%）、雄县遭受 200mm（相当于 30 年一遇最大日降水量增加 30%）以上极端降水时就可能发生内涝灾害；容城即使现降水极值再增加 30%，也不大可能发生内涝灾害。

表 3-5　气候变化情景下内涝预期发生概率（现有水利设施条件）

| 重现期 | 10 年一遇 | 20 年一遇 | 30 年一遇 | 50 年一遇 | 100 年一遇 | 样本极值 |
|---|---|---|---|---|---|---|
| 现在（主汛期降水量在均值处 174.2mm）： | | | | | | |
| （降水量） | （117.8mm） | （141.5mm） | （157.0mm） | （177.1mm） | （208.0mm） | （263.4mm） |
| 雄安 | 0.1581*** | 0.2153** | 0.2580** | 0.3179** | 0.4134** | 0.5680*** |
| 安新 | 0.2898*** | 0.3863*** | 0.4552*** | 0.5467*** | 0.6797*** | 0.8528*** |
| 雄县 | 0.1665*** | 0.2355** | 0.2902** | 0.3712** | 0.5094** | 0.7408*** |
| 容城 | 0.0086* | 0.0132 | 0.0175 | 0.0251 | 0.0433 | 0.1107 |

续表

| 重现期 | 10 年一遇 | 20 年一遇 | 30 年一遇 | 50 年一遇 | 100 年一遇 | 样本极值 |
|---|---|---|---|---|---|---|
| 主汛期降水量均值增加 10%（191.6mm）、最大日降水量增加 30%: | | | | | | |
| （降水量） | （153.1mm） | （184.0mm） | （204.1mm） | （230.2mm） | （270.4mm） | （342.4mm） |
| 雄安 | 0.2742*** | 0.3686*** | 0.4303*** | 0.5059*** | 0.6073*** | 0.7599*** |
| 安新 | 0.4805*** | 0.6193*** | 0.7014*** | 0.7910*** | 0.8875*** | 0.9671*** |
| 雄县 | 0.3116** | 0.4432*** | 0.5348** | 0.6494** | 0.7943*** | 0.9350*** |
| 容城 | 0.0193 | 0.0335 | 0.0477 | 0.0747 | 0.1440 | 0.3854 |

注：①重现期 T 年一遇面雨量数据来自《雄安新区未来气候变化及气候风险评估报告》（2018），是将 1974~2017 年雄安新区三县气象站日降水量算术平均值作为其当日面降水量，采用 Gen.Exteme Value 函数拟合估计。②样本均值、极值降水量分别为 1960~2018 年三个气象站历年最大日降水量的平均值和最大值。

### （四）发生高等级洪涝灾害的风险评估

相较于是否发生洪涝灾害，我们更关心雄安新区发生高影响等级洪涝灾害事件的风险。对此，本章进一步将洪涝灾害等级变量作为被解释变量，考察不同等级洪涝灾害事件的发生概率。此时，加入是否因洪致灾变量，以考察上游洪水对雄安新区洪涝灾害等级的影响。

有序多分类 Logit 模型必须满足比例优势假定条件，而当洪涝灾害等级变量划分为 5 个等级分类时，经检验，多数自变量不满足这一假定条件。本章采取以下三种方式合并洪涝灾害等级分类进行估计：一是将受灾面积大于 30% 的洪涝灾害等级合并（即 2 级及以上洪涝灾害合并分类为 2、1 级洪涝灾害为 1、未发生洪涝灾害为 0），重新设定洪涝灾害等级变量（grade1），经检验，模型满足比例优势假定条件，可采用有序 Logit 模型。二是将受灾面积是否大于 15% 作为分类标准（2 级及以上洪涝灾害为 1、以下为 0），生成新的二分类洪涝灾害等级变量（grade2），采用二分类 Logit 模型。三是将受灾面积是否大于 30% 作为分类标准（3 级及以上洪涝灾害为 1、以下为 0），生成另一种洪涝灾害等级分类（grade3），也采用二分类 Logit 模型。

为保证估计结果的稳健性，本章考虑了可能会因有限样本和稀有事件而存在的偏差问题。在按照等级划分的洪涝灾害中，较高等级洪涝灾害发生频次较低（2 级以上占 12.26%、3 级以上占 5.81%）。尽管并不十分少见，

但在有限样本容量下，则可能放大有限样本偏差的影响。对此，本章采取两种方法解决有限样本和稀有事件偏差。[1] 方法一是使用 King 和 Zeng 针对稀有事件和有限样本提出的偏差修正估计 logit 模型；[2] 方法二是使用非对称的补对数 – 对数模型，该模型使用极值分布，相较于逻辑分布的原点对称，事件发生概率趋于 1 的速度快于趋于 0 的速度，适用于二值因变量中一个结果相对于另一个结果很少的情况。

表 3-6 采用不同估计方法分别对三种洪涝灾害等级分类的被解释变量进行回归。从回归（5）~（10）的结果可以看出，不同方法得到的估计系数有所差异，补对数 – 对数、稀有事件偏差修正 Logit 回归的标准误比普通 Logit 回归有所下降，变量的显著性基本没变，模型均通过了 1% 水平上的显著性检验，因此能够得到稳健的结果。有序多分类 Logit 回归（4）的总体预测准确度相对较低，二分类普通 Logit、稀有事件偏差修正 Logit、补对数 – 对数模型回归的总体预测准确度较高且相差不大。同时，考虑到结果的可理解性和可应用性，本章主要按二分类洪涝灾害等级模型的估计结果进行分析。

表 3-6　不同等级分类洪涝灾害事件发生的估计结果

| 项目 | *grade1* (4) 有序 Logit | *grade2*：2 级及以上洪涝灾害为 1 | | | *grade3*：3 级及以上洪涝灾害为 1 | | |
|---|---|---|---|---|---|---|---|
| | | (5) 普通 Logit | (6) 稀有事件 Logit | (7) 补对数 – 对数 | (8) 普通 Logit | (9) 稀有事件 Logit | (10) 补对数 – 对数 |
| 最大日降水量 | 0.2229*** | 0.3260*** | 0.2903*** | 0.2523*** | −0.0155 | 0.0246 | 0.0105 |
| | (0.0753) | (0.1124) | (0.1089) | (0.0878) | (0.1182) | (0.1145) | (0.1003) |
| 主汛期降水量 | 0.0908*** | 0.0717 | 0.0649 | 0.0708* | 0.2622*** | 0.1825*** | 0.2154*** |
| | (0.0320) | (0.0601) | (0.0582) | (0.0410) | (0.0684) | (0.0663) | (0.0539) |
| 水利设施水平 | −1.2118*** | −1.2335*** | −1.1074*** | −1.0295*** | −1.9180*** | −1.3694* | −1.6557*** |
| | (0.2991) | (0.3922) | (0.3800) | (0.2830) | (0.7335) | (0.7106) | (0.6368) |
| 是否因洪致灾 | 3.5000*** | 3.4155*** | 3.0005*** | 2.7338*** | 3.1772** | 2.5827* | 2.5739** |
| | (0.9576) | (1.1753) | (1.1386) | (0.6948) | (1.5878) | (1.5381) | (1.1970) |
| 常数项 | | −2.8794 | −2.6227 | −2.9434*** | −4.1707** | −3.4408** | −3.9492*** |
| | | (1.7573) | (1.7024) | (1.1004) | (1.7833) | (1.7275) | (1.5191) |
| 准 $R^2$ | 0.3676 | 0.5122 | | | 0.6319 | | |
| 预测准确度 /% | 84.52 | 94.19 | 93.54 | 92.90 | 96.13 | 96.77 | 96.77 |

注：括号内为稳健标准误；***、**、* 分别表示在 1%、5%、10% 水平上显著。下同。

---

[1]　陈强. 高级计量经济学及 Stata 应用 ( 第二版 )[M]. 北京 : 高等教育出版社 , 2014: 180–182.
[2]　KING G, ZENG L. Logistic regression in rare events data [J]. Political analysis, 2001, 9(2): 137–163.

不论采取何种等级分类方式，因洪致灾都是导致高等级洪涝灾害事件发生的最主要原因。在控制其他变量的情况下，因洪致灾将使高等级洪涝灾害事件发生的风险急剧上升。具体以普通二分类 Logit 的回归结果看，发生 2 级及以上洪涝灾害等级的概率是 2 级以下洪涝灾害等级的 30.4 倍（$Exp^{3.4155}=30.4$，$p<0.01$），发生 3 级及以上洪涝灾害等级的概率是 3 级以下洪涝灾害等级的 24 倍（$Exp^{3.1772}=24$，$p<0.05$）。总之，因洪致灾是雄安新区发生高等级洪涝灾害的决定性因素。

最大日降水量、主汛期降水量对不同方式划分的高等级洪涝灾害事件发生的影响有所差异。从有序多分类 Logit 模型（4）的回归结果看，最大日降水量、主汛期降水量均对较高等级洪涝灾害的发生有显著性影响。从二分类模型（5）~（10）的回归结果看，具体到 2 级及以上、3 级及以上等级洪涝灾害有明显差异。最大日降水量对 2 级及以上洪涝灾害事件的影响显著，但对 3 级及以上洪涝灾害事件不显著。主汛期降水量对 2 级及以上洪涝灾害事件的影响基本不显著，但对 3 级及以上洪涝灾害事件显著。也就是说，除因上游洪水致灾外，最大日降水量不大可能导致 3 级及以上洪涝灾害的发生；但如果主汛期降水过多，则会增加 3 级重大和 4 级特大洪涝灾害的发生概率。

水利设施对控制高等级洪涝灾害的发生具有很大作用。不管采取何种等级分类方式，水利设施水平变量均显著为负，显示随着水利设施建设的不断推进，较高的水利设施建设水平能有效降低高等级洪涝灾害的发生概率。模型（5）的估计结果显示：水利设施建设某一阶段发生 2 级及以上洪涝灾害事件的概率，仅为前一阶段的 0.29 倍（$Exp^{-1.2335}=0.29$，$p<0.01$）。模型（8）的估计结果则表明：水利设施建设某一阶段发生 3 级及以上洪涝灾害事件的概率，则会进一步降低到前一阶段的 0.15 倍（$Exp^{-1.9180}=0.15$，$p<0.01$）。

进一步地，分别估计各解释变量对于 2 级及以上、3 级及以上洪涝灾害发生的边际影响。通过对模型（5）~（7）、（8）~（10）回归结果的综合研判，对于 2 级及以上洪涝灾害事件，普通 Logit 模型优于另两个模型；对于 3 级及以上洪涝灾害事件，补对数 - 对数模型优于其他模型。尽管三个模型估计出来的边际效应相差不大，但为稳妥起见，本章利用普通 Logit 模型（5）、补对数 - 对数模型（10）分别估计各解释变量对于 2 级及以上、

3 级及以上洪涝灾害事件发生的平均边际效应（见表 3-7）。

表 3-7 平均边际效应的估计结果显示如下。

（1）对于 2 级及以上洪涝灾害，最大日降水量的边际影响较大；每增加 10mm，发生 2 级及以上洪涝灾害的平均概率将增加 1.70%。

（2）对于 3 级及以上洪涝灾害，主汛期降水量的边际影响较大；每增加 10mm，发生 3 级及以上洪涝灾害的平均概率将增加 0.55%。

（3）因洪致灾是较高等级洪涝灾害发生的重要原因，如果因河流上游来水造成洪水泛滥，发生 2 级及以上、3 级及以上洪涝灾害的平均概率将分别增加 17.87%、6.56%。

（4）水利设施建设的作用也很明显，水利设施水平每一阶段的提高，发生 2 级及以上洪涝灾害的平均概率则降低 6.45%，发生 3 级及以上洪涝灾害的平均概率则降低 4.22%。

（5）比较有无洪灾发生时的边际影响，在洪水致灾的情况下，最大日降水量、主汛期降水量、水利设施水平的边际效应均大幅提高，其中最大日降水量、主汛期降水量的平均边际效应较无洪灾的情形提高了 2 倍多。

表 3-7　发生较高等级洪涝灾害的平均边际效应

| 项目 | 普通 Logit 估计：2 级及以上洪涝灾害 | | | 补对数 – 对数估计：3 级及以上洪涝灾害 | | |
|---|---|---|---|---|---|---|
| | 总体 | 无洪灾 | 有洪灾 | 总体 | 无洪灾 | 有洪灾 |
| 最大日降水量 | 0.0170*** | 0.0160*** | 0.0488** | 0.0003 | 0.0002 | 0.0009 |
| | (0.0049) | (0.0046) | (0.0206) | (0.0025) | (0.0022) | (0.0082) |
| 主汛期降水量 | 0.0037 | 0.0035 | 0.0107 | 0.0055*** | 0.0048** | 0.0176*** |
| | (0.0030) | (0.0029) | (0.0068) | (0.0017) | (0.0019) | (0.0038) |
| 水利设施水平 | −0.0645*** | −0.0606*** | −0.1846** | −0.0422*** | −0.0370*** | −0.1356** |
| | (0.0180) | (0.0174) | (0.0750) | (0.0147) | (0.0117) | (0.0564) |
| 是否因洪致灾 | 0.1787*** | | | 0.0656** | | |
| | (0.0533) | | | (0.0298) | | |

最后，估计气候变化情景下雄安新区发生高等级洪涝灾害的可能性。同样依据国家气候中心课题组和吴婕等所做的在中等排放情景（RCP4.5）下，到 21 世纪中期降水量变化的预测结果。由于在现有水利设施的条件下，较高等级洪涝灾害发生概率低，而我们所关心的是极端天气气候事件，表 3-8 仅汇报最大日降水量极值增加 15% 和 30%、主汛期降水量极值增加 10% 的情景下，雄安新区发生较高等级洪涝灾害的预测概率。其

中，2 级及以上洪涝灾害基于普通 Logit 模型，3 级及以上洪涝灾害基于补对数 – 对数模型。

表 3-8　气候变化情景下高等级洪涝灾害的预期发生概率（现有水利设施条件）

| 项目 | 2 级及以上洪涝灾害 | | | 3 级及以上洪涝灾害 | | |
|---|---|---|---|---|---|---|
| 降水情景<br>（降水量） | 最大日降水<br>量极值<br>（263.4mm） | 增加 15%<br>（302.9mm） | 增加 30%<br>（342.4mm） | 主汛期<br>降水量<br>（355mm） | 极值<br>（431.0mm） | 增加 10%<br>（474.1mm） |
| 总体样本 | 0.0868*** | 0.1005*** | 0.1163*** | 0.0815 | 0.2950 | 0.5536 |
| 无洪灾发生 | 0.0584*** | 0.0709*** | 0.0859* | 0.0564 | 0.2580 | 0.5300 |
| 有洪灾发生 | 0.4512*** | 0.5087*** | 0.5668*** | 0.5329* | 0.9798*** | 0.9999*** |

可以得出以下结果。

（1）当最大日降水量达到有记录的历史极值时，即使发生洪水泛滥致灾的情况，现有水利设施也能有效控制灾害的范围，雄安三县也不大可能发生 2 级及以上洪涝灾害。但如果在气候变化的影响下，最大日降水量增加 15%（302.9mm），且同时叠加洪水泛滥成灾，则可能有县域会发生 2 级及以上洪涝灾害。

（2）当主汛期降水量达到 355mm 以上时，若叠加上游洪水导致洪、涝同时发生，就可能有县域会发生 3 级及以上洪涝灾害；如果达到历史记录极值，则几乎可以完全肯定雄安三县至少有一个县会发生 3 级及以上洪涝灾害。而只有当主汛期降水极值增加 10%，总体平均和无洪灾情形下才可能发生 3 级及以上洪涝灾害，但从显著性检验和置信区间看可信度很差。

## 四　主要结论与讨论

### （一）主要结论

极端天气气候事件所引发的洪涝灾害是雄安新区建设需要重点考虑的气候灾害，特别是在全球变暖的大背景下，气候变化增量因素对该区域洪涝灾害的影响应当予以高度重视。本研究从地方史料入手，整理、分析了最近 70 年雄安三县洪涝灾害发生及其等级在时间和空间上的特征；结合 1960 年以来雄安三县的气象资料，采用 Logit 方法估计了各种因素对洪涝

灾害发生及其影响程度的边际效应；据此评估了未来气候变化的降水情景下，雄安新区洪涝灾害事件及高等级洪涝发生的风险。分析结果如下。

（1）从雄安地区总体情况看，最近 70 年有 39 年至少有一县发生过洪涝灾害，其中 4 级特大洪涝灾害（至少一县受灾面积比例 >60%）10 次、3 级重大洪涝灾害（受灾面积比例为 30%~60%）7 次、2 级较大洪涝灾害（受灾面积比例为 15%~30%）11 次、1 级一般洪涝灾害（受灾面积比例 <15%）11 次。从时间变化特征看，20 世纪 80 年代初期以前，几乎年年有洪涝灾害发生；之后，洪涝灾害的发生频率和等级明显降低。从空间分布特征看，安新洪涝灾害发生频次高，平均 2 年一遇；容城洪涝灾害明显较少，平均 10 年一遇。从洪涝灾害的类型看，雄安三县 71 次县域洪涝灾害中有涝灾 42 次、洪灾 29 次，洪灾的灾情普遍较重，且多发生在 1965 年以前。

（2）最大日降水量（或最大连续降水量）、主汛期降水量是影响洪涝灾害发生的最重要降水指标，最大日降水量、主汛期降水量每增加 10 毫米，发生洪涝灾害的平均预测概率将分别增加 1.46 个百分点、0.79 个百分点。水利设施对控制洪涝灾害发生的效果明显，地形因素的作用也十分明显。按时间分组估计的平均边际效应，最大日降水量、主汛期降水量的变化很小；水利设施的阶段影响边际递增，1974~2018 年比 1960~2018 年提高了 1 倍多。按县域个体分组的估计结果，最大日降水量、主汛期降水量对安新县是否发生洪涝灾害的边际效应最大，对容城县的影响最低；当然水利设施建设的效果也同样如此。

（3）因洪致灾是导致高等级洪涝灾害事件发生的决定性因素。最大日降水量、主汛期降水量对高等级洪涝灾害事件发生的影响有明显差异。最大日降水量对于 2 级及以上洪涝灾害事件的影响显著，但不大可能导致 3 级及以上洪涝灾害的发生；主汛期降水量对于 3 级及以上洪涝灾害事件影响显著，如果汛期降水过多，会增加 3 级重大和 4 级特大洪涝灾害的发生概率。

（4）依据已有研究对气候变化降水量的预测结果，本研究估计了极端情况下洪涝灾害特别是高等级洪涝灾害发生的风险。在现有水利设施条件不变的情况下，安新县遭受 50 年一遇（177.1mm）、雄县遭受 100 年一遇（208.0mm）的最大日降水量时，可能会发生内涝灾害；雄安新区起步区所在的容城县，即使最大日降水量极值再增加 30%（342.4mm），也不大可能发生内涝灾害。高等级洪涝灾害只有在叠加洪水泛滥致灾的情形下，最大

日降水量极值增加 15%（302.9mm），雄安三县中可能有县域会发生 2 级及以上洪涝灾害；主汛期降水量达到 355mm 以上，可能有县域会发生 3 级及以上洪涝灾害。

### （二）对适应措施的讨论

基于本章的研究，对气候变化下雄安新区的建设适应措施提出如下建议。

（1）从流域的层面规划和布局防洪体系建设。依据本章分析，因洪致灾是雄安新区发生高等级洪涝灾害的决定性因素。因此确保雄安新区不发生大的洪涝灾害，不能仅重视加大雄安新区的防洪排涝设施建设，还要考虑白洋淀上游的防洪、拦蓄能力以及下游的排洪、蓄洪能力，加大流域性防洪设施建设。雄安新区的防洪建设标准应与上下游相匹配。

（2）以顺应自然的思维谋划区域洪涝灾害的防治体系。根据历史统计，雄安地区洪涝发生频次最高、灾情最重的区域主要还是白洋淀淀区及周边，特别是在安新县（辖白洋淀 85% 的面积）。应最大限度地减少对白洋淀的开发利用，加大白洋淀生态空间的治理和保护，恢复和提高其生态功能，充分发挥其天然的缓洪滞洪能力。同时在科学研究地理、水文因素的基础上，因地制宜地规划区域防洪排涝系统，使之能够适应原有的自然排水和滞蓄环境，则可大大减轻整个雄安地区洪涝灾害发生的风险。

（3）按灾害风险等级分区确定内涝防治标准，适度提高安新等风险等级高区域的内涝防治标准。降水量对雄安三县是否发生洪涝灾害的边际影响有很大差异，最大日降水量、主汛期降水量对安新县的边际影响比容城县高 3~4 倍。在气候变化的极端降水情景下，安新县域范围发生洪涝灾害的风险等级远高于雄县和容城。因此，外围组团及其县域的内涝防治标准应根据洪涝灾害风险的评估结果确定，不宜采取统一的内涝防治标准。

（4）以韧性城市建设，应对气候变化增量因素对城市内涝的影响。城市内涝是未来雄安新区防治洪涝灾害的重点。除加强城市排水防涝设施的规划建设外，更应以低影响开发理念，营造合理的"三生空间"，将雄安新区起步区及外围组团的建设规划与土地利用规划，城市水系、园林绿地和道路系统规划相结合，最大限度减少对开发区域原有水文特征和水循环路径的破坏，增强防控城市内涝的生态韧性，以较低的成本应对极端天气事件不确定性风险的冲击。

第二篇　雄安新区气候变化影响分析：方法与实证

# 第四章 雄安新区洪涝灾害和高温灾害关键气象致灾因子预估研究<sup>*</sup>

## 一 引言

2017 年 4 月 1 日，中共中央、国务院印发通知，决定设立雄安新区。建设雄安新区是国家大事、千年大计，对于集中疏解北京非首都功能、探索人口经济密集地区优化开发新模式、调整优化京津冀城市布局和空间结构、培育创新驱动发展新引擎，具有重大的现实意义和深远的历史意义。设立雄安新区的国家战略决策引起了学术界的高度关注，学者们从社会学、经济学、地理学、气象学、生态学等多学科角度开展了大量研究，为雄安新区建设提供了重要的科学参考<sup>①</sup>，但对雄安新区的气象灾害风险还缺少深

---

\* 本章内容原载于 *Scientific Reports* 2021 年第 11 卷，收入本书时做了一些技术性处理，主要内容未做修改。本章执笔人黄大鹏，博士，中国气象局气候研究开放实验室，国家气候中心副研究员，主要研究方向为气候变化影响评估、灾害风险评估、遥感 GIS 应用等；廖要明，博士，中国气象局气候研究开放实验室，国家气候中心正高级工程师，主要研究方向为气候与气候变化对农业和生态系统影响评估研究；韩振宇，博士，中国气象局国家气候中心高级工程师，主要研究方向为区域气候变化及模拟研究。

① 蔡之兵. 雄安新区的战略意图、历史意义与成败关键 [J]. 中国发展观察，2017(8)：9-13；孟广文，吕佩忆，封志明，等. 雄安新区：地理学面临的机遇与挑战 [J]. 地理研究，2017，36 (6)：1003-1013；姜鲁光，吕佩忆，封志明，等. 雄安新区土地利用空间特征及起步区方案比选研究 [J]. 资源科学，2017，39(6)：991-998；夏军，张永勇. 雄安新区建设水安全保障面临的问题与挑战 [J]. 中国科学院院刊，2017，32(11)：1199-1205；"雄安新区资源环境承载力评价和调控提升研究"课题组. 雄安新区资源环境承载力评价和调控提升研究 [J]. 中国科学院院刊，2017，32(11)：1206-1215；封志明，杨艳昭，游珍. 雄安新区的人口与水土资源承载力 [J]. 中国科学院院刊，2017，32(11)：1216-1223；朱江，马柱国，严中伟，等. 气候变化背景下雄安新区发展中面临的问题 [J]. 中国科学院院刊，2017，32(11)：1231-1236；（转下页注）

入研究。雄安新区西承太行山，北望燕山，地处海河水系大清河流域腹地，大清河上游暴雨频发，潴龙河、孝义河、唐河、府河、漕河、萍河、杨村河、瀑河及白沟引河，九水汇集，最终注入白洋淀。雄安新区地势平缓低洼，历史上是洪涝灾害频发之地。过去 700 年雄县特大涝灾平均 12 年 1 次。1963 年 8 月白洋淀水位超过海拔 11m 达 13 天。[①] 2018 年 4 月发布的《河北雄安新区规划纲要》明确提出要建设雄安新区的防洪安全体系，确保雄安新区防涝安全[②]，因此，雄安新区的洪涝灾害风险，特别是重大建设期的洪涝灾害风险值得关注。有学者开始关注雄安新区洪涝灾害的研究，但集中在对历史灾情的分析与评估[③]，对于致灾因子的时空特征及未来变化缺少关注。京津冀城市群高温灾害风险综合区划研究显示，雄安新区的容城县、安新县和雄县处于高温灾害的较高风险区和高风险区。[④]随着全球气候变暖，雄安新区所处的华北地区未来高温人口暴露度将显著增加，高温灾害风险凸显。[⑤]雄安新区的建设将改变该区域原有的人口变化规律，将集聚更多的人口和经济财富，未来的高温灾害风险将高于先前研究的预估结果。国内学者从年平均气温和年降水量两个指标对雄安新区的气候变化背景进行了深入研究，发现雄安新区所在的海河流域具有明显的气温上升、降水减少的趋势，总体气候呈暖干化趋势。[⑥] 该研究关注的是气候变化的整体趋势，未涉及气候因子的极端性变化，而气象灾害风险研究更多地关注气候因子

（接上页注①）陈劲 . 雄安新区 : 全球创新发展的新高地 [J]. 中国科学院院刊 , 2017, 32(11): 1256–1259；倪鹏飞 . 雄安新区 : 建设可持续竞争力的理想城市 [J]. 中国科学院院刊 , 2017, 32(11): 1260–1265；葛全胜，董晓峰，毛其智，等 . 雄安新区 : 如何建成生态与创新之都 [J]. 地理研究 , 2018, 37(5): 849–869；彭建，李慧蕾，刘焱序，等 . 雄安新区生态安全格局识别与优化策略 [J]. 地理学报 , 2018, 73(4): 701–710；刘俊国，赵丹丹，叶斌 . 雄安新区白洋淀生态属性辨析及生态修复保护研究 [J]. 生态学报 , 2019, 39(9): 3019–3025.

① 葛全胜，董晓峰，毛其智，等 . 雄安新区 : 如何建成生态与创新之都 [J]. 地理研究 , 2018, 37(5): 849–869.

② 本书编写组 . 河北雄安新区规划纲要读本 [M]. 北京 : 人民出版社 , 2018: 42.

③ 郝志新，熊丹阳，葛全胜 . 过去 300 年雄安新区涝灾年表重建及特征分析 [J]. 科学通报 , 2018, 63 (22): 2302–2310.

④ 杜吴鹏，权维俊，轩春怡，等 . 京津冀城市群高温灾害风险区划研究 [J]. 南京大学学报 ( 自然科学 ), 2014, 50 (6): 829–837.

⑤ DAPENG HUANG, LEI ZHANG, GE GAO et al. Projected changes in population exposure to extreme heat in China under a RCP8.5 scenario[J]. Journal of geographical sciences, 2018, 28 (10): 1371–1384.

⑥ 朱江，马柱国，严中伟，等 . 气候变化背景下雄安新区发展中面临的问题 [J]. 中国科学院院刊 , 2017, 32(11): 1231–1236.

的极端性。国家气候中心的学者利用气候变化情景数据开展了雄安新区及周边的极端气候事件指数的预估研究，分析雄安新区及周边地区未来极端气候事件的可能变化①，这些研究重点关注极端气候指数。总的来说，上述研究缺少对关键气象致灾因子极值的系统分析，而极值分析对于自然灾害风险建模和评估至关重要。大多数研究在平稳性的假设下对气象因子的极值进行分析，越来越多的研究开始使用非平稳模型来分析气象因子的极值。② 然而，很少有研究在栅格空间尺度上模拟气象因子在多种气候变化情景下的极值。此外，很少有研究从自然灾害风险评估的角度对多个气象致灾因子进行极值分析。多个气象致灾因子的极值分析更有利于综合评估自然灾害的危险性和风险。本章旨在利用平稳和非平稳 GEV 模型，探讨雄安新区多个关键气象致灾因子极值的未来动态。年最大日降水量和年最大连续降水量是洪水灾害的关键致灾因子③，年最高气温和年最长连续高温日数是高温灾害的关键致灾因子④。从气象灾害风险评估的角度出发，本章探讨了栅格空间尺度上两种气候变化情景下上述四个关键致灾因子的时空动态。目前，雄安新区正在建设中，开展雄安新区洪涝灾害和高温灾害关键气象致灾因子极值的时空动态研究，对于构建科学高效的防灾体系具有重要的现实意义。

---

① 吴婕，高学杰，徐影 . RegCM4 模式对雄安及周边区域气候变化的集合预估 [J]. 大气科学，2018，42 (3): 696–705；石英，韩振宇，徐影，等 . 6.25km 高分辨率降尺度数据对雄安新区及整个京津冀地区未来极端气候事件的预估 [J]. 气候变化研究进展，2019，15 (2): 140–149.

② GARCIA-ARISTIZABAI A, et al. Analysis of non-stationary climate-related extreme events considering climate change scenarios: an application for multi-hazard assessment in the Dar es Salaam region, Tanzania[J]. Nat. Hazards, 2015, 75, 289–320;WI, S, VALDÉS JB, STEINSCHNEIDER S & KIM T. Non-stationary frequency analysis of extreme precipitation in South Korea using peaks-over-threshold and annual maxima[J]. Stoch. Environ. Res. Risk Assess., 2016, 30, 583–606;AZIZ R., YUCEL, I & YOZGATLGIL, C. Nonstationarity impacts on frequency analysis of yearly and seasonal extreme temperature in Turkey[J]. Atmo. Res., 2020, 238, 104875.

③ 温泉沛，霍治国，马振峰，等 . 中国中东部地区暴雨气候及其农业灾情的风险评估 [J]. 生态学杂志，2011，30(10): 2370－2380；KOUTSOYIANNIS D & BALOUTSOS, G. Analysis of a Long Record of Annual Maximum Rainfall in Athens, Greece, and Design Rainfall Inferences[J]. Nat. Hazards, 2000, 22, 29－48；YANG J, PEI, Y, ZHANG, YW & GE QS. Risk assessment of precipitation extremes in northern Xinjiang, China [J]. Theor. Appl. Climatol., 2018, 132, 823－834；伍红雨，邹燕，刘尉 . 广东区域性暴雨过程的定量化评估及气候特征 [J]. 应用气象学报，2019, 30(2): 233–244.

④ 郑祚芳，张秀丽，丁海燕 . 近 50 年北京地区主要灾害性天气事件变化趋势 [J]. 自然灾害学报，2012, 21(1): 47－52；岳岩裕，吴翠红，周悦，等 . 不同环流背景下极端高温天气特征和预报服务要点 [J]. 干旱气象，2018, 36(6): 1027－1034.

## 二 数据与方法

### （一）研究区

雄安新区规划范围包括雄县、容城、安新三县行政辖区（含白洋淀水域），任丘市鄚州镇、苟各庄镇、七间房乡和高阳县龙化乡，规划面积1770平方公里。[①]综合考虑新区定位、发展目标和现状条件，坚持城乡统筹、均衡发展、宜居宜业，雄安新区规划形成"一主、五辅、多节点"的新区城乡空间布局。"一主"即起步区，选择容城、安新两县交界区域作为起步区，是新区的主城区，按组团式布局，先行启动建设。"五辅"即雄县、容城、安新县城及寨里、昝岗五个外围组团，"多节点"即若干特色小城镇和美丽乡村。雄安新区位于太行山以东，燕山以南，它位于海河水系大清河的腹地，地势北高南低，最低处是白洋淀。白洋淀承接了潴龙河、孝义河、唐河、府河、漕河、萍河、杨村河、瀑河及白沟引河等上游来水。雄安新区地势低洼，历史上洪涝灾害频发。

### （二）数据

选用6.25km高分辨率气候变化情景预估数据分析雄安新区的洪涝灾害和高温灾害关键致灾因子的未来变化。该预估数据基于RCP4.5情景，选用的模式资料为意大利国际理论物理研究中心（ICTP）所发展的区域气候模式RegCM4.4[②]，嵌套CMIP中4个全球气候模式，即欧洲中期天气预报中心（ECMWF）的EC-EARTH、澳大利亚的CSIRO-Mk3-6-0、德国马普气象研究所的MPI-ESM-MR、英国气象局哈德莱中心的HadGEM2-ES，使用统计降尺度方法进一步将4个区域气候变化模拟的结果降尺度到6.25km。[③]

① 本书编写组.河北雄安新区规划纲要读本 [M].北京：人民出版社，2018:42.
② GIORGI F, COPPOLA E, SOLMON F, et al. RegCM4: model description and preliminary tests over multiple CORDEX domains[J]. Clim. Res., 2012, 52, 7–29
③ 韩振宇，童尧，高学杰，等.分位数映射法在RegCM4中国气温模拟订正中的应用 [J].气候变化研究进展，2018, 14(4): 331–340;HAN, ZY, SHI, Y, WU, J, XU, Y & ZHOU BT. Combined dynamical and statistical downscaling for high-resolution projections of multiple climate variables in the Beijing-Tianjin-Hebei region of China[J]. J. Appl. Meteorol. Clim., 2019, 58, 2387–2403.

## （三）研究方法

针对洪涝灾害风险选用年最大日降水量和年最大连续降水量 2 个关键致灾因子，针对高温灾害风险选用年最高气温和年最长连续高温日数 2 个关键致灾因子。在本章中，高温是指日最高气温为35℃或以上的天气[①]。基于 RCP4.5 和 RCP8.5 情景下的日降水量和日最高气温预估数据，使用 GEV 模型预估 1991~2050 年每个模式每个栅格 4 个关键致灾因子 5 个不同重现期对应的极值，最终采用集合平均的方法得到每个栅格 4 个关键致灾因子 5 个不同重现期对应的极值。GEV 方法常用于模拟降水极值或温度极值的分布。[②]GEV 的累积分布函数可表示为[③]：

$$G\left(x,\mu,\sigma,\xi\right)=\exp\left\{-\left(1+\xi\left(\frac{x-\mu}{\sigma}\right)\right)^{\frac{-1}{\xi}}\right\},\left(1+\xi\left(\frac{x-\mu}{\sigma}\right)\right)>0 \quad （1）$$

其中，$\mu$ 是位置参数，$\sigma$ 是尺度参数，$\xi$ 是形状参数。

对于本章采用的非平稳 GEV 模型，假定其位置参数是时间的线性函数，而尺度参数和形状参数保持不变。

$$\mu(t)=\mu_1 t+\mu_0 \quad （2）$$

其中，$t$ 表示时间（年），$\mu_0$ 表示常数，$\mu_1$ 表示随时间变化的斜率。

---

① 郑国光，矫梅燕，丁一汇，等. 中国气候 [M]. 北京：中国气象出版社，2019.

② AZIZ R, YUCEL I & YOZGATLGIL C. Nonstationarity impacts on frequency analysis of yearly and seasonal extreme temperature in Turkey[J]. Atmo. Res., 2020, 238, 104875;YANG J, Pei Y, ZHANG YW & GE, Q.S. Risk assessment of precipitation extremes in northern Xinjiang, China [J]. Theor. Appl. Climatol., 2018, 132, 823－834;HASHMI MZ, SHAMSELDIN AY & MELVILLE BW. Comparison of SDSM and LARS-WG for simulation and downscaling of extreme precipitation events in a watershed[J]. Stoch. Environ. Res. Risk. Assess., 2011, 25, 475－484;ZWIERS FW, ZHANG XB & FENG Y. Anthropogenic Influence on Long Return Period Daily Temperature Extremes at Regional Scales[J]. J. Climate, 2011, 24, 881－892;TRAMBLAY Y et al. Climate change impacts on extreme precipitation in Morocco[J]. Global Planet. Change, 2012, 82－83, 104－114.

③ COLES S. An introduction to statistical modeling of extreme values[M]. London: Springer, 2001；CHENG LY et al. Non-stationary extreme value analysis in a changing climate[J]. Clim. Change, 2014, 127, 353－369.

本章采用 Mann-Kendall 趋势分析和线性趋势分析两种方法检验 4 个关键致灾因子时间序列的非平稳性。假设某一个栅格的时间序列经 Mann-Kendall 趋势分析或线性趋势分析的检验在 5% 水平上是显著的，则该栅格的时间序列数据是非平稳的，其广义极值在广义极值的最小值和最大值之间变化；否则，该栅格的时间序列数据是平稳的，其广义极值是恒定的。Mann-Kendall 趋势通过 R 语言的 modifiedmk 包进行分析，线性趋势通过 R 语言的 lm 函数进行处理。如果 lag-1 自相关系数在 5% 水平上显著，则在应用 Mann-Kendall 趋势检验之前，对 4 个关键致灾因子的时间序列数据进行"预白化"处理，以消除自相关的影响。[1] 使用 R 语言中的 acf 函数计算 lag-1 自相关系数。平稳 GEV 和时变 GEV 方法由 R 语言的 extRemes 包（2.1 版）执行。最大似然估计方法（MLE）用于推断平稳和非平稳条件下的 GEV 分布参数，并使用"Nelder-Mead"算法进行优化。使用 L 矩估计法计算初始估计值。

## 三 结果分析

### （一）洪涝灾害关键致灾因子时空动态

1. 年最大日降水量时空动态

从整个雄安新区的平均结果来看，1991~2050 年，RCP4.5 情景下雄安新区 5 个重现期的年最大日降水量将增加 2.0%~3.6%，但在 RCP8.5 情景下几乎不会改变（见表 4-1）。

表 4-1 雄安新区 1991~2050 年不同重现期（T 年一遇）年最大日降水量变化

| 气候情景 | T=10 | T=20 | T=30 | T=50 | T=100 |
| --- | --- | --- | --- | --- | --- |
| RCP4.5 | 3.6% | 3.0% | 2.7% | 2.4% | 2.0% |
| RCP8.5 | 0.1% | 0.0% | 0.0% | 0.0% | 0.0% |

从栅格空间尺度上来看，1991~2050 年，RCP4.5 情景下雄安新区所有栅格上 5 个重现期的年最大日降水量增加量都小于 10%，其中雄安新区东北部的增加量相对较大。因此，需要重点关注未来不同重现期年最大日降水量的增加对雄县和昝岗可能带来的洪涝灾害风险。随着重现期的增大，

---

[1] PARTAL T & KAHYA E. Trend analysis in Turkish precipitation data[J]. Hydrol. Process., 2006, 20, 2011-2026.

1991~2050 年，RCP4.5 情景下不同重现期年最大日降水量的增加量会逐渐减小。RCP8.5 情景下，雄安新区所有栅格上 5 个重现期的年最大日降水量增加量都小于 2%（见图 4–1）。

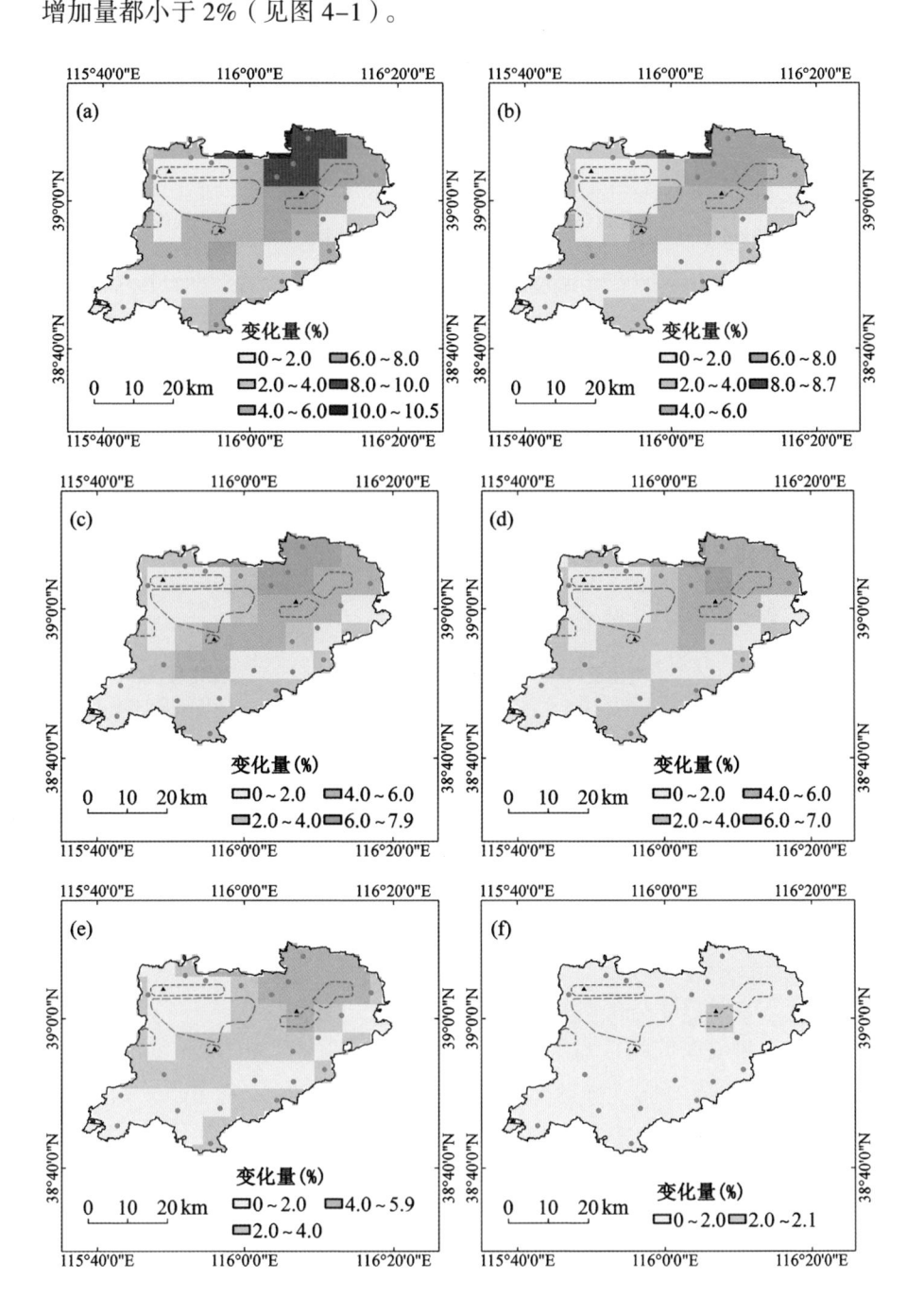

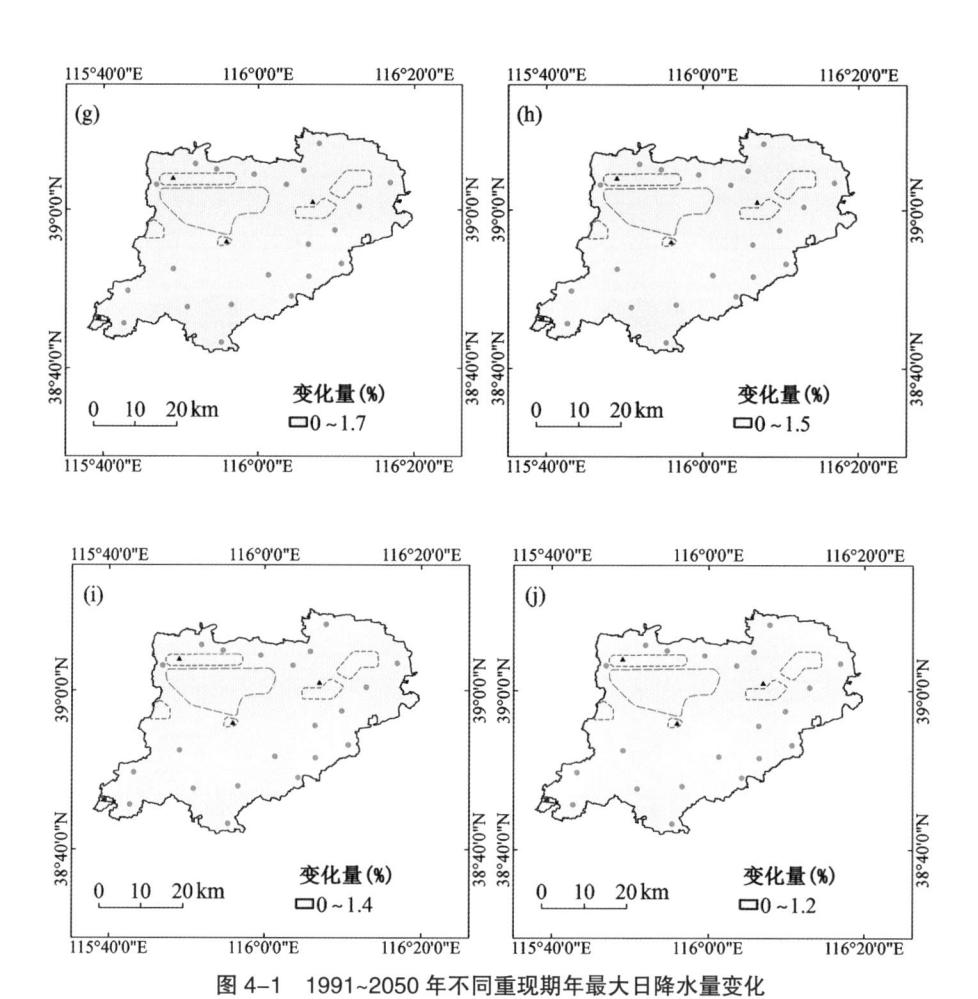

图 4-1　1991~2050 年不同重现期年最大日降水量变化

注：图 4-1a、图 4-1b、图 4-1c、图 4-1d 和图 4-1e 分别对应 RCP4.5 情景下 10 年、20 年、30 年、50 年和 100 年重现期，图 4-1f、图 4-1g、图 4-1h、图 4-1i 和图 4-1j 分别对应 RCP8.5 情景下 10 年、20 年、30 年、50 年和 100 年重现期。

2. 年最大连续降水量时空动态

从整个雄安新区的平均结果来看，1991~2050 年，RCP4.5 情景下雄安新区 5 个重现期的年最大连续降水量将增加 1.0%~1.8%，在 RCP8.5 情景下将增加 0.7%~1.3%（见表 4-2）。

表4-2 雄安新区1991~2050年不同重现期（T年一遇）年最大连续降水量变化

| 气候情景 | T=10 | T=20 | T=30 | T=50 | T=100 |
|---|---|---|---|---|---|
| RCP 4.5 | 1.8% | 1.5% | 1.3% | 1.2% | 1.0% |
| RCP 8.5 | 1.3% | 1.1% | 1.0% | 0.8% | 0.7% |

　　从栅格空间尺度上来看，1991~2050年，RCP4.5情景下雄安新区所有栅格上5个重现期的年最大连续降水量增加量都小于4.0%，雄安新区起步区和5个外围组团的增加量相对较小。在RCP4.5情景下，随着重现期的增大，不同重现期年最大连续降水量的增加量会逐渐减小。RCP8.5情景下，雄安新区东北部5个重现期的年最大连续降水量增加量在2.0%~5.0%，雄安新区南部增加量在0~2.0%，西北部增加量小于2.0%（见图4-2）。

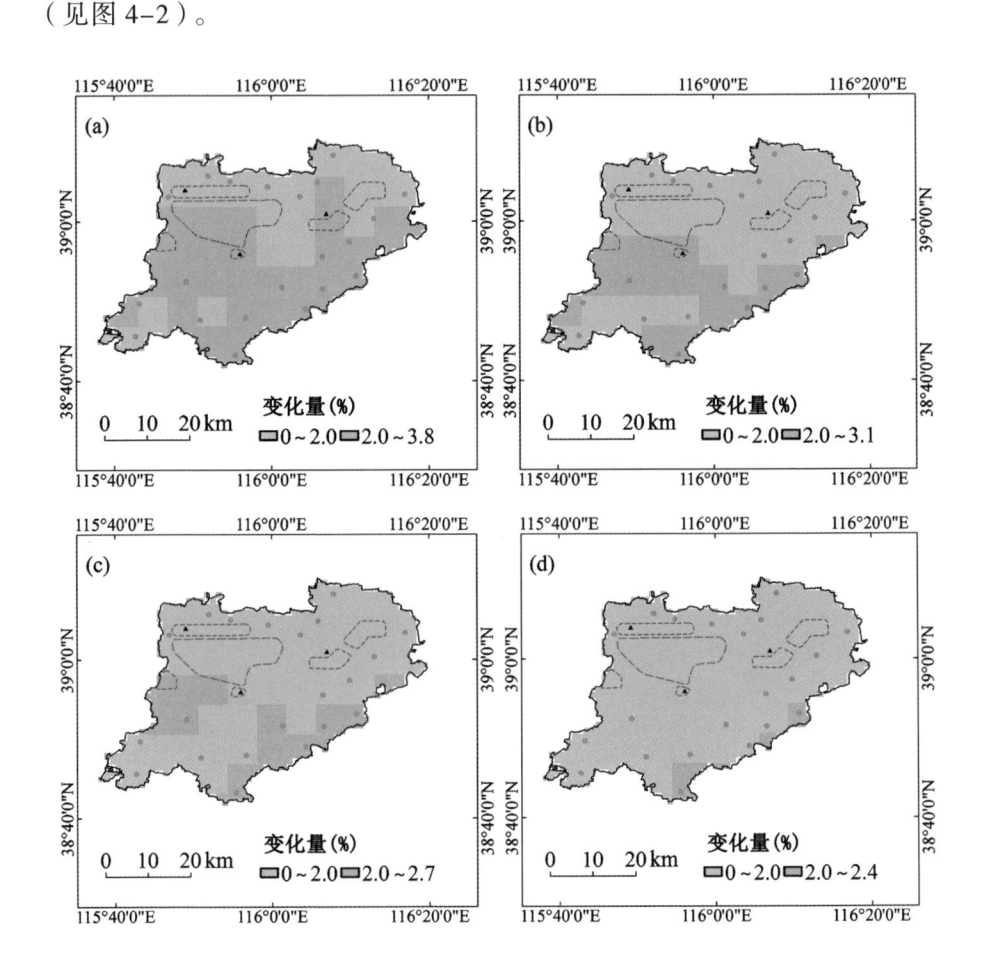

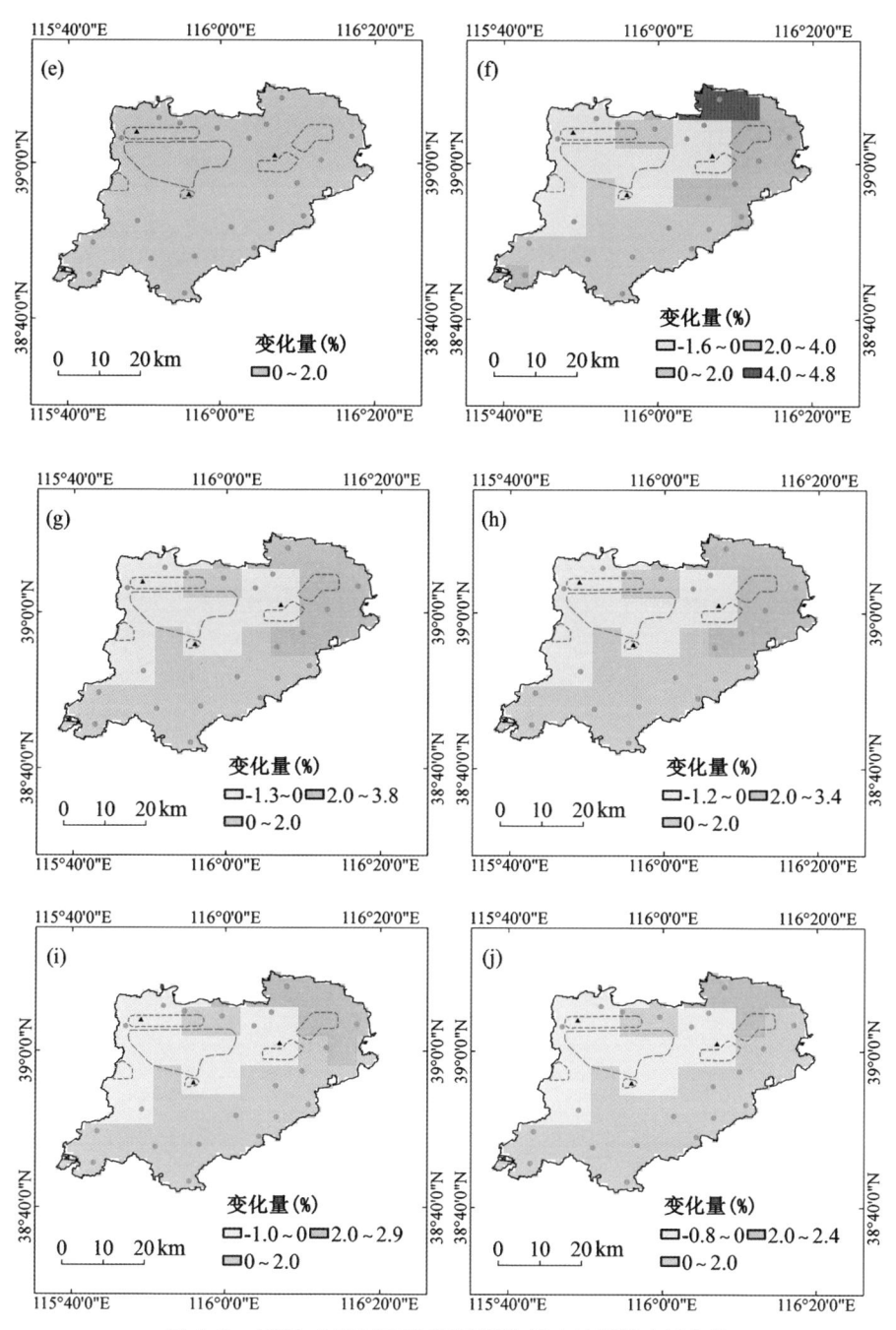

**图 4-2　1991~2050 年不同重现期年最大连续降水量变化**

注：图 4-2a、图 4-2b、图 4-2c、图 4-2d 和图 4-2e 分别对应 RCP4.5 情景下 10 年、20 年、30 年、50 年和 100 年重现期，图 4-2f、图 4-2g、图 4-2h、图 4-2i 和图 4-2j 分别对应 RCP8.5 情景下 10 年、20 年、30 年、50 年和 100 年重现期。

### （二）高温灾害关键致灾因子时空动态

1. 年最高气温时空动态

从整个雄安新区的平均结果来看，1991~2050 年，RCP4.5 情景下雄安新区 5 个重现期的年最高气温将增加 1.8℃，在 RCP8.5 情景下将增加 2.3℃（见表 4-3）。

表 4-3　雄安新区 1991~2050 年不同重现期（T 年一遇）年最高气温变化

单位：℃

| 气候情景 | T=10 | T=20 | T=30 | T=50 | T=100 |
|---|---|---|---|---|---|
| RCP 4.5 | 1.8 | 1.8 | 1.8 | 1.8 | 1.8 |
| RCP 8.5 | 2.3 | 2.3 | 2.3 | 2.3 | 2.3 |

从栅格空间尺度上来看，1991~2050 年，RCP4.5 情景下雄安新区大部分栅格上 5 个重现期的年最高气温将增加 1.5℃以上。RCP8.5 情景下，雄安新区所有栅格上 5 个重现期的年最高气温将增加 1.9℃以上，且南部比北部增加更多（见图 4-3）。

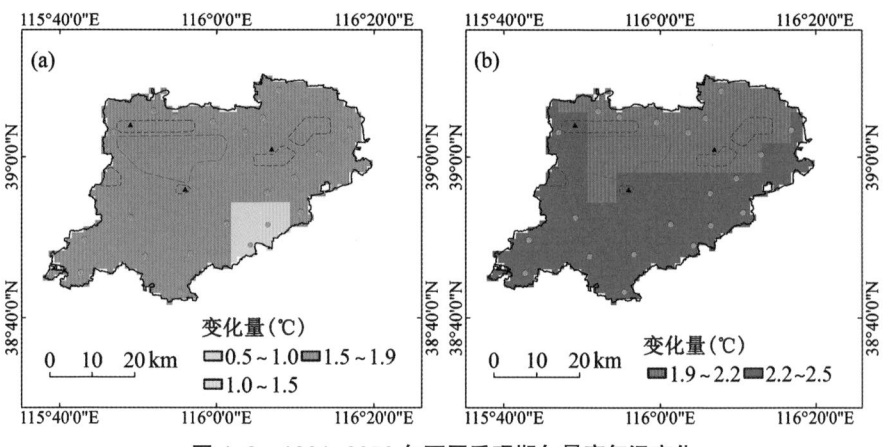

图 4-3　1991~2050 年不同重现期年最高气温变化

注：图 4-3a 表示 RCP4.5 情景下 10 年、20 年、30 年、50 年和 100 年重现期，图 4-3b 表示 RCP8.5 情景下 10 年、20 年、30 年、50 年和 100 年重现期。

2. 年最长连续高温日数时空动态

从整个雄安新区的平均结果来看，1991~2050 年，RCP4.5 情景下雄安新区 5 个重现期的年最长连续高温日数将增加 1.6 天，在 RCP8.5 情景下将增加 2.5 天（见表 4-4）。

表 4-4　雄安新区 1991~2050 年不同重现期（T 年一遇）年最长连续高温日数变化

单位：天

| 气候情景 | T=10 | T=20 | T=30 | T=50 | T=100 |
|---|---|---|---|---|---|
| RCP 4.5 | 1.6 | 1.6 | 1.6 | 1.6 | 1.6 |
| RCP 8.5 | 2.5 | 2.5 | 2.5 | 2.5 | 2.5 |

从栅格空间尺度上来看，1991~2050 年，RCP4.5 情景下雄安新区南部和西部 5 个重现期的年最长连续高温日数将增加 1.5 天以上，东北部将增加 0.9~1.5 天。RCP8.5 情景下，雄安新区大部分栅格上 5 个重现期的年最长连续高温日数将增加 2.5 天以上，东南部将增加 1.6~2.0 天（见图 4-4）。

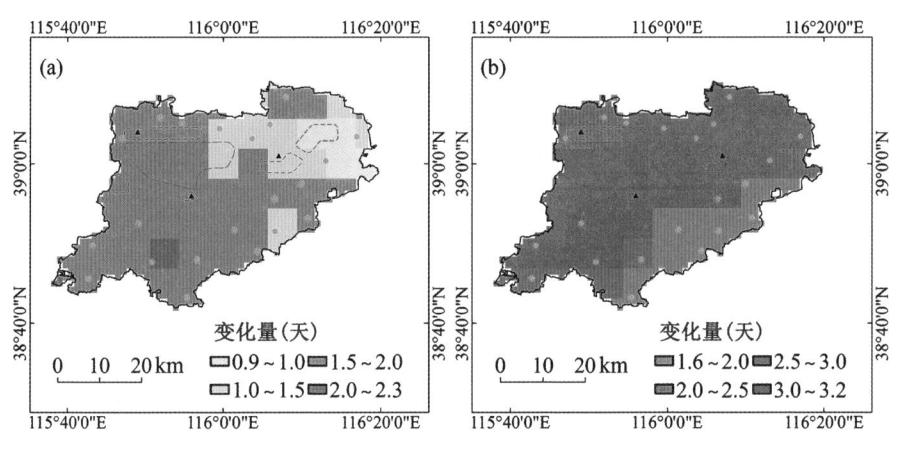

图 4-4　1991~2050 年不同重现期年最长连续高温日数变化

注：图 4-4a 表示 RCP4.5 情景下 10 年、20 年、30 年、50 年和 100 年重现期，图 4-4b 表示 RCP8.5 情景下 10 年、20 年、30 年、50 年和 100 年重现期。

综合年最高气温和最长连续高温日数两个致灾因子来看，1991~2050年雄安新区不同重现期年最高气温和年最长连续高温日数均明显增加。因此，未来雄安新区将可能面临较高的高温灾害风险。

## 四　结论与讨论

基于 6.25km 的高分辨率统计降尺度预估数据，本章预估了雄安新区洪涝灾害和高温灾害关键气象致灾因子的时空动态。主要结论如下。

（1）在整个区域的空间尺度上，雄安新区 1991~2050 年 RCP4.5 和 RCP8.5 两种情景下 5 个重现期的年最大日降水量和年最大连续降水量不会增加太多。1991~2050 年，在 RCP4.5 情景下，雄安新区 5 个重现期的年最高气温将增加 1.8℃，在 RCP8.5 情景下将增加 2.3℃。RCP4.5 情景下，雄安新区 5 个重现期的最长连续高温日将增加 1.6 天，在 RCP8.5 情景下将增加 2.5 天。

（2）在栅格尺度上，只有在雄安新区东北部和 RCP4.5 情景下，5 个重现期的年最大日降水量才会增加 4%~10%。在 RCP4.5 情景下，雄安新区大部分地区 5 个重现期的年最大日降水量将增加不到 4%，而在 RCP8.5 情景下雄安新区所有地区的年最大日降水量增加量小于 2%。RCP4.5 情景下，大多数栅格 5 个重现期的年最高温度将增加 1.5℃以上，所有栅格在 RCP8.5 情景下将增加 1.9℃以上。RCP4.5 情景下，雄安新区南部和西部 5 个重现期的年最长连续高温日数将增加 1.5 天以上，东北部将增加 0.9~1.5 天。RCP8.5 情景下，雄安新区所有栅格 5 个重现期的年最长连续高温日将增加 1.6 天以上。

（3）总体而言，到 2050 年，雄安新区由本地降水引起的洪涝灾害危险性几乎不会发生任何变化，但雄县及其邻近地区洪涝灾害危险性相对其他地区较高；雄安新区全区将可能面临较高的高温灾害风险。

# 第五章 雄安新区社会重构期暴雨洪涝风险的社区分类调适*

    2017 年 4 月，党中央决定设立河北雄安新区，《河北雄安新区规划纲要》提出"坚持世界眼光、国际标准、中国特色、高点定位"，即"雄安新区作为北京非首都功能疏解集中承载地，要建设成为高水平社会主义现代化城市、京津冀世界级城市群的重要一极、现代化经济体系新引擎、推动高质量发展的全国样板"。随着雄安新区建设的全面展开，主体社区结构逐步成型，城市经济体量将迅速增加，人口密度和人员流动性增大，气候变化风险的社会调适需要高度关注。

    按照社会学的定义，灾害是程度远高于集体紧张的范畴。当社会体系中的众多成员无法得到所期待的生活条件时，就会发生集体紧张。[①]灾害发生时由于生命安全和财产安全受到威胁，如果居住和饮食等基本生活条件丧失，正常秩序遭受冲击，会引发大规模集体紧张。按照发生前、发生过程中和发生之后的时间序列，灾害过程形成平常期、警戒期、紧急期、恢复期、复兴期的灾害周期。与这一灾害过程相对应，应该建立中长期的应

---

\* 本章内容原载《中国人口·资源与环境》2020 年第 6 期。本章执笔人李国庆，博士，中央民族大学民族学与社会学学院教授，主要研究方向为城市社会学、环境社会学；邢开成，硕士，河北省气候中心高级工程师，主要研究方向为气候与影响；黄大鹏，博士，中国气象局气候研究开放实验室，国家气候中心副研究员，主要研究方向为气候变化影响评估、灾害风险评估、遥感 GIS 应用等。

① BARTON A H. Community in Disaster: a sociological analysis of collective stress situation[M]. 阿部北夫，译. 災害の行動科学 [M]. 東京：学陽書房，1974: 36.

急体系应对紧急灾情并实现恢复和复兴。①

城市应对气候变化风险以及灾后恢复能力被称为城市韧性，提高城市韧性是城市应对气候变化风险的最终目标。应对自然灾害的城市韧性包括两个方面，一是城市物质系统韧性，指应对外部自然灾害的非生物能力，物质系统包括水、电、路、气、房、讯等城市基础设施以及水系、土壤、植被、地形、地质等自然系统，是城市承受、复苏和再造的能力；二是社会组织韧性，即应对自然灾害的社会能力。社会组织韧性，指社区或更广泛的社会组织应对及适应外部变化乃至干预的能力，包括对冲击的消解、自组织及应对外部压力的能力，也包括社区或组织中的个人适应、信息沟通能力，经济状况、社会资本和社区能力等构成的能力体系。社区是城市社会的基础组织，是维护生活秩序的包容性、综合性组织。社区能力包括应对城市风险的学习、自组织能力，社区居民的归属感、人力资本和社会资本等，这些因素决定社区能否有效应对灾害并在灾后实现恢复和再生。对于担负特殊使命的雄安新区来说，建立灾害防御与应急体系是雄安新区构建城市安全体系的重要任务。

本章第一部分基于白洋淀流域降水与山洪特征以及暴雨洪涝灾情数据分析雄安新区历史时期暴雨洪涝灾害，进而结合多模式集合气候预测结果和孕灾环境风险度等级分布特征评估雄安新区暴雨洪涝气候未来风险。第二部分依据雄安新区的人口数量增长与空间产业特征，结合雄安新区未来社区居民的组织性质、年龄结构、学历层次、身份职业等特征将未来社区划分为三种类型。第三部分依据群体脆弱性、设施防灾性和社区组织性三个指标，采用 AHP 方法评估雄安新区未来社会重构期不同社区的暴雨洪涝风险脆弱性。第四部分按照社区类型分类提出事前性恢复、过程性防灾和结果性防灾的全周期韧性社区建设对策建议。

## 一　问题与背景：雄安新区暴雨洪涝风险分析与防范现状

### （一）雄安新区历史时期暴雨洪涝灾害

1. 雄安新区暴雨洪涝气候特征

雄安新区地处海河流域大清河中游，位于太行山前冀中平原中部、南

---

① 鈴木広. 災害都市の研究 [M]. 北九州：九州大学出版会, 1998: 21–22.

拒马河下游南岸，处在大清河水系冲积扇、太行山麓平原向冲积平原的过渡带。全境西北高东南略低，海拔标高 7~19m，自然纵坡约 1‰，为缓倾平原，地形开阔，水系密集，地势低洼，山洪源短流急、预见期短，历史上是洪涝灾害频发之地。

雄安新区属于大陆性季风气候，四季分明，基于 1959 年以来雄县、容城、安新三个国家气象站观测资料统计，新区年平均降水量 480.8mm，全年 78% 降水集中在 6~9 月，尤以 7 月最多；年降水量标准差 159.7mm，降水量最多年（868.8mm，1988 年）为最少年（254.2mm，1968 年）的 3 倍左右。平均年暴雨日数 1.4 天，最长连续降水日数 12 天（1977 年容城、安新），最大日降水量 263.4mm（1991 年 7 月 28 日雄县），最大连续降水量 306.7mm（1963 年安新）。2008~2017 年区域气象站降水资料统计结果表明，新区东部大部分地区年平均降水量超过 445mm，相对其他区域偏多 10% 左右。

2. 白洋淀流域降水极值与山洪特征分析

白洋淀流域上游暴雨是雄安新区洪涝最直接的致灾因素。统计 1959 年以来白洋淀流域主要暴雨过程，分析山洪过程典型水文站径流量变化特征表现为，径流丰枯年变率剧烈，周期变短，年代际扰动增加，尤其是小峰值频率增大，典型洪水过程洪峰变小，历时变短，致灾性更强。

1959 年以来，白洋淀流域洪水发生较多的依次是磁河、唐河、大沙河、拒马河，出现日流量超过 500 立方米 / 秒洪水次数为 6~11 次；拒马河张坊断面洪水发生次数最频繁，瞬时峰值最大。

3. 暴雨洪涝灾情分析

郝志新等分析雄安新区 1715~2016 年洪涝灾害程度的年表，发现过去 300 年新区洪涝灾害共发生 139 次，平均 2~3 年发生 1 次，其中灾情最为严重的特大洪涝灾害发生 4 次，平均每 76 年发生 1 次，发生年份分别为 1738 年、1801 年、1892 年和 1963 年。在年代际尺度上，1796~1827 年、1886~1898 年和 1948~1965 年 3 个时期洪涝灾害发生频繁且灾情严重。[①] 空间上，雄安新区滨临河湖、地势低洼地段容易被淹没，占全区面积的 20%~30%；而特大洪涝年份，除了容城地势较高之处，雄安新区约 80% 的

---

① 郝志新，熊丹阳，葛全胜 . 过去 300 年雄安新区涝灾年表重建及特征分析 [J]. 科学通报，2018，63 (22): 2302–2310.

面积被淹。20 世纪 50 年代以来雄安新区发生严重洪涝 4 次，造成严重经济损失（见表 5-1）。[①]

表 5-1 20 世纪 50 年代以来雄安新区暴雨洪涝典型事件

| 年份 | 白洋淀水位 /m | 农业受灾面积 /hm² | 受灾状况 |
|---|---|---|---|
| 1954 | 无记录 | 无记录 | 雄县耕地成灾面积 26000hm²，占全县耕地的 57.90%；安新县倒塌房屋 5 万余间；容城县全部土地被淹 22000hm²，39 个乡中 34 个遭受重灾。 |
| 1956 | 11.46 | 34760.00 | 安新 184 个村庄被困围，水深 1~2m，倒塌房屋 1.21 万间，家具、粮食损失严重。 |
| 1963 | 11.58 | 33333.33 | 雄县洪涝成灾面积 11300hm²；安新县 170 个村庄被洪水浸街，洼地水深 3.4~5.2m，184 个村庄进水，死亡 34 人，伤 82 人，死亡牲畜 1403 头，损失粮食 230 吨，倒塌房屋 4.49 万间，邮电通信设施全部被冲毁。 |
| 2016 | 7.65 | 2853.33 | 容城、雄县共计 51.7 万人受灾，农作物受灾面积 2600 余 hm²，两县直接经济损失达 1.1 亿元；安新受灾人口为 31862 人。 |

资料来源：①安新县水利志编纂委员会.安新县水利志（未出版）[M].1995.②雄县水利志编纂委员会.雄县水利志 [M].北京：中国社会出版社，1994.2016 年数据来自三县水利局调研资料。

## （二）雄安新区未来暴雨洪涝灾害预测

### 1.基于 RegCM4 区域气候模式的暴雨洪涝风险分析

使用 RegCM4 区域气候模式，在四个全球模式（澳大利亚的 CSIRO-Mk3-6-0、欧洲中期天气预报中心的 EC-EARTH、英国气象局哈德莱中心的 HadGEM2-ES 及德国马普气象研究所的 MPI-ESM-MR）驱动下，进行了中等温室气体排放情景（RCP4.5）水平分辨率为 25km、1980~2099 年的积分模拟，再以京津冀区域水平分辨率为 6.25km 的统计降尺度集合平均，以 1986~2005 年为基准期，对雄安新区未来气候变化进行预估。结果显示，各模式模拟结果一致性较好，不确定性相对较低。预估未来雄安新区及周边区域平均降水量有增加趋势，最大日降水量的增加更明显，暴雨和洪涝

① 安新县水利志编纂委员会.安新县水利志(未出版)[M].1995；雄县水利志编纂委员会.雄县水利志 [M].北京：中国社会出版社，1994.

事件的频率和强度均将增大。2006~2050 年多个年份雄安新区最大 5 日降水量比 1986~2005 年增加 10% 以上，有些年份达 20% 以上；大雨日数（每年日降水量 ≥ 20mm 的天数）增加幅度超过 25% 的年份更多；2020~2035 年，暴雨洪涝灾害致灾因子强度将增加，2035 年前后，年降水量将增加 7.4%，其中夏季增加 5.5%。极端降水事件预估结果，2026~2045 年雄安新区极端降水事件增加幅度为 10%~25%，平均为 14.5%（见表 5-2）。[①]

表 5-2 21 世纪近期（2026~2045 年）极端降水事件变化预估

单位：%

| 极端降水事件 | 增加幅度 |
| --- | --- |
| 极端降水 | 14.5 |
| 最大 5 日降水量 | 1.0 |
| 强降水量 | 34.1 |
| 降雨日数 | 2.8 |
| 中雨日数 | 3.2 |

2. 雄安新区孕灾环境风险度分析

从孕灾环境分布来看，随着雄安新区建设的逐步推进，人口数量和经济体量将迅速增加，未来建设期内雄安新区将面临暴雨洪涝灾害增加的风险，防洪压力大，城市内涝风险高，雄安新区处于较高危险的孕灾环境。雄安新区中南部区域综合指标在 0.6~0.7，超过周边区域 20%。[②]

以标准化的致灾风险度指标和承灾体易损度指标相乘计算灾害风险度，按风险度值 0~0.02、0.02~0.05、0.05~0.1、0.1~0.2、0.2~1.0 将暴雨灾害风险分为 5 级。分析暴雨灾害风险等级在基准期和 2035 年附近（2026~2045 年）的分布情况结果显示，到 2035 年，II 级及以上风险的面积占比将增大，覆盖绝大多数平原地区，新区人口数量和经济体量将显著增加，起步区及几个外围组团的暴雨灾害风险等级也将在 2035 年附近升高到 V 级，雄安新

① 吴婕，高学杰，徐影 .RegCM4 模式对雄安及周边区域气候变化的集合预估 [J]. 大气科学，2018, 42(3): 697–703.
② 石英，韩振宇，徐影，等 . 6.25km 高分辨率降尺度数据对雄安新区及整个京津冀地区未来极端气候事件的预估 [J]. 气候变化研究进展，2019, 15 (2): 140–149.

区其他区域暴雨灾害风险等级多为 II 级。

3. 雄安新区防洪排涝工程正处于建设期

2018 年 4 月，《河北雄安新区规划纲要》全文发布，纲要明确要"建设新区防洪安全体系"，"确保新区防涝安全"。"按照分区设防、重点保障原则，结合新区城镇规模及规划布局，确定起步区防洪标准为 200 年一遇，五个外围组团防洪标准为 100 年一遇，其他特色小城镇防洪标准原则上为 50 年一遇；综合采用'蓄、疏、固、垫、架'等措施"，确保新区建设运行万无一失。"坚持新区防洪设施建设与生态环境保护、城市建设相结合，顺应自然，实现雨洪资源利用与洪涝灾害防御并举，趋利避害，人水和谐共处。"起步区内涝防治标准整体为 50 年一遇，五个外围组团内涝防治标准为 30 年一遇，其他特色小城镇为 20 年一遇。"①

2019 年，雄安新区 6 大防洪治理工程已公开招标，涉及白沟引河右堤防洪治理工程、萍河左堤防洪治理工程、新安北堤防洪治理工程（一期）白洋淀码头段、新盖房枢纽改扩建工程、容城截洪渠二期工程（泵站）和新盖房分洪道堤防加固和治理工程的左堤新盖房枢纽至荣乌高速段。为确保新区的抗洪能力，起步区防洪保护区包括南拒马河右堤、白沟引河右堤、安新北堤安新段、萍河左堤围合区域，2020 年前将建设形成标准为 200 年一遇的外围防洪圈，为雄安新区起步区防洪安全提供保障。但起步区的排涝体系以及起步区之外区域防洪排涝体系建设将伴随着雄安新区整体建设逐步推进。因此，在雄安新区基本建成前，雄安新区防洪排涝体系将在建设过程中逐步发挥效益。

## 二　社会调适分析的雄安新区社区类型与划分依据

本章研究主题为面对极端暴雨洪涝风险社会的有效调适机制。分析风险的社会调适存在多元化研究视角，有效研究方法之一是将社区作为分析单位，分析社区的脆弱性和适应性。

### （一）雄安新区的人口数量增长与空间产业特征

2019 年底，在设立雄安新区的重大历史性战略选择即将迎来三周年之

① 本书编写组 . 河北雄安新区规划纲要读本 [M]. 北京：人民出版社，2018: 42–43.

际,《河北雄安新区起步区控制性规划》和《河北雄安新区启动区控制性详细规划》获得批复,标志着雄安新区规划建设进入实质性建设加速期。按照规划,到 2025 年,雄安新区启动区作为高品质宜居宜业城区雏形初步显现,到 2035 年,将全面建成创新智能、绿色生态、幸福宜居、韧性安全的北京非首都功能疏解首要承载地、雄安新区先行发展示范区、国家创新资源重要集聚区和国际金融开放合作区,支撑起步区建设成为高质量高水平社会主义现代化城市主城区。到 21 世纪中叶,起步区全面建成高质量高水平的社会主义现代化城市主城区,支撑雄安新区成为京津冀世界级城市群的重要一极。

整体而言,雄安新区在 2035 年将达到 340 万人口,到 21 世纪中叶将达到 540 万人口,暴露度将大大增加(见表 5-3)。雄安新区未来人口规模扩大和暴露度及脆弱性增加要求建立适应暴雨洪涝模式。[①]

表 5-3　雄安新区未来人口数量变化估算

| 年份 | 建设阶段 | 建设面积(km²) | 原有人口(万人) | 新增人口(万人) | 总人数(万人) |
|---|---|---|---|---|---|
| 2019 | 规划期 | | 110 | 0 | 110 |
| 2022 | 启动区完成 | 26 | 110 | 30 | 140 |
| 2035 | 中期发展期 | 200 | 110 | 200 | 340 |
| 2050 | 远期发展期 | 200 | 110 | 200 | 540 |

注:雄安新区原户籍人口比例将出现逐渐减少趋势。根据规划纲要,新区建设用地总规模约 530km²,规划建设区人口按 1 万人 /km² 推算。

根据新区规划纲要,城乡空间布局综合考虑新区定位、发展目标,规划形成"一主、五辅、多节点"的新区城乡空间布局(见图 5-1):"一主"即起步区,选择容城、安新两县交界区域作为起步区,是新区的主城区,按组团式布局,先行启动建设;"五辅"即雄县、容城、安新县城及寨里、昝岗五个外围组团;"多节点"即若干特色小城镇和美丽乡村,实行分类特色发展,划定特色小城镇开发边界。按照规划纲要中坚持产城融合、职住均衡和以水定产、以产兴城的原则,起步区将构建一流的承接平台、基础设施、公共服务,重点承接北京疏解的事业单位、总部企业、金

---

① 封志明,杨艳昭,游珍.雄安新区的人口与水土资源承载力 [J]. 中国科学院院刊,2017,32(11): 1216–1223.

融机构、高等院校、科研院所等功能，重点发展人工智能、信息安全、量子技术、超级计算等尖端技术产业基地，建设国家医疗中心。五个外围组团布局电子信息、生命科技、文化创意、军民融合、科技研发等高端高新产业。周边特色小城镇因镇制宜，北部小城镇主要以高端服务、网络智能、军民融合等产业为特色；南部小城镇主要以现代农业、生态环保、生物科技、科技金融、文化创意等产业为特色。[①]

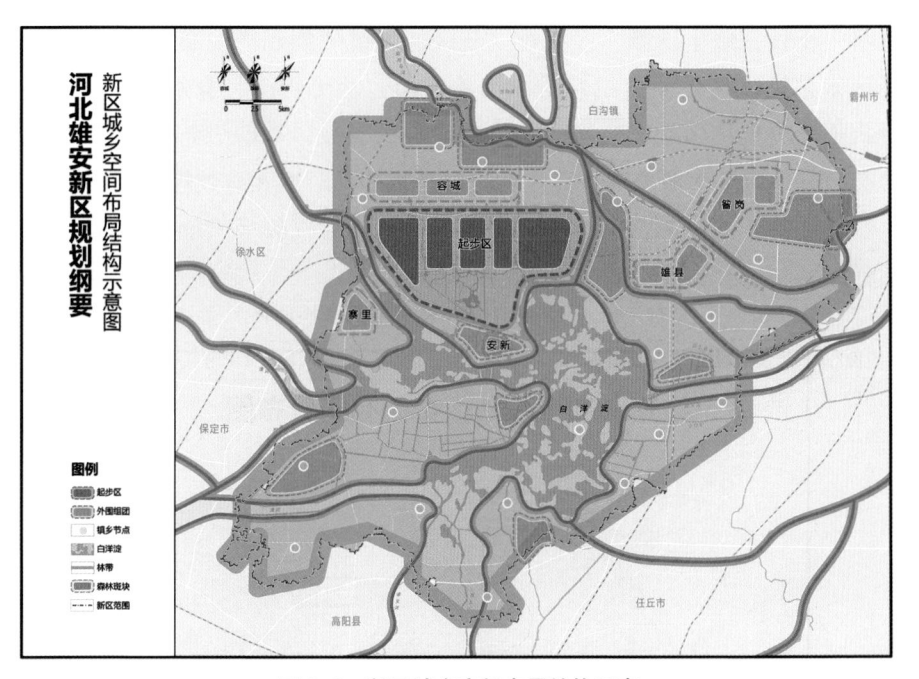

图 5-1　新区城乡空间布局结构示意

注：该图引自中国政府网《河北雄安新区规划纲要》(http://www.gov.cn/xinwen/2018-04/21/content_5284800.htm)，底图无修改。

## （二）雄安新区未来社区类型划分

雄安新区是一座未来之城，社区建设的基本原则是职住一体，即同一类型社区居民的职业相对接近，行政事业单位、总部企业、金融机构、高等院校、科研院所的人员相对集中居住，原有居民则相对集中，单位的业

① 本书编写组. 河北雄安新区规划纲要读本 [M]. 北京：人民出版社，2018: 29-30.

缘关系延伸到作为地缘组织的社区。职业是社会分层的核心概念，因为相同职业从业者所拥有的教育学历、经济收入和社会声望具有较高一致性，社会学因此将职业作为判断人的社会地位属性的综合指标。① 雄安新区将建设成为社会分工体系高度健全的职业社会，企业、事业单位的性质和组织水平将直接决定居民的气候风险脆弱性与适应能力。因而由职业决定的社区类型就可以成为分析风险的社会调适的有效单位。

雄安新区将建设城市—组团—社区的分级分类管控体系，构建社区—邻里—街坊三级生活圈。根据雄安新区的城镇规划和产业布局，结合雄安新区未来社区居民的组织性质、年龄结构、学历层次、身份职业等特征，分析不同类型社区的气候风险的脆弱性与适应性，有助于新区对各主要社区类型进行风险管理与调适，提高应对措施的针对性和有效性。

按照基于居民的社会特征和经济能力的应对气候风险能力，雄安新区的社区可以分为三种类型（见图5-2）。

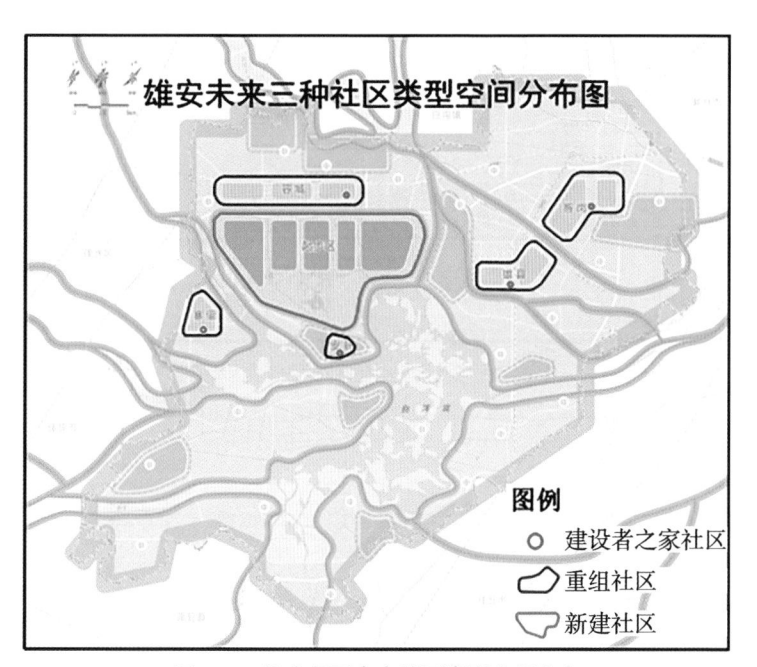

**图 5-2　雄安新区未来社区类型空间分布**

注：该图根据图 5-1 制作，底图无修改。

---

① 富永健一. 日本的阶层结构 [M]. 东京：东京大学出版会, 1979: 475–476.

### 1. 新建社区

位于北部的起步区地势较高，集中布局五个城市组团，各组团职住功能一体，人口密度合理，组团之间由绿廊、水系和路网隔离，生态环境优越，洪涝灾害防御能力较强。启动区是雄安新区的雏形，其空间格局为"一带一环六社区"。"一带"是指启动区中部核心功能带，"六社区"是在核心功能带两侧布局的六个综合型城市社区，每一个城市社区既是生活服务中心，又是生产就业中心，形成职住平衡的发展模式。六个社区以绿环串联，是职住一体的复合型社区中心。

雄安新区起步区通过承载北京非首都功能存量，有效吸引北京人口转移，集聚优秀人才。雄安新区的产业发展方向是打造全球创新高地，与雄安新区"创新智能"的高端产业定位相对应，新建社区入住者的社会特征是以北京疏解企业和事业单位职工为主，以高学历、高端技术人员为主体，推进人口管理创新，实施积分落户和居住证制度，建立以居住证为载体的公共服务提供机制。起步区居民中就业人口比例高，自理能力强，收入水平高。

### 2. 重组社区

雄安新区三县本地居民110万人，按照规划未来将居住在三个安置社区、外围组团和特色小镇。新区南部的白洋淀淀区远期将建成国家公园，通过生态修复展现荷塘苇海自然景观，发展文化旅游和现代农业，建设特色小城镇和美丽乡村。南部小城镇的未来产业以生态环保、生物科技、科技金融为主，淀中村、淀边村适宜发展观光旅游、芦苇画、乡村音乐会等文化创意产业。目前居民职业以制造业、农业和服务业为主，未来将以企业周边服务业、文化旅游创意职业、政府提供的公益性岗位为主。居民平均年龄明显高于新建社区居住者。

雄安新区先期建设三个现有居民安置社区。雄安的搬迁居民安置区有三个，分别是容东安置区、容西安置区、寨里安置区。容东安置区是雄安新区先期启动建设的片区之一，位于容城县城以东、启动区和荣乌高速以北、津保铁路以南、张市村以西，规划用地面积约12.7km²。容东安置区担负着为雄安新区高质量建设发展提供示范和样板的重要任务，主要涉及容城县八于乡、大河镇、容城镇的部分村庄搬迁和土地征用。容东安置区可容纳人口17万多人，包括本地17个村庄1万拆迁人口以及启动区迁出居民、邻县并入的外来人口。随着征地、测量和拆迁，原有的行政区划被

打破，熟人社区变为重组社区，形成混居居住区。容西安置区和寨里安置区情形大致相同。

南部特色小城镇的重组。雄安新区南部利用临淀区域的生态资源和燕南长城遗址文化资源，塑造传承特色文化、展现生态景观、保障防洪安全的白洋淀滨水岸线。白洋淀周边的建设工期相对较晚，社区组织将在一定时期内保持原貌。重组社区防灾弱势源于本地部分年轻人外出就业，老龄人口比例显著高于起步区，而老龄人口在信息传递、避难行动力和避难技能等方面属于弱势群体。由于老旧住房比例高和地势低洼，居住环境安全性低。随着建设工程的推开，南部淀边村和淀中村落将进行重组，原有社会关系被打破之后，社会资本的优势需要重新培育。

3. 建设者之家社区

雄安新区将在15年内处于大规模城市建设施工状态，建设工人数量和紧邻各大建筑工地的"建设者之家"社区的规模也将迅速增加，且呈现较强的动态性。从灾害应对角度看，建设者大军是一个特殊的社会群体，建筑工人群体相对收入低、居住环境单一，城市社会管理和公共服务难度大。新区已经在容城县津海大道东侧首期建设可供1万人居住的"建设者之家"社区，营地园区中心设有公共设施，投入使用后为营地内建设者提供日常生活服务。随着新区建设的全面铺开，预计建设者人数将会超过10万人，建设者之家社区的规划不仅要考虑交通便利性，更要考虑大量人口高密度集中地区的灾害应对问题。

## 三 雄安新区社区暴雨洪涝的脆弱性分析

### （一）气候风险脆弱性的概念与指标

气候风险脆弱性是所谓区域系统在气候变异中的暴露度，是人口和社会经济环境受异常气候影响的程度。美国加州大学伯克利分校城市研究所设计的韧性城市社会评价指标包括三个维度：一是地区经济能力，指标包括收入公平性、经济多样性、区域经济负担、商业环境。二是社会人口能力，指标包括居民受教育程度、有工作能力者比重、脱贫程度、健康保险普及率。三是社区参与能力，指标包括公民社会发育程度、城市稳定性、住房拥有率、居民投票率。这一韧性城市指标可以称为社会韧性，尤为重视分析社区居民群体的个人能力差异，强调社区组织可以增强社会整合，

实现灾前应对、灾害过程的相互救助和灾后自我恢复。①本章认为气候风险脆弱性主要取决于群体脆弱性、设施防灾性和社区组织性三个因素。

第一，群体脆弱性是影响气候风险脆弱性的首位因素。群体脆弱性包括人口年龄结构、收入水平、教育水平和流动性。首先，从人口年龄结构看，15岁以下儿童及65岁以上的老年人、妇女、残疾人属于受灾风险较大的群体，需要利用各类统计数据加以确定。其次，收入水平决定需求层次，低收入限制了居民的社会保障和灾害防御能力。另外，教育水平影响居民的防灾意识和信息获得能力，灾害信息进而决定应灾能力。最后，高流动性群体由于缺乏当地的备灾应灾知识和互助社会网络，相比之下对于气候变化的适应能力不足。

第二，设施防灾性是指影响气候风险脆弱性的客观物质基础条件。设施防灾性取决于区域所处自然地理条件及防洪排涝设施完备性。降低城市气候风险脆弱性需要高度重视城市生态韧性和城市新型基础设施韧性。

第三，社区组织性是指影响气候风险脆弱性的社会文化因素。社区在事前应灾计划制订、灾中危机管理与有效避难、灾后恢复与社区复兴等方面的准备程度将增强社区的灾害韧性。因此，提升社会主体的风险意识，建设城市公共安全服务体系，提高城市综合风险治理能力，有助于降低气候风险脆弱性。

### （二）雄安社区暴雨洪涝脆弱性定性分析

雄安新区在建设时期有三种主要社区类型，由于在产业特征、人群职业类型和地区分布上存在差异，三类社区人群面临暴雨洪涝风险的脆弱性有不同的表现（见表5-4）。

表5-4　三类社区人群特征与脆弱性分析

| 社区类型 | 产业特征 | 人群职业类型 | 地区分布 | 脆弱性分析 |
|---|---|---|---|---|
| 新建社区 | 高等教育、行政服务、信息技术、金融、人工智能、医药技术、新材料 | 专业技术人员、行政管理人员等北京疏解企事业高端人才 | 起步区、外围组团 | ①地势较高，基础设施抗洪能力强<br>②人员素质高，防灾意识强<br>③有单位支撑，组织能力强 |

① 潘家华，郑艳，田展，等. 长三角城市密集区气候变化适应性及管理对策研究 [M]. 北京：中国社会科学出版社，2018: 239.

| 社区类型 | 产业特征 | 职业类型 | 地区分布 | 脆弱性分析 |
|---|---|---|---|---|
| 重组社区 | 生态农业、文化产业、旅游业、传统手工业 | 以蓝领为主 | 外围组团特色小镇 | ①南部地势低，洪涝风险大<br>②熟人社区被打破，新老居民混住，社区重组，居住分散，管理难度高<br>③人口老龄化程度高，文化素质低，防灾意识弱<br>④居民社会保障和医疗保障水平低，社区恢复能力弱 |
| 建设者之家社区 | 建筑业 | 蓝领 | 外围组团 | ①临时性居住环境，与社区联系松散<br>②人群流动性强，防灾意识低<br>③文化素质低，社会保障力度小 |

未来雄安新区三类社区的暴露度和脆弱性差异明显。

第一，新建社区分布在起步区和外围组团区域，属于北京疏解企事业高端人才的主要居住区。疏解的行政事业单位、总部企业、金融机构、高等院校、科研院所占主导地位，由于有单位支撑，组织生活保障服务能力强，应灾计划覆盖人群比例高，人员有较高的归属感，总体上备灾应灾和灾后恢复能力强，社区韧性强。

第二，重组社区主要分布在外围组团和特色小镇区域，社区人群从事职业以生态农业、文化产业、旅游业和传统手工业等为主，人群以蓝领为主。重组社区暴雨洪涝灾害暴露度高，其防灾弱势关键在于居住于安置社区的本地原居民。其一，由于原来的熟人社区形态被打破，重组社区人群居住分散、管理难度高。其二，由于大部分年轻人外出就业，居民老龄人口比例将显著高于起步区和建设者之家社区。老年人在信息传递、避难行动力和避难技能等方面处于弱势，应对暴雨洪涝灾害方面的脆弱性明显高于年轻群体。其三，低收入群体所占比重较高，居民社会保障和医疗保险标准低，社区恢复能力弱。其四，由于老旧住房比例高和地势低洼，居住环境安全性低，易受暴雨风险冲击。其五，随着建设工程全面推开，南部淀边淀中村落重组，原有社会关系被打破，社会资本在应灾领域的优势被削弱，导致当地产业灾后恢复能力弱，社区韧性低。

第三，建设者之家社区作为建筑工人的居住社区，主要分布在外围组团区域。建筑大军作为新区建设劳动者将成为一个常态的社会群体，他们劳动强度大但收入偏低，社会保障水平低，流动性高，工人的年龄结构低，

比重组社区明显年轻，收入介于新建社区与重组社区之间，风险防范意识相对较弱，具有一定的灾害脆弱性。管理者需要制定严密的防灾制度，有效落实防灾预案各项措施，强化防灾技能与应急训练的组织实施，提高灾害风险管理和应急处置能力。

### （三）雄安新区社区暴雨洪涝脆弱性评价指标构成

相关学者从山区、流域层面对暴雨洪涝风险性评估进行了研究，但是目前尚缺乏从社区层面对暴雨洪涝风险性评估的研究。[①] 考虑到雄安新区建设的分阶段性，评估雄安新区建设时期的暴雨洪涝风险，可以从社区视角来对不同的风险暴露群体进行划分。考虑到暴雨洪涝风险的应对不仅与社区群体的人员特征有关，而且与所在区域的防洪排涝基础设施有关，同时也与群体的应对风险的组织能力有关。因此，雄安新区的暴雨洪涝脆弱性评价指标体系应该包括群体脆弱性、设施防灾性和社区组织性三个指标。

结合表 6-4 对三种社区的风险脆弱性描述，可以将群体脆弱性指标分为老幼人口比重、低收入人口比重、信息获取能力和流动性四个指标；考虑暴雨洪涝灾害的发生特点，将社区组织性指标分为灾前预警、应急救援和灾后重建三个指标；考虑暴雨与洪涝的风险防范设施有一定的协同性，但又有差异性，将设施防灾性指标分为防洪能力和排涝能力两个指标（见表 5-5）。

表 5-5　雄安新区三种类型社区暴雨洪涝脆弱性评价指标构成

| 目标层 | 准则层 | 指标层 |
|---|---|---|
| 暴雨洪涝脆弱性（A） | 群体脆弱性（B1） | 老幼人口比重（C1） |
| | | 低收入人口比重（C2） |
| | | 信息获取能力（C3） |
| | | 流动性（C4） |

---

① 张正涛，高超，刘青，等 . 不同重现期下淮河流域暴雨洪涝灾害风险评价 [J]. 地理研究，2014，33(7): 1361-1372；倪晓娇，南颖，朱卫红，等 . 基于多灾种自然灾害风险的长白山地区生态安全综合评价 [J]. 地理研究，2014，33(7): 1348-1360；李远平，杨太保，包训成 . 大别山北坡典型区域暴雨洪涝风险评价研究——以安徽省六安市为例 [J]. 长江流域资源与环境，2014，23(4): 582-587.

续表

| 目标层 | 准则层 | 指标层 |
|---|---|---|
| 暴雨洪涝脆弱性（A） | 设施防灾性（B2） | 防洪能力（C5） |
| | | 排涝能力（C6） |
| | 社区组织性（B3） | 灾前预警（C7） |
| | | 应急救援（C8） |
| | | 灾后重建（C9） |

## （四）雄安新区社区暴雨洪涝脆弱性评价实证分析

层次分析法（Analytic Hierarchy Process，AHP）是由美国运筹学家 Saaty 于 20 世纪 70 年代提出的[1]，用于决策者对复杂系统的决策思维过程模型化、数量化的一种决策分析方法，它是一种定性与定量相结合的分析方法，计算简便，并且所得结果简单明确，容易为决策者了解和掌握，而且层次分析法主要是从评价者对评价问题的本质、要素的理解出发，比一般的定量方法更讲求定性的分析和判断，被广泛运用于自然灾害风险评估[2]，因此，本章采用 AHP 方法评估雄安新区未来社会重构期不同社区的暴雨洪涝风险。

1. 构造指标权重

根据 AHP 方法的一般步骤，需要首先构建应用于雄安新区暴雨洪涝脆弱性评估的层次结构模型，分别确定目标层、准则层、指标层、方案层；其次构造判断矩阵，对层次结构中同一层的影响因子分别进行两两比较，可以得到一个个判断矩阵；最后要对判断矩阵进行一致性检验，判断矩阵的随机一致性比率小于 0.1 时，以上得到的权重分配才是合理的。

求取权重向量，对于该二阶矩阵的特征向量，采用方根法求次方根，

---

① SAATY T L. A scaling method for priorities in hierarchical structures[J]. Journal of mathematical psychology, 1977(15): 234–281.

② 戴娟，潘益农，刘青，等. 改进的 AHP 在县域尺度暴雨洪涝风险评价的应用. 气象科学，2014, 34(4): 428–434；蒋雯京，程春梅，张艳蓓，等. 基于 GIS/AHP 集成的浙江省洪涝灾害风险评估 [J]. 测绘通报，2019(2): 125–130；刘晓东，尤莉，宋昊泽，等. 基于 GIS 和 AHP 的雷电灾害风险区划分析与评估——以内蒙古雷灾为例 [J]. 中国农学通报，2019, 35(20): 75–82.

二阶向量即参数相乘开二次方根，然后归一化得到特征值 $W_i$，从而得到相似特征向量。对于三阶矩阵的特征向量，参数相乘开三次方根，然后归一化得到特征值。

$$\overline{W}_i = \sqrt[n]{a_{i1} \cdot a_{i2} \cdots a_{in}}, W_i = \frac{\overline{w_i}}{\sum_1^n \overline{w_i}}, \quad i = 1, 2, \cdots, \text{n} \tag{1}$$

计算矩阵中的最大特征根 $\lambda\text{max}$，其计算公式如下：

$$\lambda_{\max} = \sum_{i=1}^n \frac{(AW)_i}{(nW_i)} = \frac{1}{n} \sum_{i=1}^n \frac{\sum_{j=1}^n a_{ij}W_j}{W_i} \tag{2}$$

一是准则层。考虑到群体脆弱性反映了社区人群的客观现状，与暴雨洪涝风险之间是正向关系；而社区组织性和设施防灾性体现了人类主观防御暴雨洪涝灾害的努力，是负向关系。而社区组织性和设施防灾性相比，设施防灾性体现的是社区主动防御暴雨洪涝灾害的硬件基础设施，社区组织性反映的是社区组织动员居民应对暴雨洪涝灾害的社会管理机制。因此，在准则层，群体脆弱性要比设施防灾性重要，设施防灾性比社区组织性重要。

二是指标层。在群体脆弱性指标方面，老幼人口比重、低收入人口比重、流动性对于评价群体脆弱性的影响是正向的，而信息获取能力对于群体脆弱性的影响是反向的，结合专家意见，认为这四个指标重要性从高到低的排序为老幼人口比重、流动性、低收入人口比重、信息获得能力。

基于同样的逻辑，在社区组织性指标方面，灾前预警、应急救援和灾后重建对社区组织性的影响均为正向，结合专家意见，认为这三个指标重要性从高到低的排序为灾前预警、应急救援和灾后重建。

在设施防灾性指标方面，防洪能力和排涝能力对设施防灾性的影响均为正向，结合专家意见，认为这两个指标重要性完全相同。

三是方案层。

关于群体脆弱性。在老幼人口比重方面，重组社区最高，新建社区次之，而建设者之家社区最低。在信息获取能力方面，新建社区最高，重组

社区次之，建设者之家社区最低。在流动性方面，建设者之家社区最高，重组社区次之，新建社区最低。在低收入人口比重方面，重组社区最高，建设者之家社区次之，新建社区最低。

关于设施防灾性。在排涝能力方面，新建社区最高，重组社区次之，建设者之家最低。在防洪能力方面，新建社区最高，建设者之家社区次之，重组社区最低。

关于社区组织性。在灾前预警方面，新建社区最高，建设者之家社区次之，重组社区最低。在应急救援方面，新建社区最高，建设者之家社区次之，重组社区最低。在灾后重建方面，新建社区最高，建设者之家社区次之，重组社区最低。

2. 判断矩阵及一致性检验

根据 AHP 软件的运算结果，可以得到决策目标的判断矩阵 $W_0$、准则层的判断矩阵 $W_1$ 和对策层的判断矩阵 $W_2$。

对象层权重向量为：

$$W_2 = W_0 W_1 = (0.3795, 0.1928, 0.0583, 0.1622, 0.0656, 0.0452, 0.0259, 0.0049)^{\mathrm{T}}$$

表 5-6 雄安新区暴雨洪涝风险综合评估权重系数

| 目标层 | 准则层 | 对象层 | 权重系数 |
| --- | --- | --- | --- |
| 暴雨洪涝脆弱性（A） | 群体脆弱性（B1）（0.7928） | 老幼人口比重（C1） | 0.3795 |
| | | 低收入人口比重（C2） | 0.1928 |
| | | 信息获取能力（C3） | 0.0583 |
| | | 流动性（C4） | 0.1622 |
| | 设施防灾性（B2）（0.1312） | 防洪能力（C5） | 0.0656 |
| | | 排涝能力（C6） | 0.0656 |
| | 社区组织性（B3）（0.0760） | 灾前预警（C7） | 0.0452 |
| | | 应急救援（C8） | 0.0259 |
| | | 灾后重建（C9） | 0.0049 |

根据 AHP 软件对各级指标间的一致性检验结果，可以得到表 5-7。其中，各级指标的 CR 均小于 0.1，说明雄安新区的暴雨洪涝风险综合评估权重系数具有一致性。

表 5-7　各级指标间的一致性检验结果

| 指标 | A | B1 | B2 | B3 | C1 | C2 | C3 | C4 | C5 | C6 | C7 | C8 | C9 |
|------|------|------|------|------|------|------|------|------|------|------|------|------|------|
| λ max | 3.0217 | 4.1736 | 2 | 3.0183 | 3.0217 | 3.0217 | 3 | 3.0183 | 3.0092 | 3.0536 | 3.0092 | 3.0092 | 3.0092 |
| CR | 0.0209 | 0.0650 | 0 | 0.0176 | 0.0209 | 0.0209 | 0 | 0.0176 | 0.0088 | 0.0516 | 0.0088 | 0.0088 | 0.0088 |
| 是否通过 | 是 | 是 | 是 | 是 | 是 | 是 | 是 | 是 | 是 | 是 | 是 | 是 | 是 |

3. 结果

根据表 5-8，从总体上看，根据 AHP 层次分析法，雄安新区未来三个社区的暴雨洪涝脆弱性新建社区最低、建设者之家社区居中、重组社区最高。

表 5-8　雄安新区三种类型社区暴雨洪涝脆弱性综合评价结果

| 社区 | 脆弱性综合评价 |
|------|------|
| 新建社区 | 0.2379 |
| 重组社区 | 0.4834 |
| 建设者之家社区 | 0.2787 |

## 四　雄安新区韧性社区建设的政策建议

气候变化风险调适是调整自然或人为系统以回应实际发生或预计发生的气象灾害及其后果，趋利避害，最大程度降低极端天气气候事件风险。在城市领域，韧性社区建设是重要的应对举措。

韧性概念最初出现在工程学领域，进入 20 世纪 70 年代，韧性概念被美国学者安东尼引入心理学领域，工程韧性延伸为社会韧性，居民成为社会韧性建设的新主体。由于大量具有不确定的社会问题发生在社区，社区随之成为韧性研究对象。韧性社区的一般定义是在遭受各类突发灾害事件

之后，社区运用内部与外部的物质资源与社会资源，促使社区维持和恢复受灾前的功能程度的能力。[①]社区韧性包括三个层面，一是社区新型基础设施等物理层面对灾害的有效抵御能力；二是社区社会、经济、生态的恢复能力，强调社会系统与自然系统的共生和互相依存；三是社区成员共同合作应对气候灾害的能力。正是由于社区的基础性角色地位，随着社会风险不确定性的增强与常态化，韧性概念被引入社区领域，社区成为弥补传统风险管理的不足、提高备灾应灾能力的重要社会单位。

韧性社区构建在时间维度应关注以下三个方面。首先是事前性恢复，即在规划和建设阶段采用工程性和技术性适应措施以提高社区灾后恢复能力；其次是过程性防灾，当灾害发生时社区及时响应以维持社区正常的生活秩序；最后是结果性适应，即在社区日常建设及灾后恢复过程中注重解决社区的经济与社会问题，其结果将归结为社区应灾能力的综合提升。

### （一）事前性恢复：规划和建设期植入暴雨洪涝适应技术

传统的工程性防御措施包括基础设施建设、灾害风险评估、精细化预报预警与靶向性信息智能发布等工程技术。与此不同，"事前性恢复"是一个防灾工学概念，强调灾害发生之前嵌入工程计划的应灾准备将有助于提高事后城市复兴的效率，提升措施和计划的系统性与综合性，同时使居民参与更富有实效，与中国传统文化中的"上工治未病"的预防思想一脉相承。[②]事前性恢复包括四大要点：第一，达成街区复兴目标共识，及早实现居民与行政主体之间的相互联动；第二，制定体系完备、与恢复性街区建设相联动的受灾者生活支援对策；第三，事前制定城市复兴计划与实施细则；第四，实现新型城市基础设施建设优先顺序的事前公开与共识。"事前性恢复"概念的特征是把应对灾害与前期规划环节一体化，具体包括社区脆弱性评估和防灾设施能力的提升，可以称之为"前导一体化"。[③]

1.提高社区气候风险脆弱性评估与灾害图编制能力

气候风险脆弱性评估包括对暴雨洪涝风险突发性、影响程度及不确定

① 崔鹏，李德智，陈红霞，等.社区韧性研究述评与展望：概念、维度和评价 [J]. 现代城市研究，2018(11): 120–121.
② 郑艳，张万水.从《黄帝内经》看"韧性城市"建设的理与法 [J]. 城市发展研究，2019(5): 1–7.
③ 大矢根淳.灾害与城市.都市社会とリスク [M]. 東京：東信堂，2005: 280.

性的分析，评估灾害可能形成的破坏情形。应以社区为基本单元研究气候风险的历史与趋势，以社区为主体编制灾害图（Hazard Map），标注灾害发生地点、受害扩大范围与程度、避难路径、紧急避难场所，作为灾害事发现场管理体系标准化的前提；制订行动计划，把计划条文转变为每一个居民的防灾意识、防灾技能与防灾行为，提高危机管理与抗风险能力，做好避难前期准备。政府相关部门应为社区防灾计划的制订提供基础信息和技术指导，政府部门、社会组织与社区居民共同合作，使公助和共助的力量发挥乘数效果。

相比平常时期，在新区特殊的大规模建设期，居民将面临复杂的生活课题，更需要做好有针对性的应灾教育。雄安新区未来三类社区应在政府职能部门直接参与下，社区和业主委员会依靠组织资源优势，自主制订具有实用性的防灾计划，推广应急指南，以楼院为基本单元组建防灾应急救助体系，通过气候变化适应科普宣传和应急安全行动，提升居民自救互助能力。

2. 确保防灾设施高水平恢复能力

电力能源保障是灾区生产生活秩序恢复的关键因素。雄安新区域内没有电站，电力完全依靠华北南电网火电、内蒙古和张家口地区的风电。新区能源将采用双重电源供电，供电可靠率可达99.999%，重要设施供电可靠率为99.9999%，达到世界领先水平，确保暴雨洪涝灾期供电设备正常运转。

雄安新区将先行布局城市排水能力，应对建设期城市积涝问题。容东片区截洪渠已经先期开工建设，通过上蓄、中疏、下排的工程手段确保启动区建设。新区严格实施海绵城市建设，确保中小降雨100%自然渗透、自然积存、自然净化，雨水年径流总量控制率不低于85%。城市受灾程度取决于暴雨洪涝和城市排水设施的功能发挥状况，需要定期和在预警期巡检及清疏排水管道，通泄水孔及清除沟盖面上的树叶、杂物，防止垃圾堵塞管道，确保汛期排水畅通。

雄安新区应对暴雨洪涝的难点在于白洋淀淀区和南部特色小镇，因其地势低洼，对极端气候下的暴雨洪涝需要高度警觉。与起步区相比较，特色小镇建设工期晚，发挥防汛工程的作用需要高度重视老旧房屋质量监测。与此同时，无论新建社区还是重组社区，都需要提高避难设施的实用性，确保被指定为避难场所的绿地和公园高程达到防洪标准，即固定避难场所服务半径不超过1000m，避难场所临时生活设施人均面积室内不低于$2m^2$，

室外不低于 $3m^2$。对建筑工人驻地的建设不能按照低标准的临时建筑或仅仅关注交通便利性，更需要高标准建设防灾设施，实施科学有效的防灾应急知识和安全教育。

## （二）过程性防灾：基于社区防灾计划应对暴雨洪涝灾害

气候灾害不可抗拒，但一座城市、一个社区的防灾能力和恢复韧性能力可以通过科学系统的风险管理培育和提升。社区的最基本特征是居民具有归属感和认同意识，信息共享，相互扶助。对于潜在的极端洪涝灾害，首先需要确立城市灾害防御和救助专业机构的主体性。与此同时，需要把社会组织和城市居民作为与相关专业机构同等有效的救灾主体，在加强政府主导的公助力量基础上，建立有社会组织和社区居民参与的共助体系。①雄安新区需要以社区为单位建立针对性强的防灾计划和风险管理组织制度，制定切实可行的防灾预案，组织指导居民应对可能发生的灾害。

1. 强化专业风险管理和应急处置机构主体责任

为创建安全、安心的城市环境，应急管理部门应不断完善当地防灾力评估体系，精准把握当地灾害风险，赋予专业机构依据灾情预警标准及时向社会披露灾情信息的权力，确保公助机制决定性作用的发挥。

完善雄安新区风险管理职能迫在眉睫。在新区建设过程中，公共安全应急管理部门和气象、水务、废水处理、疾病防控等专业机构基本健全，但资源共享、沟通协调等部门协同能力存在短板，机构设置综合性强，工作人员编制尚未确定，多属于对口单位的借调，行政和技术人员的高流动性对灾害应对工作的连续性和严密性提出了巨大挑战，需要建立完善事前沟通、事中协同、事后追责等治理体系和运行机制，提升救灾综合效率和气候风险治理能力。

2. 发挥社区的共助与自救能力

社区自身的防灾力能够有效弥补公助的失灵。社区应该组织个人和团体参与社区减灾规划、规章制度的制定与落实，配备充足的应急物资和合规的应急避难场所，开展应急演练或图上训练（DIG），使居民熟悉避难场

---

① 李国庆．"城市安全与社区风险防控体系建设" [M]．中国城市发展报告 No.9[R]．北京：社会科学文献出版社，2016: 263-278；吴晓林，谢伊云．基于城市公共安全的韧性社区研究 [J]．天津社会科学，2018, 220(3): 89-94.

所的位置和到达路径。社区鼓励民间志愿救援队参与，通过购买公共服务，借助社会力量弥补政府救援设备、救助技能和救援人员的不足。[①] 1995 年日本阪神·淡路岛大地震中 80% 的被救者是依靠亲属和邻居获得救助；在灾后恢复阶段，志愿者、NPO 等市民群体是核心主体，信任和归属感构成的社会资本成为灾后复兴的关键动能。[②] 地区防灾力还包括物质资源，比如信息收集与传达能力，避难引导、自救、救助、运送能力等（见表 5-9）。[③]

表 5-9　备灾活动时间表

| 平常时期 | 发生之前 | 发生之后 | 恢复与复兴期 |
|---|---|---|---|
| 信息收集、共享、传达、转发 | 信息收集、共享、传达、转发 | 安全确认 | 舆情引导，地区支援受灾者 |
| 建立联络体制 | 联络体制 | 救助 | 政府与学者合作，迅速展开恢复与复兴活动 |
| 制作防灾地图 | 把握居民所处状态 | 避难引导、支援 | 完善修订 |
| 确认避难场所 | 避难判断 | 避难场所管理 | 资料收集，修复调整 |
| 确认弱者信息 | 协助避难 | 支援、物资分配 | 安置、抚慰 |
| 准备防灾物资 | 检查储备情况 | 及时调配、分配 | 组织分配 |

资料来源：西沢雅道，筒井智士．地区防災計画制度入門 [M]．東京：NTT 出版株式会社，2014：167．

　　雄安新区重组社区要重点关注弱势人群，让社区居民主动参与应急预案制定、社区隐患排查、巡察、灾后救助等各项工作，定期开展社区应急演练与宣传教育培训，掌握潜在风险、预警信息渠道，能从容应对，妥善处置，自救互救。

　　雄安新区建设者之家社区要建立防灾联络网络，强化建筑工人对防灾知识的学习与自救互救能力的培养，做好营地和工地的应灾对策。建筑单位应与应灾专业机构建立长效的沟通协调机制，做好应急救灾制度性安排，及时接收灾害预报预警信息，提高新区建设者社会保障覆盖面和保障力度。

---

① 郭正阳，董江爱．防灾减灾型社区建设的国际经验 [J]．理论探索，2011(4)：121-131．

② 河田惠昭．津波災害—減災社会を築く [M]．東京：岩波新書，2018：224-232．

③ 西沢雅道，筒井智士．地区防災計画制度入門 [M]．東京：NTT 出版株式会社，2014：204．

## （三）结果性防灾：基于经济生活综合保障培育社区防灾力

灾害学研究表明，防灾应急管理必须与中长期的智能韧性社区建设结合起来。社区的经济与社会发展水平最终决定社区的备灾应灾能力，而经济与财政能力、社区人口结构、社区参与能力是韧性城市的核心评价指标。提升地方经济与社会发展水平将综合提升社区居民的备灾应灾能力、社区组织能力和地区防灾设施保障能力，究其实质，就是社区灾害应对能力的提升。

从应灾的视角看，社区社会资本是应灾减灾中的宝贵资源，社区组织应对与技术应对同等重要。作为一个解构与再结构化的新型城市，为应对建设期的暴雨洪涝极端事件的冲击，雄安新区在做好风险管理和应急处置的基础上，要从中长期的视角建设智能韧性社会体系，加强分类培育居民的归属意识①，充实防灾准备，能有效促使城市从松散状态转变为连带紧密状态，全面提升灾害防御和公共安全事件应对能力，最大程度减少国家财产损失，确保人民生命安全，维护社会经济稳定和高质量发展。

根据长期气候趋势预估预测，雄安新区高温热浪、暴雨洪涝、重度雾霾等气候风险增大，尤其是暴雨洪涝成为雄安新区气候风险度最高的因素，可能对未来雄安新区建设运行的生产、生活和生态体系产生日趋显著的影响。作为"国家大事、千年大计"，雄安新区将长期处于城市新建与社会构建过程，为确保雄安新区安全和社会稳定、经济可持续发展，暴雨洪涝韧性社区建设极为迫切。

---

① 肖新煌，周素卿，黄书礼. 台湾的都市气候议题与治理 [M]. 台北：台大出版中心，2017: 459–499.

# 第六章　未来情景下高温对雄安新区产业劳动生产率的影响及应对策略*

随着气候变暖、城市化进程加快，热岛效应加剧，全球范围内的高温风险不断增加。20 世纪末至 21 世纪初，全球陆续发生大量由高温灾害事件引起的超额死亡[①]，高温逐渐成为国际社会普遍关注的气候变化风险问题之一，并被认为是后工业社会头号"自然风险"。[②] 联合国政府间气候变化专门委员会（Intergovernment Panel on Climate Change，IPCC）第五次评估报告预测，作为主要的气候风险之一，未来高温天气如热浪的发生将趋频趋强，对自然生态环境及人类社会经济的影响也将不断加剧。研究表明，高温天气不仅通过影响农业、旅游业等相关产业造成直接经济损

---

\* 本章内容原载于《中国人口·资源与环境》2022 年第 6 期，收入本书时做了一些技术性处理，主要内容未做修改。本章为科技部国家重点研究计划资助课题"雄安新区气候变化风险评估及三生适应模式研究"（批准号：2018YFA0606304）的阶段性成果。本章执笔人王彦芳，博士，河北地质大学土地科学与空间规划学院副教授，主要研究方向为生态经济、资源环境遥感；边继云，博士，河北省社会科学院经济研究所研究员，主要研究方向为产业经济学；李国庆，博士，中央民族大学民族学与社会学学院教授，主要研究方向为城市社会学、环境社会学。

① LAAIDI K, ZEGHNOUN A, DOUSSET B, et al. The impact of heat islands on mortality in Paris during the August 2003 heat wave[J]. Environmental health perspectives, 2012, 120(2): 254–259；PALECKI M A, CHANGNON S A, KUNKEL K E. The nature and impacts of the July 1999 heat wave in the midwestern United States: learning from the lessons of 1995[J]. Bulletin of the American Meteorological Society, 2001, 82(7): 1353–1368.；MILLER N L, HAYHOE K, JIN J, et al. Climate, extreme heat, and electricity demand in California[J]. Journal of applied meteorology and climatology, 2008, 47(6): 1834–1844.

② 祁新华, 程煜, 李达谋, 等. 西方高温热浪研究述评 [J]. 生态学报, 2016, 36(9): 2773–2779.

失[①]，而且加大能源资源消耗[②]、降低劳动生产率[③]，从而对全球经济造成影响。其中，对劳动生产率的影响最为广泛和深刻，且经济损失会随温度的不断上升而增加。因此，在未来全球变暖的背景下，预测未来高温风险及其对劳动生产率的影响，有助于我们更好地应对气候变化，降低高温天气对区域经济产生的损失。

## 一 高温对区域经济的影响方式

### （一）影响框架分析

随着气候变暖趋势的增强，全球各地极端高温事件频发。人类有气温记录以来的最高温度不断被打破，持续高温热浪日数普遍增加。根据 IPCC 第五次评估报告，未来几十年，不同模型均预估陆地表面温度在 21 世纪呈上升趋势。在全球范围内，高温天气将变得更强、更频繁，持续更久。然而，不同于洪水、台风、干旱等其他自然灾害事件对区域经济造成的直接影响十分明显，高温对区域经济的影响具有很强的隐蔽性，导致高温造成

① PERRY A. Will predicted climate change compromise the sustainability of Mediterranean tourism?[J]. Journal of sustainable tourism, 2006, 14(4): 367–375；TAYLOR T, ORTIZ R A. Impacts of climate change on domestic tourism in the UK: a panel data estimation[J]. Tourism economic, 2009, 15(4): 803–812.；RUTTY M, SCOTT D. Will the Mediterranean become "too hot" for tourism? A reassessment[J]. Tourism and hospitality planning & development, 2010, 7(3): 267–281.

② MILLER N L, HAYHOE K, JIN J, et al. Climate, extreme heat, and electricity demand in California[J]. Journal of applied meteorology and climatology, 2008, 47(6): 1834–1844；AUFFHAMMER M, BAYLIS P, HAUSMAN C H. Climate change is projected to have severe impacts on the frequency and intensity of peak electricity demand across the United States[J]. Proceedings of the National Academy of Sciences of the United States of America, 2017, 114(8): 1886–1891；曹文静，孙傅，刘益宏，曾思育. 极端高温事件对城市用水量和供水管网系统的影响 [J]. 气候变化研究进展，2018, 14(5): 485–494；ANDERSEN O B, SENEVIRATNE S I, HINDERER J, et al. GRACE - derived terrestrial water storage depletion associated with the 2003 European heat wave[J]. Geophysical research letters, 2005, 32(18): 18405.

③ XIA Y, LI Y, GUAN D, et al. Assessment of the economic impacts of heat waves: a case study of Nanjing, China[J]. Journal of cleaner production, 2018, 171: 811–819；KJELLSTROM T, KOVATS R S, LLOYD S J, et al. The direct impact of climate change on regional labor productivity[J]. Archives of environmental & occupational health, 2009, 64(4): 217–227；ROSON R, SARTORI M. Estimation of climate change damage functions for 140 regions in the GTAP9 database[M]. The world Bank, 2016；SUZUKI-PARKER A, KUSAKA H. Future projections of labor hours based on WBGT for Tokyo and Osaka, Japan, using multi-period ensemble dynamical downscale simulations[J]. International journal of biometeorology, 2016, 60(2): 307–310.

的经济损失很容易被忽视。因此，长期以来，高温受到的关注较少[①]。然而，高温天气直接或间接地作用于区域产业经济。

在直接影响中，高温天气大大增加了传统产业的生产、储存风险[②]，高温导致的设备损坏、产品变质等突发性事故给经济造成较大损失。高温给交通运输行业带来许多不利因素。据相关研究，交通事故和热浪之间存在显著的正相关，最高温度每升高1℃，预计车祸风险显著增加1.1%。[③]而且，高温通过降低气候舒适度，影响旅游者的决策和行为模式，从而影响到旅游业的发展。以2003年欧洲夏季高温热浪事件为例，该次高温热浪对地中海地区旅游业产生负面影响[④]，对英国国内旅游业的影响在1479万~3032万英镑。[⑤]据模型预测，在21世纪中叶后，越来越多的旅游目的地的夏季气温将超过"不可接受的炎热"阈值。[⑥]

从更广泛的角度来说，高温通过对劳动力、能源、资源等生产要素的作用间接地影响区域经济。首先，在未来全球变暖的背景下，高温天气会引发急性健康事件、慢性健康损害、心理健康损害等，通过缩短工作时间、降低工作效率等方式影响劳动生产率，从而造成生产损失，对经济产生影响。[⑦]其次，电力是国民经济基础命脉产业，高温是影响电力负荷的天气要素之一，决定着夏季的用电需求格局，尤其是最大电力负荷。高温天气中，空调等消暑设备是导致夏季日最大电力负荷急剧增加的主要原因，约占地

① 杨红龙,许吟隆,陶生才,等.高温热浪脆弱性与适应性研究进展[J].科技导报,2010,28(19):98–102.

② ROSE S, TURNER D, Blanford G, et al. Understanding the social cost of carbon: a technical assessment. EPRI technical update report [R]. Palo Alto: Electric Power Research Institute, 2014.

③ WU C Y H, ZAITCHIK B F, GOHLKE J M. Heat waves and fatal traffic crashes in the continental United States[J]. Accident analysis & prevention, 2018, 119: 195–201；BASAGAÑA X, ESCALERA-ANTEZANA J P, DADVAND P, et al. High ambient temperatures and risk of motor vehicle crashes in Catalonia, Spain (2000–2011): a time-series analysis[J]. Environmental health perspectives, 2015, 123(12): 1309–1316.

④ PERRY A. Will predicted climate change compromise the sustainability of Mediterranean tourism?[J]. Journal of sustainable tourism, 2006, 14(4): 367–375.

⑤ TAYLOR T, ORTIZ R A. Impacts of climate change on domestic tourism in the UK: a panel data estimation[J]. Tourism economic, 2009, 15(4): 803–812.

⑥ RUTTY M, SCOTT D. Will the Mediterranean become "too hot" for tourism? A reassessment[J]. Tourism and hospitality planning & development, 2010, 7(3): 267–281.

⑦ ZANDER K K, BOTZEN W J W, OPPERMANN E, et al. Heat stress causes substantial labour productivity loss in Australia[J]. Nature climate change, 2015, 5(7): 647–651.

区最大电力负荷的 35%~54%。[①]1℃效应量（即温度每升高或降低 1 ℃时，电力负荷增加或减少的量）随着气温的上升进一步增大。[②] 根据相关研究，在 21 世纪及更远的未来，气候变化对电力部门的影响将占到全球经济损失的很大比例。[③] 同时，温度越高，城市用水需求量越大，增加了城市供水设施的运行风险。[④] 持续的高温导致生态、生活、生产用水激增，巨大的水资源消耗还会对区域水资源造成巨大压力。2003 年欧洲高温热浪期间，陆地水储量急剧下降，当年夏季欧洲陆地水储量比 2002 年减少 4.5~6.3cm。[⑤]

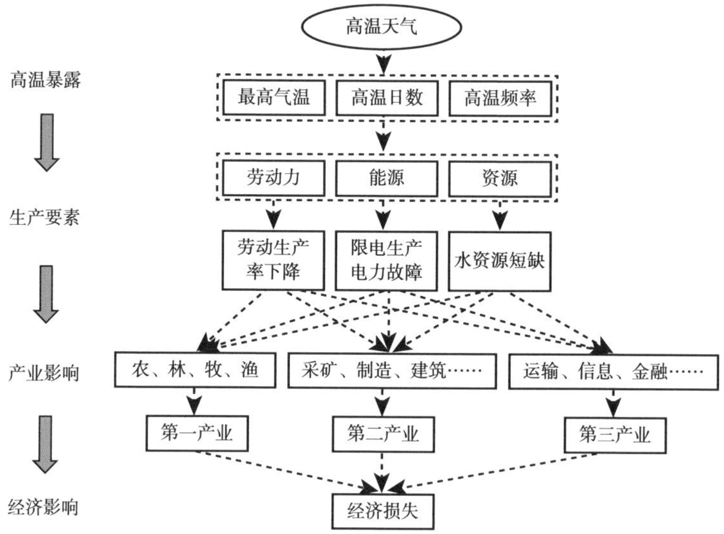

图 6-1　高温对区域产业经济的间接影响框架

不同地区的地域特征、产业结构和经济发展阶段存在差异，对高温的敏感程度也有所不同。虽然高温也会产生一定的高温经济，对某些地区也

① 廖峰, 徐聪颖, 姚建刚, 蔡剑彪, 陈素玲 . 常德地区负荷特性及其影响因素分析 [J]. 电网技术, 2012, 36(7): 117–125; 李植鹏 . 深圳电网负荷与气温的关系研究 [J]. 电气技术, 2016(11): 87–90.

② XIA Y, LI Y, GUAN D, et al. Assessment of the economic impacts of heat waves: a case study of Nanjing, China[J]. Journal of cleaner production, 2018, 171: 811–819; 张自银, 马京津, 雷杨娜 . 北京市夏季电力负荷逐日变率与气象因子关系 [J]. 应用气象学报, 2011, 22(6): 760–765.

③ ROSE S, TURNER D, Blanford G, et al. Understanding the social cost of carbon: a technical assessment. EPRI technical update report [R]. Palo Alto: Electric Power Research Institute, 2014.

④ 曹文静, 孙傅, 刘益宏, 曾思育 . 极端高温事件对城市用水量和供水管网系统的影响 [J]. 气候变化研究进展, 2018, 14(5): 485–494.

⑤ ANDERSEN O B, SENEVIRATNE S I, HINDERER J, et al. GRACE - derived terrestrial water storage depletion associated with the 2003 European heat wave[J]. Geophysical research letters, 2005, 32(18): 18405.

许利大于弊。但是，从长久来看，对全球大多数地区和产业来说，高温对区域产业经济主要是负面影响。[①] 劳动力作为生产过程中的关键生产要素，其状况和变化不仅决定了不同产业的结构构成，而且直接影响产业经济的发展。高温对劳动力的影响，存在于各个产业、各个环节，是高温对社会经济影响的最广泛、最普遍内容，主要体现在降低劳动生产率。

### （二）高温对劳动生产率的影响

劳动生产率在宏观和微观、个体和社会层面有不同的定义。宏观定义为每个就业者的产出 = 每个就业者一年工作的小时数 × 每个工作小时产出；微观定义为单位时间内生产产品的数量或者生产单位产品耗费的劳动时间。[②] 它体现劳动生产使用价值的能力或效率，是衡量一个国家或地区经济和生产力发展水平的核心指标，也是促进经济持续增长与转型升级的重要因素。高温天气会严重影响工作人员的生理和心理健康，引起劳动能力和生产效率下降，从而降低劳动生产率，对经济造成影响（见图 6-2）。

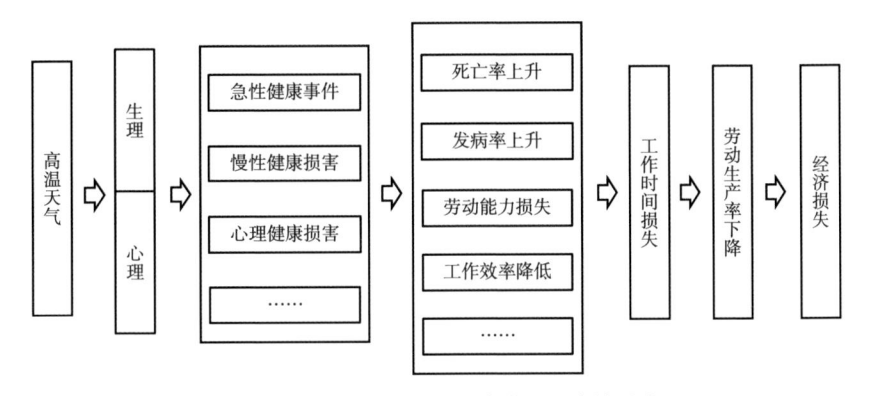

**图 6-2 高温天气对劳动生产率及经济的影响**

高温天气极大地增加了人类生理和心理健康威胁。2003 年 8 月发生在欧洲的高温热浪、2015 年印度和巴基斯坦等地的高温事件都造成了超额死

---

① BURKE M, HSIANG S M, MIGUEL E. Global non-linear effect of temperature on economic production[J]. Nature, 2015, 527(7577): 235–239.

② 苏亚男，何依伶，马锐，等 . 气候变化背景下高温天气对职业人群劳动生产率的影响 [J]. 环境卫生学杂志，2018, 8(5): 40–46.

亡。据世界气象组织统计，高温天气引发的伤亡率居各类气象灾害前列，且增幅远高于其他极端天气。[1] 而且，高温也会影响人们的心理健康。炎热的天气会造成人类皮质醇 / 应激激素（stress hormone cortisol）水平上升，降低睡眠质量，并且扰乱人体的正常活动。这些变化会降低舒适感和幸福感，并且加大人们的心理压力。针对美国和墨西哥的一项调查结果显示，月气温大于 25℃时，每上升 1℃，美国和墨西哥的自杀率分别上升 0.7% 和 2.1%。[2]

在极端高温下，户外职业人员的劳动能力会降低，劳动生产率也因而下降[3]。在高温天气期间，为了确保劳动者身体健康和生命安全，根据生产特点和具体条件，适当调整夏季高温作业劳动和休息制度，如增加休息和减轻劳动强度，或减少高温时段作业，劳动生产率会下降。

高温热浪也会造成室内职业人员劳动生产力损失。高温会造成人们注意力下降、低质量决策和认知能力下降，从而导致工作效率损失。[4] 即使室内有空调等保护措施，但这些适应环境措施的有效性和适用性也有一定的限制。[5] 因此，高温热浪对室内工作者也会产生一定的负效应。据估计，在中等或极热条件下，室内的工作时间会减少 3%~12%。[6]

据预测，未来高温热浪对劳动能力损失最大的地区为东南亚、拉美地区、美国中部地区。[7] 到 21 世纪末，日本（东京和大阪）轻度和重度劳动者的安全劳动时间将分别下降 30%~40% 和 60%~80%。[8] 因此，如果要实现相同的产出，

① World Meteorological Association. The global climate 2001–2010: A decade of climate extremes, summary report[R]. 2013.
② OBRADOVICH N, MIGLIORINI R, PAULUS M P, et al. Empirical evidence of mental health risks posed by climate change[J]. Proceedings of the National Academy of Sciences of the United States of America, 2018, 115(43): 10953–10958.
③ KJELLSTROM T, KOVATS R S, LLOYD S J, et al. The direct impact of climate change on regional labor productivity[J]. Archives of environmental & occupational health, 2009, 64(4): 217–227.
④ KJELLSTROM T, KOVATS R S, LLOYD S J, et al. The direct impact of climate change on regional labor productivity[J]. Archives of environmental & occupational health, 2009, 64(4): 217–227.
⑤ ROSON R, SARTORI M. Estimation of climate change damage functions for 140 regions in the GTAP9 database[M]. The world Bank, 2016.
⑥ XIA Y, LI Y, GUAN D, et al. Assessment of the economic impacts of heat waves: a case study of Nanjing, China[J]. Journal of cleaner production, 2018, 171: 811–819.
⑦ KJELLSTROM T, KOVATS R S, LLOYD S J, et al. The direct impact of climate change on regional labor productivity[J]. Archives of environmental & occupational health, 2009, 64(4): 217–227.
⑧ SUZUKI-PARKER A, KUSAKA H. Future projections of labor hours based on WBGT for Tokyo and Osaka, Japan, using multi-period ensemble dynamical downscale simulations[J]. International journal of biometeorology, 2016, 60(2): 307–310.

工人可能需要更长的工作时间，而且针对热暴露的职业健康干预措施同样会产生经济成本。在相同的高温情景下，从产业类型来看，农业劳动生产率将比制造业和服务业的劳动生产率更低。[1] 据估算，如果不采取任何缓解方案，到21世纪末，高温对劳动生产率的影响将导致全球国内生产总值（GDP）损失2.6%~4.0%[2]，且经济损失会随着温度的不断上升而增加。

本研究以我国雄安新区为例，以劳动生产率为切入点，在分析未来高温情景变化的同时，结合雄安新区未来产业、经济预测，基于湿球黑球温度（Wet Bulb Globe Temperature,WBGT），利用 WBGT 指数与劳动生产率的暴露—反应关系方程，预估雄安新区在不同发展阶段中，高温造成的劳动生产率损失，最后在此基础上提出相应的应对策略。

## 二　数据与方法

### （一）雄安新区未来气候情景数据

雄安新区及其周围区域未来气候情景数据来自国家气候中心和中国科学院大气物理研究所。该数据基于 CMIP5 中的 4 个全球模式（CSIRO–Mk3–6–0、EC–EARTH、HadGEM2–ES 和 MPI–ESM–MR），使用区域气候模式（RegCM4.4），进行未来气候变化预估的动力降尺度试验，模拟试验中采用的温室气体排放方案是中等温室气体排放情景 RCP4.5（Representative Concentration Pathway 4.5）。

为达到更高分辨率，对区域气候模式的模拟结果再用分位数映射（Quantile–Mapping, QM）方法进行统计降尺度。[3] 针对各个网格点的逐日序列

---

[1] KJELLSTROM T, KOVATS R S, LLOYD S J, et al. The direct impact of climate change on regional labor productivity[J]. Archives of environmental & occupational health, 2009, 64(4): 217–227.

[2] TAKAKURA J, FUJIMORI S, TAKAHASHI K, et al. Cost of preventing workplace heat–related illness through worker breaks and the benefit of climate–change mitigation[J]. Environmental research letters, 2017, 12(6): 064010.

[3] CANNON A J, SOBIE S R, MURDOCK T Q. Bias correction of GCM precipitation by quantile mapping: how well do methods preserve changes in quantiles and extremes?[J]. Journal of climate, 2015, 28(17): 6938–6959；韩振宇，童尧，高学杰，等 . 分位数映射法在 RegCM4 中国气温模拟订正中的应用[J]. 气候变化研究进展，2018, 14(4): 331–340；石英，韩振宇，徐影，等 .6.25km 高分辨率降尺度数据对雄安新区及整个京津冀地区未来极端气候事件的预估 [J]. 气候变化研究进展，2019, 15(2): 140–149.

进行，将 25km 分辨率的动力降尺度模拟结果进一步统计降尺度到 6.25km 分辨率网格。该数据集的变量包括日最高气温、日最低气温、日平均气温、日降水量，时间分辨率为日尺度，时间序列为 1980 年 1 月 1 日~2098 年 12 月 31 日。

为验证该数据的精度，分别计算了雄安新区三县 2008~2017 年多年平均的日最高气温模拟值与站点观测的差值，结果表明，容城、雄县和安新的日最高气温偏差分别为 -0.5℃、-0.6℃和 -0.1℃（见图 6-3a），误差较小，表明该数据集精度较高。相关研究已证明该数据集模拟整个京津冀地区气温和降水数据与观测的空间相关系数较高，可以较好地再现雄安新区及整个京津冀地区当代极端气候事件指数的分布。[①] 该数据表明，在 RCP4.5 排放情景下，未来雄安新区多年平均的日最高气温不断增加，与 1986~2005 年相比，2021~2035 年的多年平均的日最高气温增幅为 1.1℃~1.4℃（见图 6-3a），2036~2050 年的多年平均的日最高气温增幅为 1.4℃~1.7℃（见图 6-3b）。另外，本研究还采用 IPSL-CM5A-MR 气候模式模拟的 RCP 4.5 排放情景下的日大气压数据。

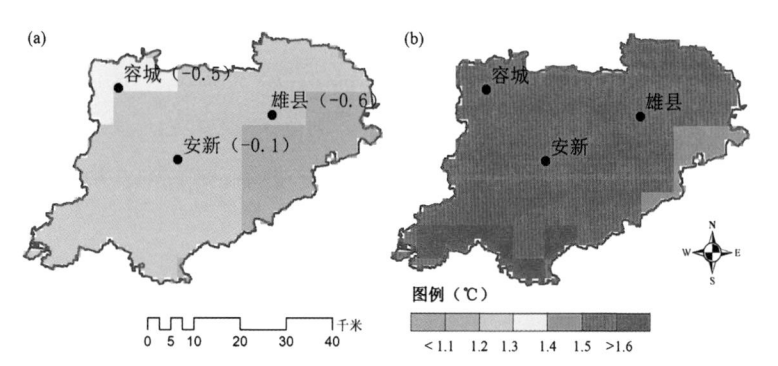

图 6-3 （a）2021~2035 年与 1986~2005 年多年平均的日最高气温的差值
（栅格）以及三县多年平均的日最高气温模型值与观测的差值（点）；
（b）2036~2050 年与 1986~2005 年多年平均的日最高气温的差值

注：该数据来源于中国科学院资源环境科学数据中心（http://www.resdc.cn）的中国乡镇行政边界数据，根据《河北雄安新区规划纲要》新区规划范围包括雄县、容城、安新三县行政辖区（含白洋淀水域），任丘市鄚州镇、苟各庄镇、七间房乡和高阳县龙化乡，本数据为根据纲要提取的雄安新区边界，底图无修改。

① 石英，韩振宇，徐影，等 .6.25km 高分辨率降尺度数据对雄安新区及整个京津冀地区未来极端气候事件的预估 [J]. 气候变化研究进展，2019, 15(2): 140-149.

## （二）雄安新区未来社会经济情景预设

### 1. 雄安新区未来社会经济情景总体判断

雄安新区作为北京非首都功能疏解集中承载地，地处北京、天津、保定腹地，区位优势明显，交通、地质、生态等条件良好，具备高起点高标准开发建设的基本条件。根据《河北雄安新区起步区控制性规划》，到 2025 年，雄安新区启动区基础设施和公共服务设施基本建成投运，高品质宜居宜业城区雏形初步显现；到 2035 年，起步区基本建成绿色低碳、节约高效、开放创新、信息智能、宜居宜业、具有较强竞争力和影响力、人与自然和谐共生的高质量高水平社会主义现代化城市主城区；到 21 世纪中叶，起步区全面建成高质量高水平的社会主义现代化城市主城区，支撑雄安新区成为京津冀世界级城市群的重要一极。产业方面，根据规划，未来新区产业发展重点，将以新一代信息技术产业、现代生命科学和生物技术产业、新材料产业、高端现代服务业、绿色生态农业等产业为主，涉及不同产业的基础研究、研发及试验、示范工程、产业化等过程，并对符合发展方向的传统产业实施现代化改造提升，实现制造业和服务业深度融合，最终建设一二三产业融合发展示范区。

### 2. 雄安新区未来三次产业结构预设

对区域三次产业结构的预测，当前主流研究多采用成分数据的非线性降维方法，通过建立产业结构的动态规律分析模型来进行预测。但此种预测分析的前提是产业结构的规律性自然演进。雄安新区的产业结构变化，由于大范围的外力重构，自然演进路径已发生突变，常规的基于动态规律的分析模型已难以适用。基于此，本章以《河北雄安新区规划纲要》为基础，参照北京的产业结构演进特征，进行三次产业结构预设。根据规划，雄安新区到 2035 年数字经济占地区生产总值比重不低于 80%。数字经济的本质是信息化，核心特征是推动信息服务业迅速向第一、第二产业扩张，模糊三大产业之间的发展界限，促进第一、第二和第三产业的深度融合。

作为北京非首都功能疏解集中承载地和高端高新产业聚集区，雄安新区的产业结构演进特征与北京有某种程度的相似性。因此，我们预设两种情况，一种是到 2035 年，雄安新区数字经济的信息化提升与改造功能发挥到极致，80% 的数字经济占比全部集中于第三产业领域，第一产业只保留创意农业、认养农业、观光农业等新业态，三大产业占比达

到北京现阶段水平，即 0.5%∶19.5%∶80.0%。另一种是参照北京产业结构演进的一般规律，进行设定。2017 年雄安新区三县的三大产业占比为 14.16%∶51.39%∶34.46%[1]，处于工业化中期发展阶段，大致相当于北京 1990 年的三大产业占比（8.76%∶52.39%∶38.85%)[2]。经过 18 年的发展，北京产业结构实现了从工业化中期到工业化后期的转变，到 2008 年，北京三大产业占比调整为 1.10%∶25.70%∶73.20%[3]，第二产业占比降低 26.69 个百分点，第三产业占比提升 34.35 个百分点。参照北京产业结构演进的规律特征，我们设定雄安新区产业结构在未来 18 年以同样的演进速度进行结构调整，到 2035 年三大产业占比达到 5.49%∶24.70%∶69.81%（见图 6-4）。到 2050 年，雄安新区产业结构继续优化，制造业和服务业融合发展进程进一步推进，第一产业、第二产业占比进一步降低，三大产业占比调整至 0.5%∶19.5%∶80.0%~0.1%∶9.9%∶90.0%（见图 6-4）。

## （三）方法与模型

### 1. WBGT 指数

由于地域气候差异，世界各地对高温的定义和测度尚未统一。在中国，气象上一般以日最高气温达到或者超过 35℃作为高温的标准。但不同劳动强度的工作其劳动效率在相同热环境下不一致，即热应力不同。热应力是人体在热环境中作业时的受热程度，当热应力施加到人体时，会导致一系列的身体反应，比如，出汗、心律加快和人体内温度升高。在条件一定的情况下，热应力越大，热应激也就越大，最后达到一定的程度，将会影响工作效率甚至是人体健康。

WBGT 指湿球黑球温度，是综合评价人体接触作业环境热负荷的一个基本参量，单位为℃。WBGT 是由自然湿球温度（Tnw）和黑球温度（Tg），露天情况下加测空气干球温度（Ta）三个部分构成。

室内外无太阳辐射：

$$WBGT = 0.7 \times T_{nw} + 0.3 \times T_g \tag{1}$$

室外有太阳辐射：

① 河北省统计局.河北经济年鉴(2018)[M].北京：中国统计出版社，2019.
② 北京市统计局.北京统计年鉴(2009)[M].北京：中国统计出版社，2010.
③ 北京市统计局.北京统计年鉴(2009)[M].北京：中国统计出版社，2010.

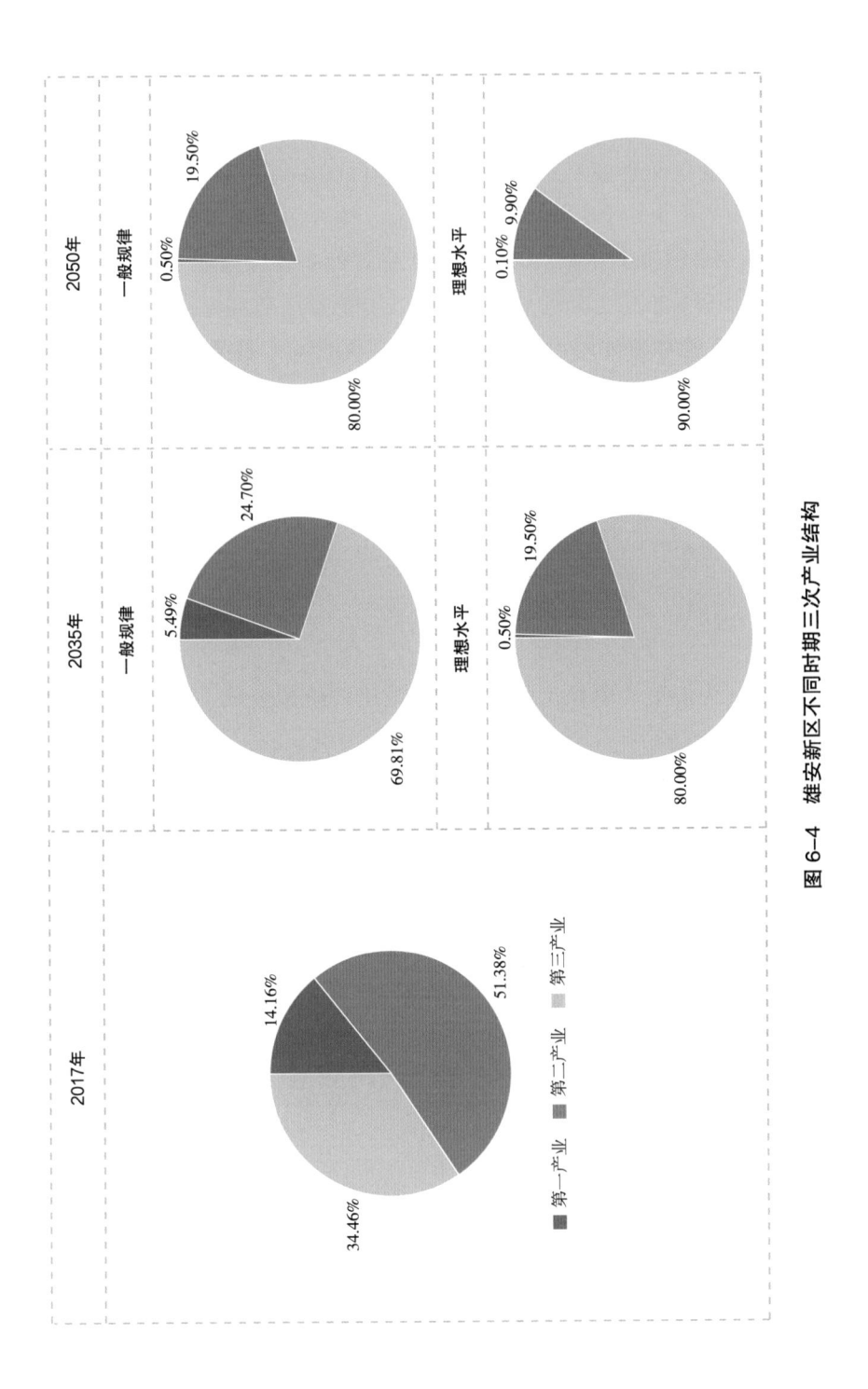

图 6—4　雄安新区不同时期三次产业结构

$$\text{WBGT} = 0.7 \times T_{nw} + 0.2 \times T_g + 0.1 \times T_a \qquad (2)$$

WBGT 是量化热舒适性的 ISO 标准（ISO，1989），目前正被包括美国和英国在内的军事协会、土木工程师协会、体育协会等机构使用。中国《高温作业分级》（GB/T4200.1700）和《工作场所有害因素职业接触限值》（GBZ2-2002）等标准中也陆续采用了 WBGT 指数来评价高温作业环境的气象条件。WBGT 指数常被用于气候变化对"工作能力"的潜在影响和相关的经济成本进行评估。[1]

由于 WBGT 指数的直接测量较少，澳大利亚气象局提出了一种根据气象数据估算 WBGT 的方法，并在世界范围内广泛使用。[2] 该 WBGT 指数仅取决于温度和湿度，代表室外平均白天条件下的热应力。

$$\text{WBGT} = 0.567 \times T_a + 3.94 + 0.393 \times es \qquad (3)$$

式中，$T_a$ 为温度（单位℃），$es$ 为水汽压，使用公式（4）计算水汽压[3]，其中 $P$ 为气压。

$$es = 6.1121 \times \left( 1.0007 + \left( 1.00000346 \times P \right) \right) \times \exp$$
$$\left\{ \left[ \left( 18.729 - \left( T_a / 227.3 \right) \right) \times T_a \right] / \left( 237.7 + T_a \right) \right\} \qquad (4)$$

由公式（3）和公式（4）得到公式（5），用来计算日 WBGT 指数[4]。

---

① KJELLSTROM T, KOVATS R S, LLOYD S J, et al. The direct impact of climate change on regional labor productivity[J]. Archives of environmental & occupational health, 2009, 64(4): 217-227；ROSON R, SARTORI M. Estimation of climate change damage functions for 140 regions in the GTAP9 database[M]. The world Bank, 2016；SUZUKI-PARKER A, KUSAKA H. Future projections of labor hours based on WBGT for Tokyo and Osaka, Japan, using multi-period ensemble dynamical downscale simulations[J]. International journal of biometeorology, 2016, 60(2): 307-310.

② 《河北雄安新区规划纲要读本》编写组. 河北雄安新区规划纲要读本 [M]. 北京：人民出版社，2018；北京市统计局. 北京统计年鉴（2009）[M]. 北京：中国统计出版社，2010.

③ WILLETT K M, SHERWOOD S. Exceedance of heat index thresholds for 15 regions under a warming climate using the wet - bulb globe temperature[J]. International journal of climatology, 2012, 32(2): 161-177.

④ 北京市统计局. 北京统计年鉴（2009）[M]. 北京：中国统计出版社，2010.

$$\text{WBGT} = 0.567 \times T_a + 3.94 + 0.393 \times$$
$$\begin{bmatrix} 6.1121 \times \left(1.0007 + \left(1.00000346 \times P\right)\right) \times \exp \\ \left\{ \left[ \left(18.729 - \left(T_a / 227.3\right)\right) \times T_a \right] / \left(237.7 + T_a\right) \right\} \end{bmatrix} \quad (5)$$

### 2.WBGT 指数—劳动生产率的关系方程

高热应力意味着更频繁的停顿、中断，更低的速度和更高的受伤概率，导致劳动生产率的下降。高温对劳动生产率的影响表现在：①存在最低温度阈值，低于该阈值时劳动生产率不会受天气影响，但不同劳动强度的工作对应的温度阈值不同；②劳动生产率因温度升高而下降；③劳动生产率存在最低值，为25%。但不同劳动群体由于生产方式、劳动强度、防护措施等因素差异，应对高温天气的能力不同，导致工作效率和生产损失不同。因此，Roson 和 Sartori[1] 在 Kjellstrom 等 [2] 的研究基础上，根据劳动强度的差异，建立农业、制造业和服务业三个产业的 WBGT 热应力作用与劳动生产率关系（见图 6-5），具体的数学表达见公式（6）、（7）、（8）[3]：

$$\begin{cases} \text{lab}_{agr} = 1.0 \quad (\text{WBGT} \leqslant 26) \\ \text{lab}_{agr} = 1.0 - \dfrac{1.0 - 0.25}{36 - 26}(\text{WBGT} - 26) \quad (26 < \text{WBGT} \leqslant 36) \\ \text{lab}_{agr} = 0.25 \quad (\text{WBGT} > 36) \end{cases} \quad (6)$$

$$\begin{cases} \text{lab}_{man} = 1.0 \quad (\text{WBGT} \leqslant 28) \\ \text{lab}_{man} = 1.0 - \dfrac{1.0 - 0.25}{43 - 28}(\text{WBGT} - 28) \quad (28 < \text{WBGT} \leqslant 43) \\ \text{lab}_{man} = 0.25 \quad (\text{WBGT} > 43) \end{cases} \quad (7)$$

① ROSON R, SARTORI M. Estimation of climate change damage functions for 140 regions in the GTAP9 database[M]. The World Bank, 2016.

② KJELLSTROM T, KOVATS R S, LLOYD S J, et al. The direct impact of climate change on regional labor productivity[J]. Archives of environmental & occupational health, 2009, 64(4): 217–227.

③ ALTINSOY H, YILDIRIM H A. Labor productivity losses over western Turkey in the twenty–first century as a result of alteration in WBGT[J]. International journal of biometeorology, 2015, 59(4): 463–471.

$$\begin{cases} \text{lab}_{ser} = 1.0 \quad (\text{WBGT} \leqslant 30) \\ \text{lab}_{ser} = 1.0 - \dfrac{1.0 - 0.25}{50 - 30}(\text{WBGT} - 30) \quad (30 < \text{WBGT} \leqslant 50) \\ \text{lab}_{ser} = 0.25 \quad (\text{WBGT} > 50) \end{cases} \quad (8)$$

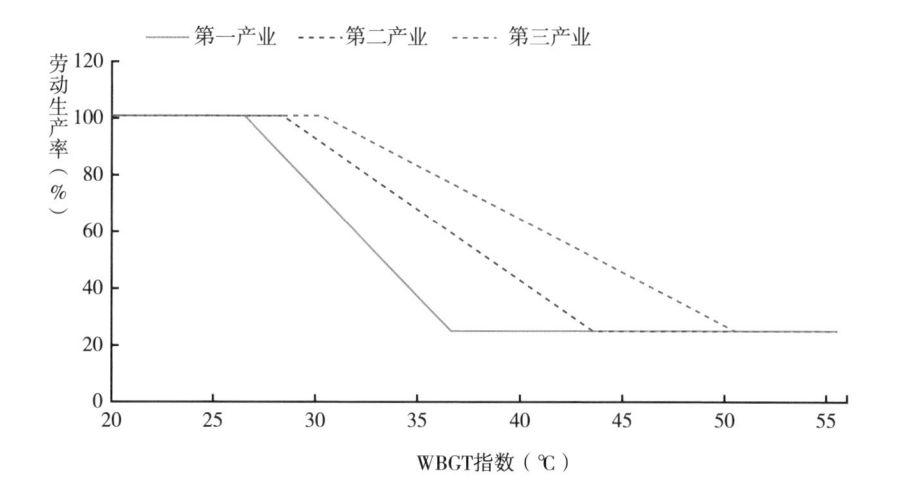

**图 6-5　不同劳动强度的劳动生产率随 WBGT 温度的变化**

资料来源：ROSON R, SARTORI M. Estimation of climate change damage functions for 140 regions in the GTAP9 database[M]. The World Bank, 2016.

　　lab 为劳动生产率，agr 指第一产业农业，man 指第二产业制造业；ser 指第三产业服务业。在计算日工作效率的基础上，在季节和年尺度上，各个产业的平均劳动生产率用公式（9）进行计算。

$$\begin{cases} LP_{agr} = \sum_{1}^{n} lab_{agr} / n \\ LP_{man} = \sum_{1}^{n} lab_{man} / n \\ LP_{ser} = \sum_{1}^{n} lab_{ser} / n \end{cases} \quad (9)$$

$LP_{agr}$、$LP_{man}$、$LP_{ser}$ 是受高温影响的季节劳动生产率或年劳动生产率，$n$ 为夏季日数或年日数，lab 为不同产业的日劳动生产率。最终，一个区域的整体的劳动生产率所受的影响取决于产业构成，即：

$$LP = r_{agr} \times LP_{agr} + r_{man} \times LP_{man} + r_{ser} \times LP_{ser} \qquad (10)$$

$LP$ 是区域年劳动生产率，$r_{agr}$、$r_{man}$、$r_{ser}$ 为不同产业比例，$LP_{agr}$、$LP_{man}$、$LP_{ser}$ 为不同产业的年劳动生产率，（$1-LP$）则为受高温影响导致的劳动生产率损失。

考虑到雄安新区的高定位、高标准，未来雄安新区第二产业主要以高端高新制造业为主，未来其第二产业劳动生产率受影响程度会明显低于传统制造业。在 2050 年全面建成高质量高水平的社会主义现代化城市的目标导向下，本研究计算两种情形，一种是采用传统第二产业的 WBGT—劳动生产率方程，另一种是以第三产业的影响模型代替第二产业，以突出雄安新区高端高新制造业的较低劳动生产率影响。

## 三　结果分析

### （一）未来情景下雄安新区高温特征

#### 1. 气象高温特征

受气候变暖影响，未来中等排放情景下，雄安新区升温明显，尤其是高温天气明显增多（见图 6-6）。日最高气温大于 35℃的高温日的年代际统计结果显示，据预测雄安新区高温日最高气温的平均值从 20 世纪 80 年代的不足 36℃增加至 21 世纪 40 年代的 36.6℃，增温速率是 0.08℃/10a。与此同时，极端最高气温从 20 世纪 80 年代的不足 37℃，上升至 21 世纪 30 年代的 39℃以上，极端最高气温的增加速率是 0.35℃/10a，到 21世纪 40~50 年代，甚至有的模型结果超过 40℃。20 世纪 80 年代雄安新区年均高温日数约为 5.4 d，到 21 世纪 30 年代，雄安新区初步建成期，高温日数将增加到 16.5（13.5~19）d，到 2050 年的全面建成期，高温日数将增加到 23.8（19.5~30.4）d，高温日数增加速率为 2.5 d/10a（见图 6-6）。

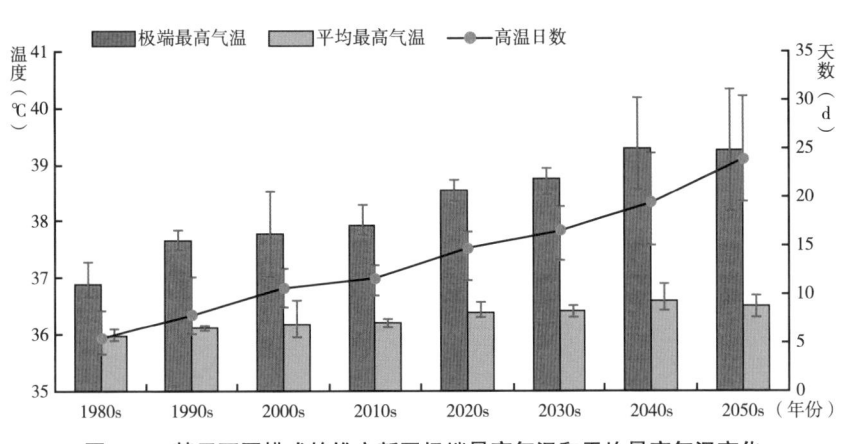

图 6-6　基于不同模式的雄安新区极端最高气温和平均最高气温变化
（数值为四种模式的平均值，误差线为四种模式的浮动范围）

2. 日尺度 WBGT 指数

最高气温虽能体现极端情况，但其对应的是瞬时 WBGT 指数和瞬时劳动生产率，如果直接利用日最高气温计算会导致结果偏大。因此，本研究采用日平均气温，利用公式（5）计算日尺度平均 WBGT 指数及平均劳动生产率。根据雄安新区相关规划，选择 2035 年和 2050 年作为两个主要节点，2031~2040 年的平均值代表 2035 年，2046~2055 年的平均值代表 2050 年，1981~2010 年为基准期。基准期、2035 年、2050 年三个时期 5~10 月日平均 WBGT 指数如图 6-7 所示。结果显示，2035 年的日平均 WBGT 指数明显高于基准期，平均增温 1.5℃，并持续增温，到 2050 年，日平均 WBGT 指数平均增温 2.1℃。

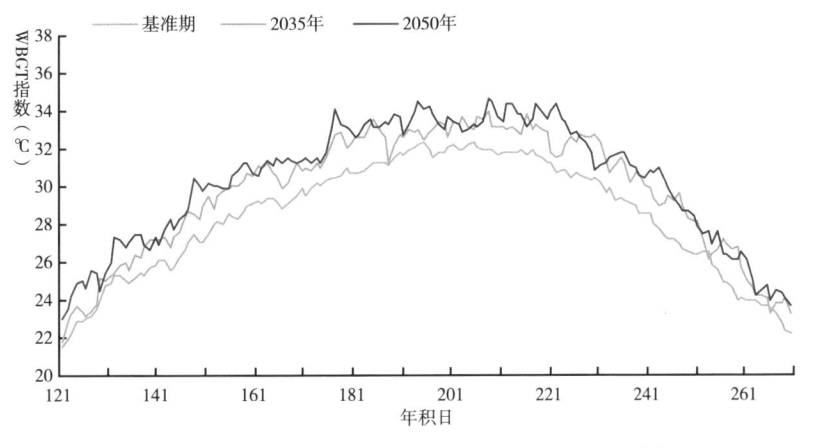

图 6-7　不同时期雄安新区 5~10 月日平均 WBGT 指数

## （二）高温对不同产业劳动生产率的影响

### 1.劳动生产率受影响程度

总体来说，第一产业农业受高温的影响最大，其次是第二产业制造业，受影响最小的是第三产业服务业。定量化的测定表现在WBGT指数超过各个产业耐热阈值的日数，其中，第一产业劳动生产率受高温影响的平均日数为125.83d，第二产业劳动生产率受高温影响的平均日数为107.17d，第三产业劳动生产率受高温影响的平均日数为88.82d（见图6-8）。随着气候变暖，2050年与基准期相比，不同产业劳动生产率受影响的日数不断增加，其中，第一产业影响日数增加14.5d，第二产业、第三产业受影响的日数分别增加20d和25d。这表明，雄安新区未来增温主要表现在高温日数的增加，特别是WBGT指数大于30℃以上的高温日数的增加速率更大。

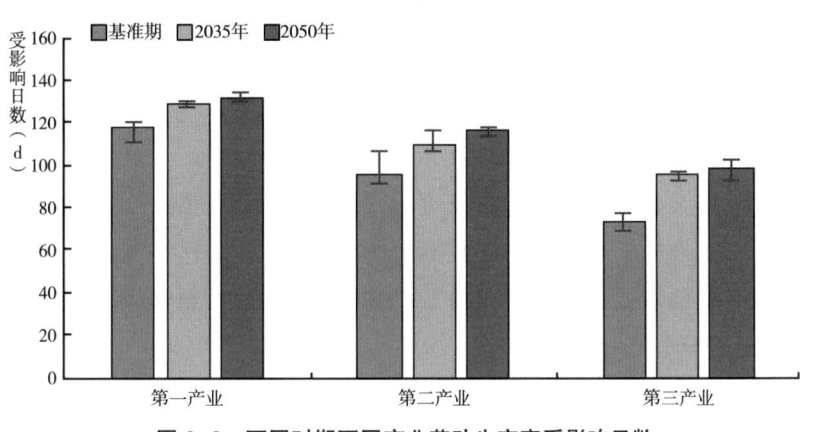

图6-8　不同时期不同产业劳动生产率受影响日数

未来升温情景下，除劳动生产率受影响日数的变化之外，影响强度也发生变化，其中，最具代表性的是年最低劳动生产率。图6-9为不同时期不同产业的年最低劳动生产率，结果表明，基准期内，第一产业的年最低劳动生产率为37%，2035年第一产业的年劳动生产率下降至25%（最低值），下降12个百分点，2050年，第一产业的年劳动生产率仍为25%。基准期的第二产业年最低劳动生产率为81%，2035年的第二产业年最低劳动生产率将下降至74%，下降幅度为7个百分点，低于第一产业，随着不断升温，

2050年的第二产业年最低劳动生产率继续下降2个百分点，为72%。第三产业的年最低劳动生产率从基准期的84%分别下降到2035年的75%和2050年的72%，最多下降12个百分点。第三产业的最低劳动生产率降幅大于第二产业，说明极端高温的升温幅度更大。

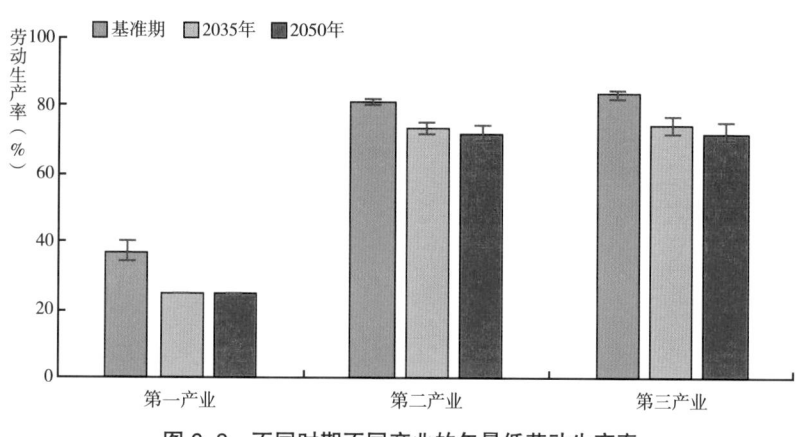

图6-9　不同时期不同产业的年最低劳动生产率

2. 夏季和年季劳动生产率损失

夏季（6~8月）是劳动生产率受高温影响的主要时期，根据WBGT指数—劳动生产率的关系方程计算雄安新区夏季平均劳动生产率如表6-1所示。不同时期，高温对不同产业的劳动生产率均产生影响。整体来说，第一产业的劳动生产率损失最大，从1981~2010年基准期的57.91%，下降至2035年的46.89%。到2050年，夏季高温导致的第一产业劳动生产率损失接近60%，且第一阶段（基准期~2035年）的损失高于第二阶段（2035~2050年）5个百分点。第二产业和第三产业所受高温影响远低于第一产业，不同阶段，第二产业的夏季平均劳动生产率为85.43%，第三产业较第二产业高出3.71个百分点。但随着气候变暖，未来第二、第三产业的劳动生产率均会继续降低，第一阶段和第二阶段的降幅分别为4~5个百分点和2~3个百分点，劳动生产率损失均低于第一产业。但是由于第二、三产业的产值远高于第一产业，因此，由其劳动生产率降低导致的经济损失也较第一产业大。

从年季尺度来看，各产业的平均劳动生产率均高于夏季水平（见表6-1）。受高温影响，第一产业年劳动生产率低于90%，其次是第二产业，

第三产业受影响最小，第二、三产业的年劳动生产率均在95%以上。与基准期相比，2035年和2050年第一产业的年劳动生产率分别下降4.14个百分点和5.62个百分点。未来高温天气对第二产业和第三产业年劳动生产率的影响类似，2035年、2050年的年劳动生产率较基准期分别下降1.5个百分点左右和2个百分点左右。预计到2050年，雄安新区全面建成阶段，受高温的影响第一产业、第二产业、第三产业的年劳动生产率分别下降至83.11%、95.22%和96.25%，但具体的影响则取决于城市的产业构成。

表 6-1　不同产业不同时期夏季、年度劳动生产率

单位：%

| 项目 | 产业 | 基准期 | 2035 年 | 2050 年 |
|---|---|---|---|---|
| 夏季 | 第一产业 | 57.91 | 46.89 | 40.96 |
| | 第二产业 | 89.20 | 84.75 | 82.36 |
| | 第三产业 | 93.54 | 88.41 | 85.46 |
| 年度 | 第一产业 | 88.73 | 84.59 | 83.11 |
| | 第二产业 | 97.25 | 95.79 | 95.22 |
| | 第三产业 | 98.35 | 96.87 | 96.25 |

## （三）高温对雄安新区总劳动生产率的影响预估

气候条件决定了未来不同产业劳动生产率的高温暴露程度，但高温对区域劳动生产率的影响，不仅受气候条件的影响，同时也取决于产业结构。根据本研究前述对雄安新区未来社会三次产业结构的预设，预计到2035年，城市产业结构比例区间为5.49∶24.70∶69.81~0.5∶19.5∶80.0，根据公式（10）计算区域平均劳动生产率。结果表明：如果不采取任何措施，到2035年，受高温影响雄安新区夏季劳动生产率为85.23%~87.49%，年劳动生产率为95.93%~96.60%，即由于高温的影响导致年劳动生产率平均下降3.40~4.07个百分点。

到2050年，受高温影响雄安新区夏季劳动生产率下降至84.63%~85.11%，夏季劳动生产率损失在15%左右，较2035年下降1.5个百分点。虽然夏季

的劳动生产率下降比较明显，但年季尺度上，由于一二三产业进一步融合，第三产业比例进一步增加，雄安新区产业对高温天气的敏感性逐渐降低，不同产业预设情景下，受高温影响导致的劳动生产率损失在 3.87%~4.02%。考虑到雄安新区第二产业区别于传统制造业，则最低的劳动生产率损失为3.76%。因此，到 2050 年受高温影响导致的雄安新区劳动生产率损失为3.76%~4.02%。虽然高温对年劳动生产率的影响变化不明显，但是由于经济总量的不断增加，高温影响劳动生产率造成的经济损失也越大。

## 四　结论及应对策略

### （一）主要结论

气候变暖背景下，未来全球高温风险不断增加，并对人体健康、社会经济产生重大影响，由于其对经济影响的隐蔽性往往被低估，本研究以雄安新区为例，利用 WBGT 指数与劳动生产率的暴露—反应关系方程，模拟未来气候情景下，高温天气对不同产业劳动生产率的影响。主要结论如下。

（1）未来气候情景下，雄安新区日最高气温逐渐上升，高温日数从1980 年的 5.4d，增加到 2050 年的 23.8（19.5~30.4）d，高温日数增加速率为 2.5 d/10a。

（2）未来升温情景下，雄安新区不同产业的劳动生产率受影响日数和影响强度逐步增多增强。预计到 2050 年，受高温的影响，第一产业、第二产业、第三产业的夏季劳动生产率下降至 40.96%、82.36% 和 85.46%，年劳动生产率分别下降至 83.11%、95.22% 和 96.25%。

（3）未来受高温影响，在不采取任何措施的情景下，2035 年，雄安新区夏季劳动生产率为 85.23%~87.49%，年劳动生产率为 95.93%~96.60%。2050 年，夏季劳动生产率较 2035 年下降约 1.5 个百分点，由于第三产业比例进一步增加，高温影响导致雄安新区的年劳动生产率损失较 2035 年变化不大，为 3.76%~4.02%。但随着经济体量的增加，造成的损失不断增加。因此，有必要采取一定的应对措施，以降低高温通过对劳动生产率的影响造成的经济损失。

## （二）应对策略

随着气候变暖，未来雄安新区高温日数和强度不断增加增强，高温导致产业劳动生产率不同程度下降，并间接地对经济造成影响。因此，雄安新区的规划建设有必要考虑未来高温风险，最大限度降低产业劳动生产率损失。IPCC《管理极端事件和灾害风险推进气候变化适应特别报告》（SREX）提出灾害风险管理和适应气候变化的重点是降低暴露度和脆弱性。根据雄安新区相关产业发展规划，其未来规划期内高端高新产业增加值占GDP的比重将达到70%~80%，产业对高温的敏感性和脆弱性较低。因此，雄安新区未来应对高温风险应采取以削弱暴露度为主、降低脆弱性为辅的事前风险防控型适应模式。

### 1.削弱高温暴露度

完善雄安新区高温应对的顶层设计。在新区规划、布局、建设中要充分考虑高温对未来新区发展的影响，并把防御和应对高温作为一项长期的重要战略任务，将高温规划作为雄安新区应对气候变化的关键内容之一。一是制定《高温热浪规划》，并进一步完善节能减排、清洁能源、绿色基础设施建设等事关产业发展的长期战略规划。二是建立与气候变化密切相关的气象预报系统、公共卫生应急预案、救援机制。建立新区智慧气象系统、高温与健康风险的早期预警系统，及时有效预测高温暴露与灾害影响程度。三是建立高温适应性产业智慧成长体系。进一步完善拓展雄安新区产业发展方向，加大对高温应对新材料的研发、试验、转化和产业化，并加强高温应对新材料在雄安新区各领域的智慧应用，形成雄安新区自有的高温适应性产业成长体系，为打造世界级绿色样板城市提供支撑。

构建雄安新区城市、社区、建筑三层面的降温型绿色空间网络。营造绿色生态空间可以有效地减缓和防护高温热浪，降低高温暴露程度。未来雄安新区蓝绿空间比例在70%以上，但如何设计、布局才能让蓝绿空间的降温防护作用发挥到最大是需要认真思考的。城市层面，要强化对通风廊道、凉爽步道、避暑空间、大型纳凉中心等绿色基础设施建设布局的科学性和合理性论证；社区层面，要进一步强化对绿化空间、街道高宽比、街区形态等的高温应对性安排；建筑层面，完善城市的建筑设计，要进一步加强对建筑物绿化技术、建筑节能技术、高蒸散高散射率的材料应用技术

等的强化应用，避免高温天气引起更高的室内温度危害以及能源的消耗。

2. 降低产业脆弱性

农业是雄安新区对气候变化较为敏感和脆弱的产业，为降低高温对农业劳动生产率的影响，雄安新区在未来发展中，可探索实施有自身特色的气候智慧型农业发展模式，为世界提供成功经验和示范。一是探索建立气候智慧型作物生产技术体系。围绕高产、高效、集约、弹性、可持续的发展目标，分析不同农业类型应对及适应高温的智能生产技术。同时，加快对雄安新区农业高温生态灾害链风险防控技术、水—作物—生态集成适应高温变化技术等的研究应用，建立不同类型作物的高温应对技术模式，提升农业生产系统应对高温热浪的技术支撑。二是建立气候智慧型农业智能生产与管理体系。推动物联网、传感及云计算等技术实现对农业生产、储存、加工、销售，以及对气候、土地和水资源等农业生产条件的智能化监测、控制和管理。全面启动雄安新区数字农业建设工程，提升农业生产的智慧化、精细化、自动化、科学化水平，减少劳动力对农业的参与。

制造业和服务业若要在高温应对上形成示范，可探索建立高温适应性产业发展模式。一方面建立高温适应性产业人员保障体系。针对二三产业的不同特征，研究高温情景下不同职业的暴露度、影响的相对范围和经济损失，针对不同影响程度的产业和人群，完善职业卫生标准，建立差异化干预和应对策略。如科学设计户内外人员作业方案、多方位增加人文关怀等，降低劳动力对极端高温的敏感性。另一方面，建立高温适应性产业技术支撑体系。推动无人系统智能制造技术、智能服务技术的研发突破和在雄安新区制造业、服务业中的示范应用。

第三篇　雄安新区应对气候变化风险的"双碳"策略

# 第七章　基于极端气候事件能源生态系统的调适与优化
## ——以雄安新区为例*

## 一　研究背景

### （一）气候变化的科学事实

气候变化是一种大气物理特征长期大尺度变化现象，气候变化所引起的极端气候事件，会对人类社会的生存与发展环境带来极大破坏和影响。能源是社会经济发展的物质基础与重要保障，极端气候事件会对能源生态系统产生极大扰动。[①]郑景云等分析了中国过去 2000 年极端气候事件变化的若干特征，认为历史时期极端气候事件变化是当前气候变化研究的热点领域[②]，朴世龙等以干旱、极端降水、极端高温和极端低温为例，系统总结了极端气候事件对陆地生态系统碳循环的影响及其机理。[③]2020 年 2 月，《自

---

\* 本章内容为科技部国家重点研发计划资助课题"雄安新区气候变化风险评估及三生适应模式研究"（项目编号：2018YFA0606304）的阶段性成果。本章执笔人朱守先，博士，中国社会科学院生态文明研究所人居环境研究中心、中国社会科学院生态文明研究智库执行研究员，主要研究方向为资源环境与区域发展。

① 《自然》同时发表七篇文章探讨极端天气事件如何影响能源系统 [N]. 科技日报，2020-02-21(08)；新研究量化气候变化和极端气候事件对能源系统的影响 [N]. 中国气象报，2020-03-19(03).

② 郑景云，郝志新，方修琦，等 . 中国过去 2000 年极端气候事件变化的若干特征 [J]. 地理科学进展，2014, 33(1): 3–12.

③ 朴世龙，张新平，陈安平，等 . 极端气候事件对陆地生态系统碳循环的影响 [J]. 中国科学：地球科学，2019, 49(9): 1321–1334.

然能源》同时发表七篇文章探讨极端天气事件如何影响能源系统，其中通过大量案例分析了可再生能源发展的潜力与方向[①]，对于我国城市积极应对气候变化，保障能源生态系统良性运行具有借鉴意义。

2020 年 3 月发布的《2019 年全球气候状况声明》显示，全球气温总体处于上升态势，2019 年是有记录以来温度第二高的年份，2015~2019 年是有记录以来最热的 5 年，2010~2019 年是有记录以来最热的 10 年；自 20 世纪 80 年代以来，每个连续 10 年都比 1850 年以来的前一个 10 年更热；2019 年结束时，全球平均温度比估计的工业化前水平高出 1.1℃，仅次于 2016 年创下的纪录。[②] 国际上主要从灾害损失视角进行了气候变化引起的气候风险分析，《全球气候风险指数》（Global Climate Risk Index，GCRI）通过各国历史灾情数据建立气候风险指数，用于分析与气象相关的损失事件（如风暴、洪水、热浪等）对世界各国的影响，需要积极应对气候风险，变被动适应为主动调适成为各国特别是受风险影响最大的小岛国等最重要的环境发展任务。

2013 年 11 月，《国家适应气候变化战略》指出，应在基础设施领域修订相关标准，根据气候条件的变化修订基础设施设计建设、运行调度和养护维修的技术标准，根据气温、风力与冰雪灾害的变化调整输电线路、设施建造标准与电杆间距。2016 年，《城市适应气候变化行动方案》提出提高城市基础设施设计和建设标准，调整能源设施标准，针对不同城市及城市居民、企业、公共部门等不同用户，评估气候变化对制冷、采暖及节能标

---

① Extremes makeover [J/OL]. Nature energy, 2020(5): 93. https://doi.org/10.1038/s41560-020-0572-2；GUNDLACH J. Climate risks are becoming legal liabilities for the energy sector [J/OL]. Nature energy, 2020, (5): 94 - 97. https://doi.org/10.1038/s41560-019-0540-x；GRIFFIN P A. Energy finance must account for extreme weather risk [J/OL]. Nature energy, 2020 (5): 98 - 100. https://doi.org/10.1038/s41560-020-0548-2；JAFFE A M. Financial herding must be checked to avert climate crashes [J/OL]. Nature energy, 2020(5): 101-103. https://doi.org/10.1038/s41560-020-0551-7；MCCOLLUM D L, GAMBHIR A, ROGELJ J et al. Energy modellers should explore extremes more systematically in scenarios [J/OL]. Nature energy, 2020 (5): 104 - 107. https://doi.org/10.1038/s41560-020-0555-3；ORLOV A, SILLMANN J, VIGO I. Better seasonal forecasts for the renewable energy industry [J/OL]. Nature energy, 2020 (5): 108-110. https://doi.org/10.1038/s41560-020-0561-5；OTTO C, PIONTEK F, KALKUHL M et al. Event-based models to understand the scale of the impact of extremes [J/OL]. Nature energy, 2020 (5): 111-114. https://doi.org/10.1038/s41560-020-0562-4；PERERA A T D NIK V M, CHEN D et al. Quantifying the impacts of climate change and extreme climate events on energy systems [J/OL]. Nature energy, 2020 (5): 150-159. https://doi.org/10.1038/s41560-020-0558-0 .

② 《2019 年全球气候状况声明》全方位聚焦气候变化影响 [N]. 中国气象报, 2020-03-19(03).

准的影响，修订相关设施标准，进一步明确调整能源工程与供电系统运行的技术标准。

本章在全球气候变化背景下，基于极端气候事件频发的事实，讨论能源生态系统调适优化的必要性，并以雄安新区为例，通过对能源生产、能源消费、能源流动和能源环境影响进行评价分析认为，雄安新区未来需要建立以非化石能源生产、消费为主导的能源生态系统，并力求将能源开发、流动等带来的环境影响降到最低，增强基于能源活动的自然恢复力，为建设全球能源生态文明示范区提供经验借鉴。

## （二）能源消费对全球气候变化的影响

### 1. 全球二氧化碳浓度和二氧化碳排放总量变化

目前，世界范围内普遍关注的是全球气候变化问题，而全球气候变化的核心问题是全球变暖，即温室效应，虽然二氧化碳等温室气体在我国尚未纳入污染物范畴，但欧盟在 20 世纪末就将温室气体视为大气污染最突出的典型代表，而且是生态环境代价中最具全球化威胁的一个问题。2013年 9 月，政府间气候变化专门委员会（IPCC）第五次评估报告《气候变化 2013：物理科学基础》认为，人类活动极有可能是 20 世纪中期以来全球气候变暖的主要原因，可能性在 95% 以上，在过去的 130 年间全球升温了 0.85℃，导致气温上升的主要是二氧化碳、甲烷、一氧化氮、氧化亚氮、氯氟烃等温室气体，其中二氧化碳和甲烷两类气体的比重超过了 80%，主要来自以矿物燃料为主的能源消耗排放。根据美国环境保护局的报告，大规模的矿产资源利用和开发以来，主要温室气体分别增长了 1~400 倍，其中以碳氢矿物为主的能源利用贡献度在 49%，工业制造业为 24%，森林砍伐为 14%，农业种植业为 13%。

根据世界气象组织 2019 年 11 月发布的《温室气体公报 2019》，2015年全球二氧化碳浓度首次突破 400 ppm（1 ppm 为百万分之一），2018 年全球二氧化碳浓度已经达到 407.8 ppm，较 2017 年的 405.5 ppm 上升了0.567%，是 1750 年工业化前水平的 147%，同样，甲烷和氧化亚氮浓度水平也呈上升态势，1984 年和 2018 年分别上升了 13% 和 8.95%，尽管甲烷和氧化亚氮浓度上升水平低于二氧化碳，但是二者的增温潜势却远高于二氧化碳，其中甲烷的增温潜势是二氧化碳的 20 倍以上，氧化亚氮的增温潜

势则是二氧化碳的 200 倍以上。因此，基于温室气体减排的各国行动方案也纷纷出台，其中我国作为温室气体第一排放大国，提出到 2030 年单位国内生产总值二氧化碳排放强度在 2005 年的基础上降低 60%~65%，体现了我国参与国际应对气候变化治理的大国担当与减排决心。

根据世界气象组织温室气体统计数据，本章对全球二氧化碳浓度和二氧化碳排放总量运用散点图进行多项式拟合分析，结果如下（见图 7-1）。

第一，拟合曲线显示全球二氧化碳浓度和二氧化碳排放总量两者之间存在显著的关联关系（$R^2 = 0.9692$）；

第二，根据一元二次函数（$y=ax^2+bx+c$）含义，模型函数的初始正数常数意味着，随着全球二氧化碳浓度的增加，全球二氧化碳排放总量的增长呈现逐步上升的趋势。

因此，从全球碳排放趋势分析，化石能源消费是碳排放来源的主体，特别是广大发展中国家，由于发展阶段、资源禀赋、技术水平的制约，是高碳能源消费增长的主力军。大力发展非化石能源、调整优化产业结构和能源消费结构、提升碳生产力、减低人均碳排放和能源消费碳排放系数、促进低碳发展是未来降低碳排放的主要途径。

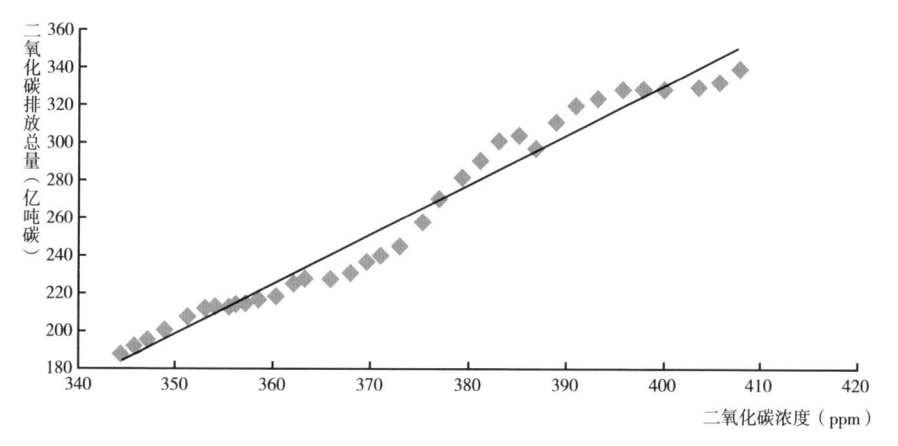

图 7-1　全球二氧化碳浓度和二氧化碳排放总量相关性分析（1984~2018 年）

资料来源：世界气象组织《WMO 世界温室气体数据中心数据摘要》。

2.能源系统结构优化与碳排放增长的相关关系

为增强应对极端气候事件的弹性，需要从能源系统结构优化和总量增

长视角，实现能源与碳排放增长的脱钩，从而进一步实现气候变化调适。根据 BP 世界能源统计年鉴（2019 年）数据分析，中国、美国和欧盟三大经济体是世界能源消费和碳排放的主体，2018 年这三大经济体能源消费量和碳排放总量分别占全球总量的 52.4% 和 53.3%，其中中国能源消费量和碳排放总量分别占全球总量的 23.6% 和 27.8%，而同期中国人口和 GDP 占全球的比重分别为 18.3% 和 15.8%，中国 GDP 占全球比重比碳排放量占全球比重低了 12 个百分点，其中能源利用效率和能源消费结构是主要因素。

目前能源消费结构的低碳化甚至零碳化成为国际能源领域应对气候变化的重要举措。关于低碳能源的概念，2011 年中国国家能源局研究认为，中国正在进行着一场新的低碳能源革命[①]，其分析了低碳能源的开发利用状况，分析的低碳能源包括水能、核能、风能、太阳能、生物质能、地热能、海洋能等类型。煤炭、石油、天然气单位能源碳排放系数分别为 0.7476、0.5825 和 0.4435[②]，本章界定碳排放系数高于 0.5 的煤炭和石油为高碳能源，低于 0.5 的天然气为低碳能源，因此广义的低碳能源包括天然气、核能和可再生能源，其中核能和可再生能源属于非化石能源，也是零碳能源。

在全世界所有国家和地区中，位于北欧的冰岛、挪威和瑞典是能源消费结构演进程度最高的三个国家（见图 7-2），2018 年冰岛能源碳强度系数为 0.43 吨碳 / 吨标煤，仅相当于我国能源碳强度系数的 21.4%，电力系统全部实现水电和地热发电等可再生能源发电，供热能源基本上也来自地热等可再生能源，是世界上能源消费结构最"低碳"的国家，2018 年挪威的水电占全部能源消费总量的比重高达 66.1%，是世界上水电消费比重最高的国家。2018 年冰岛、挪威和瑞典三国的经济增长率分别为 4.6%、1.3% 和 2.2%，能源消费和碳排放总量自 20 世纪 90 年代以来呈现显著脱钩态势，其中瑞典能源消费总量呈现零增长稳态趋势，碳排放总量自 2010 年以来呈现绝对量下降趋势。尽管近年来我国积极开展绿色低碳行动，大力发展可再生能源，2018 年非化石能源消费比重达到 14.3%，但仍低于世界平均水平，煤炭等高碳能源占能源消费结构主体的地位短期内很难改变，唯有在部分试验区实施低碳或近零碳行动，并通过发挥示范效应予以推广应用。

---

① 国家能源局 . 中国低碳能源 [J]. 中国工程咨询 , 2011(3): 4–7.

② 国家发展和改革委员会能源研究所"中国可持续发展能源暨碳排放情景分析"课题组 . 中国可持续发展能源暨碳排放情景分析综合报告 [R]. 2003: 37.

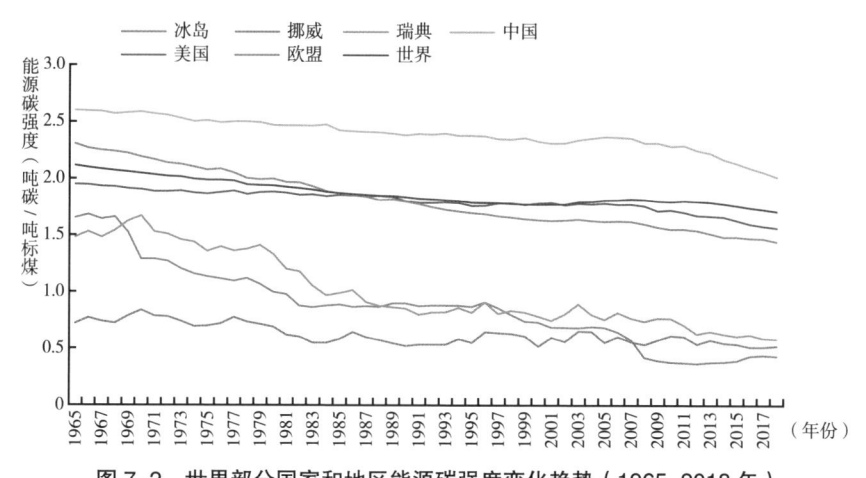

图 7-2 世界部分国家和地区能源碳强度变化趋势（1965~2018 年）

资料来源：BP 世界能源统计年鉴（2019 年）。

## 二 能源生态系统的基本理论

### （一）能源生态系统概念的提出

2004 年张雷等从工业生态学视角对能源系统进行重新界定，提出"能源生态系统"概念，认为能源生态系统指的是以现代能源生产、消费活动链条为主体组成的人类社会生态系统，包括三个组成部分，即内生系统、外生系统、共生系统，并探讨了其空间结构的类型划分和基本形态，建立了现代能源生态建设基本框架。[①] 张雷还以我国西部能源资源开发为案例，分析了能源生态系统的发育特征，研究认为为了避免西部能源生态系统未来发育随着资源开发规模的扩大呈现一定程度的"退缩"，应不断加大对外生和共生两大系统的投入，以保持当地能源生态系统发育自身的有机协调。[②] 张玉卓基于近零碳排放视角，分析了煤炭清洁能源生态系统，认为在全球低碳发展背景下，应促进煤炭利用方式从高碳向低碳和零碳趋势转变，加速清洁煤转化，促进煤炭与新能源和可再生能源的耦合发展，大力促进

[①] 张雷，谢辉，陈文言，等. 现代能源生态系统建设：一种理论探讨 [J]. 自然资源学报，2004，19(4)：525-530.

[②] 张雷. 能源生态系统发育——兼论西部能源资源开发 [J]. 自然资源学报，2006，21(2)：188-195；张雷. 能源生态系统：西部地区能源开发战略研究 [M]. 北京：科学出版社，2007：31-33.

碳捕获、利用与封存（Carbon Capture，Utilization and Storage，CCUS）技术，建立清洁能源智能价值链等。[①] 杜祥琬、周大地研究认为，"科学、绿色、低碳能源战略"是经济与环境双赢的战略，也是应对气候变化国家战略的重要组成部分，"科学、绿色、低碳能源战略"的实施需要强有力的科技支撑，提出了科技支撑的基础性研究、新技术的创新、重大工程项目和战略性产业的支持等四个层次。[②] 姜巍等分析了我国第一能源消费大省山东的能源生态系统特征，认为节能、增效是解决山东省能源短缺和能源污染问题的最现实、有效的途径。[③] 朱守先以县域高比例可再生能源示范城市建设为例，分析了基于近零碳发展的能源生态系统优化路径。[④] 本章认为能源生态系统是以能源生产、消费、空间流动和环境恢复力链条为主体组成的复合社会生态系统，其运行状态决定着社会经济系统的有效性与稳定性。

## （二）能源生态系统的基本框架

自然生态系统由非生物环境、生产者、消费者和分解者四个部分组成，这四个部分以能流和物流为纽带，形成协调共生、持续生存和相对稳定的系统[⑤]，其机理对于人工生态系统的建设具有借鉴和启示意义。参考自然生态系统的理论框架，本章认为，能源生态系统由能源流动系统、能源生产系统、能源消费系统和环境恢复系统四个部分组成（见图7-3），其中能源流动系统主要包括促进能源跨区域流动的交通、电网等基础设施建设，环境恢复系统主要包括有效开展环境治理、提升恢复与治理能力，包括能源流动、生产和消费过程中对生态环境造成的影响与破坏，如电网建设对土地和生物多样性的影响、煤炭开采引起的地下水系破坏、化石能源燃烧产生大气污染物与温室气体排放等。

① ZHANG Y Z. Study on the path of "Near-zero Emission" coal-based clean energy ecosystem development[J]. Frontiers of engineering management, 2014，1(1): 37–41.

② 杜祥琬，周大地. 中国的科学、绿色、低碳能源战略 [J]. 中国工程科学，2011, 13(6): 4–10, 18.

③ 姜巍，高卫东. 山东省能源系统开发对区域发展的影响 [J]. 济南大学学报（自然科学版），2011, 25(1): 83–88.

④ 朱守先. 新时代县域能源生态系统演进与优化探讨 [J]. 城市，2018(9): 66–72.

⑤ 李博. 生态学 [M]. 北京：高等教育出版社，2000: 198–200.

如果说能源生产、能源消费和能源流动决定着区域能源保障和供给安全的话，那么环境恢复系统则是维护能源可持续发展和生态系统平衡的纽带。根据自然生态投入产出公式，能源生态系统演进水平可以用能源活动的经济影响来衡量，其概念评价公式可以定义为：

$$EEC=f\,(EP,\ EC,\ EF,\ ER)$$

式中，EEC 为国家或地区能源生态系统演进状态系数；EP 为能源生产系统发育状态；EC 为能源消费系统发育状态；EF 为能源流动系统发育状态；ER 为环境恢复系统发育状态。

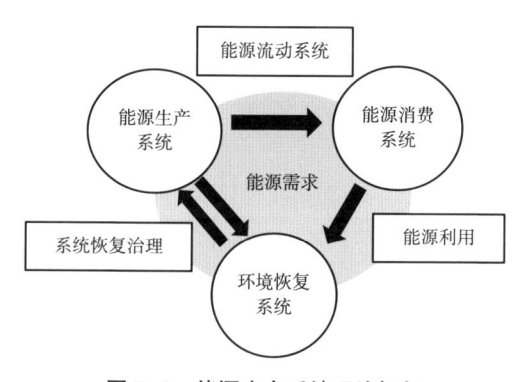

图 7-3  能源生态系统理论框架

## 三  雄安新区能源生态系统的实证分析

### （一）雄安新区能源适应基础条件

雄安新区作为"十三五"时期国家启动建设的最受关注的国家级新区，需要高标准规划、高质量发展，其中能源生产与消费结构的优化、严格控制碳排放和加强环境综合治理是雄安新区总体规划中建设绿色低碳之城的主要措施。《国务院关于河北雄安新区总体规划（2018—2035 年）的批复》（国函〔2018〕159 号）对雄安新区能源发展提出了明确要求，即"优化能源结构，建设绿色电力供应系统和清洁环保的供热系统，推进本地可再生

能源利用，严格控制碳排放"[1]。本章从能源生态系统的调适与优化视角探讨雄安新区建设之路，以期为雄安新区的可持续发展和建设成为"美丽中国"的样本提供可行性依据。

　　雄安新区地处京津冀腹地，从地理区位而言，雄安新区位于北纬38°~39°，属温带大陆性季风气候，全年平均气温 11.9 ℃，极端最高气温40.9℃（1972 年 6 月 10 日），极端最低气温 –21.5℃（1970 年 1 月 5 日），7 月平均气温 26.1℃，干旱、洪涝、高温热浪和低温冷害等极端气候事件带来的气候风险在雄安新区均大概率存在，能源是社会经济发展的基础与命脉，需要整体性、协同性、系统性开展针对它的风险应对。

　　雄安新区范围涉及河北省保定和沧州 2 个地级市的 5 个县（县级市），与张北地区构成新时代河北省两大高质量增长极，与北京市副中心成为北京市非首都功能疏解的两翼，同时和北京、天津两大直辖市构成的"京津雄"地区也将成为我国北方区域发展最为耀眼的金三角。马丽梅、史丹等研究认为，中国能源转型正处于"十字路口"，所面临的问题是何种能源转型方案在近期所带来的成本能够被经济系统消纳包容，而在长期又能够推动经济的可持续增长。[2] 雄安新区规划面积 1770 平方公里，大于浦东新区，略小于深圳市，但是处于经济洼地，经济总量仅 200 多亿元，不足浦东新区的 2%，与西部的国家级新区相比也有较大差距，进入"十四五"时期，雄安新区经济发展速度将呈现快速增长态势，与此同时能源消费总量必然也会出现快速增长趋势，需要借鉴国际经验，高标准规划能源发展战略，实现经济快速增长阶段依靠科技进步与效率提升，达到能源消费总量与经济增长呈现"脱钩"态势，雄安新区能源生态系统的调适与优化不仅具有区域意义，而且具有全国和世界意义。

　　从能源安全角度，《河北雄安新区规划纲要》提出保障新区能源供应安全，落实安全、绿色、高效能源发展战略，突出节约、智能，打造绿色低碳、安全高效、智慧友好、引领未来的现代能源系统，实现电力、燃气、热力等清洁能源稳定安全供应，为新区建设发展夯实基础。《国务院关于河北雄安新区总体规划（2018—2035 年）的批复》提出，建设绿色低碳之

---

[1]　国务院批复同意《河北雄安新区总体规划 (2018—2035 年)》[N]. 人民日报 , 2019–01–03(04).

[2]　马丽梅, 史丹, 裴庆冰 . 中国能源低碳转型 (2015—2050): 可再生能源发展与可行路径 [J]. 中国人口·资源与环境 , 2018, 28(2): 8–18.

城，要坚持绿色低碳循环发展，推广绿色低碳的生产生活方式和城市建设运营模式，推进资源节约和循环利用；优化能源结构，建设绿色电力供应系统和清洁环保的供热系统，推进本地可再生能源利用，严格控制碳排放；提高绿色建筑、节能相关标准，全面推动绿色建筑设计、施工和运行；实现电力、燃气、热力等清洁能源稳定安全供应，提高能源安全保障水平。能源基础设施包括电力生产供应系统、燃气生产供应系统、热力生产供应系统和其他系统四大类，四大类型中又可以分为发电设施、变电配电设施、输电设施、煤气站、天然气站、液化石油气站、燃气输送管道、供热站、供热输送管道、民用燃煤制品站等。为有效应对气候变化，特别是极端气候事件带来的损失与负面影响，需要加强能源基础设施建设的有效性，规避技术锁定和设施锁定带来的风险，保障能源供应安全与有效可持续运行（见表7-1）。

表7-1 雄安新区能源供应安全主要措施

|  | 类别 | 措施 |
|---|---|---|
| 1 | 电力 | 坚持绿色供电，形成以接受区外清洁电力为主、区内分布式可再生能源发电为辅的供电方式。依托现有冀中南特高压电网，完善区域电网系统，充分消纳冀北、内蒙等北部地区风电、光电，形成跨区域、远距离、大容量的电力输送体系，保障新区电力供应安全稳定、多能互补和清洁能源全额消纳。长远谋划利用沿海核电。与华北电网一体化规划建设区内输配电网，配套相应的储能、应急设施，实现清洁电力多重保障。 |
| 2 | 燃气 | 构建多气源、多层级、广覆盖的城乡燃气供应体系。依托国家气源主干通道和气源点，建设新区接入系统，合理布局区内燃气管网，保障新区用气供应；长远谋划利用更为清洁的替代燃料。 |
| 3 | 热力 | 科学利用区内地热资源，综合利用城市余热资源，合理利用新区周边热源，规划建设区内清洁热源和高效供热管网，确保供热安全。 |
| 4 | 节能 | 坚持节能优先，发展绿色建筑，推行绿色出行，加快开展梯级利用、循环利用，建设集能源开发、输送、转换、服务及终端消费于一体的多能互补区域能源系统，把新区打造成为高效节能示范区。 |

## （二）雄安新区能源生产系统

能源生产系统是对能源资源的勘探、开采与开发。雄安新区能源资源

禀赋较为优越，地处华北油田和地热田腹地<sup>①</sup>，主要能源生产类型包括石油、天然气、地热、生物质能等能源品种。毗邻雄安新区的任丘市是著名的石油城市，其中 3 个乡镇共 172.3 平方公里，已经由雄县托管，占任丘市土地面积的 1/5，1985 年任丘油田探明石油储量 9.3 亿吨，天然气 16 亿立方米，千万吨级石化炼油项目是北京大兴国际机场和未来雄安新区能源供应的重要物质保障。

从可再生能源方面分析，雄安新区地处的保定市是第一批国家低碳试点城市，早在 2007 年初，保定市政府已经提出了太阳能之城的概念，计划在整座城市中大规模应用以太阳能为主的可再生能源，以降低碳排放量。规划力争用 2~3 年时间，将保定建设成国内首座在照明、供热、取暖等各个方面大范围应用太阳能的城市，保定建设低碳城市的优势在于，它拥有中国唯一的国家新能源与能源设备产业基地"中国电谷"。"中国电谷"将被规划打造成一个以电力技术为基础的产业和企业群，重点发展风力发电的产业链、太阳能光伏发电产业链、节能产业链等七大产业园区；通过技术研发、人才培训、商务服务和产业制造，形成一个全产业链条，为国家提供一个可再生能源和节电产业的战略发展平台。在风电产业上，保定是目前国内最大的叶片生产研发基地，建立了集群环境最优的风电产业体系；在太阳能光伏产业上，天威英利作为国内光伏企业龙头，形成了完备的制造体系。

雄安新区发展地热和生物质能具备资源条件优势。根据国家地热能开发利用"十三五"规划，河北省浅层地热能供暖 / 制冷面积和水热型地热能供暖面积增量和 2020 年累计量均位居全国首位（见表 7-2），其中雄县境内 60% 以上的区域储藏着优质温泉，是国土资源部命名的"中国温泉之乡"，庞忠和等对雄安新区地热资源与储量进行了估算，其中浅层地热能、砂岩热储、碳酸盐岩热储能源开发潜力分别可达到 4 亿吨标煤、568 亿吨标煤和 660 亿吨标煤<sup>②</sup>，未来雄安新区必将据此充分利用地热资源，作为建设"无烟城市"和"近零碳城市"的重要支撑。

---

① 雄县地方志编纂委员会 . 雄县志 (1990—2012)[M]. 石家庄 : 河北人民出版社，2018: 72–80；安新县地方志编纂委员会 . 安新县志 (1978—2008)[M]. 北京 : 方志出版社，2017: 61–63；容城县地方志编纂委员会 . 容城县志 (1990—2010)[M]. 北京 : 九州出版社，2018: 51–55.

② 庞忠和，孔彦龙，庞菊梅，等 . 雄安新区地热资源与开发利用研究 [J]. 中国科学院院刊，2017，32(11): 1224–1230.

表7-2 河北省地热能开发目标

| 地区 | "十三五"新增 | | 2020年累计 | |
|---|---|---|---|---|
| | 浅层地热能供暖/制冷面积（$10^4m^2$） | 水热型地热能供暖面积（$10^4m^2$） | 浅层地热能供暖/制冷面积（$10^4m^2$） | 水热型地热能供暖面积（$10^4m^2$） |
| 河北省 | 7000 | 11000 | 9800 | 13600 |
| 全国 | 72650 | 40000 | 111850 | 50210 |
| 河北省占全国比重（%） | 9.64 | 27.50 | 8.76 | 27.09 |

从生物质能利用视角分析，雄安新区的白洋淀是华北地区最著名的湿地之一，芦苇等生物质能资源丰富，徐卫华和欧阳志云等运用RS和GIS技术揭示了白洋淀1987~2003年芦苇湿地面积的变化规律，水位和苇地面积相关系数高达0.97，苇地面积为131.7km²~160km²[①]，占淀区面积的35%~45%，由于水资源制约和开发破坏，2015年白洋淀苇地面积缩减到约50平方公里。但是根据调查，白洋淀地区芦苇在过去主要用于建筑材料、制作生活器具和工艺品，其中用于建筑材料的比例最高，约占80%，白洋淀区农民收入也显著高于周边地区以种植粮食作物为收入主体的农民。但是随着近年来建筑材料类型变革为钢筋混凝土为主，以及大气环境治理的深入推进，年产约10万吨的芦苇如何利用成为新的难题。因此除了少量芦苇作为生活器具和工艺品的原料之外，大部分可作为生物发电和生物燃料颗粒的原料。

## （三）雄安新区能源消费系统

### 1. 雄安新区能源消费结构

与能源生产相对应，雄安新区全境终端能源消费必将实现无煤化，起步区建设100%可再生能源利用示范区，即零碳发展示范区，中期发展区实现100%清洁能源（包括天然气和可再生能源）利用。在能源消费类型中，地热和生物质能可实现资源本地化，但是电力作为未来雄安新区终端能源利用的主体，如何更大程度利用风电、太阳能电力等可再生能源是能源规划中需要解决的核心问题。目前河北省能源消费结构中煤炭比重超过80%，高出全

---

① 徐卫华，欧阳志云，IRIS VAN DUREN，等. 白洋淀地区近16年芦苇湿地面积变化与水位的关系 [J]. 水土保持学报 [J], 2005(4): 181–184, 189.

国平均水平 20 多个百分点，非化石能源消费比重不足 5%，低于全国平均水平近 10 个百分点。2019 年河北省发电总量为 3117.7 亿千瓦时，占全国发电量的 4.16%，在电力生产结构中，火电比重高达 88.37%（见图 7-4），超出全国平均水平 18.8 个百分点，电源生产的高碳特征显著。雄安新区可再生能源电力在河北省内主要来源是张北地区，张北—雄安 1000 千伏特高压线路工程于 2019 年 4 月全面开工，线路双回全长 2×319.9 千米，北起张北特高压变电站，南至雄安特高压变电站，途经张家口市张北县、万全区、怀安县、阳原县、蔚县和保定市涞源县、易县、徐水区、定兴县 2 个地级市 9 个县（区），为雄安新区电力供应提供了重要保障。

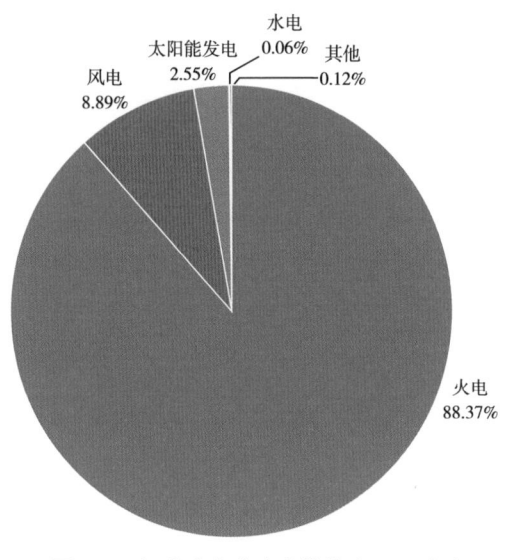

**图 7-4　河北省电力生产结构（2019 年）**

注：数据因四舍五入，加总之和不等于 100%。

资料来源：根据河北省统计局能源生产数据计算。

一方面，雄安新区所在的河北省是典型的能源消费大省，2017 年能源消费总量超过 3 亿吨标煤，仅次于山东、广东和江苏，位居全国第 4 位。但是河北省也是典型的能源输入型省份，能源自给率仅为 22%，需要依靠强大的能源流动系统支撑社会经济的稳定运行。

另一方面，河北省能源利用效率较低，2017 年单位 GDP 能耗为 0.893 吨标煤 / 万元，位居东部地区省份首位，高出全国平均水平 60% 多，超出

广东和江苏 1.4 倍，与北京相比较差距更为显著（见图 7–5）。河北省能源的对外依存度高和效率的相对低下对雄安新区能源发展带来了严峻挑战，作为非首都功能的"集中承载地"和河北省的新增长极，规划单位 GDP 能耗应和北京市大致相当，需要重点考虑如何改进能源利用效率，通过结构节能大力提升能源生产力 [①]，实现绿色近零碳发展。

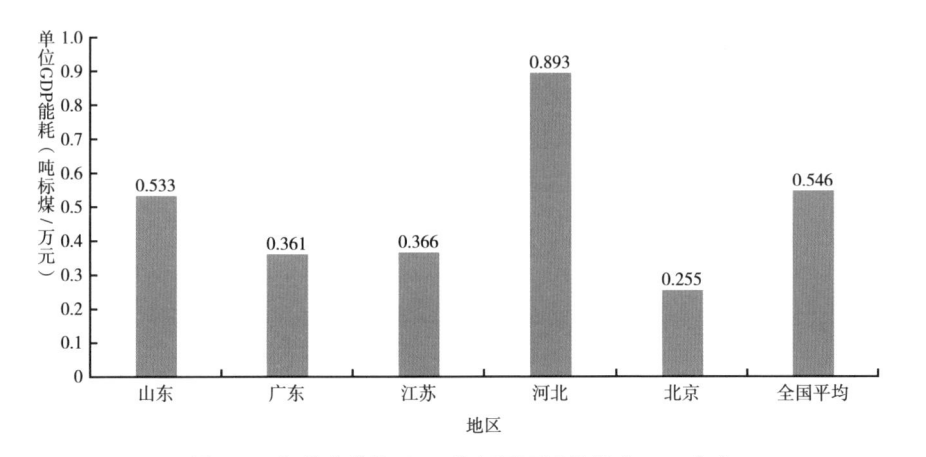

图 7–5　河北省单位 GDP 能耗及区域比较（2017 年）

注：GDP 按照当年价核算，下同。

资料来源：根据《中国统计年鉴（2019）》和《中国能源统计年鉴（2018）》数据计算。

2. 雄安新区能源消费增长预测

参照浦东新区和深圳特区经济发展历程，对雄安新区经济增长和能源消费增长演进情况进行多项式拟合分析，其中数据基础年份为 2019 年雄安新区社会经济和能源消费数据，结果如下（见图 7–6）。

（1）拟合曲线显示经济增长和能源消费增长两者之间存在显著的关联关系（$R^2 = 0.9947$）；

（2）根据一元二次函数（y=ax²+bx+c）含义，模型函数的初始负数常数表明，随着经济增长和产业结构的高度化演进，单位 GDP 能耗下降趋势显著（见图 7–7），雄安新区一次能源消费总量的增长呈现逐步下降的趋势，以实现经济增长和能源消费的脱钩。

---

① 中国科学院地理科学与资源研究所能源战略研究小组. 中国区域结构节能潜力分析 [M]. 北京：科学出版社, 2007: 9–11.

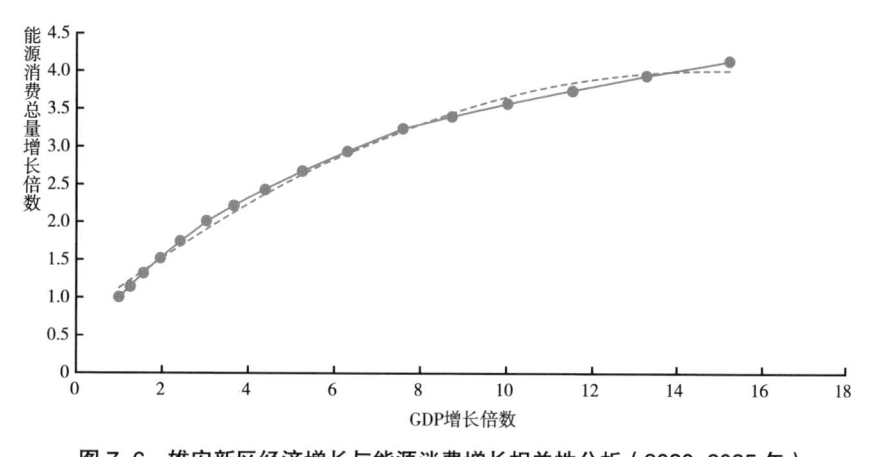

**图 7-6　雄安新区经济增长与能源消费增长相关性分析（2020~2035 年）**

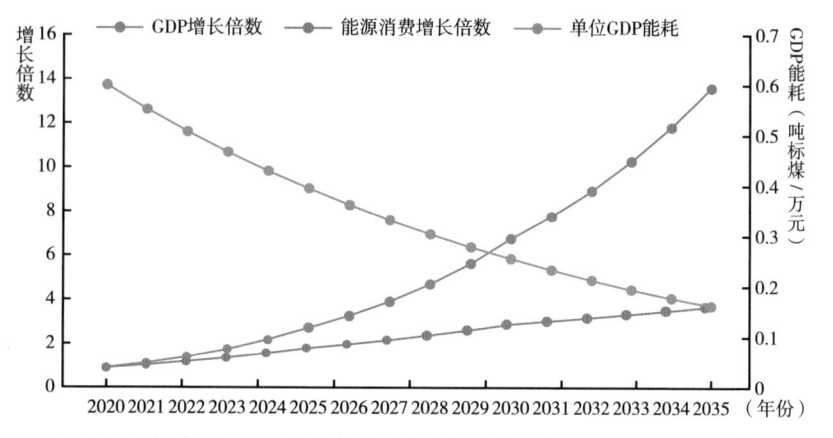

**图 7-7　雄安新区经济增长与能源消费增长趋势分析（2020~2035 年）**

## （四）雄安新区能源流动系统

如前所述，能源生态系统中，由于能源资源的空间收敛性，即能源资源富集于局部地区，能源和其他商品物资系统一样，需要建立完善的生产与消费系统，确保从能源生产地到终端用户的能源流动，能源流动系统通过交通运输设备和电力基础设施等以实现能源的空间位移。其中地热利用需要建立水循环流动系统，生物质能需要原料采集、运输、加工等环节。张家口可再生能源示范区的智慧化输电通道工程，包括张北—雄安 1000 千伏特高压线路工程即是能源流动系统的重要环节。

### （五）雄安新区能源环境影响系统

1. 能源环境影响的主要因素

当今时代，能源系统对环境影响最大的问题是大气环境污染和温室气体排放，从国际视角来看，温室气体排放受关注度最高，而国内更重视大气环境污染问题。雄安新区所在的京津冀地区近年来是全国大气环境污染最为严重的地区之一，主要原因在于重化工业的产业结构类型和以煤炭为主导的高碳高污染能源的使用。雄安新区地理区位大致位于京津冀地区的几何中心，地形以山麓平原和冲击平原为主，海拔相对较低，在静风天气不利于大气污染物的扩散。因此雄安新区未来即使实现 100% 可再生能源利用和零碳排放，但仅仅作为"零碳孤岛"还远远不够，需要京津冀地区乃至整个华北地区协同应对，促进产业结构和能源结构的调适与优化。

2. 能源环境影响规划设计

在雄安新区能源规划过程中，需要利用 LEAP 模型（Long-range Energy Alternatives Planning System），即长期能源替代规划系统开展规划设计，LEAP 模型作为自下而上的模型类型，是斯德哥尔摩环境研究院开发的基于情景模拟的能源 – 环境分析工具。在 LEAP 模型中，使用者可以根据研究问题的自身特点和数据的可获得性而灵活设定模型结构、数据形式以及具体预测方法，适合长期能源规划，同时本身具有详细的环境数据库，因而被广泛应用于全球、国家以及区域尺度的能源战略规划和温室气体减排评价研究。需要将雄安新区区域经济活动水平以及能源消费量等数据作为能源消费以及碳排放预测的基础。

根据雄安新区发展规划及城市定位，未来雄安新区的产业尤其是工业均面临着向生态低碳型产业转型升级的任务，可再生能源在"十四五"及到 2035 年中长期规划期间将得到快速发展。基于以上考虑，并结合节能减排以及碳排放达峰的目标要求，设置雄安新区未来的三个发展情景，即基准情景、低碳情景和近零碳情景（见图 7-8）。

基准情景是指基于雄安新区的发展规划，优化雄县、安新和容城既有产业能耗及排放强度控制目标。高耗能产业规模逐步稳定并实现产能退出，居民生活及交通能耗随着人口迁移增加和人民生活水平不断提高而逐步提升，可再生能源应用足以满足规划。

　　低碳情景是指在基准情景的基础上，一方面随着产业结构内部的调整，带动非高耗能工业以及服务业综合能耗水平的显著下降，另一方面居民生活以及交通运输等部门的能耗增长未来逐渐得到控制。此外，新发展地热等可再生能源装机增速加快，"气化雄安""零碳雄安"计划深入推进落实。

　　近零碳情景是指在低碳情景的基础上，加快发展和输入可再生能源，产业和居民生活中地热、生物质能、天然气等清洁能源的使用比例进一步加大，到 2035 年比例达到 80% 以上，实现近零碳排放。

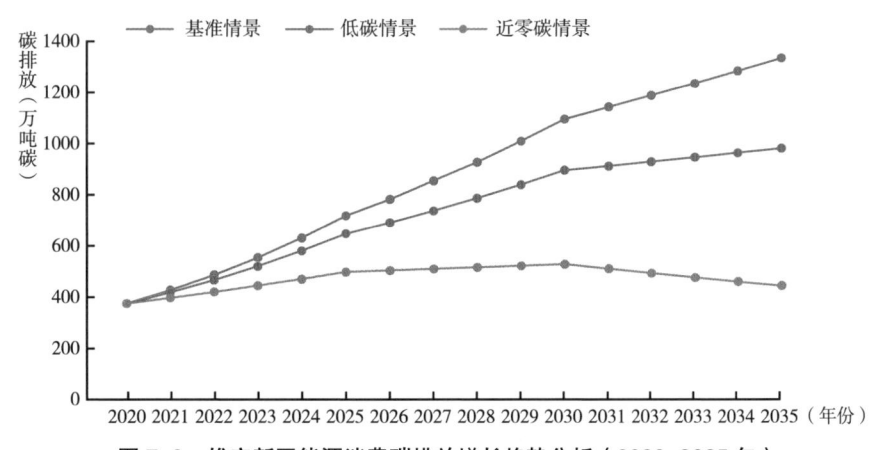

**图 7-8　雄安新区能源消费碳排放增长趋势分析（2020~2035 年）**

　　3. 美丽雄安能源系统规划设计

　　除了能源消费引起的碳排放之外，雄安新区建设应参照美丽中国建设评估指标体系，对每个评估指标开展深入分析，在全国首先规划建设美丽中国的示范样本。根据国家发展改革委发布的《美丽中国建设评估指标体系及实施方案》，美丽中国建设评估指标体系包括空气清新、水体洁净、土壤安全、生态良好、人居整洁 5 大类指标 22 项具体指标，其中能源清洁利用是实现空气清新的重要保障，在地热等可再生能源开发利用过程中应避免地下水和地表水水体污染，在白洋淀区开展生物质能、水源能源、太阳能光伏和光热利用过程中，注重湿地类型、生物多样性和水源保护。

## 四　结论与思考

　　气候变化引起的全球环境问题举世关注，极端气候事件的遍在性和频

发性趋势愈演愈烈，积极开展气候治理能力现代化成为各国积极应对气候变化的共识。能源生态系统调适优化作为应对气候变化的重要手段，需要以全球视角调配能源资源，大力开发利用本地可再生能源，降低化石能源开发对环境的破坏程度，有效规避环境风险。雄安新区能源生态系统正处于新构期，如何在白纸上描绘最美的能源生态文明画卷成为雄安新区积极应对气候变化的重要内容。

第一，产业结构高度化是雄安新区能源生态系统优化的基本保障。能源生态系统优化需要努力调整产业结构，雄安新区作为非首都功能的重要疏散地，未来产业类型集中于总部经济与制造业研发基地，在产业选择和甄别时，需要具备全球视野、国际眼光，以生态文明为引领，大力发展新型高效生态型产业，在新型产业的培育过程中，需要有序开展生态文明产业基础规划，推进创新型产业发展。

第二，提高能源生产力是能源生态系统优化的重中之重。能源生产力是衡量能源利用效率和水平的重要尺度，针对能源对经济发展的基础地位与作用进行分析，并根据雄安新区经济自身发展特点，提高能源生产力成为能源生态系统调适的重中之重。通过与深圳特区、浦东新区以及国际诸多生态工业城市比较，开展能源精细化智能化管理，建设能源生产力一流的未来城市。

第三，节能优先是能源生态系统优化的重要手段。节能是能源开发的另一种形式，通过结构节能、技术节能、管理节能提高能源供给保障水平是新的生产力，雄安新区在能源规划过程中需要借鉴先进理念，在提升本地可再生能源利用效率和节能效率方面实现国际创新型突破，将节能优先设计到极致，做国际节能城市的表率与领军者。

第四，技术创新是实现能源生态系统优化的基本引领。通过技术经济分析，依靠科技引领能源系统调适优化是解决能源资源问题的基本途径。雄安新区需要通过建设新时代的可持续发展议程创新示范区，积极应对气候风险，提升应对极端气候事件响应能力，率先利用以5G、人工智能、工业互联网、物联网为代表的新型基础设施，开展能源生态系统科学性设计，在能源智能化、基础设施低碳化、人居环境国际化等多个领域开展技术创新、研发和示范，有效实现能源技术及时更新，从根本上解决阻碍生态文明建设的能源环境问题。

# 第八章　雄安新区零碳城市建设路径[*]

　　2015 年 12 月达成的《巴黎协定》中提出"为实现温升目标，本世纪下半叶必须实现温室气体的人为排放源与碳吸收汇之间的平衡"[①]，也即实现净零排放（Net Zero Emission）。随着《巴黎协定》的达成与生效，全球气候治理开启了自下而上的低碳转型模式[②]，不同发展水平的城市都在探索符合自身实际的转型路径。习近平主席在 2020 年联合国一般性辩论大会上提出"努力争取 2060 年前实现碳中和"，为中国长期低排放战略实施提出了明确的目标。中国已经在低碳城市层面进行了三批试点，《"十三五"控制温室气体排放工作方案》中也提到了要"开展近零碳排放区示范工程，到 2020 年建设 50 个示范项目"。雄安新区作为"千年大计"，建设周期长，经济结构及人口变化程度高，对能源消费的不确定性高。一些学者从国际典型大都市区的新城规划建设经验[③]、零碳智慧绿色能源体系的实现路径[④]、

* 本章内容原载《中国人口·资源与环境》2021 年第 9 期，收入本书时做了一些技术处理，主要内容未做修改。本章执笔人周伟铎，博士，上海社会科学院生态与可持续发展研究所助理研究员，主要研究方向为低碳发展理论与政策；庄贵阳，博士，中国社会科学院生态文明研究所教授，主要研究方向为资源环境经济与政策。

① United Nations. Paris Agreement[R].2015.
② 庄贵阳，周伟铎 . 非国家行为体参与和全球气候治理体系转型——城市与城市网络的角色 [J]. 外交评论（外交学院学报），2016, 33(3): 133–156.
③ 刘佳骏 . 国外典型大都市区新城规划建设对雄安新区的借鉴与思考 [J]. 经济纵横，2018(1): 114–122.
④ 国务院发展研究中心"雄安新区能源发展规划研究"课题组，高世楫，郭焦锋，等 . 雄安新区零碳智慧绿色能源体系的实现路径 [J]. 发展研究，2018(9): 16–19.

产业定位[①]、人口与土地承载力[②]、洪涝灾害评估[③]、高温对劳动生产率的影响[④]、能源生态系统的优化[⑤]等视角对雄安新区进行了研究，而当前学术界针对刚刚起步的新城新区的 2050 年净零碳排放路径的相关研究较少。雄安新区开发程度低，具备采用国际最新理念和标准大规模开发建设的条件，研究雄安新区零碳城市建设路径，可以探索欠发达地区城市建设与生态修复和环境保护和谐共融的方式，因此是实践零碳城市理念的很好范本。

## 一 文献综述

围绕"零碳城市建设路径"，笔者对国内外学者关于零碳城市的内涵界定及目标、零排放路径情景分析的理论基础及情景假设、零碳城市建设路径的实现方法和政策三个方面进行了研究。

### （一）零碳城市的内涵界定及目标

当前，全球零碳城市在实现全球温升目标设定中，存在碳中和（carbon neutrality）、气候中性（climate neutrality）、100% 化石燃料自由（100% fossil-fuel free）、能源独立（energy independence）、100% 可再生能源（100% renewable）等多种长期目标。[⑥] Rogelj 等认为全球层面的零排放的概念内涵有四种：全面脱碳 [ 能源和工业过程的 $CO_2$ 净排放为零，包含碳捕获与封存（CCS）技术的运用 ]；碳中和（年度能源使用和土地利用变化的碳排放和碳汇的综合为零）；全部门零碳排放（化石燃料及生物燃料燃烧碳

① 黄群慧. 京津冀协同发展中的雄安新区产业定位 [J]. 经济研究参考, 2018(01): 3-6; 覃毅. 雄安新区传统产业的功能定位与转型升级 [J]. 改革, 2019(1): 77-86.

② 梁林, 曾建丽, 刘兵. 雄安新区未来人口趋势预测及政策建议 [J]. 当代经济管理, 2019, 41(7): 59-67; 封志明, 杨艳昭, 游珍. 雄安新区的人口与水土资源承载力 [J]. 中国科学院刊, 2017, 32(11).1216-1223.

③ 李国庆, 邢开成, 黄大鹏. 雄安新区社会重构期暴雨洪涝风险的社区分类调适 [J]. 中国人口·资源与环境, 2020(6): 53-63; 盛广耀, 廖要明, 扈海波. 气候变化下雄安新区洪涝灾害的风险评估及适应措施 [J]. 中国人口·资源与环境, 2020(6): 40-52.

④ 王彦芳, 边继云, 李国庆. 未来情景下高温对雄安新区产业劳动生产率的影响及应对策略 [J]. 中国人口·资源与环境, 2020(6): 73-83.

⑤ 朱守先. 基于极端气候事件能源生态系统的调适与优化——以雄安新区为例 [J]. 中国人口·资源与环境, 2020(6): 64-72.

⑥ LÜTZKENDORF T, BALOUKTSI M. On net zero GHG emission targets for climate protection in cities: More questions than answers? [C]. IOP Conference series: Earth and environmental science, 2019, 323: 12073.

排放均为零，工业过程二氧化碳排放为零，土地使用变化和毁林的碳排放为零）；气候中性（温室气体的净排放为零）。[①] 全面脱碳仍然可能意味着能源和工业碳排放总量有剩余部分，只要是负排放能弥补即可，例如采取生物质利用结合碳捕获与封存（BECCS）技术。T.Lützkendorf 和 M.Balouktsi 认为当前城市零排放的目标内涵仍不清晰，具体表现在核算范围、核算的排放种类、参考指标的单位、目标年份、是否采用补偿和抵消措施五个方面。[②] 总体来看，当前学术界对零碳城市建设的具体内涵看法并不一致。

而国际上一些国家、地区或城市已经率先采取行动来实现零碳目标。欧盟于 2019 年 12 月发布《欧洲绿色新政》，并提出到 2050 年成为全球首个碳中和的大洲；瑞典于 2017 年提出到 2045 年实现净零排放的目标，并形成《气候法案》，于 2018 年正式生效，从而以法律的形式保障目标的实现；挪威于 2016 年提出到 2030 年实现碳中和的目标，提前 20 年完成之前设定的 2050 年目标；英国和法国投票通过了 2050 年净零排放目标，德国提出了 21 世纪中叶气候中性的目标。[③] 哥本哈根、雷克雅未克、伦敦、波士顿等城市也出台了净零排放目标和实施方案。[④] 总体来看，零碳目标的含义也呈现多元化，零碳目标年份设置在 2050 年及以前，是当前全球城市建设零碳城市的主流目标。雄安新区 2050 年建成绿色低碳之城，意味着 2050 年雄安新区要建成零碳城市。

## （二）零排放路径情景分析的理论基础及情景假设

"路径"经常被用来描述一组情景特征的时间演变，如温室气体排放和社会经济发展。二氧化碳净零排放目标成为将长期气温升幅目标与社会

① ROGELJ J, SCHAEFFER M, MEINSHAUSEN M, et al. Zero emission targets as long-term global goals for climate protection[J]. Environmental research letters, 2015, 10(10): 1–11.
② LÜTZKENDORF T, BALOUKTSI M. On net zero GHG emission targets for climate protection in cities: More questions than answers? [C]. IOP Conference series: Earth and environmental science, 2019, 323: 12073.
③ 奚文怡，蒋慧，鹿璐，等 . 城市的交通"净零"排放：路径分析方法、关键举措和对策建议 [R]. WRI, 2019.
④ LÜTZKENDORF T, BALOUKTSI M. On net zero GHG emission targets for climate protection in cities: More questions than answers? [C]. IOP Conference series: Earth and environmental science, 2019, 323: 12073.

经济发展路径联系起来的核心决策参考。[1] 联合国政府间气候变化专门委员会（IPCC）成立以来发布了多个温室气体减排情景，对全球未来的转型路径进行模拟。总结这些转型路径所依据的不同模型结构和假设发现，社会经济驱动因子[2]、技术假设[3]和行为因子[4]是三类最主要的情景假设变量。典型浓度路径（Representative Concentration Pathways，RCPs）基于 KAYA 恒等式理论，描述了温室气体排放、土地利用及辐射强迫随人口、人均 GDP 和单位 GDP 的能源强度的变化轨迹[5]，而共享社会经济路径（Shared Socioeconomic Pathways，SSPs）是一套未来社会的叙述，通过对人口、国内生产总值和城市化等社会经济决定因素的定量预测，结合综合评估模型（Integrated Assessment Model，IAM）来对未来不同气候目标下的能源系统变化、土地利用的变化和温室气体排放的变化路径进行情景分析。[6] IAM 内嵌的经济学理论主要分为一般均衡理论、局部均衡理论、系

---

① ROGELJ J, SCHAEFFER M, MEINSHAUSEN M, et al. Zero emission targets as long-term global goals for climate protection[J]. Environmental research letters, 2015, 10(10): 1–11.ROGELJ J, LUDERER G, PIETZCKER R C et al. Energy system transformations for limiting end-of-century warming to below 1.5℃ [J]. Nature climate change, 2016, 5(6): 519–527.

② KRIEGLER E , MOURATIADOU I , LUDERER G, et al. Will economic growth and fossil fuel scarcity help or hinder climate stabilization?[J]. Climatic change, 2016, 136(1): 7–22；MARANGONI G, TAVONI M, BOSETTI V, et al. Sensitivity of projected long-term CO_2 emissions across the Shared Socioeconomic Pathways[J]. Nature climate change, 2017, 7(1), 113－119；RIAHI K, VUUREN D P, KRIEGLER E, et al. The Shared Socioeconomic Pathways and their energy, land use, and greenhouse gas emissions implications: An overview[J]. Global environmental change, 2017, 42, 153–168.

③ BOSETTI V, et al. Sensitivity to energy technology costs: A multi-model comparison analysis[J]. Energy policy, 2015, 80, 244－263；CREUTZIG F et al. The underestimated potential of solar energy to mitigate climate change[J]. Nature energy, 2017: 2(9), 369–382；PIETZCKER R C et al. System integration of wind and solar power in integrated assessment models: A cross-model evaluation of new approaches[J].Energy economics, 2017, 64, 583–599.

④ SLUISVELD MAE., MARTÍNEZ S H, DAIOGLOU V, et al. Exploring the implications of lifestyle change in 2 ℃ mitigation scenarios using the IMAGE integrated assessment model[J]. Technological forecasting and social change, 2016, 102, 309－319；MCCOLLUM D L, et al. Improving the behavioral realism of global integrated assessment models: An application to consumers'vehicle choices[J]. Transportation research part D: Transport and environment, 2017, 55, 322–342.

⑤ VUUREN D P V, STEHFEST E, ELZEN M G J D, et al. RCP2.6: Exploring the possibility to keep global mean temperature increase below 2℃ [J]. Climatic change, 2011, 109(1): 95–116.

⑥ RIAHI K, VUUREN D P, KRIEGLER E, et al. The Shared Socioeconomic Pathways and their energy, land use, and greenhouse gas emissions implications: An overview[J]. Global environmental change, 2017, 42, 153–168.

统动力学理论以及这些理论的组合。[①] 一些研究将 SSPs 与 RCPs 结合起来综合分析气候变化的影响、适应和脆弱性等问题，以比较有影响力的 2℃和 1.5℃ 路径为例，温室气体排放路径包含了排放的总的碳预算约束、碳排放达峰时间、实现零碳排放的时间等关键指标。[②] 零碳排放的实现路径在城市层面与全球和国家层面的不同之处在于，当前城市层面的零碳目标更多是一种自发的行动，是自下而上的一种探索，因此城市净零碳排放路径对与历史责任相关的累积碳排放的关注相对更少，侧重点在于年度碳排放总量的达峰、净零时间和单位 GDP 碳排放强度变化。

### （三）零碳城市建设路径的实现方法和政策

零碳城市的实现方法，可以从模型方法和技术方法两个层面来分析。Nordhaus[③] 最早用经济学模型来模拟控制温室气体排放的最优转型路径，而当前一些机构开发的 IAM 主要侧重于全球层面和国别层面的模拟，像全球综合评估模型 E3METL[④]、全球变化评估模型（Global Change Assessment Model）[⑤]、中国能源环境经济系统模型（CE3METL）[⑥]、能源环境模型（IPAC）[⑦] 等。而从技术方面来说，零碳城市建设离不开配套的技术变革。在关于全球层面和国家层面的零碳排放路径研究中，植树造林、BECCS、蓝碳等碳移除（Carbon Dioxide Removal，CDR）技术，化石能源技术，核能和可再生能源技术，整体

① RIAHI K, VUUREN D P, KRIEGLER E, et al. The Shared Socioeconomic Pathways and their energy, land use, and greenhouse gas emissions implications: An overview[J]. Global environmental change, 2017, 42, 153–168.

② IPCC. Global warming of 1.5℃: An IPCC special report on the impacts of global warming of 1.5℃ above pre–industrial levels and related global greenhouse gas emission pathways, in the context of strengthening the global response to the threat of climate change, sustainable development, and efforts to eradicate poverty[R]. Geneva: IPCC, 2018；O'NEILL B C, CARTER T R, EBI K, et al. Achievements and needs for the climate change scenario framework[J]. Nature climate change. 10(12), 2020, 1074–1084.

③ NORDHAUS W. An optimal transition path for controlling greenhouse gases[J]. Science, 1992, 258(5086): 1315–1319.

④ DUAN H B, FAN Y, ZHU L. What's the most cost–effective policy of $CO_2$ targeted reduction: An application of aggregated economic technological model with CCS? [J]. Applied energy, 2013, 112(12): 866–875.

⑤ http://www.globalchange.umd.edu/gcam/.

⑥ 莫建雷, 段宏波, 范英, 等. 《巴黎协定》中我国能源和气候政策目标：综合评估与政策选择 [J]. 经济研究, 2018, 053(9): 168–181.

⑦ HE C, JIANG K, CHEN S, et al. Zero $CO_2$ emissions for an ultra–large city by 2050: case study for Beijing[J]. Current opinion in environmental sustainability, 2019, 36: 141–155.

煤气化联合循环技术（IGCC）等减排技术已经用在了情景设计中。①

从能源政策来看，与终端能源相关的四个宏观脱碳指标对零碳路径非常有效：限制终端能源需求的增加，降低电力的碳排放强度，增加终端能源供给中电力的份额，降低终端能源中非电力能源的碳排放强度。②电力部门的碳排放强度的降低以及终端能源使用部门（包括建筑、运输和工业）能效的提高和电气化程度的提高是零碳路径关键措施。③从农业政策和土地利用政策来看，降低生产粮食的单位土地的温室气体强度，植树造林可进一步支持实现零碳路径。④

关于全球层面的净零排放的实现路径，已有相关研究。⑤然而当前关于城市层面的净零排放路径的实证案例文献较少。He 等采用基于中国的 IPAC 对北京这个超大城市的 2050 年的净零排放路径进行了情景模拟，排放核算涵盖的部门是能源活动和工业生产过程并认为电动交通工具、零碳供暖和采用 CCS 技术是北京建设零碳城市的可行措施。⑥KILKIŞ 等通过将城市规划和建筑的隐含

① DUAN H B, FAN Y, ZHU L. What's the most cost-effective policy of $CO_2$ targeted reduction: An application of aggregated economic technological model with CCS? [J]. Applied energy, 2013, 112(12): 866–875；http://www. globalchange.umd.edu/gcam/；莫建雷，段宏波，范英，等.《巴黎协定》中我国能源和气候政策目标：综合评估与政策选择 [J]. 经济研究，2018, 053(9): 168–181；HE C, JIANG K, CHEN S et al. Zero $CO_2$ emissions for an ultra-large city by 2050: case study for Beijing[J]. Current opinion in environmental sustainability, 2019, 36: 141–155.

② IPCC. Global warming of 1.5 ℃ : An IPCC special report on the impacts of global warming of 1.5 ℃ above pre-industrial levels and related global greenhouse gas emission pathways, in the context of strengthening the global response to the threat of climate change, sustainable development, and efforts to eradicate poverty[R]. Geneva: IPCC, 2018.

③ GRUBLER A, et al. A low energy demand scenario for meeting the 1.5 ℃ target and sustainable development goals without negative emission technologies[J].Nature energy, 2018, 3(6), 515–527；LUDERER G et al. Residual fossil $CO_2$ emissions in 1.5–2 ℃ pathways[J]. Nature climate change, 2018, 8(7), 626–633.

④ SMITH P, BUSTAMANTE M. Agriculture, forestry and other land use (AFOLU). In: Climate change 2014: Mitigation of climate change.[R]. Cambridge University Press, Cambridge, United Kingdom and New York, NY, USA: 811–922；POPP A et al. Land-use futures in the shared socio-economic pathways[J].Global Environmental Change, 2017, 42, 331–345.

⑤ ROGELJ J, SCHAEFFER M, MEINSHAUSEN M, et al. Zero emission targets as long-term global goals for climate protection[J]. Environmental research letters, 2015, 10(10): 1–11；RIAHI K, VUUREN D P, KRIEGLER E, et al. The Shared Socioeconomic Pathways and their energy, land use, and greenhouse gas emissions implications: An overview[J]. Global environmental change, 2017, 42, 153–168；VUUREN D P V, STEHFEST E, ELZEN M G J D, et al. RCP2.6: Exploring the possibility to keep global mean temperature increase below 2℃ [J]. Climatic change, 2011, 109(1): 95–116.

⑥ HE C, JIANG K, CHEN S, et al. Zero $CO_2$ emissions for an ultra-large city by 2050: case study for Beijing[J]. Current opinion in environmental sustainability, 2019, 36: 141–155.

能源纳入情景模拟，对安卡拉城市的净零能源区目标进行了多情景分析。[①]

　　总体来看，当前对零碳城市的发展路径的研究还不成熟，尚未形成统一的方法和思路，但能效提升政策及能源结构转型政策是零碳城市建设的主要政策类型，植树造林政策和 CCS 技术也是零碳城市建设的可选政策。本研究试图在以下方面有所创新：第一，首次对新城的零碳城市建设路径进行情景模拟。新城作为尚未开发的区域，规划难度大，不确定性多。通过分析，本研究认为影响零碳城市建设的重点因素在于能源强度政策、能源结构转型政策和碳汇政策这三个方面。第二，通过分析不同的政策组合情景，为雄安新区未来零碳城市建设中的能源强度政策和能源结构转型政策提供了定量化的目标。第三，将碳汇政策纳入雄安新区零碳城市建设中，为中国探索零碳城市路径提供了政策参考。

　　由于当前中国城市二氧化碳排放占总温室气体排放的比重超过 90%[②]，考虑到雄安新区的实际状况及数据获取能力，净零排放仅限于二氧化碳一种温室气体。LEAP 软件[③]作为一种能源政策分析和减缓气候变化评估的常用工具，已经在城市、区域、国家及全球尺度上有广泛应用。因此，本研究利用 LEAP 工具，选择雄安新区，通过构建 LEAP-Xiong'an 模型对能源强度政策和能源结构调整政策以及考虑碳汇的不同情景进行了模拟演化，提出雄安新区的零碳城市建设路径的对策建议。

## 二　理论、方法和数据

### （一）LEAP-Xiong'an 模型构建的理论基础

#### 1.KAYA 恒等式与脱钩理论

　　以碳排放的 IPAT 模型[④]为基础，结合 KAYA 模型[⑤]和 "脱钩" 的概念，

① KILKIŞ Ş, KILKIŞ B. An urbanization algorithm for districts with minimized emissions based on urban planning and embodied energy towards net-zero energy targets[J]. Energy, 2019, 179: 392-406.

② BAEUMLER A, IJJASZ-VASQUEZ E, Mehndiratta S. Sustainable low-carbon city development in China [R/OL]. Washington, D.C., World Bank Group, 2012. http: //documents.worldbank.org/curated/en/576131468261265617/Sustainable-low-carbon-city-development-in-China.

③ Stockholm Environment Institute. Low emissions analysis platform (LEAP). Software version: 2020.1.0.2[CP]. Somerville, MA, USA. https: //leap.sei.org/default.asp?action=license.

④ 中国科学院可持续发展战略研究组. 中国可持续发展战略报告：探索中国特色的低碳道路 [M]. 北京：科学出版社，2009.

⑤ KAYA Y, YOKOBORI K. Environment, energy, and economy: Strategies for sustainability[M]. Tokyo: United Nations University Press, 1997.

分析经济增长、能源需求和碳排放之间的关系。

KAYA 模型表达式为：$CO_2 = \dfrac{CO_2}{PE} \cdot \dfrac{PE}{GDP} \cdot \dfrac{GDP}{POP} \cdot POP$ （1）

其中，$CO_2$ 表示二氧化碳排放量，$PE$ 表示一次能源消费总量，$GDP$ 表示国内生产总值，$POP$ 表示人口数量，$\dfrac{GDP}{POP}$ 表示人均 GDP，$\dfrac{PE}{GDP}$ 表示能耗强度，即生产单位 $GDP$ 所消费的能源，$\dfrac{CO_2}{PE}$ 表示能源综合 $CO_2$ 排放系数，即单位能源消耗所产生的 $CO_2$ 排放，主要与能源结构有关。

假定基期数值为 $N_0$，变化率为 $r$，则第 $t$ 期数值为：

$N_t = N_0 * (1+r)^t$ （2）

在估算 2018~2050 年 GDP、能耗强度、能耗总量、碳排放强度、碳排放总量等相关指标时，采用公式（2）。将 $t$ 期与基期（0）城市的碳排放负荷情况相比，假设人口年增长率是 $\alpha$，人均 GDP 年均增长率为 $\beta$，能耗强度下降比率为 $\gamma$，单位能耗的 $CO_2$ 排放的下降率为 $\delta$。则 $t$ 期 $CO_2$ 排放 $C_t$ 可以表示为：

$C_t = C_0 \cdot [(1+\alpha) \cdot (1+\beta) \cdot (1+\gamma) \cdot (1+\delta)]^t$ （3）

要使碳排放总量下降，即 $C_t < C_0$，则必须有 $(1+\alpha) \cdot (1+\beta) \cdot (1+\gamma) \cdot (1+\delta) < 1$，这时表明经济增长和碳排放总量之间绝对脱钩。[①]

2. 达峰条件

如果 t 年碳排放达峰，则有：

$$C_t \geq C_{t-1} \text{ 且 } C_t \geq C_{t+1}$$

也即：$(1+\alpha) \cdot (1+\beta) \cdot (1+\gamma) \cdot (1+\delta) = 1$ （4）

① 朱婧，刘学敏，初钊鹏．低碳城市能源需求与碳排放情景分析 [J]．中国人口·资源与环境，2015, 25(7): 48–55.

3. 零碳条件

如果在 $t$ 年实现了零碳城市建设，那么至少要满足条件：

$$C_t+C_{cdrt}=0 \tag{5}$$

$$C_{cdr}=Hc+C_{CCS}+C_{BECCS} \tag{6}$$

其中，$C_{cdr}$ 为二氧化碳去除量，$Hc$ 为植被碳库的二氧化碳碳汇，$C_{cdrt}$ 为 $t$ 年的二氧化碳去除量，$C_{CCS}$ 为 CCS 技术的二氧化碳捕获与封存量，$C_{BECCS}$ 为 BECCS 技术的二氧化碳捕获与封存量。

## （二）雄安新区能源消耗及碳排放核算

1. 能源消费量核算方法

采用自下而上的方法对城市能源消耗进行核算，通过确定燃料种类、能源活动水平、能源消耗强度完成核算，能源需求部门的总能源消费量的计算公式如下：

$$EC_n = \sum_i \sum_j AL_{n,j,i} \times EI_{n,j,i} \tag{7}$$

$n$ 是燃料类型，$j$ 是设备，$i$ 是部门，$EC_n$ 是指能源需求部门的总能耗。$AL$ 是活动水平，并在每个部门中测量方法各不相同。$EI$ 指的是能源强度，是单位活动水平的最终能耗。

2. $CO_2$ 排放的计算

雄安新区的温室气体排放核算主要包含行政边界内的温室气体直接排放量。针对城市地理边界内的活动使用来自电网的电力和来自区域网络的蒸汽、热力和冷力所带来的范围内的温室气体排放，本研究暂不考虑。考虑到数据可获得性以及当前和今后一段时间 $CO_2$ 仍为最主要的温室气体来源，本研究的温室气体范围仅包括能源燃烧产生的 $CO_2$ 排放。在 LEAP-Xiong'an 模型中，雄安新区的能源需求部门包括工业（Industry, In.）、城镇居民（Urban Household, U.H.）、农村居民（Rural Household, R.H.）、交通邮电业（Transportation and Mail, T.M.）、建筑业（Construction, Con.）、

农业（Agriculture, Agr.）、批发零售和住宿餐饮业（Wholesale Retail Hotel and Restaurants, W.R.H.R.）、其他服务业（Other Services, O.S.）8个部门。

我们采用IPCC（2006年）部门方法计算二氧化碳排放量，见方程（8）。

$$CE_{energy} = \sum_i \sum_j CE_{ij} \qquad (8)$$
$$= \sum_i \sum_j AD_{ij} \times NCV_i \times EF_i \times O_{ij}, i \in [1,8], j \in [1,8]$$

方程（8）中的下标 $i$ 和 $j$ 分别指化石燃料类型和部门，$CE_{ij}$ 代表在 $j$ 部门燃烧的 $i$ 化石燃料的二氧化碳排放量；$AD_{ij}$ 代表化石燃料消耗。$NCV_i$（净热值）、$EF_i$（排放因子）和 $O_{ij}$（燃烧效率）是不同化石燃料的排放参数。这三个参数的单位分别是"J/t"、"$tCO_2$/J"和"%"。

## （三）碳汇的计算

### 1. 雄安新区碳汇的计算范围

根据2017年雄安新区农村土地利用现状一级分类面积数据集，土地分别包括耕地、园地、林地、草地、城镇村及工矿用地、交通运输用地、水域及水利设施用地、其他土地。考虑到耕地碳汇最终进入人类生活，暂不计算耕地碳汇，考虑交通运输用地、城镇村及工矿用地中绿化面积相对较少，而且难以统计，暂不计算。考虑其他土地多为设施农用地，因此，雄安新区碳汇的土地类型主要核算林地、草地、水域及水利设施用地三部分。

### 2. 碳汇系数的确定

考虑到雄安新区森林覆盖率将从初期阶段的11%增长到2035年的40%[1]，即以新造林为主，则在碳平衡方面，植被碳库将处于成长状态，而不是成熟状态。故本研究主要参考方精云等[2]、杨立等[3]和毕君等[4]对京津冀区域林业碳汇的研究，选取人工油松林固碳系数 4.08 $tC \cdot hm^{-2} \cdot a^{-1}$ 作为林

① 佘颖."千年秀林"美雄安 [N]. 经济日报，2019–5–11.

② 方精云，刘国华，朱彪，王效科，刘绍辉. 北京东灵山三种温带森林生态系统的碳循环 [J]. 中国科学 .D 辑：地球科学，2006(6): 533–543.

③ 杨立，郝晋珉，艾东，类淑霞，双文元. 基于区域碳平衡的土地利用结构调整——以河北省曲周县为例 [J]. 资源科学，2011, 33(12): 2293–2301.

④ 毕君，王超，尤海舟. 基于温室气体清单的河北省森林碳汇量研究 [J]. 生态科学，2016, 35(04): 113–118.

地碳汇系数。综合考虑雄安新区地处冀中平原、城镇化程度等因素，结合张一心[1]、庄洋[2]、张秀梅等[3]人的研究，采用0.021 tC·hm$^{-2}$·a$^{-1}$作为草地碳汇系数。相关研究表明中国华南地区湿地的年固碳能力为2.16~3.97 tC·hm$^{-2}$·a$^{-1}$[4]，而中国东部平原地区湿地的年固碳能力约为0.17~1.29 tC·hm$^{-2}$·a$^{-1}$[5]，雄安新区的湿地主要是白洋淀，是水域及水利设施用地的主要土地类型。结合杨立等[6]的研究，得出湿地的碳汇系数为0.68 tC·hm$^{-2}$·a$^{-1}$。

3. 碳汇的计算

碳汇量估算公式为：$H = \sum_{i=1}^{3} C_i \cdot S_i$ （9）

方程（9）中，$H$为碳汇量（tC），$C_i$为固碳因子（tC·hm$^{-2}$·a$^{-1}$），$S_i$为$i$种土地类型的面积（hm$^2$），$i=1$表示林地，$i=2$表示草地，$i=3$表示水域及水利设施用地。

## （四）数据和情景构建

1. LEAP-Xiong'an 模型中核心参数的基础假定

雄安新区位于河北省保定市，主要由雄县、安新县和容城县及附近乡镇组成，雄安三县行政区划总面积为1552.2平方公里，约占保定市总面积的7.42%。雄安新区零碳城市建设是一个系统工程，需要交通、工业、建筑、居民生活等多个部门来协同完成，而且受人口、经济增

① 张一心，赵吉，王立新，马文红，梁存柱，吴婧. 不同管理措施下内蒙古草地碳汇潜势分析 [J]. 内蒙古大学学报（自然科学版），2014, 45(3): 318–323.
② 庄洋，赵娜，赵吉. 内蒙古草地碳汇潜力估测及其发展对策 [J]. 草业科学，2013, 30(9): 1469–1474.
③ 张秀梅，李升峰，黄贤金，等. 江苏省1996年至2007年碳排放效应及时空格局分析 [J]. 资源科学，2010, 32(4): 768–775.
④ 杨谨，鞠丽萍，陈彬. 重庆市温室气体排放清单研究与核算 [J]. 中国人口·资源与环境. 2012, 22(3): 63–69；叶有华，邹剑锋，吴锋，等. 高度城市化地区碳汇资源基本特征及其提升策略 [J]. 环境科学研究，2012, 25(2): 240–244.
⑤ 段晓男，王效科，逯非，等. 中国湿地生态系统固碳现状和潜力 [J]. 生态学报，2008, 28(2): 463–469.
⑥ 杨立，郝晋珉，艾东，类淑霞，双文元. 基于区域碳平衡的土地利用结构调整——以河北省曲周县为例 [J]. 资源科学，2011, 33(12): 2293–2301.

长、城镇化率、产业结构、能源结构、能源强度等多种因素的影响，需要从全局层面对雄安新区零碳城市系统进行顶层设计和规划。结合《河北雄安新区规划纲要》的总体目标，对雄安新区 2018~2050 年的产业结构、人口、经济增长、城镇化率四个宏观经济变量因素进行设置。LEAP-Xiong'an 模型中基准情景和参考情景均遵循这种假设。宏观情景设定分为三个阶段，2022 年、2035 年和 2050 年是三个时间节点。其中，2022 年雄安新区启动区基本建成，2035 年雄安新区起步区基本建成，2050 年雄安新区总体规划基本完成。同时结合中国全面建设社会主义现代化国家"两步走"战略，在全面建成小康社会的基础上，以到 2035 年基本实现人与自然和谐共生的社会主义现代化，生态环境根本好转、美丽中国建设目标基本实现的目标为指引，到 2050 年，建成富强民主文明和谐美丽的社会主义现代化强国。在 LEAP-Xiong'an 模型中，各参数含义表示如下。

（1）产业结构变化。产业结构是影响能源强度的重要因素，而工业部门的能耗强度降低是能源强度下降的主要原因。[1] 雄安新区工业化中期阶段特征明显。雄安三县的产业结构以第二产业主导，第三产业发展滞后，雄安三县的产业发展处于工业化中期阶段。[2] 结合《河北雄安新区规划纲要》和相关学者研究[3]，未来雄安新区的产业发展需要经过行政推动转移初创、自我发展的"转型换挡"和自我成长的"创新发展"三个阶段。雄安新区的产业结构调整可以参考深圳特区和浦东新区的发展路径，未来雄安新区的产业结构将会经历一个 15 年左右的转型升级时期，第三产业所占比重将会持续增加，第一产业和第二产业所占比重则持续下降。而且，第三产业中其他服务业所占比重会持续上升。到 2022 年，雄安新区产业结构调整到中国 2019 年平均水平。到 2035 年，雄安新区基本完成了产业结构的快速升级，并处于持续调整中，产业结构与 2017 年的浦东新区类似。到 2050 年，雄安新区处于产业高度发达阶段，产业结构类似于 2019 年的北京（见表 8-1）。

（2）人口。雄安新区设立以前，雄安三县人口呈现净流出态势。

---

① LIU Z, GUAN D, WEI W, et al. Reduced carbon emission estimates from fossil fuel combustion and cement production in China[J]. Nature, 2015, 524(7565): 335–338.

② 陈佳贵, 黄群慧, 钟宏武. 中国地区工业化进程的综合评价和特征分析 [J]. 经济研究, 2006(6): 4–15.

③ 杨开忠. 关于规划建设国家行政新城的政策建议 [J]. 人民论坛·学术前沿, 2015(11): 76–85.

2017 年雄安三县的总户籍人口为 113.62 万人，约占保定市总户籍人口的 10.56%，常住人口为 110.91 万人，约占保定市总常住人口的 10.59%，雄安三县人口 2017 年净流出达 2.71 万人，占总户籍人口的 2.39%。雄安新区将从全球引进人才，进行开发建设，属于"移民型城市"。考虑到京津冀城市群的结构布局，缺乏 100 万 ~500 万人口的大城市。[①] 按照有关雄安新区的研究[②]，雄安新区初始的人口规模为 100 万人左右，远期控制在 500 万人。结合《河北雄安新区起步区控制性规划》《河北雄安新区启动区控制性详细规划》，雄安新区在 2035 年基本建成起步区，总人口为 310 万人；2050 年规划基本完成，总人口为 510 万人。雄安新区 2017 年共有 39.86 万户，户均人口 2.78 人（常住人口）。结合 2016 年国家计划生育政策的改革，假设未来户均人口会进一步增加，至 2035 年雄安新区户均人口为 3.5 人，2050 年保持不变（见表 8-1）。

（3）经济增长。经济发展方面，雄安新区整体上滞后于全国平均水平。2017 年，雄安三县的人均 GDP 为 1.71 万元 / 人，仅为同期保定市人均 GDP（2.99 万元 / 人）的 57.19%。2017 年雄安三县 GDP 大幅下降，主要与雄安新区上升为国家战略之后，雄安三县相关地区开发建设暂时停滞有关。考虑到雄安新区建设开始之后，经济将持续快速增长，而且要缩小与京津两地的发展差距。结合清华大学中国与世界经济研究中心的研究报告[③]，2035 年北京和天津的人均 GDP 增长到 3.2 万 ~3.9 万美元，2050 年北京和天津人均 GDP 增长到 3.2 万 ~4.4 万美元。假设雄安新区未来经济增长出现赶超模式，到 2035 年雄安新区与京津之间的人均 GDP 差距进一步缩小，到 2050 年雄安新区经济发展水平达到京津两市水平（见表 8-1）。

（4）城镇化情况。在城镇化方面，雄安新区城镇化进程滞后于全国水平。2017 年雄安三县的常住人口城镇化率为 45.28%，低于全国平均水平。雄安新区启动建设之后，必将进入快速城镇化阶段，按照中国新型城镇化的发展要求，到 2022 年，雄安新区的城镇化水平和人均 GDP 接近中

---

① 杨开忠 . 关于规划建设国家行政新城的政策建议 [J]. 人民论坛·学术前沿 , 2015(11): 76–85.

② 李国庆，邢开成，黄大鹏 . 雄安新区社会重构期暴雨洪涝风险的社区分类调适 [J]. 中国人口·资源与环境 , 2020(6): 53–63.

③ 李稻葵，袁钢明，厉克奥博等 . 十九大后的中国经济 2018、2035、2050[R/OL]. 北京 : 清华大学中国与世界经济研究中心 , 2017. http://www.ccwe.tsinghua.edu.cn/info/zghgjjycyfxbg/2241.

国 2019 年平均水平；2035 年雄安新区起步区基本建成时，雄安新区的城镇化率达到国际高收入国家城镇化水平的 83.9%；2050 年雄安新区全面建成时，雄安新区的城镇化率可以达到国际高收入国家城镇化的发达水平，即 88.4% 左右（见表 8-1）。[①]

（5）生态建设情况。雄安新区当前的生态空间碎片化特征明显，雾霾和水资源短缺等生态灾害依然存在，亟须提高生态系统服务能力。在碳汇抵消方面，雄安新区的规划建设对生态保护修复提出了具有雄心的明确目标。根据《白洋淀生态环境治理和保护规划（2018—2035 年）》和《河北雄安新区总体规划（2018—2035 年）》，预计到 2022 年，雄安新区森林覆盖率达到 23%。到 2035 年，雄安新区森林覆盖率将达到 40%，蓝绿空间占比稳定在 70%，白洋淀水体面积恢复到 360 平方公里。到 2050 年，雄安新区的白洋淀生态修复全面完成。明确的生态修复目标，有助于雄安新区尽快开展基于自然的解决方案，提高碳汇吸收能力。

表 8-1　LEAP-Xiong'an 模型中关键变量的假设

| 含义 | 2017 年 | 2022 年 | 2035 年 | 2050 年 |
| --- | --- | --- | --- | --- |
| 人口总量（万人） | 110.91 | 140.00 | 310.00 | 510.00 |
| 家庭规模（人／户） | 2.78 | 3.00 | 3.50 | 3.50 |
| 人均 GDP（万元／人） | 1.70 | 7.10 | 17.07 | 28.00 |
| 城镇化率 | 45.28% | 60.60% | 83.90% | 88.40% |
| 第一产业 | 14.65% | 7.10% | 0.80% | 0.20% |
| 第二产业 | 51.39% | 39.16% | 25.10% | 16.20% |
| ＃工业 | 47.91 | 32.00 | 20.00 | 12.00 |
| ＃建筑业 | 3.48 | 7.16 | 5.10 | 4.20 |
| 第三产业 | 33.96% | 53.90% | 74.70% | 83.60% |
| ＃交通邮电 | 4.82 | 4.32 | 5.00 | 2.90 |
| ＃批发零售、住宿餐饮业 | 9.54 | 11.49 | 14.00 | 9.60 |
| ＃其他服务业 | 19.60 | 37.93 | 55.10 | 71.10 |
| 森林（$10^3 hm^2$） | 3.12 | 35.70 | 62.09 | 62.09 |
| 草地（$10^3 hm^2$） | 1.12 | 3.70 | 10.57 | 10.57 |
| 湿地（$10^3 hm^2$） | 31.58 | 32.80 | 36.00 | 36.00 |

---

① United Nations. World urbanization prospects: The 2018 revision[R]. New York: United Nations, 2019.

2.LEAP-Xiong'an 模型情景构建

本研究结合《保定经济统计年鉴（2018）》中的雄安三县的相关数据及《河北经济年鉴（2018）》《中国能源统计年鉴（2018）》等统计数据，参考相关企业调研数据、政府制定的行业发展规划、标准等资料，结合 Shan 等[1]、Liu 等[2]提出的城市温室气体排放的核算方法，编制了 2017 年雄安三县温室气体排放清单，对雄安三县 2017 年分部门的温室气体排放进行核算，并构建 LEAP-Xiong'an 模型的政策情景。

（1）基准年能源消耗和 $CO_2$ 排放量。研究发现，雄安新区能源消费水平较低，并且结构单一。以 2017 年为例，雄安三县的能源消费总量为 83.7 万吨标煤，万元 GDP 能耗为 0.44 吨标煤，人均能耗为 0.75 吨标煤。

雄安新区 2017 年的终端能源消费以煤和电力为主，约占能源总量的 67%。其中，电力占 44.61%，煤炭及其制品占 22.81%，石油及其制品约占 14.32%，天然气及其制品占 11.17%。碳排放源仍然以煤炭为主。2017 年雄安新区能源相关 $CO_2$ 排放量约为 79.17 万吨，万元 GDP 碳排放量为 0.42 吨，人均碳排放量为 0.71 吨。2017 年雄安三县的碳汇为 12.55 万吨，$CO_2$ 净排放为 66.62 万吨。

（2）政策情景构建。在 LEAP-Xiong'an 模型的核心参数中，关键时点的人口总量、人均 GDP 均已经设定完成，本研究主要分析不同能耗强度和单位能耗 $CO_2$ 强度情景下，雄安新区零碳城市建设路径的影响。用 $\gamma$ 表示能耗强度年均下降率，$\delta$ 表示单位能耗二氧化碳强度的年均下降率。结合中国经济 1990~2015 年的 $\gamma$ 约为 3.8%，2005~2015 年的 $\delta$ 为 0.5%。[3]而 Green 和 Stern 的情景设定将 2014~2030 年的 $\gamma$ 设定为 4%，将 2014~2020 年的 $\delta$ 设定为 1%，并在 2020~2030 年将其进一步提高到 1.5%。[4]结合雄安新区的可能政策情景，将 $\delta$ 设置为 0%~8%，将 $\gamma$ 设置为 0%~8%，在此可以衍生

① SHAN Y, GUAN D, LIU J, et al. Methodology and applications of city level $CO_2$ emission accounts in China[J]. Journal of cleaner production, 2017, 161: 1215-1225.

② LIU Z, GUAN D, WEI W, et al. Reduced carbon emission estimates from fossil fuel combustion and cement production in China[J]. Nature, 2015, 524(7565): 335-338.

③ 莫建雷, 段宏波, 范英, 等.《巴黎协定》中我国能源和气候政策目标：综合评估与政策选择 [J]. 经济研究, 2018, 053(9): 168-181.

④ GREEN F, STERN N. China's changing economy: Implications for its carbon dioxide emissions[J]. Climate policy, 2017, 17(4), 423-442.

出 25 种政策情景，见表 8-2。按照单位能耗碳排放强度的不同，将这 25 种情景分为 $S_0^+$、$S_2^+$、$S_4^+$、$S_6^+$、$S_8^+$ 五组。而按照不同情景所采取的政策类型，可以归为以下四类。

基准情景（BAU）。假设雄安新区未来建设没有采取节能和能源结构转型政策情景下的发展情况，以雄安三县过去的发展趋势进行外推，即 $\gamma=0$，$\delta=0$。

能源强度降低情景。主要考虑节能技术在农业、交通、工业、建筑及生活部门的采用。节能主要基于能源需求部门的能源效率的提高，主要模拟的情景指标为能耗强度年均下降率，即 $\gamma \neq 0$，$\delta=0$。

能源结构调整情景。主要考虑在农业、交通、工业、建筑及生活部门大规模应用太阳能、风能、地热、生物质能等零碳能源，同时提高终端能源使用部门的电气化率，逐步使雄安新区的净碳排放接近"零排放"。主要模拟的情景指标为能源结构的年均变化率，即 $\delta \neq 0$，$\gamma=0$。

政策组合情景。主要考虑降低能源强度政策和能源结构调整政策同时实施的政策情景。主要模拟的情景指标为能耗强度年均下降率和单位能耗二氧化碳强度的年均下降率即 $\gamma \neq 0$，$\delta \neq 0$。

表 8-2　政策情景假设

| | | | $\gamma=0$ | $\gamma=2\%$ | $\gamma=4\%$ | $\gamma=6\%$ | $\gamma=8\%$ |
|---|---|---|---|---|---|---|---|
| | $S_0^+$ | 0 | BAU | I2 | I4 | I6 | I8 |
| | $S_2^+$ | 2% | S2 | S2I2 | S2I4 | S2I6 | S2I8 |
| $\delta$ | $S_4^+$ | 4% | S4 | S4I2 | S4I4 | S4I6 | S4I8 |
| | $S_6^+$ | 6% | S6 | S6I2 | S6I4 | S6I6 | S6I8 |
| | $S_8^+$ | 8% | S8 | S8I2 | S8I4 | S8I6 | S8I8 |

### 三　零碳城市情景的模拟结果及评价

本部分主要分析不同政策情景下雄安新区的零碳城市模拟结果，主要从碳排放总量、碳排放达峰、碳中和三个层面分析不同的政策对雄安新区零碳城市建设路径的影响。

### （一）雄安新区碳排放总量情景模拟

25 种排放路径演变的结果如图 8-1 所示。其中，BAU 情景下，雄安新区的碳排放在情景期内处于快速增加态势，2050 年碳排放达到 1069.38 万吨，无法达到峰值。而 I2、S2 这两种情景下，雄安新区的碳排放虽然比情景期内有所降低，但仍无法实现下降。而各情景与基准情景相比，2050 年的碳排放下降情况如图 8-2 所示。

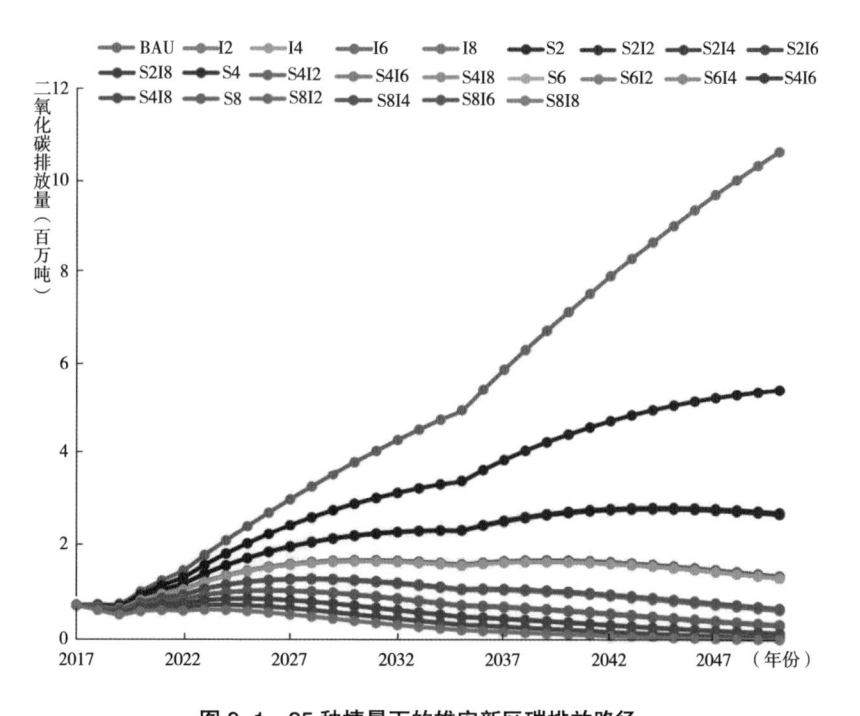

图 8-1　25 种情景下的雄安新区碳排放路径

在每个情景组中，随着 $\gamma$ 的增大，2050 年的碳排放总量相对 BAU 下降幅度增大。这意味着在能源结构调整政策相同的前提下，能耗强度政策力度越大，情景期末雄安新区的碳排放总量相对 BAU 下降幅度越大。

对比五个情景组可以发现，在 $\gamma$ 相同时，随着 $\delta$ 的增大，2050 年雄安新区的碳排放总量相对 BAU 下降幅度增大（如图 8-2 所示）。这意味着在能耗强度政策相同的前提下，能源结构调整政策力度越大，情景期末雄安新区的碳排放总量相对 BAU 下降幅度越大。

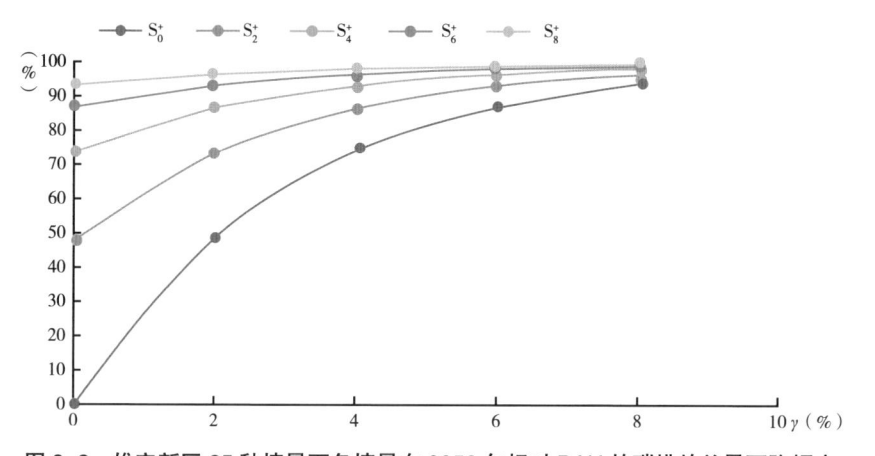

图 8-2　雄安新区 25 种情景下各情景在 2050 年相对 BAU 的碳排放总量下降幅度

## （二）情景期内雄安新区碳排放达峰情景模拟

将每一组的碳排放达峰时间和峰值的变化汇总于一个图中，总体特征如图 8-3 所示。

首先，分析能否出现碳排放达峰的条件。如图 8-3 所示，$S_0^+$、$S_2^+$ 和 $S_8^+$ 的情景中，一些情景无法实现碳排放达峰。因为在 $S_0^+$ 情景组中，由于只采取了降低能耗强度政策，BAU 和 I2 这两种情景无法实现碳排放达峰，I4、I6 和 I8 三种情景可以在情景期内实现碳排放达峰。在 $S_2^+$ 情景组中，只有 S2 情景无法实现碳排放达峰，也就是说如果只采取能源结构调整政策，当 $\delta \leqslant 2\%$ 时，在情景期内无法实现碳排放达峰。在 $S_4^+$、$S_6^+$ 情景组中的所有情景均能实现碳排放达峰。这也意味着，当 $4\% \leqslant \delta \leqslant 6\%$ 时，$\gamma$ 取 0%~8% 之间的值，在情景期内可以实现碳排放达峰。在 $S_8^+$ 情景组中，S8I8 情景无峰值，也就是说在 S8I8 情景期内，雄安新区碳排放总量一直处于下降状态。

其次，分析碳排放达峰时间。组内来看，随着 $\gamma$ 的逐渐变大，峰值年份逐渐提前。也就是说，在能源结构调整政策相同的前提下，能源强度政策力度越大，情景的碳排放达峰时间越早。组间比较来看，随着 $\delta$ 增大，实现 2030 年前碳排放达峰的情景数也在增加，其中 $S_0^+$ 情景组中只有 I8 情景是 2028 年碳排放达峰，$S_8^+$ 情景组中四个碳排放达峰情景均在 2030 年前。

也就是说，如果只采取能源强度政策，那么 $\gamma \geq 8\%$ 时，才有可能在 2028 年前实现碳排放达峰。而多个政策组合模拟情景均能实现 2030 年前碳排放达峰。S6I8 和 S8I6 情景下，可以实现 2024 年碳排放达峰。总体来看，当满足达峰条件时，政策组合对碳排放达峰时间具有协同效应。

最后，分析不同情景组的峰值大小变化特征。组内来看，随着 $\gamma$ 的增大，峰值年份随之提前，峰值也逐渐变小。也就是说，在能源结构调整政策相同的前提下，能源强度政策力度越大，情景的碳排放达峰峰值越小。组间比较来看，$\delta$ 越大，情景组峰值的平均值越小。也就是说，在能源强度政策一定的前提下，能源结构调整政策力度越大，情景期内的峰值越小。

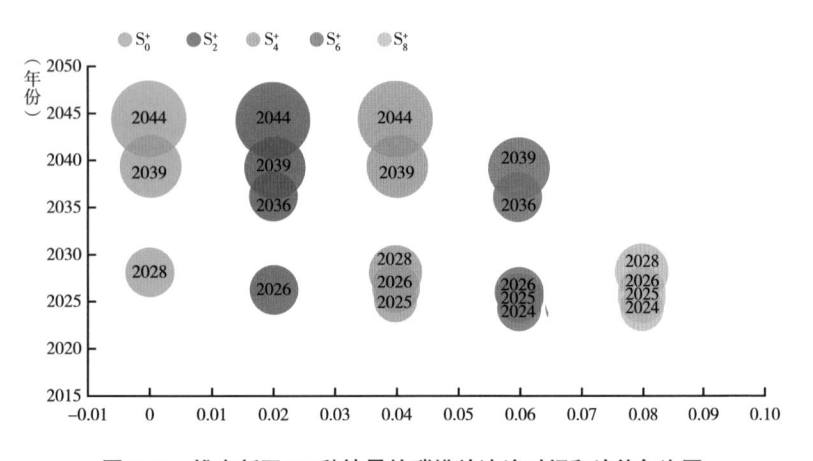

图 8-3　雄安新区 25 种情景的碳排放达峰时间和峰值气泡图

## （三）雄安新区碳中和路径分析

碳中和是考虑将来大规模采用负排放技术，如 BECCS，并增加生态修复力度，大规模植树造林，恢复湿地生态系统功能，最终使能源和工业过程的碳排放能够被补偿。考虑到雄安新区的电力已经全部为外来电，增加碳汇政策纳入情景分析框架，主要分析如何通过植树造林、修复湿地等行动，提高城市的碳汇储备能力，进而实现碳中和。

1. 考虑碳汇的雄安新区碳中和路径演化

本部分模拟碳汇政策一定的条件下，不同的能源强度政策和能源结构调整政策对雄安新区二氧化碳净排放的影响，结果如图 8-4 所示。当考虑

碳汇时，雄安新区在 25 种政策情景中会有 15 种零碳路径。其中，能源强度降低情景只有 I8 一种，能源结构调整情景中只有 S8 一种，政策组合模拟情景中有 13 种，分别为 S4I4、S4I6、S4I8、S6I2、S6I4、S6I6、S6I8、S8I2、S8I4、S8I6、S8I8、S2I6、S2I8。

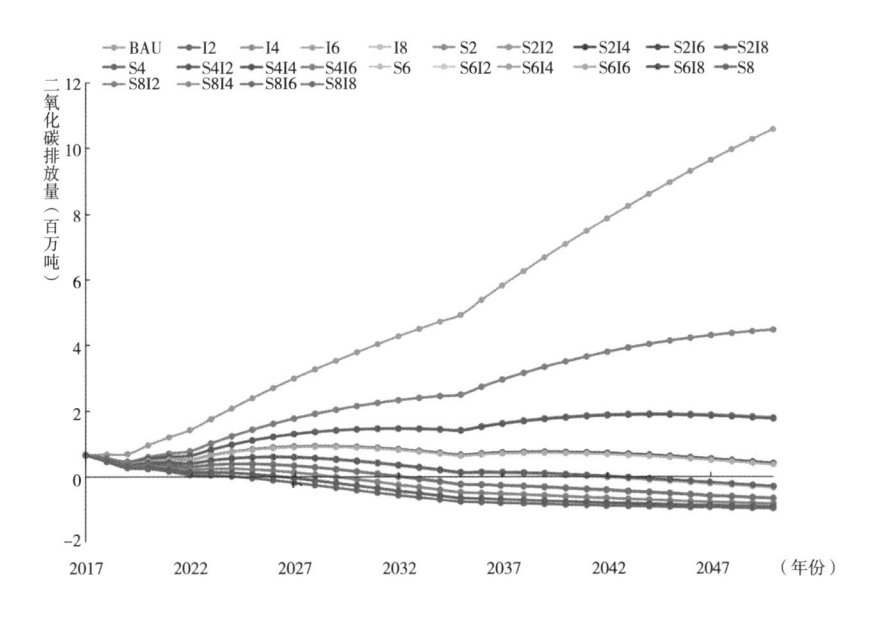

**图 8-4 考虑碳汇的雄安新区零碳城市碳中和路径演化**

在这 25 组情景中，*Tczero* 表示首次出现净排放为负值的年份，也即出现碳中和的时间。可以看出，在能源强度降低情景中，只有 γ=8% 时，才会在情景期内出现碳中和，见表 8-3。而在能源结构调整情景中，只有 δ=8% 时，才会在情景期内出现碳中和。在政策组合模拟情景中，如果控制 γ 或 δ 其中一个变量，随着 δ 或 γ 的增大，碳中和出现的时间随之提前。其中，在 I2S6、I4S4、I6S2 情景中，碳中和会在 2043 年出现；在 I8S8 情景中，碳中和会在 2025 年出现。总结来说，雄安新区碳中和出现的时间与 γ 和 δ 的变化密切相关，能源强度政策和能源结构调整政策的力度增大，碳中和出现的时间提前。因此可以通过调整政策组合情景中的政策组合力度，来实现雄安新区的碳中和目标。

表 8-3　考虑碳汇的雄安新区 25 种情景的碳中和时间变化

| Tczero | | $\gamma=0$ | $\gamma=2\%$ | $\gamma=4\%$ | $\gamma=6\%$ | $\gamma=8\%$ |
|---|---|---|---|---|---|---|
| | 0 | — | — | — | — | 2042 |
| | 2% | — | — | — | 2043 | 2033 |
| $\delta$ | 4% | — | — | 2043 | 2033 | 2029 |
| | 6% | — | 2043 | 2033 | 2029 | 2027 |
| | 8% | 2043 | 2032 | 2029 | 2027 | 2025 |

注："—"表示在情景期内不存在碳中和现象。

### 2. 雄安新区碳中和最优路径

考虑到政策的成本，$\delta$ 和 $\gamma$ 越大，表明政策措施的力度越大，政策成本越高。结合图 8-3 和表 8-3 的相关结论和雄安新区的总体规划目标，如果我们希望在 2025~2030 年实现碳排放达峰，2050 年能够实现净零碳排放，那么可能的政策组合应该在 $2<\delta<4$ 和 $2<\gamma<4$ 内选。通过对情景进一步细化，考虑设置 4 个情景组合进行模拟，见表 8-4。其中，$T$ 表示出现碳排放峰值的时间、$P$（万吨）表示峰值大小、$E_c$（万吨）为 2050 年碳排放总量。由图 8-5 和表 8-4 可以看出，情景 Nzo3.5 属于可能的最优情景。此时，在 2050 年实现净零碳排放，而且碳排放峰值出现在 2027 年。与其他三个情景相比，Nzo3.5 情景的政策力度较弱，政策的成本较低。

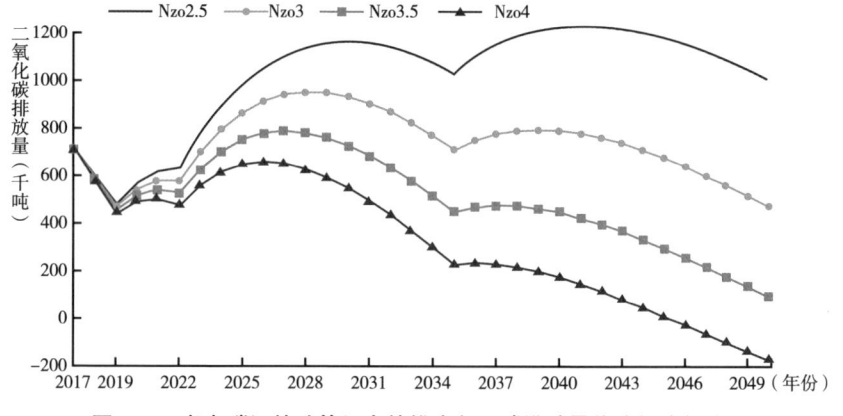

图 8-5　考虑碳汇的政策组合的雄安新区碳排放最优路径演化特征

表 8-4　考虑碳汇的政策组合的能源和碳排放最优路径演化特征

| 情景名称 | Nzo2.5 | Nzo3 | Nzo3.5 | Nzo4 |
|---|---|---|---|---|
| 政策参数 | $\delta=2.5\%$ $\gamma=2.5\%$ | $\delta=3\%$ $\gamma=3\%$ | $\delta=3.5\%$ $\gamma=3.5\%$ | $\delta=4\%$ $\gamma=4\%$ |
| $T$ | 2041 | 2028 | 2027 | 2026 |
| $P$ | 123.38 | 93.03 | 75.20 | 61.04 |
| $Tczero$ | — | — | 2050 | 2043 |
| $Ec$ | 99.17 | 41.30 | −0.096 | −29.60 |

3. Nzo3.5 情景下的各部门的能源消费和碳排放

如图 8-6 所示,在最优情景下,雄安新区各部门的碳排放达峰时间并不一致。其中峰值最大的为工业部门,峰值最小的为农业部门。工业部门在 2028 年实现碳达峰,峰值为 62.07 万吨,农业部门在 2025 年实现碳达峰,峰值为 3.97 万吨。实现碳达峰时间最晚的为其他服务业部门。其他服务业部门在 2044 年实现碳达峰,峰值为 44.02 万吨。城市居民部门在 2028 年实现碳达峰,峰值为 20.54 万吨,农村居民部门的碳排放呈现逐年递减态势。关于碳汇,森林碳汇是雄安新区最主要的碳汇源,2050 年森林碳汇达到了 92.88 万吨,占总碳汇的 91.11%;湿地是第二大碳汇源,2050 年湿地碳汇达到了 8.98 万吨;而草地碳汇最小,2050 年仅为 970 吨。

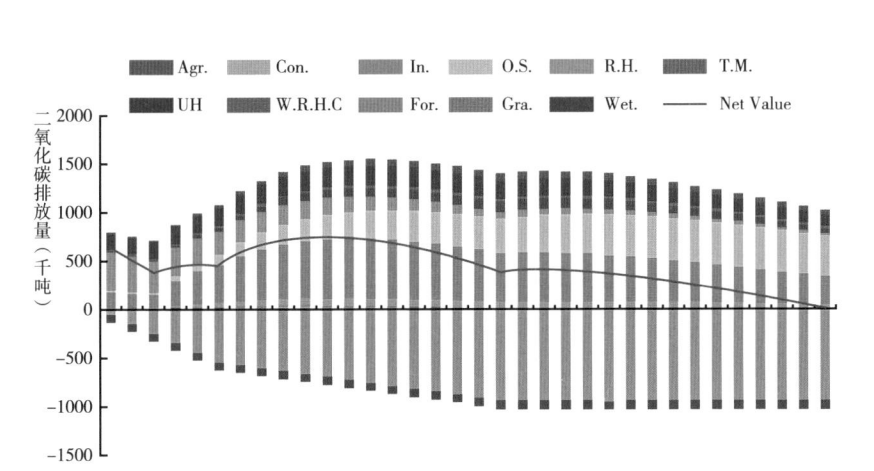

图 8-6　在可能的最优情景下的雄安新区各部门的碳排放变化情景

　　雄安新区的农业部门和农村居民部门 2035 年和 2050 年的碳排放量均比 2017 年有明显下降（见表 8-5）。城市居民部门 2035 年的碳排放量比 2017 年有所增加，而到 2050 年时比 2017 年有所下降。其他服务业、交通邮电业、批发零售和住宿餐饮业的碳排放量比 2017 年增幅明显。而碳汇方面，雄安新区 2035 年和 2050 年森林和草地的碳汇量比 2017 年有大幅增加。总体来看，雄安新区第三产业的碳排放量在建设期内会急剧增加，而大力开展生态修复可以增加碳汇，从而为最终的碳中和提供可能。

　　通过对比最优情景下 2017 年、2035 年和 2050 年雄安新区能源消费情况（见表 8-5），可以发现雄安新区各部门的能源消费情况差异明显。在雄安新区起步区基本建成时（2035 年），雄安新区只有农业部门和农村居民部门的能源消费总量比基准年有明显下降，其他部门的能源消费总量均有明显增加。而增幅最大的是其他服务业部门。在雄安新区基本建成之时（2050 年），雄安新区的其他服务业、建筑业、批发零售和住宿餐饮业的能源消费比 2035 年继续增加，而交通邮电业部门和工业部门的能源消费增幅比 2035 年略有下降。可以看出，雄安新区未来的规划建设期内，建筑业和以其他服务业、批发零售和住宿餐饮业为代表的第三产业是能源消费的关键部门。

表 8-5　最优路径下的 2035 年和 2050 年雄安新区各部门碳排放量和
能源消费总量与 2017 年对比

| 部门 | 碳排放（汇）量增长比例 | | 能源消费总量增长比例 | |
|---|---|---|---|---|
| | 2035 年 | 2050 年 | 2035 年 | 2050 年 |
| *Agr.* | −57.64% | −90.19% | −19.57% | −68.21% |
| *Con.* | 1015.44% | 788.87% | 2018.14% | 2780.30% |
| *In.* | 223.92% | 80.09% | 515.10% | 483.55% |
| *O.S.* | 2081.68% | 2508.58% | 4042.86% | 8352.86% |
| *R.H.* | −81.87% | −92.62% | −65.57% | −76.08% |
| *T.M.* | 704.32% | 332.27% | 1427.35% | 1300.72% |
| *U.H.* | 14.19% | −32.02% | 116.84% | 120.27% |
| *W. R.H.R.* | 1038.71% | 623.52% | 2062.32% | 2244.49% |
| *For.* | 1889.76% | 1889.76% | — | — |
| *Gra.* | 840.42% | 840.42% | — | — |
| *Wet.* | 14.00% | 14.00% | — | — |

注：以上百分比是基于不同部门 2017 年数值计算得出，负值表示下降。"—"表示不存在。

## 四　讨论和建议

### （一）总结

本章构建了 LEAP-Xiong'an 模型，模拟了在 BAU、能源强度降低情景、能源结构调整情景和政策组合情景下的雄安新区的碳排放路径，并分析了森林、草地和湿地的碳汇政策对雄安新区实现碳中和的影响。研究有如下发现。

第一，雄安新区的开发建设必然带来能源消费总量的大幅增加，然而合理的政策组合依然可以确保雄安新区在 2030 年前实现碳排放达峰。第二，不同的能源强度政策和能源结构调整政策对零碳城市的路径有显著影响。其中，能源强度政策和能源结构调整政策力度越大，碳排放达峰时间越早，峰值目标越低。第三，能源强度政策和能源结构转型政策混合实施时，对零碳城市的路径有协同作用。要确保 2050 年雄安新区基本建成时，实现绿色低碳之城的建设目标，雄安新区 GDP 能源强度年下降率保持不低于 3.5% 的水平，单位能耗二氧化碳排放强度年度下降率应该保持不低于 3.5% 的水平。第四，有多种政策组合情景可以使雄安新区在 2050 年前实现碳中和，能源强度政策和能源结构调整政策的力度增大，碳中和出现的时间提前。与其他政策情景相比，Nzo3.5 情景（$\delta$=3.5 和 $\gamma$=3.5）的政策力度较弱，政策的成本较低。此时，在 2050 年实现碳中和，而且碳排放峰值出现在 2027 年。第五，最优情景下，雄安新区各部门的碳排放达峰时间并不一致。工业部门在 2028 年实现碳排放达峰，峰值为 62.07 万吨；其他服务业部门在 2044 年实现碳排放达峰，峰值为 44.02 万吨。最优情景下，雄安新区未来的规划建设期内，建筑业和以其他服务业、批发零售和住宿餐饮业为代表的第三产业是能源消费的关键部门。第六，"千年秀林"和实施白洋淀生态修复的政策对雄安新区 2050 年实现碳中和意义重大。碳汇政策会与能源强度政策和能源结构调整政策深度耦合，对零碳城市路径影响显著。

### （二）雄安新区零碳城市建设政策建议

对雄安新区而言，不同的零碳城市建设路径，对应的是不同的规划理念和政策。当前雄安新区应该按照最优情景来进行规划设计，高起点布局

高端高新产业，推动零碳技术的大规模应用，才能体现雄安新区"绿色低碳之城"的真正内涵，才能使其成为"国际一流的创新型城市"，为全球城市应对气候风险树立典范。

基于此，本研究的政策含义主要有以下几个方面。

第一，尽快出台雄安新区零碳城市建设的总体规划，明确雄安新区的零碳城市建设路径。如果雄安新区明确提出2030年前与国内城市同步实现达峰，并在2050年前建成零碳城市，那么雄安新区的建设必须从零碳交通、零碳工业、零碳建筑、零碳能源、垃圾处理五个方面着力，强化能源消费总量和强度"双控"政策力度，将零碳建筑推广量、地热使用面积、新能源车推广量、内燃机车的退出量、可再生能源在一次能源中的占比等指标纳入政府政绩考核体系。构建与零碳城市相匹配的体制机制，实现经济发展与碳排放的完全脱钩。

第二，强化对重点部门零碳技术的引进和投资。转变能源的产生、储存和配送模式，能源的投资应以零碳能源生产（特别是可再生能源）、短期和长期储存及现代化电网基础设施为目标。投资于全市范围内的电动汽车充电基础设施网络，修建便捷的自行车道，加大对电动自行车和电动汽车购买的补贴，促进零碳及近零碳交通工具的可获得性。加大对居民部门清洁能源取暖基础设施的投资，提高太阳能和地热等可再生能源的使用。农村部门要普及沼气和太阳能屋顶，探索燃料电池的分布式发电等模式。完善垃圾分类回收的基础设施，实现垃圾100%回收及无废处置。

第三，在雄安新区开展零碳工业试点，生产零碳产品。一方面，要转变工业能源使用类型，推广使用零碳能源。另一方面，要投资于CCS项目、氢能源项目和配套的基础设施。这就要求雄安新区从起步阶段落实零碳发展规划，明确产业发展方向，有序引导京津产业转移，大力发展零碳产业，确保碳排放尽快达峰并实现净零排放。

第四，完善雄安新区的生态修复相关政策体系，提高碳汇能力。将绿化面积、湿地保有量、生物多样性等指标纳入政府政绩考核。落实"千年秀林"计划，投资植树和土壤管理实践，以提高碳储存、生物多样性和食物生产效率。扩大绿色空间，加快湿地和泥炭地的恢复和保护。通过增加绿地、植树、鼓励气候友好型农业和恢复高碳汇的生境，提高生态系统的复原力和再生能力。

　　本章研究了 25 种情景下雄安新区零碳城市的碳排放路径，并提出了雄安新区零碳城市建设政策。但考虑到情景设置的简化，本章模型中没有对分部门的 $\gamma$ 和 $\delta$ 进行差异化设置，并未考虑零碳城市建设政策的政策成本及对雄安新区总体福利的影响。另外，本章也忽略了外来电、工业生产过程对总体碳排放的影响，这些方面均是后续研究中值得关注的重点。

# 第九章　基于结构优化演进的雄安新区碳中和路径选择*

人类活动积极减缓气候变化行动已经成为全球共识。世界气象组织《2022 年全球气候状况》临时报告[①]指出，2021 年四项关键气候变化指标——温室气体浓度、海平面上升、海洋热量和海洋酸化均创历史纪录，2022 年的全球平均气温比工业化前（1850~1900 年）的平均气温高（1.15±0.13）℃，未来五年全球平均气温较工业化前水平高出 1.5℃的可能性为 50%，而这一概率将随时间的推移而增加。

"十四五"时期中国生态文明建设进入以降碳为重点战略方向、推动减污降碳协同增效、促进经济社会发展全面绿色转型、实现生态环境质量改善由量变到质变的关键时期。截至 2022 年 12 月，中国太阳能发电和风电装机容量突破 7.58 亿千瓦，占全国发电装机容量比重达到 29.56%，其中太阳能发电装机容量超过风电，成为第二大可再生能源。按照 2022 年的增长速度，2023 年 3 月中国太阳能发电装机容量突破 4.2 亿千瓦，超过水电成为中国第一大可再生能源。根据《中共中央 国务院关于完整准确全面贯彻新发展理念做好碳达峰碳中和工作的意见》[②]，中国风电和太阳能等新能源装

---

* 本章内容原载于《中国人口·资源与环境》2023 年第 4 期。本章执笔人朱守先，博士，中国社会科学院生态文明研究所人居环境研究中心、中国社会科学院生态文明研究智库执行研究员，主要研究方向为资源环境与区域发展。

① WMO.Provisional state of the global climate 2022[EB/OL].[2022-12-12]. https://library.wmo.int/doc_num.php?explnum_id=11359.

② 中共中央 国务院关于完整准确全面贯彻新发展理念做好碳达峰碳中和工作的意见 [N]. 人民日报，2021-10-25(1).

机容量还有 45% 的上升空间，具有巨大的增长潜力。

雄安新区作为正在大规模建设中的国家级新区，结构演进与变化是其实现碳中和目标的核心议题，在空间规划理念遵循可持续发展和习近平生态文明思想的基础上，能源基础设施和生态系统建设是在减缓和适应气候变化的背景下规划工作的重中之重，雄安新区稳态碳中和目标能否实现也是检验规划建设成功与否的重要标志。雄安新区在建设发展过程中，高质量发展与结构优化演进是其重要的时代特征，由此也对雄安新区的碳中和路径产生深远影响。

## 一 文献综述

《联合国气候变化框架公约》[①] 自 1992 年通过以来,30 年间温室气体减排与积极应对气候变化成为国际交流和国家内部事务的重要全球性议题。围绕碳减排行动，20 世纪 90 年代以来，一些商业机构开展了针对个人和团体的碳中和计划，随着 2006 年的意大利都灵冬奥会实现全程碳中和的设计目标，世界最大体育赛事的影响力使得碳中和概念在全球迅速流行，成为英语词典的年度词汇，绿色奥运与碳中和奥运理念对中国 2008 年举办北京奥运会产生了深远影响。[②]

全球关注碳中和路径与确定应对气候变化国家自主贡献目标始于《巴黎协定》[③]，该协定是继《京都议定书》后第二份有法律约束力的气候协议，旨在为 2020 年后全球应对气候变化行动做出系统性安排，协定提出各缔约方应共同努力，力争全球温室气体排放峰值尽快到来，同时按照共同但有区别的责任原则，考虑到发展中国家峰值的延迟性，在保障可持续发展与消除贫困，实现人际公平的前提下科学决策实现减排。

关于碳中和的概念，金雅宁[④]、刘元玲[⑤]、肖玉航[⑥]、张永泽等[⑦]和周启星等[⑧]从碳中和内涵、碳中和数据中心建设、碳中和生物、碳中和生态系统等视角进

---

① United Nations.United Nations framework convention on climate change[EB/OL].[2022-06-16].https://unfccc.int/files/essential_background/background_publications_htmlpdf/application/pdf/conveng.pdf.

② 曾少军. 北京绿色奥运 "碳中和" 路径探讨 [J]. 投资北京，2008(2): 82–83.

③ United Nations.Paris agreement[EB/OL].[2022-06-16].https://unfccc.int/files/essential_background/convention/ application/pdf/english_paris_agreement.pdf.

④ 金雅宁. "碳中和" 的概念及影响 [J]. 世界环境，2021(1): 23–25.

⑤ 刘元玲. 作为概念、目标、方法的 "碳中和" [J]. 中华环境，2021(Z1): 57–59.

⑥ 肖玉航. 碳中和概念的机会与风险 [J]. 理财，2021(5): 36–37.

⑦ 张永泽，张诗雨，朱雨萌. "碳中和" 数据中心的概念、特征与实现路径 [J]. 通信世界，2021(16): 28–30.

⑧ 周启星，李晓晶，欧阳少虎. 关于 "碳中和生物" 环境科学的新概念与研究展望 [J]. 农业环境科学学报，2022, 41(1): 1–9.

行了分析与界定，即通过严格控制化石能源消耗规模、加大清洁能源体系建设力度、提高固碳能力等举措，来逐渐达成节能减排及碳中和的目的。

针对目前碳中和概念理解偏差，陈迎[1]认为理解碳中和路径包括碳减排、碳移除、碳抵消等内容。林毅夫[2]从新结构经济学的角度来阐释中国经济结构转型及能源革命、气候变化与环境保护战略中几个关键词的内部逻辑，认为气候变暖和环境污染的大部分原因是二氧化碳排放，需要有为政府在有效市场不足的情况下开展可行有效的环保政策，协同发展与环境的关系，积极参与全球气候治理。

目前，已经有数十个国家和地区提出了"零碳"或"碳中和"的气候目标，英国能源与气候智库（Energy & Climate Intelligence Unit）的净零排放跟踪表统计了各个国家的进展情况。其中贝宁、不丹、加蓬、圭亚那、苏里南5个国家宣布实现了碳中和目标，其共同特点是：均为高森林覆盖率的欠发达国家，碳排放总量低而碳汇能力强，其中2020年苏里南森林覆盖率高达97.4%，位居世界首位，植被类型为热带雨林，不丹森林覆盖率为71%，森林覆盖率在亚洲位于首位，瑞典等十几个国家已将实现碳中和的时间写入法律；处于立法中状态的有30个国家。联合国政府间气候变化专门委员会的报告强调，地球正处于灾难性的气候变化过程中，为了实现《巴黎协定》将全球气温上升限制在1.5℃的目标，世界将需要大幅减少碳排放，然而仅热带森林砍伐就导致超过50亿吨二氧化碳排放和碳汇的损失。

在全球主要碳排放经济体中，中国、美国、欧盟、印度、俄罗斯和日本六大经济体2021年碳排放总量超过231亿吨，占世界碳排放总量的比例超过2/3。2021年，在主要经济体中，碳能源强度排名最高的南非为2.58吨碳/吨标煤，发展中国家中印度为2.11吨碳/吨标煤，巴西为1.02吨碳/吨标煤。发达国家中澳大利亚为1.89吨碳/吨标煤，日本为1.74吨碳/吨标煤，美国为1.48吨碳/吨标煤，欧盟国家为1.33吨碳/吨标煤。世界各国碳能源强度最低的为北欧国家冰岛，仅为0.26吨碳/吨标煤，北欧另外两个国家挪威和瑞典碳能源强度分别为0.48吨碳/吨标煤和0.51吨碳/吨标煤，均为世界碳能源强度极低的国家，其主要特征是人类发展指数位居

①　陈迎．碳中和概念再辨析 [J]．中国人口・资源与环境，2022, 32(4): 1–12.

②　林毅夫．中国要以发展的眼光应对环境和气候变化问题：新结构经济学的视角 [J]．环境经济研究，2019, 4(4): 1–7.

全球第一梯队，可再生能源利用比例高，低碳发展与碳中和理念深入推进。

西方工业发展时间比中国要早 100 多年，在碳达峰的道路上，西方国家用了 200 年，而中国在 2030 年就要实现碳达峰。在碳中和时间问题上，美国自 2007 年开始，预计 2050 年结束，共花费 43 年时间，欧盟更是长达 71 年。欧盟委员会正在对将 2030 年可再生能源比例从目前提议的 40% 提高到 45% 的可能进行分析。中国虽然是发展中国家，但力争花费 30 年时间，于 2060 年实现碳中和，任务更为艰巨。

关于非化石能源的碳中和贡献度，2021 年，欧盟 29.6% 的能源是非化石能源，欧盟国家之间的份额差异很大，瑞典超过 70%，而波兰等国却不到 10%。到 2030 年，欧盟的风能和太阳能产能将增加两倍，增加 480 吉瓦的风能和 420 吉瓦的太阳能，每年可以节省 1700 亿立方米的天然气。欧盟有拟到 2027 年逐步淘汰俄罗斯化石燃料的计划，还有一项促进可再生能源项目许可证发放的提案。[1] 北欧国家冰岛在应对气候变化国家自主贡献方案中比照了欧盟和挪威的应对方案，到 2030 年碳排放总量比 1990 年下降 55%，2040 年实现碳中和的目标，是开展气候治理最为激进的发达国家之一。究其原因，冰岛是世界上最为低碳的国家，其可再生能源比重超过 85%，接近零碳标准，本地能源供应近 100% 为热液、地热能和风能等可再生能源。

针对碳排放类型分析，由于各国结构与发展规模的差异，不考虑人口和经济因素，仅以能源碳排放系数来划分的话，煤炭和石油二者的能源碳排放系数高于 2 吨碳 / 吨标煤，属于高碳能源，天然气的能源碳排放系数低于 2 吨碳 / 吨标煤，属于低碳能源，水电、核电、风电、太阳能发电等非化石能源属于零碳能源。本研究将高碳与低碳的分界线定为 1 吨碳 / 吨标煤，其中大于 2 吨碳 / 吨标煤为超高碳，低于 0.5 吨碳 / 吨标煤为超低碳，目前仅挪威和冰岛两个发达国家达到超低碳发展水平。

基于人口、经济、能源三者与碳排放的关系分析始于 Kaya 公式，作为二氧化碳排放的主要驱动力，数据表明，在全球范围内，人口和人均 GDP 的增长一直在推动二氧化碳排放量的上升趋势，远远抵消了能源强度的下降。[2] 事

---

① 冯·德莱恩. 欧盟必须在 2027 年前逐步停止从俄罗斯进口化石燃料 [EB/OL]. [2022-03-16]. http://bg.mofcom.gov.cn/article/ddgk/zwjingji/202203/20220303285098.shtml.

② CLARKE J F. Coping with the prospects of climatic change [J]. Journal of fusion energy, 1991, 10(1): 9-12；YAMAJI K, MATSUHASHI R, NAGATA Y, et al. A study on economic measures for $CO_2$ reduction in Japan [J]. Energy policy, 1993, 21(2): 123-132.

实上，由于化石燃料持续占主导地位，单位能源消费的碳强度几乎没有变化。

目前关于雄安新区碳中和路径的相关研究文献主要侧重于能源利用领域，主要涉及的议题是雄安新区能源可持续发展与低碳城市建设，如国务院发展研究中心"雄安新区能源发展规划研究"课题组提出充分利用雄安地热能等清洁能源资源优势，与外来的绿色电力和天然气等多能互补，全面采用能源互联网多种能源协同构建零碳智慧绿色能源体系。[1] 朱守先从生态系统中的生产、消费、流动、分解恢复等概念视角，提出雄安新区能源生态系统建设的框架。[2] 周伟铎等从零碳城市建设视角，分析认为能源强度政策和能源结构调整政策混合实施时，对雄安新区零碳城市的路径有协同作用。[3]

## 二　雄安新区结构演进现状分析

雄安新区建设近 6 年来，承接非首都功能的作用逐渐显现，其发展框架形成了体量增长与质量优化的双重格局，人口结构、产业结构、能源结构和空间结构等四大结构将发生重大变化，城市定位与城市性质也将得到显著提升，要素禀赋结构优化演进将促进区域气候治理能力现代化水平的进步（见表 9-1）。在雄安新区建设尚处于初期阶段的背景下，结构调整与优化对建设社会主义现代化样板城市至关重要，应对气候变化领域的科学规划决策将使雄安新区尽快建成生态文明高地和国际水平的碳中和示范区（见图 9-1）。

表 9-1　不同能源碳排放类型的碳中和策略

| 序号 | 碳排放类型 | 碳中和策略 |
|------|-----------|-----------|
| 1 | 高碳 | 高碳能源清洁化高效利用，碳汇建设，碳捕获、利用与封存 |
| 2 | 低碳 | 大力发展非化石能源，碳汇建设，碳捕获、利用与封存 |
| 3 | 零碳 | 碳汇建设，碳捕获、利用与封存 |

① 国务院发展研究中心"雄安新区能源发展规划研究"课题组，高世楫，郭焦锋，等. 雄安新区零碳智慧绿色能源体系的实现路径 [J]. 发展研究，2018(9): 16–19.

② 朱守先. 基于极端气候事件能源生态系统的调适与优化：以雄安新区为例 [J]. 中国人口·资源与环境，2020, 30(6): 64–72.

③ 周伟铎，庄贵阳. 雄安新区零碳城市建设路径 [J]. 中国人口·资源与环境，2021, 31(9): 122–134.

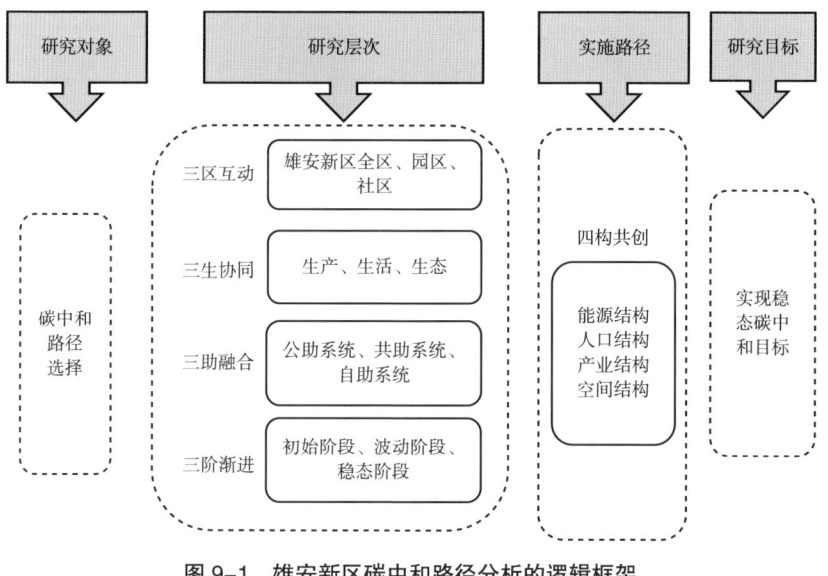

图 9-1 雄安新区碳中和路径分析的逻辑框架

## （一）能源结构

从单位地区生产总值能源利用效率分析，2021 年雄安新区单位地区生产总值能源消费量为 0.679 吨标煤 / 万元（地区生产总值按照当年价格核算，下同），高出全国平均水平 48%，高出北京市近 3 倍，能源利用效率偏低，随着产业结构向高附加值、新兴战略产业演进，雄安新区能源利用效率将得到快速提升，接近北京等先进地区的能源利用水平（见图 9-2）。

从碳排放的五大关键领域分析，能源活动是雄安新区碳排放的主体，从行业部门能源消费总量分析，雄安新区能源消费的主要部门为居民生活和制造业，比重分别为 39.99% 和 31.56%，二者合计超过 70%。作为正在大规模建设中的国家级新区，雄安新区行业用电量增长最快的是电力行业，2018 年以来，新区建筑业用电量年均增长超过 80%，但是建筑业用电规模偏低，仅占全社会用电量的 3%。与雄安新区不同的是，北京市能源消费的主体为第三产业，比重高达 47.95%，其中交通运输、仓储和邮政业能耗在第三产业中最高，占比为 15.8%，接近制造业的比重（见图 9-3），随着雄安新区作为首都副中心的功能逐渐完善，承接非首都功能疏解能力的提升，其部门能源消费结构也将随之演进。

分析与碳中和目标关联最为紧密的分品种能源消费结构可知，雄安新

区能源消费以电力为主导消费品种（见图9-4），2021年雄安新区全社会用电量比上年增长17.88%，突破47亿千瓦时，从电源结构分析，雄安已经满足100%零碳电力的供应需求，究其原因，张北—雄安1000千伏特高压线路工程年度可为雄安新区输送超过70亿千瓦时的绿色零碳电力，成为雄安新区实现碳中和目标的核心力量。

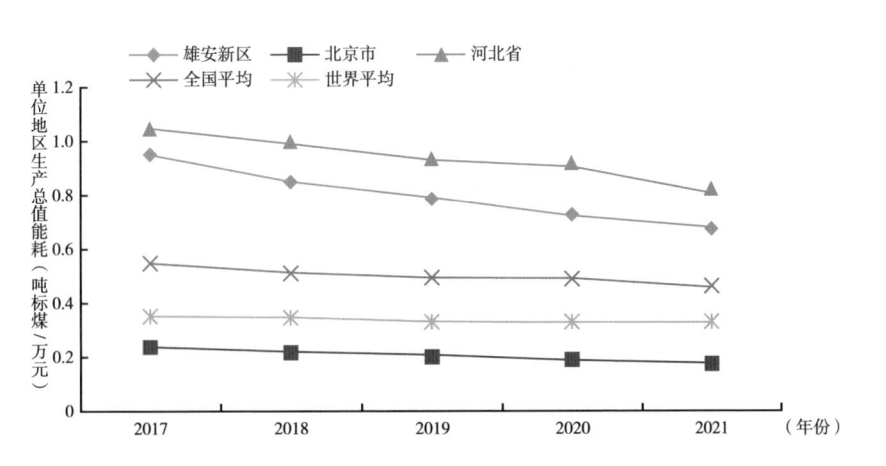

图9-2　雄安新区单位地区生产总值能耗演进及区域比较（2017~2021年）

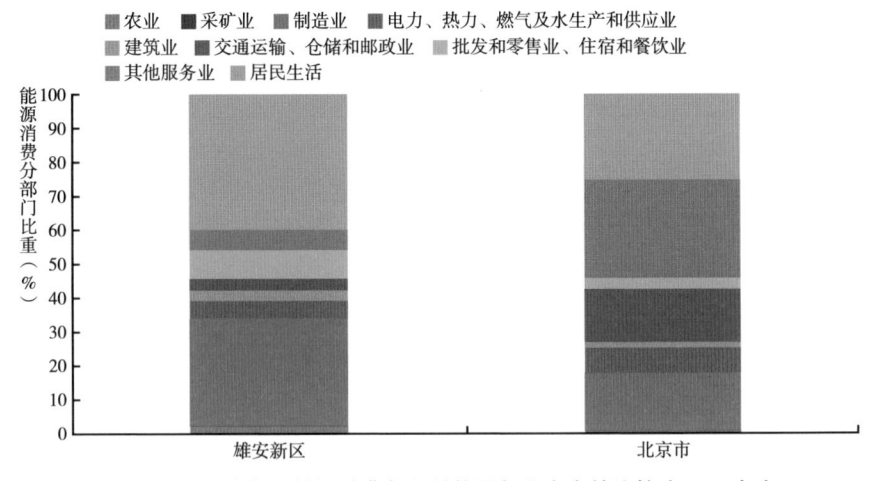

图9-3　雄安新区能源消费部门结构及与北京市的比较（2020年）

从能源活动碳排放数据分析，2021年雄安新区能源消费总量为212.2万吨标煤。情景1：按照单位能源消费碳排放系数为0.517吨碳/吨标煤

核算，可推算出 2021 年雄安新区能源活动碳排放总量为 109.9 万吨。情景 2：如果从雄安新区所在的河北省电力生产结构来分析，2021 年河北省火电发电量比例为 82.68%，比全国平均水平高出 11 个百分点，按此情景将电力间接排放计算在内，2021 年雄安新区能源活动碳排放总量为 357.17 万吨，是情景 1 的 3.25 倍，其中发挥关键核心作用的要素是作为零碳可再生能源的绿色电力比重。

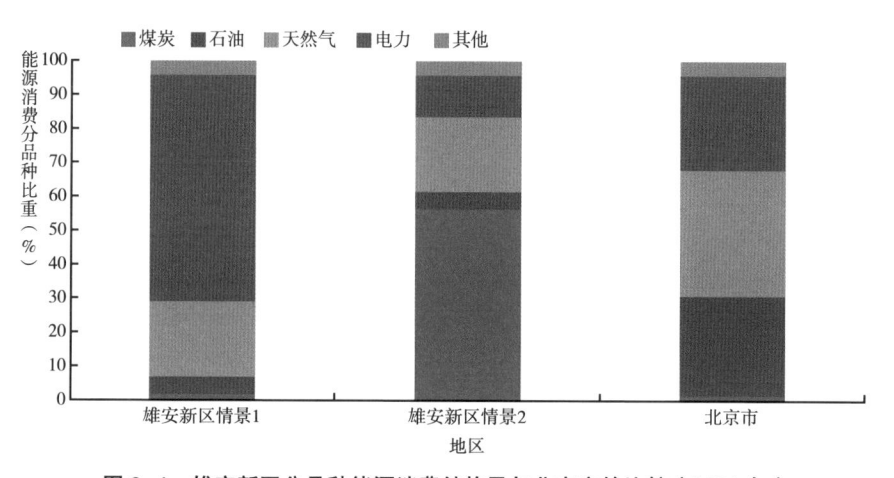

图 9-4　雄安新区分品种能源消费结构及与北京市的比较（2021 年）

## （二）人口结构

　　雄安新区从建设伊始，其人口、产业、能源等结构演进特征均呈现集约优化趋势。雄安新区总面积为 1769.5 平方公里，2021 年户籍人口为 130.7 万人，常住人口为 124.13 万人，为人口净流出区域，其中安新县净流出人口为 6.09 万人，在雄安三县中数量最高，与其产业发展水平相对滞后密切相关。2021 年雄安新区常住人口城市化率和户籍人口城市化率分别为 61.02% 和 44.53%，均略低于全国平均水平，人口性别比为 104.7，与全国平均水平相当。2021 年雄安新区 18~59 岁年龄段的劳动力人口比重为 56.6%，60 岁及以上人口比重为 17.9%，高于老龄化社会规定的 60 岁及以上人口占总人口的比例达到 10% 的国际标准。

## （三）产业结构

由于原有经济基础相对较弱，2021年雄安新区地区生产总值为312.91亿元，人均地区生产总值不足全国平均水平的1/3。2017~2021年，雄安新区地区生产总值年增长率为12.5%，从产业结构分析，第一产业比重逐年下降，第三产业比重2019年突破50%（见图9-5）。而比重变化最大的是工业与建筑业，2017~2021年，雄安新区工业比重下降了30个百分点，而建筑业比重上升了20个百分点，究其原因是雄安新区2019年以来进入快速建设期。从工业产值分布来看，雄安新区主要工业部门仍以原有的工业部门为主，工业总产值超过10亿元的5大制造业部门为橡胶和塑料制品业，有色金属冶炼及压延加工业，文教、工美、体育和娱乐用品制造业，皮革、毛皮、羽毛及其制品和制鞋业，非金属矿物制品业。

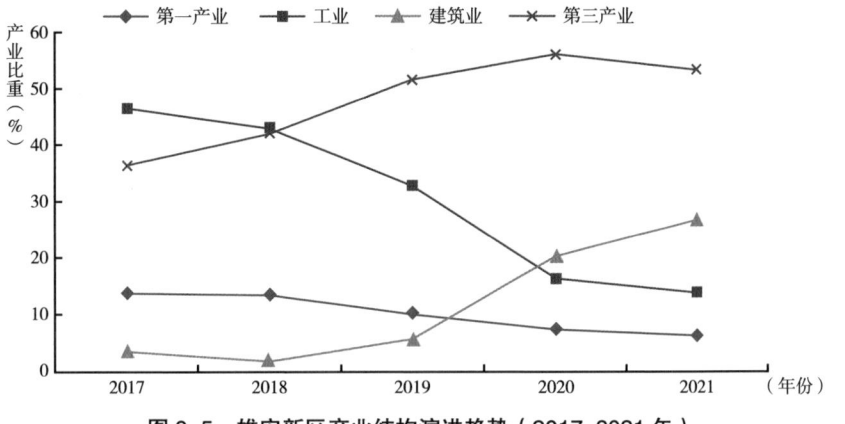

**图9-5　雄安新区产业结构演进趋势（2017~2021年）**

## （四）空间结构

雄安新区位于太行山东麓、冀中平原中部、南拒马河下游南岸，在大清河水系冲积扇上，属太行山麓平原向冲积平原的过渡带，地形开阔，植被覆盖率很低，境内有多处古河道。其境内拥有华北平原最大的淡水湖——白洋淀，其水域面积360平方公里，构成了淀中有淀，沟壕相连，园田和水域相间的特殊地貌，承载着调节区域气候、维持区域生态平衡以

及泄洪蓄洪的重要功能。雄安新区行政区划范围包括雄县、容城县、安新县三县及周边部分区域，包含 33 个乡镇，其中 22 个镇、11 个乡。根据雄安新区规划布局，未来城乡空间布局将形成"一主、五辅、多节点"结构特征，随着 2019 年以来，雄安新区从以"规划为中心"向以"建设为中心"转型，5 年来已经基本形成 70% 的蓝绿空间框架，白洋淀区面积逐步稳定恢复到蓝绿空间的 1/4，新区完成造林 46.9 万亩（1 亩 ≈ 666.7 平方米），森林覆盖率从 11% 增长到 34%，接近 40% 的森林覆盖率规划目标（见图 9-6）。

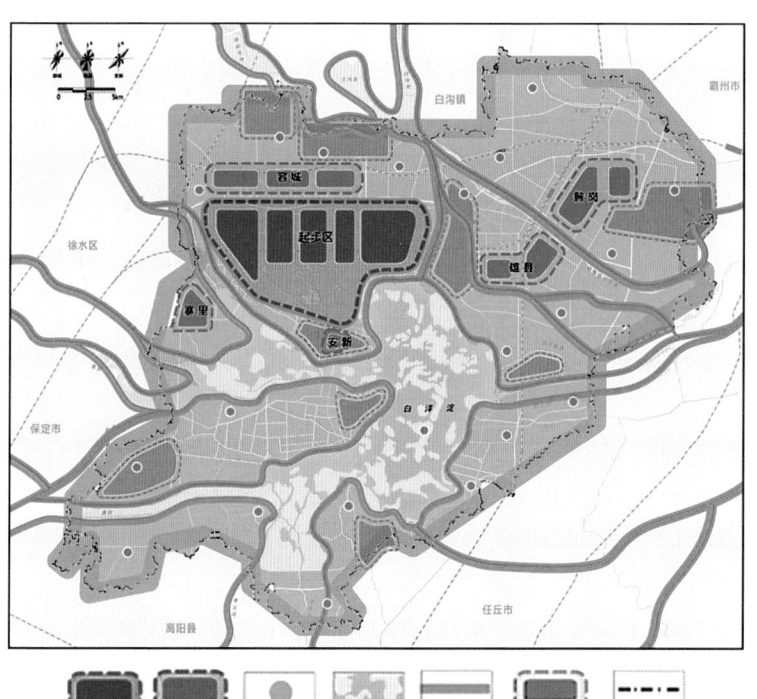

图 9-6　雄安新区城乡空间布局结构示意

注：根据《河北雄安新区规划纲要》改绘。

碳汇是从负向视角实现碳中和目标的主要途径，以雄安新区森林资源专项调查成果数据为主要基础，结合其他调查数据和文献调研，采用国际通用的碳汇评估方法，对 2020 年雄安新区林地、农地和湿地碳汇量现状，以及

"千年秀林"工程区的森林碳储量与碳汇量现状进行分析。其中，林地包括森林（符合国家森林定义的乔木林、竹林和特殊灌木林）和其他林地（疏林地、一般灌木林、未成林地等）。结果表明：2020 年雄安新区林地总碳汇量为 28.71 万吨 / 年，其中森林总碳汇量为 18.21 万吨 / 年，其中乔木林、特殊灌木林和竹林碳汇量分别为 16.87 吨 / 年、1.12 吨 / 年和 0.22 万吨 / 年，其他林地总碳汇量为 10.50 万吨 / 年；农地碳汇量为 5.67 万吨 / 年；湿地碳汇量为 3.63 万吨 / 年，同时排放甲烷 0.42 万吨 / 年，雄县、安新县和容城县总碳汇量分别为 16.44 万吨 / 年、6.34 万吨 / 年、3.35 万吨 / 年。2020 年雄安新区生态系统碳汇总量为 37.59 万吨，碳源与碳汇之比约为 3∶1，若要实现当年碳中和目标，约 60 万吨的二氧化碳需要实施碳捕获、利用与封存技术，对于尚处于建设阶段初期的雄安新区而言面临着很大的挑战。

## 三　雄安新区结构演进的碳中和目标路径分析

### （一）三区互动，开展碳排放总量的核算

《温室气体排放清单编制》[①]覆盖范围包括：能源活动、工业生产过程、农业活动、土地利用变化和林业、废弃物处理五大领域，其中能源活动是碳排放的主体，从全国范围分析，目前碳汇占碳源的百分比介于 12% 和 15% 之间，碳汇提升潜力随着土地利用类型的相对稳定而波动较小，而能源消费结构与能源利用总量的调整会导致碳排放呈现较大的波动，促进能源消费结构低碳化、控制能源消费总量是控制碳排放总量、实施碳中和目标的基本途径，通常运用一般均衡模型和能源政策综合评价模型等分析工具预测碳排放的发展趋势。雄安新区作为建设中的国家级新区，需要以新区全区、园区、社区等"三区"为范围边界，开展碳排放核算，摸清碳排放家底，编制温室气体排放清单，为碳中和路径实施提供数理基础与决策依据。

---

① 2006 IPCC guidelines for national greenhouse gas inventories[EB/OL].[2022-03-16].https://www.ipcc-nggip.iges.or.jp/public/2006 gl/index.html; 2019 refinement to the 2006 IPCC guidelines for national greenhouse gas inventories[EB/OL].[2022-03-16].https://www.ipcc-nggip.iges.or.jp/public/2019rf/index.html.

## （二）能源消费结构演进与碳排放相关分析

目前雄安新区能源利用类型以电力为主，本地能源生产类型主要为地热能，研究认为雄安新区地热存在得天独厚的资源优势[①]，地热流体可开采热量超过 300 万吨 / 年，超过目前雄安新区的能源消费量。与其他常规发展区域不同，雄安新区的能源消费结构演进呈现非常规趋势，能源和碳排放趋势受政策调控和主动干预的影响较大，"十四五"初期，雄安新区可以实现 100% 来自冀北的绿电供应，随着经济体量与能源消费总量的快速上升，到"十四五"后期绿电比重呈下降趋势，因此需要从能源基础设施建设和政策导向上高屋建瓴，进行科学规划，2025~2035 年确保绿电比例在 85% 以上。与此同时，充分利用建筑改造更新和新建片区的契机，加大可再生能源建筑设计、建设与应用的力度，建设全域光伏示范区。

基于对雄安新区能源消费结构与总量的分析，对其能源消费演进和碳排放趋势进行多项式拟合判别，其中数据基础年份为 2021 年雄安新区能源消费和碳排放数据，结果如图 9-7 所示。

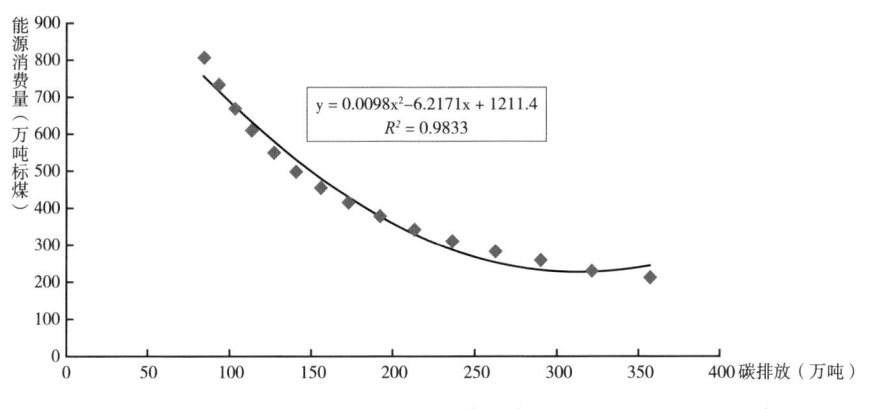

图 9-7 雄安新区能源消费结构演进与碳排放相关分析（2021~2035 年）

---

① 庞忠和，孔彦龙，庞菊梅，等 . 雄安新区地热资源与开发利用研究 [J]. 中国科学院院刊，2017，32(11): 1224–1230；朱树源，张国斌，李少虎 . 雄安新区地热资源综合利用研究 [J]. 中国煤炭地质，2018, 30(5): 20–23, 45；马峰，王贵玲，张薇，等 . 雄安新区容城地热田热储空间结构及资源潜力 [J]. 地质学报，2020, 94(7): 1981–1990；包耀宗 . 雄安新区地热资源开发利用示范区发展初探 [J]. 建筑经济，2020, 41(S2): 320–323；朱喜，王贵玲，马峰，等 . 雄安新区地热资源潜力评价 [J]. 地球科学，2023, 48(3): 1093–1106.

拟合曲线显示能源消费和碳排放变化两者之间存在较为显著的关联关系（$R^2=0.9833$）；随着能源消费量的演进变化，碳排放总量下降趋势显著，雄安新区依靠碳汇建设和碳捕获、利用与封存技术等工程措施，在2035~2040年实现碳中和目标，碳排放总量与能源消费完全实现脱钩。

### （三）人口演进与碳排放相关分析

人口数量与结构是影响碳排放总量的主要因素之一，也是促进区域发展的核心动力与创新源泉。梁林等[1]、杨震等[2]和李海宾[3]根据人口灰色预测系统模型，参考深圳等城市的人口发展历程，对雄安新区人口数量进行了预测核算，预测2030年雄安新区人口总量达到400万人，年均增长约13.9%，到2050年达到1200万人，2030年后人口年均增长约5.6%。从雄安新区环境空间容量分析，根据《河北雄安新区规划纲要》"合理控制人口密度，新区规划建设区按1万人/平方公里控制"的要求，科学确定城市发展容量，避免大城市病在雄安重现，建设美丽宜居创新型雄安，本研究认为雄安新区常住人口容量应控制在600万人左右，并按此人口规模开展碳达峰、碳中和路径的分析。

人口结构演进—碳排放关联模型是建立在人口结构演进与碳排放变化相关分析上的一种模型，目的在于揭示人口结构演进与碳排放变化两者运动的轨迹，以便从整体上揭示社会发展过程中碳排放变化的基本特征，包括劳动力人口文化结构和比重变化趋势对碳排放的影响。该模型的数学表达方式为：EEI=EU/PLF。

其中，EU为地区碳排放，PLF为地区劳动力人口比重。

根据人口结构演进—碳排放关联模型对雄安的人口和碳排放进行多项式拟合分析，结果表明（见图9-8）：拟合曲线显示人口结构演进和碳排放两者之间存在显著的关联关系（$R^2=0.9782$）；同时人均碳排放作为衡量低碳发展水平的核心指标之一，其数值呈逐步下降趋势。

① 梁林，赵玉帛，武晓洁. 人口流视角下京津冀城市网络时空特征研究——基于雄安新区成立前后的对比 [J]. 经济与管理，2019, 33(2): 1–8.
② 杨震，荣моя芳，田林，等. 京津冀城市网络协同发展分析及雄安新区人口规模研究 [J]. 干旱区资源与环境，2019, 33(12): 8–15.
③ 李海宾. 雄安新区人口与环境系统协调发展研究 [D]. 成都：西南财经大学，2020.

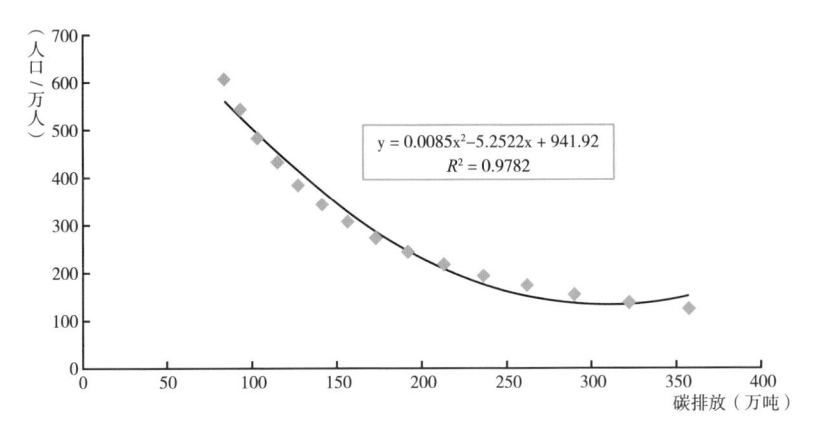

图9-8　雄安新区人口演进与碳排放相关分析（2021~2035年）

## （四）经济结构优化演进与碳排放相关分析

雄安新区多年的发展形成了一批"小规模大集群"的特色本土产业，主要是服装、制革、乳胶制品、塑料包装以及电器电缆等劳动密集型产业。雄安新区传统产业主要特点是：家庭作坊多、中小企业为主，发展时间长、产业链条相对完整，科技含量低、附加值低，部分属于污染产业。

加强雄安新区产业改造升级成为经济转型的主要方向，雄安新区自设立以来，特别是2019年雄安新区转向以建设为中心，谋划推进重点项目共240个，总投资8031亿元，累计完成投资逾4600亿元。随着中国卫星网络集团、中国华能、中国中化和中国矿产资源集团等央企迁至或新成立的企业注册于雄安新区，以高端高新产业引领发展大局的趋势逐渐显现，新一代数字经济产业、现代生物技术产业、新材料产业、高端现代服务业和绿色生态农业将成为雄安新区的主导产业。

产业结构演进—碳排放关联模型是建立在产业结构演进与碳排放总量变化相关分析上的一种模型，目的在于揭示产业结构演进与碳排放总量变化两者运动的轨迹，以便从整体上揭示社会经济发展过程中碳排放变化的基本特征。

根据产业结构演进—碳排放关联模型对雄安新区2021~2035年的碳排放和产业结构演进进行多项式拟合分析，结果表明（见图9-9）：拟合曲线显示产业结构演进和碳排放两者之间存在显著的相关关系（$R^2$=0.9069）；随着经济总量的提升与产业结构优化，碳生产率呈稳步上升态势。

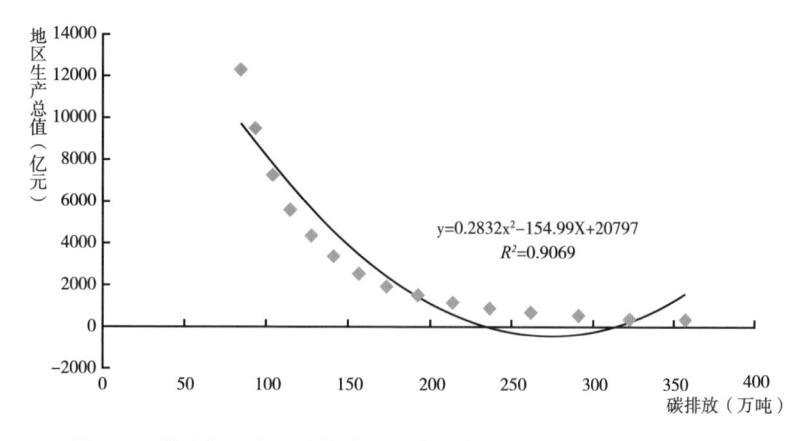

图 9-9　雄安新区产业结构演进与碳排放相关分析（2021~2035 年）

## （五）雄安新区空间结构演进的碳通量与碳汇计算方法

### 1. 雄安新区森林碳汇建设进展

森林碳汇是减缓气候变化和实现碳中和目标的有效途径，加快碳汇能力建设是雄安新区实现碳中和的关键路径之一。根据《河北雄安新区绿色空间专项规划》，新区规划森林面积共约 86 万亩，实现森林覆盖率 40%。其中，规划建设用地外集中林地斑块约 58 万亩，农田林网及环村林带中森林约 5 万亩，规划建设用地内计算为森林的城镇绿地约 23 万亩。

### 2. 碳汇计算

目前城市绿地碳汇研究重点集中于成片大面积绿地，一方面是边界清晰易普查，另一方面核算方法较为成熟，而分散、小范围的绿地由于规模小，普查难度大，导致其核算更易被忽略。张青云等[1]通过针对北京京西商务中心等 7 个案例的研究与分析，初步得出了能够适用于雄安新区的城市绿地碳汇计算指标为 2.62 千克 /（年·平方米），据此估算 2025 年、2030 年和 2035 年，雄安新区林地碳储量将分别达到 312.75 万吨、420.07 万吨和 544.53 万吨，林地碳汇量将分别达到 34.22 万吨 / 年、46.35 万吨 / 年和 49.31 万吨 / 年。其中现有森林碳储量在 2025 年、2030 年和 2035 年分别达到 177.54 万吨、204.18 万吨和 228.07 万吨，碳汇量分别达到 18.94 万吨 / 年、19.54 万吨 / 年和 17.52 万

---

① 张青云，吕伟娅，徐炳乾 . 华北地区城市绿地固碳能力测算研究 [J]. 环境保护科学，2021，47(1)：41-48.

吨／年。现有其他林地碳储量在 2025 年、2030 年和 2035 年分别达到 82.77 万吨、96.92 万吨和 110.93 万吨，碳汇量分别达到 9.19 万吨／年、10.38 万吨／年和 10.27 万吨／年。2025 年、2030 年和 2035 年新增森林的碳储量将分别达到 52.43 万吨、118.97 万吨和 205.53 万吨，碳汇量将分别达到 6.10 万吨／年、16.44 万吨／年和 21.52 万吨／年。

## （六）碳交易进展

雄安新区碳交易与全国碳交易市场基本同步运行，2021 年 8 月国家电网雄安综合能源公司与澳大利亚一家企业签署完成了《国际可再生能源证书项目购买协议》①，雄安新区首笔绿色碳交易实现跨国变现，利用雄安高铁站站顶 4.2 万平方米光伏板发电，2022 年 1~5 月光伏发电量达到 67.5 万千瓦时，经国际绿证机构的认证，光伏发电共获得了 675 张国际绿证，以每张国际绿证 10 元人民币的价格出售，合计 6750 元人民币，可抵消约 465 吨的排放量，交易价格为 14.52 元／吨，相当于国内碳市场平均交易价格的 1/3，处于碳市场交易的探索阶段。2022 年 3 月，中石化绿源地热能开发有限公司在上海证券交易所成功发行雄安新区首单绿色"碳中和"ABS 债券，发行规模 3 亿元，发行期限为 3+2 年，募集资金将用于进一步加大本地可再生能源地热资源开发利用以及地热相关领域技术研发。②扩大碳交易规模以及提升交易价格水平，建立规范的碳金融体系是雄安新区实现碳中和目标的重要措施之一。

## （七）碳中和路径综合分析

根据雄安新区人口、产业、能源和空间四大结构演进优化，开展"四构共创"推进碳中和目标实现。分析表明：雄安新区未来规划建成国际领先的产业新区，必须走以研发、高技能为主要劳动力的人才发展道路，以战略性新兴产业为主导的经济发展道路，2035 年雄安新区碳中和路径必然走依靠外来零碳能源为主、本地可再生能源为辅的能源发展道路，以蓝绿空间为主导的碳汇空间发展道路。2035 年雄安新区将基本建成高比例可再

---

① 雄安高铁站屋顶光伏项目达成首笔国际绿色碳交易 [EB/OL]. [2022-03-16]. http://www.xiongan.gov.cn/2021-07/31/c_1211269686.htm.

② 胡庆明. 雄安新区首单绿色"碳中和"债券发行 [J]. 中国石油石化，2022(10): 69.

生能源示范城市、近零碳城市，可再生能源消费比例接近100%，依靠自然生态系统碳汇即可实现碳中和的基本目标。

雄安新区碳中和将经历初始碳中和、波动碳中和与稳态碳中和三个发展阶段，呈现"三阶渐进"的基本趋势。究其原因，雄安新区在初建阶段同步开展绿电规划且绿电供给有余，随着人口与经济规模的扩张，特别是经济结构的增量升级，能源需求量迅速攀升导致绿电供给比例下降，出现碳中和波动现象，其中以生产端的变化最为显著，如2023年新年伊始，雄安新区首批市场化项目之一——雄安·电建智汇城迎来首期开园运营，首次以市场化运作方式进行大规模集中式的企业入驻，生产用能与生活和生态系统用能比较，一方面是总量需求高，另一方面，受企业类型的影响，用能增量存在较大的不确定性。到人口和经济结构处于稳态发展阶段，基本实现生产、生活、生态等"三生"协同，建成了生产发展、生活富裕、生态优良的文明发展社会，高附加值高技术产业比例的提升，以及绿电等能源利用技术的进步，使雄安新区进入稳态碳中和发展阶段。

另外，从与碳源相对应的碳汇潜力分析，雄安新区蓝绿空间与建设用地的规划比例使其碳汇能力在很长阶段保持在相对稳定的状态，因此除了自然碳汇系统的增值以外，碳捕获、利用与封存技术等人工碳汇手段可作为碳中和系统下的调适工具。

2023年1月，中国气象局决定在雄安新区设立国家气候观象台，气候观象台的任务之一是推进城市碳排放和生态系统碳汇定量监测。考虑到雄安新区在实施碳中和目标过程中，输入能源间接排放与本地直接排放情景的差异，可以采取碳排放清单数据、国家气候观象台碳排放定量监测数据与利用中国碳卫星（TanSat）观测定量识别[1]相结合的方法，借鉴研究机构在河北省唐山市和日本东京市以2个经纬度范围开展的观测实践，以雄安新区为中心，使用成像过程和500米的足迹尺寸记录碳排放羽流梯度，建立网格化碳排放数据库，以园区、社区为网格，建立碳排放基本细胞单元，协同建设碳中和"云上"雄安、地上雄安与地下雄安，充分发挥数字孪生城市功能，一方面可以提高排放计算精度，促进碳中和目标精准决策，另

---

[1] YANG D X, HAKKARAINEN J, LIU Y, et al.Detection of anthropogenic $CO_2$ emission signatures with TanSat $CO_2$ and with Copernicus sentinel-5 precursor (S5P) $NO_2$ measurements: first results[J]. Advances in atmospheric sciences, 2023, 40(1): 1-5.

一方面考虑到相邻区域温室气体空间移动性特征，为区域或流域间开展减碳行动与协同开展大气污染联防联控提供数理支撑。

雄安新区在实现碳中和的社会建设层面，可以借鉴应急管理"公助、共助、自助"三助融合的概念，通过国家宏观层面强化开展可再生能源公助系统建设，如冀北及沿海新能源供应体系需要国家协调其稳定性与可持续性，共助系统在中观层面通过新区公共空间格局开展零碳能源体系以及碳汇建设，自助系统在微观层面，主体为单个企业、家庭或个人，利用生产和居住空间，开展新能源利用更新改造，科学配置生产链条和生活空间，实现自助碳中和，真正达成人与自然和谐共生。

## 四　结论与思考

第一，明确碳中和目标的新能源发展和消纳导向。从人口结构演进、产业结构演进、能源结构演进、空间调整优化视角，促进生产、生活、生态"三生"协同推进碳中和路径，制订落实雄安新区"碳达峰、碳中和"工作方案、行动计划，力求推动交通领域能源电动化、氢能化，全面加快供热领域可再生能源利用规模化，牵头新区各有关部门加快环境、产业、交通、林业、房建、地热开发等相关领域的基础研究和系统谋划，科学确定重点任务和保障体系，建立长效工作机制，推动政策落实。优先消纳本地可再生能源，鼓励既有能源系统改造应用可再生能源，实现本地可再生资源充分开发和利用，2025年基本建成"无化石能源区"，减少成品油消费量，实现非化石能源对成品油的完全替代。在产业发展定位和产业空间布局领域，参照全国首个GDP总量破万亿元地市级区县——海淀区（北京）的创新发展路径，优先发展雄安新区规划纲要确立的高端高新产业，降低单位产值和单位土地面积能耗，提升发展的质量与效益，将雄安新区建设成为全球碳中和与低碳发展的样板区。

第二，控制一次能源消费总量，全面建成绿电供应体系。强化能源消费调控措施，制定有效的激励措施，引导用户改变用能方式，抑制不合理能源消费，推广应用能源加工转化新技术，大幅提高一次能源利用效率，控制一次能源消费总量，使可再生能源消费比重超过90%。构建绿色电力输送通道，依托京津冀电网，重点消纳冀北地区的风电和太阳能发电，促进电力设施与城市空间融合应用，推动智能电网先进技术应用，提升雄安

新区电网安全、可靠、稳定运行保障能力，清洁能源电量占比达到100%。

第三，实现清洁、高效能源供应。大力促进天然气等低碳能源和可再生能源高效利用，挖掘地热利用潜能，通过技术进步与设施更新，将燃气热力系统效率稳步提升到80%以上，基本建成覆盖雄安新区全区的绿色电力、清洁热力、安全供气等能源设施。充分利用既有地热和天然气供应设施，因地制宜建设区内环网，强化枝状管网建设，合理布局调压设施，扩大管网覆盖面，形成覆盖全区、可靠供应的天然气输配网络。以电力、热力和天然气供应保障为重点，借鉴气候损害基金机制，与张北等绿色能源输出地建立生态补偿基金机制，强化周边供能设施安全保障，优化能源系统协调运行，完善区内应急机制，形成多元供应、储备充足、协同保障的能源供应保障体系。

第四，建立碳汇权益制度体系。在现有租用土地用于植树造林的条件下，推动雄安新区林业不动产证市场化改革，完善林权抵押、林权交易、碳汇交易等制度，加强对疏林地、灌木林地的改造，增加以乔木为主的城区绿化面积，同时尽可能促进郊区植树造林以及白洋淀临水区域的造林利用；加强森林经营管理，适当增加林分密度和郁闭度，提高森林健康程度，提升林分质量，最大限度增加单位面积土地的碳汇贡献；合理调整森林结构，增加阔叶林、针阔混交林面积占比，对成熟林、过熟林进行适度更新，优化林相结构。

第五，建设碳中和决策支持系统平台。以数字化技术为支撑，提升雄安新区碳中和路径智慧化水平，实施能源核算与温室气体排放清单编制常态化机制，根据雄安新区产业结构与空间规划组团格局，创建零碳先行区试点和碳中和基本单元，科学确定开发强度，因地制宜推动建筑可再生能源应用和电气化替代，推广全域屋顶光伏行动计划，加强可再生能源资源分布和实施技术研究，推动太阳能、浅层地能、生物质能等可再生能源在建筑领域规模化应用。完善碳交易机制，基于生态补偿原理，与能源输出地如冀北地区开展碳中和补偿，将碳中和银行和绿色金融机构融入碳中和决策支持系统，推动碳交易市场科学化与规范化，促进碳中和目标的平衡性与可持续性发展。

第四篇　雄安新区气候变化适应机制与模式

# 第十章　韧性城市的建设理念与实践路径<sup>*</sup>

## 一　当前韧性城市成为应对风险的必然要求

德国社会学家乌尔里希·贝克指出，人类所生活的时代进入了现代化发展的新阶段——风险社会，当今社会面临的风险呈现由局部性转为全球性、个体性转为社会性、单一性转为多重性等新特征，人类社会需要创新风险治理模式，将以往自上而下的灾害管理模式与自下而上的社会参与过程相整合。随着城市经济社会与生态体系的日益复杂化，调适自然环境与社会环境，减缓风险冲击与扰动的意义愈发重大，韧性城市正是在这一背景下应运而生的应对风险社会新范式。

韧性城市的概念传入中国后，首先被应用于城市气候风险领域，被视为气候变化背景下的城市调适模式。一方面，当前全球正处于暴雨洪涝极端气候风险频发的气候变化敏感期，气候风险对当今人口与产业高度聚集的城市威胁显著。另一方面，中国在经历了40多年的高速发展之后，常住人口城镇化率超过60%，8亿多人口高度集中于大城市与城市群，城市面临的不确定因素和未知风险不断增加，急需提升城市韧性水平，强化城市的抵御风险能力和灾后恢复能力。

进入21世纪后，韧性城市概念被拓展到突发性公共卫生安全事件、恐怖袭击、重大安全事故等多个与城市安全相关的非自然灾害领域，出现了韧性社区、韧性社会和韧性群体等新概念。在风险源抗解性增强的复杂系

---

＊　本章内容原载《人民论坛》2021年第25期。本章执笔人李国庆，博士，中央民族大学民族学与社会学学院教授，主要研究方向为城市社会学、环境社会学。

统面前，城市需要加强灾害预防规划，从韧性社区应灾体系建设、社会心理干预、韧性群体培育等多个视角全方位提升城市的应灾能力，嵌入灾后恢复能力，探索城市建设与管理的新范式。

党的十九届五中全会提出要建设韧性城市，指出要"增强城市防洪排涝能力，建设海绵城市、韧性城市"①。近年来，韧性城市概念逐渐得以普及，但仍需辨析的是，韧性城市发展模式与传统意义的响应式应急管理属于不同范畴，韧性城市特指城市系统基于事前嵌入城市复兴计划与修复工程计划的科学规划，能够确保城市在遭遇突发的自然与社会灾害过程中，城市系统在不破坏其基本结构的前提下吸纳灾害、维持城市基本运转，并有能力在灾后迅速恢复初始状态。

## 二 韧性城市建设要妥善应对自然风险

自然风险在人口与产业高度聚集的城市风险中居于首位。中国是世界上自然灾害频发的国家，灾害种类多、分布地域广、发生频率高、损失程度严重。在各类自然风险中，气候风险由暴雨、台风、干旱、高温等极端天气所引发，近年来呈现频次增加、强度增大的显著趋势。极端气候事件不仅会对城市的生态环境产生直接影响，还会通过对城市的水、电、路、气、房、通信等基础设施系统的影响，对城市的生产、生活体系造成冲击。我国大部分城市的生产、生活、生态体系，都可能面对暴雨洪涝、高温热浪、重度雾霾等灾害的冲击。

以暴雨洪涝为例，我国是暴雨多发国家，逢大雨必涝、城市功能瘫痪已成为一些城市的通病。暴雨洪涝灾害会对城市基础设施造成不同程度的破坏，影响城市正常运转。同时，暴雨洪涝还会威胁居民的生命财产安全，并对生态体系也产生一定冲击。再比如高温热浪，随着温室气体排放导致的全球气候变暖，极端高温天气增加，热岛效应对城市的影响日益显著。高温热浪对日常的生产与生活具有直接和间接影响。为此，应建设韧性城市，建立应对自然风险冲击的适应模式。

恢复力是韧性城市的基本特征。韧性概念于19世纪被引入机械学，用于描述金属材料在受外力冲击变形后，恢复其原初形状的能力，即弹性或

---

① 十九大以来重要文献选编（中）[M]. 北京：中央文献出版社，2021: 803.

柔性。1973 年，加拿大生态学家霍林将韧性概念引入系统生态学，提出生态系统"多平衡"，用以表述生态系统自身稳定的特征。2003 年，美国城市规划学者戈德沙尔克首次提出韧性城市应该是可持续的物质系统和人类社区的结合体，物质系统的规划应该通过人类社区的建设发挥作用。而后学者对韧性城市的概念加以细分，认为韧性城市主要由基础设施、社区和社会建设等三大领域组成，即功能韧性、社区韧性和社会韧性，涵盖了物质和社会两个维度。首先是功能韧性，在规划和建设阶段采用工程性和技术性适应措施极为重要；其次是社区韧性，社区是城市生活的基础空间，当灾害发生时社区能够及时响应以维持基本正常的生活秩序；最后是社会韧性，即在城市日常建设及灾后恢复过程中注重解决城市的经济与社会问题，其结果将归结为城市应灾能力的综合提升。

建设应对自然灾害的功能韧性。功能韧性是指影响气候风险脆弱性的客观物质基础水平强弱。设施防灾性取决于区域所处的自然地理条件及防洪排涝设施设备的完备性。功能韧性建设尤为重视"事前性恢复"。这一概念的特征是将应对灾害与前期规划环节一体化，可以称之为"前导一体化"。传统的工程性防御措施包括基础设施建设、灾害风险评估、精细化预报预警与靶向性信息智能发布等工程技术。而韧性城市中的"事前性恢复"则强调灾害发生之前达成街区复兴目标共识，事前制订城市复兴计划与实施细则，在规划中嵌入工程计划的应灾准备将有助于提高事后城市复兴的效率。

首先，事前性恢复需要推进绿色基础设施建设。城市需要将生态系统纳入城市规划范畴，用绿色基础设施取代以往的灰色城市基础设施，优先发挥生态功能，协同生态保护和经济社会发展。作为具有防灾功能的现代化城市，需要先行布局城市防洪排涝能力，以应对建设期城市积涝问题。积极采用海绵城市技术，可建成纵横相连的水系，雨水通过道路两侧水网收集后集中净化，用于供水、补水再利用，确保中小降雨 100% 自然渗透、自然积存、自然净化。城市受灾程度取决于暴雨洪涝和城市排水设施功能的发挥状况，需要定期和预警期巡检及清疏排水管道，确保汛期排水畅通。海绵水网系统不仅可以储存雨水、净化水质，应对洪涝灾害和节约水资源，同时还具有景观塑造和休闲游憩的综合功能。

其次，事前性恢复需要确保防灾设施的高水平恢复能力。电力能源保障是灾区生产生活秩序恢复的关键因素。建立区域能源管理体系，引入双

重电源供电，将供电可靠率提升至世界先进水平，以确保暴雨洪涝灾害期间供电设备正常运转。在能源保障领域，日本智慧城市的相关理念与技术值得借鉴。位于千叶县的柏之叶市是日本首个智慧城市，日立公司为柏之叶智慧城市设计建设了对当地整体能源进行运转、监测、控制的区域能源管理系统（AEMS），其功能是实现区域能源管理，把握、分析和管理区域能源状况，监测灾害信息。该系统最为关键的是电力融通，制定电力融通计划，在不同区域实施日常性尖峰负载消减运转、计划内停电时的节电运转、计划内停电和灾害突发时的区域间供电。电力供应直接影响通信，进而决定居民获取灾害信息的速度与能力。日本的区域能源管理系统旨在建设遭遇灾害及意外停电等突发事件时也能安心居住的街区，维持业务与生活的平稳运转，确保安心安全的生产、生活。

最后，事前性恢复需要全面推进生态设施化。实现城市绿色基础设施多重功能价值是韧性城市建设更高层次的目标，其含义是赋予同一设施空间多元功能，实现活动需求的集成与转换，以达成城市建设土地的可持续利用目标。生态设施化的深层理念是，防灾应灾设施不仅仅是被指定为避难场所的绿地和公园，一般城市道路、公园和广场设计也均应达到当地防洪标准。以城市交通为例，在做好道路交通保障的同时，应使城市道路兼具防灾避难功能，以提升交通韧性。居住区要以高标准建设防灾设施，而完备的避难设施也将增加社区吸引力，提升其商业价值。

应对自然灾害需要激活社区韧性。社区的灾害韧性建立在社区气候风险脆弱性评估与灾害图编制能力基础之上。在事前阶段应以社区为基本单元研究气候风险的历史与趋势，以社区为主体编制灾害图（Hazard Map），标注灾害发生地点、受灾范围与程度、避难路径、紧急避难场所，并将其作为灾害事发现场管理体系标准化的前提；制订行动计划，把计划条文转变为每一位居民的防灾意识、防灾技能与防灾行为，提高危机管理与抗风险能力，做好避难前期准备工作。

### 三 社会风险是韧性城市应对的新领域

气候变化风险调适是通过调整自然系统和人为系统以回应实际发生或可能发生的气象灾害及其后果，趋利避害，最大程度降低极端气候事件风险。当今城市风险特征表现为多元化、复杂化，除气候风险外，城市不确

定性风险已经越过自然边界进入社会领域，如以新冠疫情为代表的公共卫生安全风险，以恐怖主义、核事故为代表的社会灾害。同时，自然灾害也往往会越界演变为社会灾害。城市既是实现美好生活的场域，又是自然灾害与社会风险的高发区。人口与经济活动在城市高度集聚，赋予城市非确定性、无序性与混沌性的特征，应对社会风险已经成为韧性城市建设的新目标。

社会灾害不可抗拒，但一座城市、一个社区的应灾能力和恢复韧性能力可以通过科学系统的风险管理加以培育和提升。在应对城市社会风险方面，社区韧性指社区组织动员居民备灾应灾的能力以及社区在灾后重建过程中的居民参与平台作用。社区在城市中具有基础性角色地位，一些不确定性问题也多发生在社区。随着社会风险不确定性的增强与常态化，韧性概念被引入社区领域。社区的最基本特征是居民具有归属感和认同意识，信息共享，相互扶助。在确立城市应灾和救助专业机构主体地位的同时，需要把社会组织和城市居民视为与相关专业机构同等有效的救灾主体，在加强政府主导的公助力量基础上，建立有社会组织和社区居民参与的共助体系。

城市需要以社区为单位建立针对性强的应灾计划和风险管理组织制度，制定切实可行的防灾预案以及与恢复性街区建设相联动的受灾者生活支援对策，组织指导居民应对可能发生的各类灾害，使社区在遭受各类突发灾害事件后，能够运用内部与外部的物质资源与社会资源，维持基本社会秩序并使其恢复到灾前水平。

韧性城市建设尤为重视社会因素，认为公共安全性是取决于社会全面发展的系统工程，城市韧性取决于地区经济能力、社会人口能力、社区参与能力。美国加州大学伯克利分校城市研究所设计的韧性城市社会评价指标包括三个维度：一是地区经济能力，指标包括收入公平性、经济多样性、区域经济负担、商业环境。二是社会人口能力，指标包括居民受教育程度、有工作能力者比重、脱贫程度、健康保险普及率。三是社区参与能力，指标包括市民社会发育程度、城市稳定性、住房拥有率、居民投票率。这些韧性城市指标也可以称为社会韧性指标，尤为重视分析社区居民群体的个人能力差异，强调社区组织通过增强社会整合，实现灾前应对、灾害过程的相互救助和灾后自我恢复。

　　社会韧性建设高度关注导致风险脆弱性的社会文化因素，尤其关注群体脆弱性这一关键因素，目的是建设韧性群体。群体脆弱性包括人口年龄结构、收入水平、教育水平和流动性等。首先，从人口年龄结构看，儿童、老年人、妇女、残疾人等属于受灾风险较大的群体，要重点关注。其次，地区经济水平规定了当地居民的经济社会需求层次，需要提高经济生活水平以增强居民灾害防御意识，提高社会保障水平以增强居民应灾能力。再次，教育水平和互助社会网络影响居民的防灾意识以及信息获得速度与能力，灾害信息是否充分决定着应灾行为的有效性，这方面要做好功能提升工作。最后，我国处于城市化进程中，大量流动人口向城市集中。流动人口居住场所临时性强，与社区组织联系松散；流动人口人群流动性强，防灾意识弱；一些流动人口文化素质也较低，缺乏应灾知识。对于流动人口，要切实做好关注。

　　韧性群体建设的一个重要环节是健全社会心理干预机制，提升社会心理康复能力。在这次新冠疫情突发公共卫生危机中，能够清晰看到公共危机风险对社会生活的深远影响，不仅直接涉及物质保障层面的调配运转，也会逐渐渗透到社会心理层面诱发焦虑失控。例如疫情高峰之后，我们迎来的不是结婚潮，而是离婚潮，主要原因是疫情改变了人们原有的生活方式，封闭、孤立的居家生活导致合理的社会交往距离拉大甚至中断，不满情绪无处宣泄，家庭摩擦上升为矛盾；危机期间出现失业和减薪现象，经济压力导致家庭关系紧张，疫情导致公众心理扭曲。看不见摸不到的生理病毒可以演变为导致情绪恐慌的"心理病毒"，在生物疫区之外滋生出另一个精神"疫区"。现代社会风险的普遍化趋势对个体安全感和社会稳定性带来深远影响。民众社会心理健康需要有效疏导干预，而这一切需要借助科学有效的心理干预疏导机制来解决。必须推进构建公共应急管理社会心理干预体系，系统监测分析社会心态波动，对社会心理干预的专业主体、服务对象、组织体制、运行机制等干预工作结构与实施过程展开规范研究和实践探索。韧性群体培育对构建韧性社会至关重要，关乎每个人的切身利益，需要每个人的努力和付出。

## 四　韧性城市建设的关键是激发修复力

　　当我们把城市韧性定义为受灾后的功能恢复，那么如何激发城市韧性

则是破解问题的核心。需要强调的是，韧性城市不同于应急管理的系统工程，在提升功能韧性维度之外，高度关注系统韧性和过程韧性，即着眼于城市系统的多样性和社会生态的多元性，在灾前的规划阶段嵌入灾中反应体系和灾后功能恢复机制，提高灾中的应灾反应能力，最终实现灾后快速恢复。

城市规划学把城市视为功能复合的社会生态和社会技术网络系统，尤为注重把握城市要素之间的相互关系，进行城市空间多功能转换和规划留白，追求在自我修复过程中实现更高层次的平衡与提升。城市规划学者仇保兴将城市韧性分解为结构韧性、过程韧性、系统韧性三个层次，结构韧性的核心是城市的通信、能源、供排水、交通、防洪和防疫等生命线基础设施韧性。究其实质，结构韧性的作用体现为功能韧性，城市需要具有建立、维持和重获一个预期的功能标准，以确保城市基础设施能够发挥出多功能性、连通性和适应性。因此，提升城市体系的系统性与综合性对于韧性城市建设至关重要，通过在事前建立城市系统功能的叠加与相互转换机制，有效确保城市功能体系在事后得以快速恢复。

城市的韧性能力不仅建立在基于智能技术的绿色基础设施等硬性基础上，也体现在智慧应灾社会体系与人文环境上。城市与社区的经济和社会发展水平最终决定城市的恢复能力，而经济与财政能力、城市人口结构、居民社会保障水平、社区参与程度是韧性城市的核心评价指标。提升地方经济和社会发展水平将综合提升地区防灾设施保障能力、城市体系组织能力以及居民备灾应灾能力。

充实社会韧性需要牢固树立抗灾力红利意识，培育韧性群体，提升韧性城市的包容性。2019 年 5 月，在日内瓦举办的全球减少灾害风险平台大会（GP2019）提出了抗灾力红利——迈向可持续性和包容性社会的新理念，其宗旨有三项：（1）防止因灾后恢复重建而加剧不平等的现象；（2）提倡韧性恢复对可持续发展和减贫至关重要；（3）辨识风险脆弱群体，培育群体韧性，让恢复重建的社会比过去更加美好。包容性减灾首先是针对受灾风险度高的群体，包括妇女、流离失所者、残疾人、老年人和儿童等风险暴露性和脆弱性较高的群体，利用各类数据深刻认识和把握在应对灾害风险方面的能力短板特征。

综上所述，一个城市经济社会建设的综合水平决定了该城市的应对风

险能力和灾后恢复能力。城市韧性系统需要提高城市绿色基础设施的多功能性、连通性和稳定性，通过空间嵌套、空间冗余实现结构优化和功能协同；以社区为基本单位提升社会文化资源的丰富度；在城市层面形成具有抗灾力和避险效益的城市复合体，践行抗灾力必获红利回报、抗灾力红利惠及人人的理念。为实现这一目标，需要全方位借助气象、环保、交通、医疗、社会工作等多部门数据，全域感知能源系统、交通系统、水文资源、医疗卫生系统与社会心态，不同职能部门相互联系，功能互补，形成有机系统，让城市结构更具有弹性和柔性，确保城市社会经济稳定和安全运行。

## 参考文献

梁宏飞 . 日本韧性社区营造经验及启示——以神户六甲道车站北地区灾后重建为例 [J]. 规划师，2017（8）.

仇保兴 . 基于复杂适应理论的韧性城市设计方法及原则 [J]. 城市发展研究，2018（10）.

邵亦文，徐江 . 城市韧性：基于国际文献综述的概念解析 [J]. 国际城市规划，2015（2）.

# 第十一章　适应气候风险的韧性城市治理
# 双体系建设
## ——雄安新区气候风险适应模式*

2020 年 1 月出台的《河北雄安新区启动区控制性详细规划》指出，高标准高质量规划建设雄安新区，是在中国特色社会主义进入新时代、深入推进京津冀协同发展的大背景下，习近平亲自谋划、亲自决策、亲自推动的一项历史性工程。2022 年 2 月，国务院印发《"十四五"国家应急体系规划》，全面部署"十四五"时期安全生产和防灾减灾救灾工作，风险应对成为时代课题。应对以极端气候风险为典型的自然灾害的能力现代化，是城市建设的重中之重。实现雄安新区千年大计的战略构想，必须深入研究气候变化背景下雄安新区安全运转面临的日益加剧的极端气候风险挑战。为此，需要科学评估雄安新区极端气候风险趋势，提出极端气候风险的适应模式，为雄安新区高质量规划、建设和运行提供科学支撑。

该研究的目的是确立应对极端气候风险的治理体系框架，提出信息化、智能化应用技术，进而确立雄安新区气候风险"双体系"适应模式的建设路径。"双体系"适应模式由两个体系组成：一是智能应灾技术体系，具体路径为灾前建设拥有自主应灾能力的基础设施系统，区域能源管理系统，各部门相互联系且功能互补的分析、决策与联动控制机制。二是智慧应灾

---

\*　本章内容原载于《中国人口·资源与环境》2023 年第 4 期。本章执笔人李国庆，博士，中央民族大学民族学与社会学学院教授，主要研究方向为城市社会学、环境社会学；李紫昂，中央民族大学民族学与社会学学院博士研究生，主要研究方向为城市社会学；邢开成，硕士，河北省气候中心高级工程师，主要研究方向为气候与影响。

社会体系，具体路径为预先搭建以政府为核心的公助体系、以社区和单位为核心的共助体系、以个体与家庭为核心的自助体系。

## 一 文献回顾

### （一）韧性概念

韧性一词源自拉丁语"resillo"，语意为"回弹"，即"快速回到原来的状态"。[1] 韧性这一概念被广泛应用于多个领域，最早被用来表示弹簧的特性，被物理学家用以描述材料的稳定性和抗外部冲击的能力。在19世纪中叶，韧性被应用于机械学，形容金属受到外力作用变形后恢复原本形态的能力。随后在20世纪40年代，在心理学和精神病学领域，韧性概念被应用于对因遭受不良事件而产生心理创伤者的研究[2]，韧性概念逐渐得以具体化。20世纪60年代，韧性概念被引入生态学领域，用以描述生态系统维持的稳定状态。1973年，加拿大生态学家霍林首次将工程韧性（Engineering Resilience）和生态韧性（Ecological Resilience）加以区分，系统区分了两个阶段韧性的不同特征，实现了由单一均衡向多种均衡状态的认知提升，但两者的共同点仍是追求系统的均衡状态，强调快速降低受损程度和迅速恢复能力。

随着社会系统日益复杂，学者进一步修正了韧性的内涵，提出了演进韧性（Revolutionary Resilience）以满足当今复杂系统的需求。演进韧性又称为社会-生态韧性（Socio-ecological Resilience），承认系统自身的动态复杂性，不再追求系统所谓的均衡状态，转为追求系统在经受外部干扰时的适应能力和自主转换能力。Folke[3] 将演进韧性定义为"韧性是和持续不断的调整能力紧密相关的一种动态的系统属性韧性"。Walker等[4] 提出了韧性的内涵需要

---

① KLEIN R J T, NICHOLLS R J, THOMALLA F.Resilience to natural hazards: how useful is this concept?[J].Global environmental change part B: environmental hazards, 2003, 5 (1/2): 35-45.

② WALLER M A.Resilience in ecosystemic context: evolution of the concept[J].American journal of orthopsychiatry, 2001, 71(3): 290-297.

③ FOLKE C.Resilience: the emergence of a perspective for social-eco- logical systems analyses[J].Global environmental change, 2006, 16 (3): 253-267.

④ WALKER B, HOLLING C S, CARPENTER S R, et al.Resilience, adaptability and transformability in social-ecological systems[J].Ecology and society, 2004, 9 (2): 5.

服务于系统的动态特征，并赋予了演进韧性三个相关属性：韧性、适应性和可转换性。由此，韧性概念得以迅速普及，并广泛应用于灾害管理、气候风险、城市规划等领域，建设韧性城市的时代性议题应运而生。

## （二）韧性城市

城市是人造的复杂社会生态系统，承载着自然生态和人类活动的双重功能。近年来，人口不断向城市聚集，城市承载的各项功能体量不断扩大，城市面对不确定性风险的暴露度和脆弱性呈现快速上升趋势。城市面临以极端气候为代表的不确定性风险，其所造成的损失更加大。传统的应急管理理念无法满足城市发展与安全的需求，韧性城市成为目前风险社会背景下城市面临不确定性扰动的解决方案。

地区可持续发展国际理事会（ICLEI）于 2002 年首次在联合国可持续发展全球峰会上提出"韧性"概念，同时提出了建设"韧性城市"的倡议，并将其定义为"城市能够凭自身的能力抵御灾害，吸收灾害，减轻灾害损失，并从灾害中快速恢复过来"。随后，韧性联盟[1]（Resilience Alliance）将城市韧性定义为"城市系统消化、吸收外来干扰并能保持原来结构、维持关键功能的能力"。

美国城市规划学者戈德沙尔克[2]2003 年对韧性城市展开了详细论述，指出韧性城市是由物质系统和人类社区共同构成的可持续网络。这一定义中包括两个视角，一是物质视角，二是社会视角，二者共同决定了韧性城市的基础要素和建设维度。物质系统是城市自然环境和人造设施的集合，是城市的生命脉络；社会系统则由制度体系和人类社区构成，是城市的中枢系统，直接影响着城市面临突发扰动时的决策过程、反应速度和行动效率。同时，城市的社会系统指导着物质技术系统发挥作用。

相较于戈德沙尔克的综合建构方式，物质系统和社会系统也分别成为韧性城市的研究焦点。Labaka 等[3]认为提高基础设施韧性是提高城市安全

① Resilience Alliance. Urban resilience research prospectus[M]. Canberra: CSIRO, 2007.
② 戴维·R.戈德沙尔克.城市减灾：创建韧性城市[J].许婵，译.国际城市规划，2015,30(2): 22-29.
③ LABAKA L, HERNANTES J, SARRIEGI J M.Resilience framework for critical infrastructures: an empirical study in a nuclear plant[J].Reliability engineering & system safety, 2015, 141: 92-105.

的关键要素，而Ireni-saban[①]通过对美国墨西哥湾飓风、印度尼西亚苏门答腊地震和中国汶川地震的比较分析，认为培养信息灵通、有能力和积极参与的社区是韧性城市建设的有效途径，提出了"社区驱动的抗灾"理念。

韧性城市与传统的应急响应从属不同范畴，特指城市系统基于事前嵌入城市灾后复兴规划与修复工程规划的科学规划，在城市遭遇突发风险时，能够在维持其基本结构和功能的前提下，主动吸收风险冲击，快速恢复灾前状态，并拥有从灾害中实现城市自我优化提升的能力。

有别于应急管理，韧性城市关注城市应对风险的事前、事中和事后全过程，强调韧性需要确保城市同时拥有维持力、恢复力和转型力这三种能力。Cutter等[②]认为，具有韧性的城市需要城市系统拥有对灾害响应和恢复的能力，包括吸收灾害影响、应对极端事件的内在条件和重组、改变、学习以应对威胁的能力。仇保兴[③]在其韧性城市理论模型中提出在实际建设过程中，韧性体现在三个层面，分别是结构韧性、过程韧性和系统韧性，以此实现韧性在灾前、灾中和灾后的三阶段全覆盖，进而以系统视角分析韧性城市，认为各个部门和相关机构之间的有效联结是城市有效抵御未知风险的关键所在。

由气候变化引发的极端气候风险是城市面临的不确定性风险之一。目前，极端气候风险频率加快，北京"7·21"特大暴雨（2012年）、郑州"7·20"特大暴雨（2021年）等灾害事件造成了巨大财产损失和人员伤亡，适应气候变化成为保障城市可持续发展的必要条件。适应气候变化是指通过调整自然系统和人类系统，以应对实际发生的或预估的气候变化或影响。[④]气候适应型城市需要建立起循环的动态过程以进行气候风险管理[⑤]，将气候风险适应直接纳入城市规划之中。[⑥]

---

① IRENI-SABAN L.Challenging disaster administration[J].Administration & society, 2013, 45(6): 651–673.
② CUTTER S L, BARNES L, BERRY M et al.A place-based model for understanding community resilience to natural disasters[J].Global environmental change, 2008, 18(4): 598–606.
③ 仇保兴. 基于复杂适应系统理论的韧性城市设计方法及原则 [J]. 城市发展研究, 2018, 25(10): 1–3.
④ Intergovernmental Panel on Climate Change. The synthesis report of the IPCC fifth assessment report [R]. IPCC, 2014.
⑤ 廖玉芳，温家洪，郭凌曜，等. 关于气候适应型城市建设的思考 [J]. 灾害学, 2018, 33(3): 1–6.
⑥ 郑艳. 适应型城市：将适应气候变化与气候风险管理纳入城市规划 [J]. 城市发展研究, 2012, 19(1): 47–51.

　　目前，城市适应气候风险的研究主要关注城市暴露度和脆弱性分析、城市风险治理和应急管理，多为单一维度和阶段性的探讨，缺乏对能够全方位覆盖灾前防灾、灾中抗灾、灾后恢复的城市适应气候风险模式的探讨。本研究以雄安新区为例，探索建立雄安新区气候风险适应模式框架，从雄安新区面对的暴雨洪涝、高温热浪和重度雾霾三种极端气候事件入手，提炼气候风险适应中的物质应对范式和社会应对范式，提出以智能技术和智慧社会"双体系"建设为基本路径，建立雄安新区过程性适应模式的应灾机制，最终构建以技术体系和社会体系为核心的韧性城市气候风险适应模式。

## 二　雄安新区极端气候风险评估

　　气候风险适应模式研究首先需要深入分析当地基于暴露度和脆弱性的气候风险，雄安新区的极端气候风险评估从暴雨洪涝、高温热浪和重度雾霾三种极端气候风险入手，预测未来极端气候事件的变化趋势，评估极端气候风险对雄安新区不同地区的影响程度。

### （一）暴雨洪涝风险预测

　　据统计，1960 年以来，雄安新区暴雨日数和最长连续降水日数有减少趋势，降水量总体稍呈减少趋势，尽管年际波动剧烈，但短历时极端强降水呈现增加趋势（见图 11-1、图 11-2、图 11-3）。

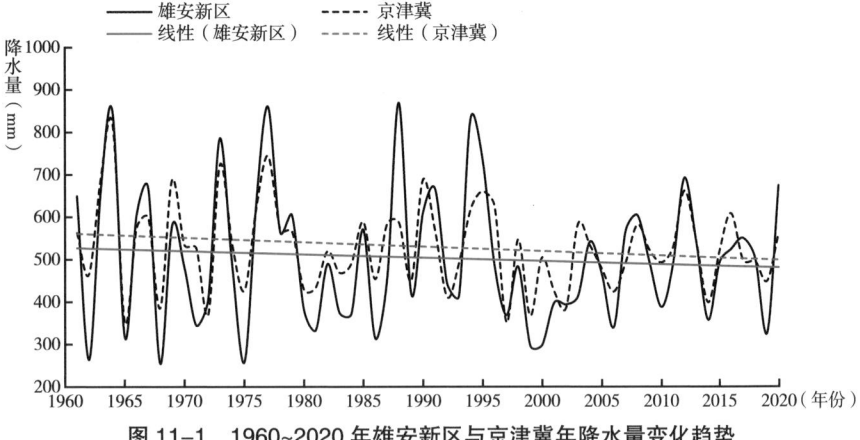

图 11-1　1960~2020 年雄安新区与京津冀年降水量变化趋势

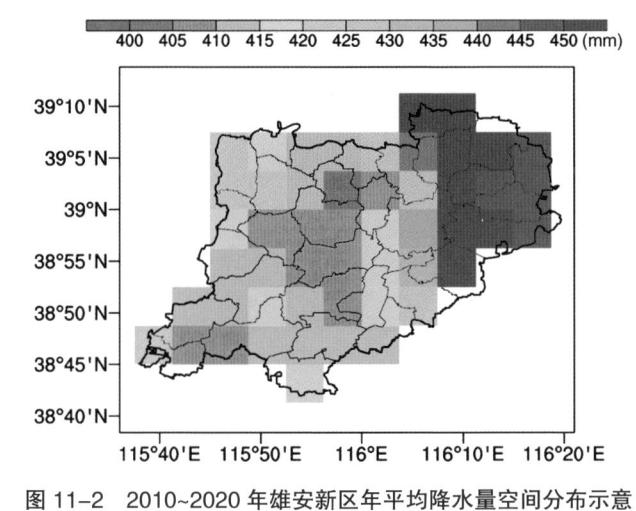

图 11-2 2010~2020 年雄安新区年平均降水量空间分布示意

注：基于河北省自然资源厅标准地图网站下载的审图号为冀 S[2020]030 号标准地图制作，底图无修改。

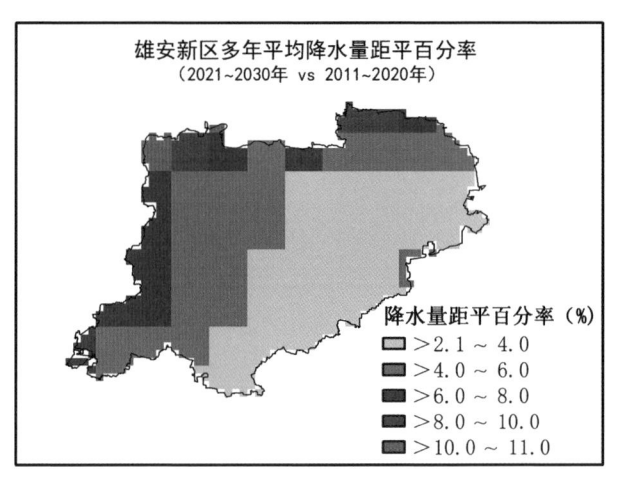

图 11-3 2021~2030 年与 2011~2020 年雄安新区多年平均降水量距平百分率示意

注：基于河北省自然资源厅标准地图网站下载的审图号为冀 S[2020]030 号标准地图制作，底图无修改。

　　基于历史降水数据和下垫面数据拟合进行雄安新区内涝风险评估，结果显示，安新、容城和雄县建成区多处于内涝风险低的区域，部分建成区内涝风险可达中等风险。内涝风险高的区域多位于新区北部和东南部。对比雄安新区规划图可见，起步区所处区域局部内涝风险较低，但大部分位于内涝风险中和高区域，且有部分区域处于内涝风险极高的地域。

雄安新区位于大清河中游，全年降水 70% 以上集中在 7 月和 8 月，上游山区源短流急，极端强降水导致的暴雨洪涝对新区的威胁，在生活层面对新区居民的生命财产安全构成潜在风险。

### （二）高温热浪风险预测

基于国家气候中心区域气候模式（RegCM4.4）6.25km 高分辨不同排放情景气候预估数据的气候变化评估结果显示，从雄安新区整体尺度来看，1991~2050 年不同重现期年最高气温在 RCP4.5 情景下增加 1.8℃，在 RCP8.5 情景下增加 2.3℃（见表 11-1）。

表 11-1　1991~2050 年雄安新区 RCP4.5 和 RCP8.5 情景下不同重现期（$T$）年最高气温变化

| 气候情景 | $T$=10 | $T$=20 | $T$=30 | $T$=50 | $T$=100 |
|---|---|---|---|---|---|
| RCP 4.5 | 1.8℃ | 1.8℃ | 1.8℃ | 1.8℃ | 1.8℃ |
| RCP 8.5 | 2.3℃ | 2.3℃ | 2.3℃ | 2.3℃ | 2.3℃ |

1991~2050 年，RCP4.5 情景下雄安新区大部分区域不同重现期年最高气温增加 1.5℃以上。RCP8.5 情景下雄安新区所有区域不同重现期年最高气温增加 1.9℃以上，且南部增加幅度高于北部（见图 11-4）。

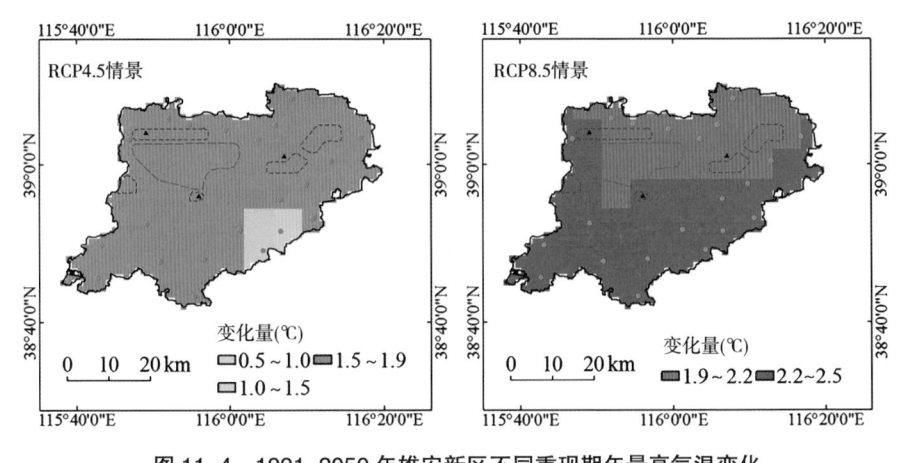

图 11-4　1991~2050 年雄安新区不同重现期年最高气温变化

注：基于河北省自然资源厅标准地图网站下载的审图号为冀 S[2020]030 号标准地图制作，底图无修改。

从雄安新区整体尺度看，1991~2050 年不同重现期年最长连续高温日数在 RCP4.5 情景下增加 1.6 天，在 RCP8.5 情景下增加 2.5 天（见表11-2）。

表 11-2　1991~2050 年雄安新区 RCP4.5 和 RCP8.5 情景下不同重现期（$T$）年最长连续高温日数的变化

| 气候情景 | $T=10$ | $T=20$ | $T=30$ | $T=50$ | $T=100$ |
|---|---|---|---|---|---|
| RCP 4.5 | 1.6 天 | 1.6 天 | 1.6 天 | 1.6 天 | 1.6 天 |
| RCP 8.5 | 2.5 天 | 2.5 天 | 2.5 天 | 2.5 天 | 2.5 天 |

1991~2050 年，RCP4.5 情景下雄安新区南部和西部不同重现期年最长连续高温日数增加 1.5 天以上，北部增加 0.9~1.5 天。RCP8.5 情景下雄安新区大部分区域不同重现期年最长连续高温日数增加 2.5 天以上，东南部增加 1.6~2.5 天（见图 11-5）。

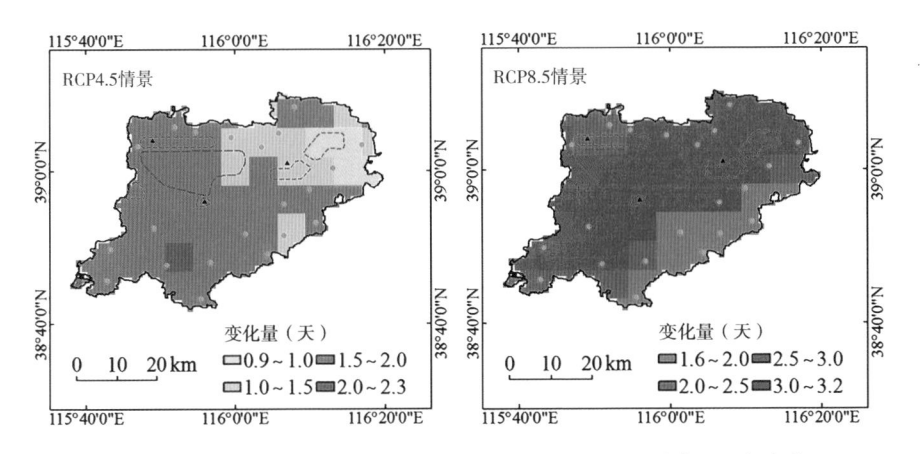

图 11-5　1991~2050 年雄安新区不同重现期年最长连续高温日数变化

注：基于河北省自然资源厅标准地图网站下载的审图号为冀 S[2020]030 号标准地图制作，底图无修改。

综合 RCP4.5 和 RCP8.5 情景下不同重现期年最高气温和年最长连续高温日数的变化量，未来整个雄安新区高温灾害危险性变化较大，高温灾害的危险性较高。

### （三）重度雾霾风险预测

雄安新区地处太行山背风区，年平均风速仅为 1.63m/s，风速低于 1m/s 的小风出现频率为 28%，尤其是秋冬季没有冷空气影响时，静稳天气较多，大气自净能力弱，不利于大气污染物消散，重度雾霾风险高。河北中南部的石家庄和保定、雄安等地大气自净能力在京津冀地区最低。

1961~2018 年，雄安新区大气自净能力呈下降趋势，下降速率为 $3t/km^2 \cdot a$（见图 11-6）。1961 年以来，雄安新区秋、冬季重污染以上气象条件出现的总频次呈明显增加趋势，平均每 10 年增加 2 次，最多达到 21 次（1990/1991 年、2004/2005 年和 2007/2008 年的秋冬季），其中严重污染气象条件发生频次最高为 7 次（2011/2012 年、2016/2017 年秋冬季），如图 11-7 所示。

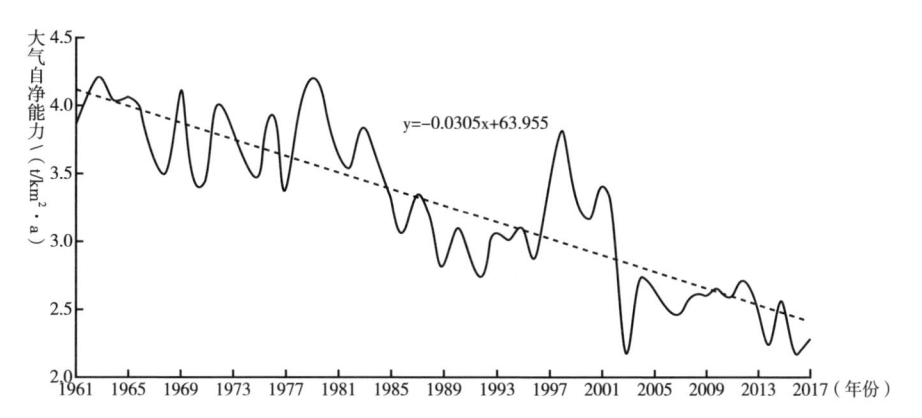

**图 11-6　1961~2018 年雄安新区历年大气自净能力变化趋势**

雄安新区地势平坦，水系发达，空气湿度大，秋冬季夜间辐射降温幅度大，全年主导风向为西南 - 东北向，局地低空风场的风向呈顺时针转动的日变化特征。新区建设在加强零碳排放治理的同时，还需要控制周边城市尤其是北京、天津和河北南部重点城市的大气污染传输，以保证雄安新区空气质量达标，减少重度雾霾天气的次数以及对各行业的影响。

随着"双碳"目标的确立，河北省节能降污协同治理力度将进一步加

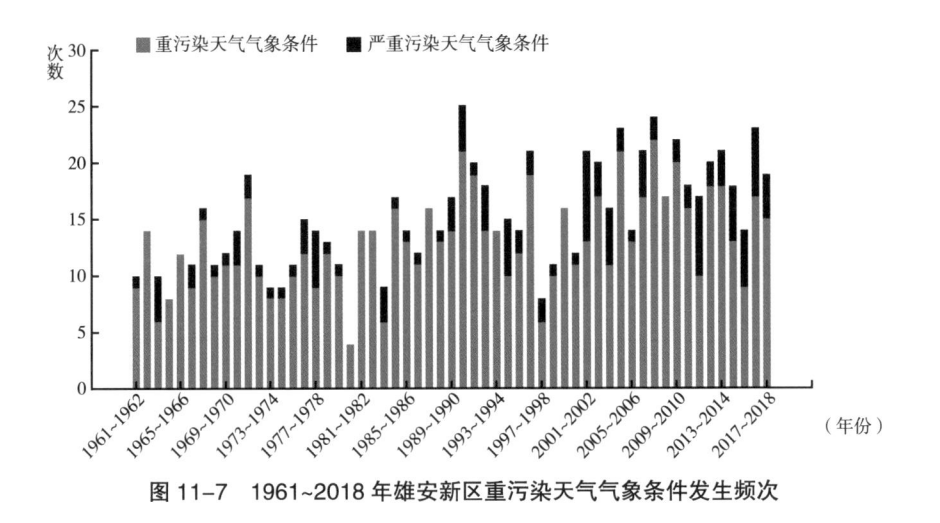

图 11-7  1961~2018 年雄安新区重污染天气气象条件发生频次

大，大气环境有望得到根本改善。但在全球气候变暖背景下，极端气候事件导致的重度雾霾问题仍不可忽视。

### 三  智能应灾技术体系构建

对上述气候变化背景下暴雨洪涝、高温热浪和重度雾霾等极端事件对雄安新区的影响进行分析，结合未来极端气候事件的变化趋势以及雄安新区中长期规划所能判定的暴露度和脆弱性的风险预估，为确保"千年大计"的雄安新区高质量发展，必须要"坚持以防为主、防抗救相结合的方针，坚持常态减灾和非常态救灾相统一，努力实现从注重灾后救助向注重灾前预防转变，从应对单一灾种向综合减灾转变"①，构建雄安新区以智能应灾技术体系和智慧应灾社会体系的"双体系"为主轴的气候风险适应模式。智能应灾技术体系主要关注城市应对风险过程的技术韧性问题，要确保城市面临突发灾害时拥有静态基础设施的抵抗力和动态城市运转的维持力。

### （一）结构性技术体系

结构性技术体系以基础设施为核心，指城市在灾前嵌入的一整套技术体系，是应对极端气候风险的物质基础。随着暴雨洪涝、高温热浪等极端

---

① 习近平关于总体国家安全观论述摘编 [M]. 北京：中央文献出版社，2018：140.

气候事件发生频次的增加，城市基于历史的气象、水文和地质资料制定的应灾技术标准已经无法适应气候变化下的极端气候风险，需要按照气候风险预估数据调整防灾规划，新建的城市需要从技术层面建立应对气候风险的技术体系，提升城市基础设施生命线的韧性。

1. 重视城市空间韧性规划，筑牢基于流域的自然疏浚系统

气候风险应对已经成为城市规划的重要内容。一般来说，在规划选址阶段应尽量避开历史上有记录的气候风险多发地区，但随着未来不断加剧的极端气候风险，亟须把自然灾害减缓与极端气候风险适应措施嵌入城市规划，其中，基于流域走势设计疏浚系统以应对暴雨洪涝，基于盛行风向设计城市通风廊道以应对高温热浪和雾霾灾害是核心思路。

基于流域的自然疏浚系统建立在"边缘适应"理论之上。城市是各类自然与人工生态系统的交界点[①]，城市基础设施需要借助自然环境，优先布局。[②]雄安新区城市应灾规划重点是应对山洪的防洪大堤建设，目前环起步区百里生态防洪堤工程已经建成，具备 200 年一遇防洪能力。未来应对内涝的重点在于给内涝积水找到出口，基本思路是认识到问题"表象在河流、根子在流域"，加强大清河流域下垫面治理，让流域畅通，充分发挥排涝功能。流域是由分水线所包围的河流集水区，是人类文明的摇篮和中心，也是人与自然和谐共生的空间载体和基本单元[③]，流域系统治理要对"上下游、干支流、左右岸"统筹规划。

白洋淀上承九河、下注渤海，属海河流域大清河南支水系，流域面积 31200 平方公里，涉及 38 县（市、区），上游从北、西、南三面接纳瀑河、唐河、漕河、潴龙河等九条较大的河流入淀，形成雄安新区发展的重要生态水体。其下游通过淀东北的泄洪闸及溢流堰经赵王新河，汇入大清河，最终从海河闸枢纽汇入天津海河。历史上大清河中下游洪涝灾害频繁，在人类活动和气候变化的影响下，白洋淀生态系统破坏严重，历史上的 143 个淀泊仅剩下不到 40 个，湿地面积大幅度缩小，地下水系断

---

① 许吟隆，郑大玮，李阔，等.边缘适应：一个适应气候变化新概念的提出 [J].气候变化研究进展，2013, 9(5): 376–378.

② 中国 21 世纪议程管理中心.国家适应气候变化科技发展战略研究 [M].北京：科学出版社，2017.

③ 杨开忠，单菁菁，彭文英，等.更加重视基于流域的生态文明建设 [N].光明日报，2020-08-17(16).

裂严重。在推进白洋淀环境综合治理的同时，修复生态系统是流域治理的首要课题。基于流域生态系统的风险评估和空间布局具有较高难度，涉及政府部门、研究机构、公众和企业等多个利益群体，需要各地区打破行政分割，建立健全流域协同治理工作机制，加强全流域自然疏浚系统建设。

2. 确保城市生命线的应对洪涝能力

城市生命线是指对城市安全具有直接影响的能源、交通、物流基础设施，包括"水电路气房讯邮"，是城市应对以暴雨洪涝为首的极端气候灾害的最前线。雄安新区起步区和外围组团的城市排水系统已先行布局完毕，其中容东片区截洪渠先期开工建设，通过上蓄、中疏、下排工程手段确保启动区建设，后期管理需要确保城市排水系统和各个设施的功能稳定性，定期巡检及清疏排水管道，及时通泄水孔，防止管道堵塞，确保汛期排水畅通。

暴雨洪涝对雄安新区生命线威胁最大的区域是位于起步区百里防洪大堤之外的白洋淀淀区以及南部特色小镇，二者地势在新区中最为低洼，海拔高程仅为7~9米，对"水电路气房讯邮"设施的影响需要高度警觉。此外，须确保避难设施的安全性，作为避难场所的绿地和公园高程需达到防洪标准，且须确保固定避难场所服务半径不超过1000米的基准。对建筑工人营地除注重交通可达性外，更需要高标准建设防灾设施，加强对建筑工人的防灾应急知识和安全防护宣传，定期举行防灾演练。

3. 把防灾能力现代化作为地下空间建设的首要标准

新建城市普遍高度重视地下空间开发利用。作为未来愿景城市，雄安新区将建设地下城、地上城和云上城"三城"共存的立体城市，其中的地下城是近期开发重点。按照2020年《河北雄安新区启动区控制性详细规划》第99条，启动区地下空间鼓励开发浅层、适度开发次浅层。地下空间实现分区利用，浅层空间主要用于商业、娱乐休闲和人行通道；次浅层空间以市政设施为主，包括公共廊道、地下轨道交通。地下空间开发有利于降低地面空间的容积率，同时缓解城市热岛效应。

然而，城市地下空间的水文地质排水作用较小，需着力依靠城市排水系统，地下空间面对突发灾害的脆弱性较为显著，暴雨导致地下基建瘫痪、人员伤亡的情况时有发生。郑州"7·20"特大暴雨导致地下空间溺亡39

人<sup>①</sup>,《河南郑州"7·20"特大暴雨灾害调查报告》显示,这场灾害总体是"天灾",具体有"人祸",特别是发生了地铁、隧道等意外伤亡事件。积水导致全市一半的小区地下空间和重要公共空间受淹,多个区域断水断电断网,地下室、地铁、桥涵和隧道成为人员水淹溺亡的主要空间。

地下空间面对极端气候的防涝技术难度巨大,为此关键设备的配置首先要尽量避免放在地下,其次,需要修订安全标准,高度重视地下交通的防涝措施,避免天灾与人祸继发致灾。

汲取郑州等地的经验教训,雄安新区需要建设有防灾能力的地下空间。首先,需要在规划建设阶段高标准排除灾害隐患,确保地下空间排水系统能力高于历史最大降水量。其次,确保电力供应至关重要。雄安新区需要设定在外来送电中断和本地电力设施失灵情形下,建立以新区自身为主体的自主创能、储能和节能设施。再次,为确保安全,发电与通信等关键设施需要建在地面上。最后,要建立地上地下联动预警机制,在地表积水达到警戒线时关联地下空间进行预警,及时疏散人员。

4. 健全气象预警信息决策与红色预警"叫应"机制

在极端天气的气象预报与风险会商、预警响应与防御部署、应急响应与排除内涝、响应升级与抢险救援、响应终止与灾后部署5个阶段中,依据先端气象科技观测数据提供极端气候风险区域精准、时间精准、强度精确的气象预报、灾害预警、信息共享和服务建议仍然是世界性难题,气象服务是防灾减灾的首要防线。

建立健全气象部门直达基层责任人的红色预警"叫应"机制,其核心是高频次发布监测预报预警信息,递进式提示高级别预警发布后的应急响应行动措施,确保防汛措施关口前移。

建设雄安新区及时的信息决策智能应灾技术体系。信息引导缺位是重要的致灾因素,在灾害来临前后,居民不能及时获得正确的信息引导,是导致避难行动失误的重要原因。信息决策的精准性和及时性是实现这一目的的关键,不仅要引导具体的应急救灾行动,更要发挥舆论引导作用,建立居民正确的心理预期。赋予应急管理部门权力,及时通过平面媒体和电

---

① 郑州地下空间溺亡39人包括地铁5号线4人京广路隧道6人 [EB/OL].(2021–08–02) [2022–09–10]. http://m.xinhuanet.com/ha/2021–08/02/c_1127722976.htm.

视、广播、手机等网络信息平台，按照"宁可十防九空，不可失防万一"的原则第一时间发布灾害信息。

## （二）过程性技术体系

过程性技术体系以能源网络为支撑，要求在灾害来临时，城市能够维持其基本运行，保持顺畅运行状态，并能及时恢复由突发冲击而导致的部分失灵功能。

建立区域能源管理系统，利用分布式电源和输电线实现街区间电力融通。该系统的最大优势是电力控制技术在灾害发生时可以通过"特定供给"向住宅街区提供基本电力供应。以日本为例，千叶县柏之叶智慧城市的电力融通设计理念体现在紧急状态下的抗灾能力强化。当城市因突发灾害冲击而供电中断时，分散设置于各区域的发电蓄电设备的电力将作为"特别供给"输送到维持生活必需的设施。商务区发电蓄电设备的电力供给居住区的电梯、公共照明、集会会场等公共设备使用。"柏之叶智能中心"构建了连接各类设施和电源设备的区域能源管理系统（AEMS），实现区域能源管理一体化。此外，"柏之叶智能中心"还可收集灾害信息，在灾害发生时优先保障生命线设备供电。[①]

借鉴相关技术经验，以气象灾害防御指挥部与新区防汛抗旱指挥部为核心的雄安新区"智能城市应灾指挥中枢"需高度重视强化气象预警和防汛应急响应状态下的区域能源管理体系。确保雄安新区在紧急状态下能够合理协调能源输送，维持生活和工作的正常运转（见图11-8）。

## （三）系统性技术体系

系统性技术体系的关键在于建立静态结构与过程性之间的关联、建立子技术间的替代性。为达到该目的，城市需要提高绿色基础设施的互联互通和多功能性，通过空间嵌套和冗余实现功能协同。从系统性看，需要建立"雄安智能风险防控指挥中心"承担整个区域的风险信息收集与分析、能源调配，为社区和城市正常运转提供中枢控制，健全雄安新区"一中心四平

① 株式会社 日立制作所 城市解决方案业务单元.李国庆译.日本智慧城市发展与柏之叶智慧城建设[M]// 郭亮，单菁菁.中国商务中心区发展报告 NO.3 (2016~2017) 北京：社会科学文献出版社，2017.

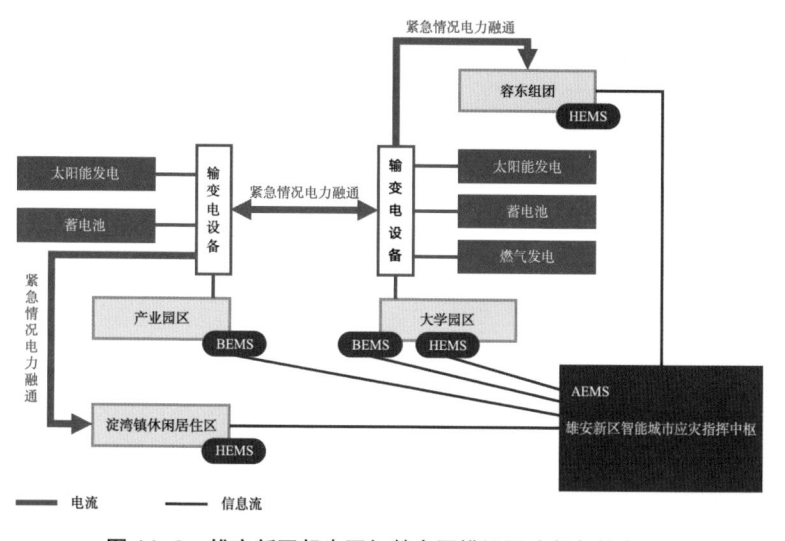

**图 11-8　雄安新区起步区智慧电网模拟图（紧急状态下）**

注：当新区遭遇突发灾害导致电力中断供应时，发电蓄电设备的电力能够集中供应居住区。Area Energy Management System（AEMS）为区域能源管理系统，Home Energy Management System（HEMS）为家庭能源管理系统，Building Energy Management System（BEMS）为楼宇能源管理系统。

台"的信息分析、决策与联动控制机制，夯实数据基础，建成联动畅通的"云上城"，全方位借助气象、环保、交通等多部门数据，全域感知能源、交通、水文、医疗等城市子系统，实现各部门的功能互补，形成城市有机系统。

## 四　智慧应灾社会体系构建

智能应灾技术体系是维持城市运转的各项智能化工程性和技术性手段，在规划建设、灾中与灾后恢复阶段强化城市的风险预防、抵御与复原能力。智慧应灾社会体系则主要关注城市应对风险的社会韧性，通过构建应对自然风险与社会风险的管理制度与组织架构，提升政府、社区、家庭及个体的应灾能力。智能应灾技术体系和智慧应灾社会体系的有效结合能够全方位、多角度提升城市应对风险的能力，形成城市韧性建设与管理的新范式。

### （一）公助体系：城市公共安全体系

韧性城市的功能不仅体现在灾中救助过程，更体现在灾前和灾后阶段。韧性城市社会评价指标包括地区经济能力、社会人口能力、社区参与能力

三个维度[①]，而这些韧性城市指标的实现，均需以政府为主导辨析社区居民的脆弱性，强化社会整合。城市经济社会的整体发展水平决定着灾前规划、灾中救助和灾后恢复的能力。

1. 灾前的组织统筹机制

灾前阶段公助体系的核心功能是健全当地的灾害识别图谱，精准预测当地各类风险，完善防灾力评估体系，提高信息采集能力，对未来气候风险可能产生的对于生命和建筑的破坏，按照时间序列排列出与所处环境相对应的可能发生的风险链等。

（1）组织构成与统筹机制。在倡导多元主体风险共同治理的今天，城市各级政府机构仍然是智慧应灾社会体系的主体力量。完善应急处置机构，强化风险管理主体责任是风险适应体系的灵魂，是建设韧性、安全、安心的城市环境的组织保障。

组织体系需要以城市应急管理部门为核心，搭建独立、专职、高级别的城市应急管理指挥系统统一部署，将应急部门从多个职能部门中垂直单列出来，建立高于各职能部门、相对独立的城市应急管理系统。城市应急办的直接进驻有利于应急管理和社会管理的有机结合，高效协调解决各类突发事件，推进应急管理能力现代化。

雄安新区筑牢风险管理相关各部门的联动机制至关重要。目前，新区最权威的应急管理机构是防洪抗旱指挥办公室（防指办），应急管理局、气象局、防汛办、气象灾害防御办等机构基本得以建立，雄安新区防汛抗旱指挥办公室和雄安新区气象灾害防御办也在开展暴雨洪涝防汛综合应急演练，但信息系统、沟通协调、资源共享等部门的常态协同能力存在短板。一个有效的指挥机制是政府相关职能部门进驻城市应急管理指挥中心合署办公，形成各级各类突发事件和安全事故应急体系，确保突发事件发生后能够多方共同救援，充分发挥专业救援经验，避免次生灾害发生。

（2）实施按时间序列的灾情预判，提升应灾精细化程度。雄安新区在未来 30 年将长期处于城市新建与社会重组过程，应急管理部门首先需要对当地的潜在灾害风险做出精细化评估，进一步提升及时灾情信息采集能力；

---

[①] 中国社会科学院生态文明研究智库 . 中国生态文明建设年鉴 (2017)[M]. 北京 : 中国社会科学出版社 , 2018.

预测未来气候风险对居民和建筑可能产生的影响，按照时间顺序依次排列出当地可能发生的继发性气候灾害。根据各种历史数据与气象资料，预测不同区域的风险类别与风险等级，绘制灾害地图，对结构或地形较为复杂的建筑和区域，在建筑外体和道路上绘制特殊标识，对各类应灾物资进行合理储备，确保突发情境下物资及时、有序调配。

（3）加大新闻报道透明度和权威度，正确引导社会关切。信息传播的作用首先是及时发布风险信息，细化信息传播渠道，提升信息传播时效性。广播电台直播间在第一时间发布避险指南、城市交通、水电供应等信息，及时引导舆论导向，确保民众面对灾情时有科学理性的认识，培养民众从容应对的心理韧性，为政府公助系统发挥作用提供保障。

与此同时，要避免由灾情引发的社会焦点新闻热度时高时低，导致民众缺乏科学预估灾情进程的依据，对生活恢复常态缺乏预期，从而引发社会民众种种猜测、流言和误解，经由自媒体广泛传播后，造成"风险的社会与恐惧的人"现象。灾中灾后的生活失范状态要求政府发布权威信息以帮助公众建立对未来的预期。新闻报道需要加大宣传力度，针对灾情时期社会关注热点，尤其是公众关注的日常生活物资供应保障和基本生活物品价格水平管控、复学信息等，有效回应社会关切，帮助民众建立正确的心理预期至关重要。

2. 灾中、灾后的过程管理

灾中阶段公助部门的核心职责是协调政府部门之间、城市与社区之间的联动，实施信息发布、避险决策、防灾设施运转，确保生活、医疗急救物资及时运送。同时有效识别不同空间中人群的暴露度与脆弱性，对脆弱群体实施重点救助。

（1）遵循"宁可十防九空，不可失防万一"的原则，确保灾情果断决策、信息及时发布。雄安新区需要建立完善的信息发布系统，赋予专业机构依据灾情预警标准向社会披露灾情信息的权力，以保障灾情信息传递的及时性；提高发布规格，气象和防汛等相关部门在主要电视频道召开"紧急警报"发布会，通报灾情预测，最大限度告知居民灾害可能发生的时间、空间范围、受灾程度，提示避难路径，确保灾情应对决策落在实处。

（2）制定避险人员转移预案，提高应急物资保障能力。政府各级应急管理部门要时刻关注预警信息发布，根据灾害风险等级评估情况，对可能

发生的暴雨洪涝等灾害制定人员转移预案，明确责任主体、转移对象、转移地点、转移路线等内容，确保人员转移及时。同时，完善应急物资管理制度建设和信息化建设，建立政府、社会、家庭储备等多种形式应急物资储备体系，结合中心避难场所建设应急物资储备库，理顺灾中物资储备、调拨、运输各个环节，确保应急物资的保障能力。

（3）灾后有序重建，提升群体韧性。灾后复兴阶段的重点，是按照社会韧性建设原则，高度关注导致风险脆弱性的社会文化因素。

灾害情景下的人员脆弱性主要来自外部生存"资源"可达性困难程度以及自身耐灾的综合素质。首先，群体脆弱性受人口年龄结构、收入水平、教育水平和流动性等维度影响，需要充分评估雄安新区的各类脆弱人群，切实做好预案。其次，新闻媒体要加强疏导公众情绪，维护社会信心。同时，要普及灾情防控法律知识，明确公众防灾的法定义务，提高公众的防灾责任感。

3. 系统性协调机制

系统性协调的首要内涵是推进结果性防灾，综合培育城市防灾力。城市韧性与该城市的经济社会发展水平密切相关，经济社会发展水平的提升对社区的备灾应灾能力、应灾物资储备、社区组织协调能力具有极强的促进作用，能够显著提升城市的应灾能力。

## （二）共助体系：社区与单位组织的共同安全体系

社区在城市中具有基础性角色地位，既是风险后果的最直接承担者，也是风险预防与事后恢复的主体性参与者。在遭遇突发灾害时，同一社区的居民可以实现信息共享和相互救助。城市应灾和救助专业机构是城市应灾主体，但同时需要注意，在城市应灾过程中，社会组织和城市居民同为有效救灾主体，需与相关专业机构一同规划，在确保由政府主导的公助力量基础上，建立由社会组织和社区居民参与的共助体系。

1. 组织结构与应对思路

自然灾害无法抗拒，但是城市和社区的应灾能力和恢复能力可以通过风险韧性规划管理加以提升。社区韧性指社区组织动员居民备灾应灾的能力以及社区在灾后重建过程中的居民参与平台作用。雄安新区社区的特殊性在于除常态社区之外，还拥有"建设者之家"这一特殊人群营地，需要

予以充分考虑。

首先需要制订社区防灾预案。城市要以社区为单位建立起具有针对性的应灾预案、受灾者生活支援对策以及社区恢复方案。同时，社区要对潜在的灾害风险进行持续性宣传，定期组织居民进行风险演练，确保社区在遭受突发灾害事件时居民能够平稳应对，维持基本秩序。2021年8月雄安新区发布《雄安新区社区及家庭应急物资储备建议清单》，规范了社区的应灾物资储备，详细罗列了应急物品、应急工具、应急医用药品清单，旨在为应急处置、应急保障及自救互救提供保障。

其次，社区的灾害韧性建立在社区气候风险脆弱性评估与灾害图编制能力基础之上。社区作为灾害图（Hazard Map）的编制主体，要在地图中清晰地标明灾害的发生地点、受灾范围、受灾程度，以及最近的紧急避难场所、到达场所的避难路径，以此作为应对突发灾害的标准化管理前提。此外，还需开发灾情下老年群体也可以利用的避难信息查询界面，提高危机管理与抗风险能力，做好避难前期准备。

最后，加强社区社会资本建设。社区社会资本是应对突发灾害时的有效力量。雄安新区作为一个先解构再结构化的新型城市，为应对建设期的极端事件冲击，要从中长期视角建设智慧韧性社会体系，尽快将新区的联结状态从松散转变为紧密，以此加强城市对潜在未知灾害风险的应对能力。

由居民之间相互关联、相互信任构建起来的邻里网络是居民应对各类风险灾害的强有力支撑。雄安新区社区居民的异质性较高，尤其是原有居民的亲属纽带由于居住分散出现断裂，更加凸显出邻里关系的重要作用。邻里网络不仅能够有效传达风险信息与防灾知识，还能够在风险发生时提供物质援助与精神支持，提升社区韧性。

2. 从灾中到灾后的风险过程管理

韧性社区构建在时间维度上涉及事前性恢复、过程性防灾和结果性防灾。过程性防灾是最关键的环节，社区是灾害发生的空间载体，城市基本秩序维持需要社区的及时响应。

第一，发挥社区自身力量，弥补公助的失灵。灾害发生时，需要社区的多元主体积极响应，社区党组织与社区居委会、业主委员会和物业公司分别发挥指挥引领、配合协调及资源保障功能。社区还需要组织个人和驻区单位参与社区减灾应灾规划，确保居民熟悉避难场所位置和转移方式。

同时，社区通过购买公共服务，事先规划民间志愿救援队在灾中参与救援，以弥补政府救援的未达之处。

第二，雄安新区重组社区要重点关注脆弱人群，对老人、儿童、残疾人等脆弱群体进行信息备案，定期开展社区应急演练与宣传教育培训，确保灾害来临时引导脆弱人群有效应对，自救互救。

随着雄安新区大型安置区陆续建成，居民以随机抽签方式入驻新社区，原有的熟人社区被打乱，导致重组社区呈现家庭"原子化"特征。这种情况致使社区自身集体行动的能力欠缺，信息交流能力较原先有所减弱。社区需要重点重建互助互救模式，通过创造交流机会、改善网络等措施增强居民间的相互联系，拓宽社区线上线下信息交流渠道，提升有效信息传播速度，由此加强重组社区居民在灾中互助的参与度。

第三，提升建筑工人群体的应灾能力。作为长期处于建设周期中的城市，雄安新区建筑工人这一特殊群体将长期存在。"建设者之家"作为建筑工人的居住社区，[1] 须建立防灾应灾联络网络，做好营地和工地联动的应灾对策。

### 3. 系统性协调机制

社区作为风险发生的重要场所，不仅是风险的最直接应对者，更是风险预防与事后恢复的主体性参与者，韧性社区建设迫在眉睫。中国的社区是一个集"管治"、"服务"与"自治"于一体的社会单元，多个主体共同参与社区事务治理。社区党组织与社区居委会一方面要积极响应政府对各类自然与社会风险的预防、应对与恢复举措，实现社区与政府的联动；另一方面及时上传基层的应险信息与资讯，以便政府部门及时调整战略方案，保障风险应对的高效性。社区居民不仅是社区治理机构的被组织者，还应该发挥个体之间的共助力量和风险救助的地方性知识，在风险应对过程中提高自救与互救能力，减少风险所带来的各种威胁与伤害。

社区的风险应对与韧性能力提升迫切需要各个治理主体的力量贡献与通力合作。社区并不是一个个孤立的组织单元，在各地推进"十五分钟生活圈"建设的背景下，社区与周边商业组织的联系也需要进一步加强。社

---

[1] 李国庆，邢开成，黄大鹏. 雄安新区社会重构期暴雨洪涝风险的社区分类调适 [J]. 中国人口·资源与环境，2020, 30(6): 53-63.

区周边商业组织对建立公共安全具有重要作用，特定的空间场域是社会活动发生的重要条件，这些组织不仅满足了社区居民的日常生活需求，还为居民提供了社会交流与互动的场所。[①] 通过与周边组织之间的生态平衡与联结，社区能够进一步提高应对各类风险灾害的能力，推动韧性社区建设。

### （三）自助体系：个体与家庭的自身安全体系

在风险应对过程中，个体是直面风险的第一主体，特别是重组社区中脆弱性强的老龄人口的自助能力提升更为关键。面对极端气候的潜在风险，家庭和个体自助能力的培养是推进韧性社区和韧性城市建设的重要支柱。建立家庭自助体系应对风险的能力，能够有效完善韧性社区建设，形成家庭、社区、政府三级有效联动的应对风险机制。

1. 基于居民空间移动惯例的适应模式

空间分化是城市的典型特征，人的日常移动惯例是风险应对的空间秩序。雄安新区需对作为第一空间的家庭空间、第二空间的工作空间，以及作为第三空间的城市漂流地进行分类评估，并制订相应预案。

城市生活者的空间移动单位是个体，应对突发的极端气候风险，需要个体视角的风险适应模式。个体适应要点，一是提升风险识别防灾意识；二是提升避难能力，增强自我安全防护和应急技能，核心是熟知避难场所和逃生路线，懂应急、能应急；三是建立公助体系、共助体系对自助体系的支持网络，及时传递信息，避免孤岛效应，帮助个体认识所处环境，做出正确预判和自救决策。

2. 过程性防灾

极端气候风险中的自助包括居民平时的生活环境质量提升、风险应对信息保障和避险自救能力强化三个方面，还体现在风险发生时确认人身安全、收集风险信息和寻求风险救助三个方面以及灾后的生活环境重建。[②] 建立以家庭为单位的自助模式，一方面需要提升个体和家庭在应对风险时的

---

① 〔美〕埃里克·克里纳伯格.热浪：芝加哥灾难的社会剖析[M].徐家良，孙龙，王彦玮，译.北京：商务印书馆，2014.

② 林亦府，孟佳辉，汪明琦.自助、共助与公助：日本的灾害应急管理模式[J].中国行政管理，2022(5): 136–143.

自助能力；另一方面，家庭自助能力提升是韧性社区在人员组织管理、系统性应对风险时开展高效工作的保障。因此，家庭自助需要与社区共助协调，在应对风险中的事前预防、事中应对和事后恢复全过程中形成系统运行的韧性社会自助和共助体系。

3. 系统性协调机制

灾害自助概念尤其强调自助与公助、共助之间的系统性联动。2014 年日本发布《地区防灾计划指南——面向地域防灾力提升与社区活力增强》，对地区居民的共助防灾活动提供援助的要点是市町村制订市防灾计划时，首先动员居民和地方民间团体自下而上制订生活化的灾害预案，把核心部分纳入地方自治体防灾计划，切实把居民确立为防灾计划的实施主体。加强政府与社区居民的互动和联系，把居民个体、家庭与社区、政府联系起来，是将灾害降到最低程度的有效制度保障。

唯有自助的个体与家庭和共助的社区相互联动，在应对风险中的事前预防、事中应对和事后恢复全过程中形成系统运行的韧性社会自助和共助体系，才能形成个人、家庭与社会网络资源的联结，实现高效应灾。

## 五  结语

雄安新区建设迎来了承接北京非首都功能疏解和大规模开发建设同步推进的新时期，大量央企、医院和大学启动迁入程序。雄安新区在未来 30 年将长期处于城市建设和社会重组过渡期，防灾基础设施尚未完全启用，新居民逐步迁入，原有居民社区重组，防灾社会体系同样处于建设状态，应急管理体系和能力现代化建设迫在眉睫。

应对气候风险的韧性城市核心机制之一是建设智能应灾技术体系，城市空间韧性规划成为重中之重。由于雄安新区的起步区规划建设了百里生态防洪大堤，城区面临的山洪灾害风险大大降低，沥涝灾害凸显，筑牢基于流域的自然疏浚系统，为降雨积水找到出路成为当务之急。借鉴郑州"7·20"暴雨经验，需要提升"水电路气房讯邮"等城市生命线应对洪涝的能力，其中，承担休闲购物、公共管网、公共交通的地下空间必须把防灾避险作为首要建设标准。智能应灾的过程性技术体系需要建立区域能源管理系统，确保灾中生命线设备的最低供电；与此同时，"一中心四平台"信息分析、决策与联动控制机制将实现雄安虚拟空间与现实空间的影像

联动。

应对气候风险的韧性城市核心机制之二是搭建智慧应灾社会体系。这一机制的核心是确保城市公共安全的公助体系，政府的管理职责是灾前充分做好按时间序列的灾情演进预判，增强新闻报道透明度和权威度，全面提升应灾能力现代化水平；社区、单位以及公共空间构成的共助体系要充分发挥现实场景优势，确保共同安全；个体与家庭的自助体系与公助体系、共助体系紧密联动以确保居民自身安全。

综上所述，鉴于自然风险同时具有生物物理特性和社会文化特性，需要分别运用智能应灾技术体系与智慧应灾社会体系加以应对，"双体系"是减少"天灾"影响，进而防止"天灾"演变为"人祸"的普适性技术体系。对于日新月异的未来之城雄安新区而言，需要充分运用以智能化技术手段和智慧应灾社会体系为主线的韧性城市治理理念，建立一个覆盖事前、事中和事后全过程的极端气候风险适应模式，最终建成人人共享防灾红利的现代化韧性城市样板。

# 第十二章　气候变化背景下基于自然解决方案的雄安新区雨洪管理模式*

　　在气候变化背景下极端气候事件频发，尤其是城市经济社会快速发展放大了汛期强降水的影响，比如 2012 年以来北京"7·21"暴雨、河北"7·19"暴雨、河南"7·20"暴雨造成的经济损失和人员伤亡触目惊心，城市雨洪管理模式遭遇新挑战。新加坡碧山宏茂桥公园、哥伦比亚绿色走廊、墨西哥大运河公园等国外城市设计和建设项目，为城市生态空间重构和功能修复等生态系统可持续管理、以减污提质应对环境挑战创造了样板，成为广受关注的热点。中国一些城市也积极应用基于自然的解决方案的理念开展有益的探索和实践。比如在重庆城市更新和盐城生态岛试验区建设过程中，应用基于自然的解决方案的理念，尊重自然，保护自然，构筑点线面多维生态景观格局，充分发挥生态基础设施的多功能性，推动了城市的高质量可持续发展，起到了较好的示范作用。

　　建设雄安新区是"千年大计、国家大事"，高标准规划建设的雄安新区的极端气候事件应对和雨洪管理受到越来越广泛的关注与重视。雄安新区地处大清河流域中游，历史上水旱灾害频繁，旱涝急转的情况时常发生，水资源供需紧张的矛盾突出。雄安新区三县（雄县、容城、安新）近 30 年

---

*　本章内容原载于《中国人口·资源与环境》2023 年第 4 期。本章执笔人邢开成，硕士，河北省气候中心高级工程师，主要研究方向为气候与影响；贾桂梅，硕士，河北省保定市气象局高级工程师，主要研究方向为农业气象与气候变化研究；刘咪咪，博士，河北省气候中心高级工程师，主要研究方向为气象学、环境科学与资源利用；李国庆，博士，中央民族大学民族学与社会学学院教授，主要研究方向为城市社会学、环境社会学。

气象观测数据统计结果显示，年降水量平均 430 毫米，新区全年有效降水的 70% 以上出现在 6~9 月，尤其"七下八上"（7 月下旬和 8 月上旬）是决定全年旱涝的关键时期。雄安新区三县绝大部分年份需要从周边水库调水和引蓄南水北调的生态用水来维持水平衡，社会经济快速发展导致的水资源供需紧张的形势十分严峻，面临着抗旱防汛双重压力，防汛抗旱两手抓是雄安新区乃至河北全域汛期涉农部门最基本的工作原则。

雄安新区境内白洋淀处在大清河中游突出的防洪节点，具有独特的生态类型和防洪抗旱调蓄洪水的作用。雄安新区的气候类型、地形地貌和独特的水系条件对雨洪管理提出了更高的标准和要求。雄安新区的规划建设和安全运行要充分考虑气候风险管理，尤其是雨洪资源的利用和洪涝灾害的防御与应对，气候风险管理对于"国际视野，国家标准"的宜居宜业新城建设是需要重点关注的安全问题。

本章结合雄安新区的区位和气象灾害特征以及规划建设目标与方向，根据雄安新区雨洪管理和应对极端降水面临的形势，实践基于自然的解决方案（NbS）的理念，提出雨洪管理模式，对强化雄安新区气候风险管理，最大程度发挥流域统筹和城淀一体的环境优势，趋利避害，降低极端降水影响，保障城市稳定运行和人民生命财产安全具有重要的现实意义。

## 一　基于自然解决方案的理念及其在雨洪管理中的应用

### （一）基于自然解决方案的概念与发展历程

1997 年，学者 Benyus 基于仿生学理论提出基于自然的解决方案（Nature-based Solutions，NbS）的概念。基于自然的解决方案的核心思想是，在气候变化背景下，基于尊重自然规律、顺应自然法则的理念，应对人类社会所面临的气候风险与挑战，构建科学规范的管理体系和高效绿色的社会经济体系，以实现可持续的高质量发展目标。基于自然的解决方案要求系统地理解人与自然和谐共生的关系，提倡构建节能高效和低排放的生活经济结构，增强社会经济和生态系统韧性，依靠自然的力量应对自然灾害、水资源和气候风险，通过对生态系统的保护、恢复和生态资源管理，为应对气候变化提供创新解决方案。[①]

① 郝志新，熊丹阳，葛全胜. 过去 300 年雄安新区涝灾年表重建及特征分析 [J]. 科学通报，2018，63(22): 2302-2310.

2008 年，世界银行首次正式提出基于自然的解决方案。2009 年世界自然保护联盟（IUCN）《联合国气候变化框架公约》第 15 届缔约方大会报告对基于自然的解决方案给出的定义是，"通过保护、可持续管理和修复自然或改良的生态系统，从而有效和适应性地应对社会挑战，并为人类福祉和生物多样性带来益处的行动"[1]；欧盟委员会将基于自然的解决方案定义为"受自然启发、由自然支持并利用自然的动态的解决方案，能高效利用资源，以尊重自然的适应性方式应对社会挑战，提升经济、社会和环境收益"[2]。基于自然的解决方案的两个定义都与中国传统的天人合一、道法自然的哲学理念，新时期习近平生态文明思想、山水林田湖草生命共同体观念高度契合，在中国有着推广和应用的天然土壤。基于自然的解决方案的两个定义基本上都包含三类行动：一是生态系统保护，保护生态功能优越和生态质量良好的生态系统；二是生态系统修复，应用于已退化的生态系统的恢复或重塑；三是生态系统管理，综合管理以改善生态系统供人类可持续利用。也包括尊重自然规律的原则在农业实践、粮食安全和水资源管理方面的应用，目的都是应对一个或多个挑战，满足一个或多个社会需求，同时带来多种经济、社会和环境的协同效益。前者侧重于通过人类的积极参与提升环境质量和承载力以及适应能力；后者侧重于自然系统资源的科学评估与高效开发利用，以应对多种自然和社会挑战，同时能提高经济、社会和生态综合收益。

2015 年 11 月，在法国巴黎召开的第 21 届联合国气候变化大会上，基于自然的解决方案有了进一步突破，最后与会各国达成了富有成果的《巴黎协定》，方案提出的环境和社会经济的协同效益，为《巴黎协定》目标的实现贡献力量，在贡献减排量方面，引发国际社会的高度关注。[3]

2016 年，世界自然保护联盟（IUCN）发布题为《利用基于自然的解决方案应对全球社会挑战》的报告，提出了以生物多样性和人类福祉为核心的基于自然的解决方案框架，系统阐述了基于自然的解决方案的概念与内

① 安新县水利志编纂委员会 . 安新县水利志 [M]. 未出版 , 1995: 69.
② 吴婕 , 高学杰 , 徐影 .RegCM4 模式对雄安及周边区域气候变化的集合预估 [J]. 大气科学 , 2018, 42(3): 696–705.
③ 石英 , 韩振宇 , 徐影 , 等 .6.25km 高分辨率降尺度数据对雄安新区及整个京津冀地区未来极端气候事件的预估 [J]. 气候变化研究进展 , 2019, 15(2): 140–149.

涵，以及适应和减缓气候变化、防御自然灾害、应对水资源危机等各类自然和社会挑战中的重要作用。

2019 年，在纽约召开的联合国气候行动峰会上，基于自然的解决方案作为 9 个相互关联的气候行动领域之一，由中国和新西兰共同牵头构建联盟，形成政策主张和案例汇编，受到国内外各界越来越多的重视，有力推动了基于自然的解决方案的实践。

2020 年 2 月，世界自然保护联盟（IUCN）第 98 次会议通过了基于自然的解决方案的全球标准，进一步明确了基于自然的解决方案的系统性、综合性、动态性和权衡协同性的内涵，此项工作的展开对于应对气候变化背景下极端气候事件给人类社会带来的挑战以及自然资源保护、合理利用及生态修复工作的启示，提供了组织保障，奠定了制度基础。①

## （二）基于自然的解决方案的原则与实施途径

基于自然的解决方案的宗旨是通过对自然生态系统的保护、恢复和高效利用，以适应和减缓气候变化影响，同时利用自然生态系统生态功能与服务价值，提高人类社会应对气候变化风险和挑战的能力，并促进生态质量的改善和提升。《联合国气候变化框架公约》第 23~25 次缔约方会议和联合国秘书长气候峰会以及《欧洲绿色交易》迅速采用基于自然的解决方案，并受到应对气候变化各领域广泛关注。

基于自然的解决方案本着保护有效、节约有力、利用有度的原则，注重依靠科学发展和技术进步，探索自然规律，利用自然资源和环境条件，通过提高管理的科学性和规范化，应对社会、经济、环境三者耦合产生的对可持续发展的挑战。② 基于自然的解决方案的关键是人力与自然力的有效结合，强调尊重自然规律并运用价值规律，体现为通过自然与技术的结合，以环境友好型的方式，统筹发挥生态系统的功能，通过提高生态系统服务功能和服务价值，保持其生态产品及功能多样性，解决生态系统利用与培育的矛盾，应对以全球变暖为重要特征的气候变化以及由此导致的粮食安全、生态安全、气象灾害和气候风险加剧等一系列自然与社会挑战，以实

---

① 本书编写组 . 河北雄安新区规划纲要读本 [M]. 北京：人民出版社，2018: 42–43.
② 崔鹏，李德智，陈红霞，等 . 社区韧性研究述评与展望：概念、维度和评价 [J]. 现代城市研究，2018, 33(11): 119–125.

现适应和减缓气候变化、改善生态质量、提升风险管理能力和可持续高质量发展等目标。[①]

2020 年 2 月，世界自然保护联盟（IUCN）理事会第 98 次会议通过了基于自然的解决方案的全球标准，其核心部分包括基本准则和相应指标。基于自然的解决方案的全球标准包括 8 项基本准则和 28 项指标。准则 1 明确了基于自然的解决方案针对的问题，准则 2 界定了基于自然的解决方案的尺度，准则 3 确定了关键目标，准则 4 明确了基于社会实际考虑的经济可行性，准则 5 说明了制度的合理性，准则 6 确定了上述系列利益的权衡，准则 7 约定了进行基于自然的解决方案的适应性管理，准则 8 阐明了基于自然的解决方案的主流化及推动可持续发展等目标实现的必要性。8 个准则环环相扣，相辅相成，充分体现了基于自然的解决方案的系统性、综合性、动态性和各方权衡的特征，有利于解决人类面临的全球自然灾害和社会挑战，实现可持续的高质量发展。[②]

基于自然的解决方案提倡的"基于自然"的理念及一系列生态友好的方法、工具和措施，与党的十八届五中全会明确提出的"创新、协调、绿色、开放、共享"的新发展理念和"绿水青山就是金山银山"的生态文明建设的思想高度一致。特别是气候变化背景下，在中国特色社会主义新发展阶段，贯彻新发展理念，服务新发展格局，与 2030 年前碳达峰、2060 年前碳中和承诺，尤其是雄安新区"千年大计、国家大事"，践行"世界眼光、国际标准、中国特色、高点定位"的高质量发展思路完全契合。

### （三）基于自然的解决方案的雨洪管理中的 NbS 实践

总结基于自然的解决方案的理念在保护生物多样性、减缓和适应气候变化、推进可持续发展相关领域实践的国际案例，基于自然的解决方案具有五方面的特点：①注重社会经济可持续发展和生态保护双赢；②涉及经济、生态和环境等多领域；③注重多维时空尺度系统性有机融合；④注重创新和跨学科协同与前瞻性治理；⑤因地制宜与传统管理手段结合且便于推广。

---

① 封志明，杨艳昭，游珍.雄安新区的人口与水土资源承载力 [J]. 中国科学院院刊，2017, 32(11): 1216-1223.
② 潘家华，郑艳，田展，等.长三角城市密集区气候变化适应性及管理对策研究 [M]. 北京：中国社会科学出版社，2018: 106.

应对气候变化的基于自然的解决方案实施途径很多、涵盖范围很广，根据生态系统类型、现状和功能需求，基于自然的解决方案的主旨大致可分为三类，一是保护生态功能优越和生态质量良好的生态系统；二是恢复或重塑退化的生态系统；三是综合管理改善生态系统质量供人类可持续利用。

在城市形态诸多可量化的因素中，城市土地利用类型和不透水下垫面对城市水文变化的影响尤为显著。城市建设发展和经济活动能力的提高，造成城市土地利用强度的增加，加剧了自然水循环系统失衡，放大了强降水导致的城市内涝、雨洪资源流失、水生态安全的影响，洪涝和缺水共存的流域性问题更加凸显。城市水系是人与自然交互关系最为集中的体现，气候变化背景下城市化快速发展对自然水循环造成难以置信的影响，同时引发内涝、洪灾、污染等一系列城市水问题，城市治水更多地体现为河流的综合治理。基于自然的解决方案理念下的雨洪管理模式在城市规划建设过程中的重要性日益显现，它与传统的防灾减灾救灾理念的最大不同是，需要针对城市快速发展所导致的城市区域扩大、人口密度增加和社会经济活动加剧形成的城市形态改变，尤其是下垫面改变使极端降水带来的城市内涝、交通拥堵对城市人类活动造成的财产损失甚至人员伤亡等问题，应用基于自然的解决方案理念进行系统修复与治理，可以最大程度存蓄雨洪资源，改善人居气候环境，降低极端气候事件的影响，达到趋利避害的目的。

2018 年联合国教科文组织世界水发展报告《基于自然的水资源解决方案》称，基于自然的解决方案从与自然对抗转换至顺应自然的能力，其超越寻常方式的实践以及获得的关注显著增加的趋势表明，基于自然的解决方案可以通过改进自然生态系统或人工生态系统，促进对水资源管理的优化，在支持绿色增长或绿色经济发展、实现可持续粮食安全和水生态安全、改善人居环境以及应对气候变化风险等方面表现出巨大潜力，有效提高了水资源管理中的社会、经济和环境协同效益，并有力支持了基于自然的解决方案投资决策。[①]

基于自然的解决方案的绿色（水）基础设施可有效提高常规灰色（建造／实物）水基础设施的性能，增强水资源规划和管理中的恢复力。绿色植

---

① 张正涛，高超，刘青，等．不同重现期下淮河流域暴雨洪涝灾害风险评价 [J]．地理研究，2014，33(7): 1361–1372.

物墙、屋顶花园和覆植渗滤池等城市绿色基础设施可提供蓄水空间，包括通过渗透和坡面漫流管理最大程度减少雨水径流，发挥显著的风险削减功能，改善人居环境，降低内涝隐患和污水治理费用。其关键特征在于可提高整体系统恢复力，同时应对多个生态系统的水量、渗透和输水、地下水补给、水质和安全风险问题，解决城市水资源可利用量，也能增强农业景观中的生态系统服务，提高整体水安全，是可持续发展的关键途径。[①]

## 二 雄安新区雨洪管理的形势与气候风险预估

雄安新区设立之前，雄县、容城、安新三个县经济欠发达，基础设施薄弱，城镇化率不高，雄安新区高标准规划建设承载着绿色高质量发展的厚望与寄托，为基于自然的解决方案理念下的雨洪管理模式的示范性应用提供了丰厚土壤和政策环境。在全球变暖极端天气气候事件多发频发的背景下，雄安新区作为新发展理念的创新发展示范区，务必贯彻落实好习近平总书记提出的"坚持以防为主、防抗救相结合的方针，坚持常态减灾和非常态救灾相统一，努力实现从注重灾后救助向注重灾前预防转变，从应对单一灾种向综合减灾转变，从减少灾害损失向减轻灾害风险转变，全面提高全社会抵御自然灾害的综合防范能力"[②]等重要指示，高度关注极端气候事件影响评估与预评估，强化气候风险管理，确保雄安新区建设、运行安全和社会经济高质量发展。[③]

### （一）雄安新区的基本防洪形势

根据雄安新区所辖雄县、容城、安新三县的国家地面气象观测站最近10年的数据统计，雄安新区年平均降水量430毫米，6~9月的降水量占全年降水总量的78%，强降水过程主要出现在7月下旬到8月下旬。雄安新区年暴雨日数最多达4.3天（1994年），连续降水日数最长达12天（1977年），最大日降水量为263.4毫米（1991年7月28日，雄县），最长连续

① 刘晓东、尤莉、宋昊泽，等. 基于 GIS 和 AHP 的雷电灾害风险区划分析与评估——以内蒙古雷灾为例 [J]. 中国农学通报，2019, 35(20): 75–82.
② 习近平关于总体国家安全观论述摘编 [M]. 北京：中央文献出版社，2018: 140.
③ 李国庆. 城市安全与社区风险防控体系建设 [M]. 中国城市发展报告 No.9. 北京：社会科学文献出版社，2016: 263–278.

降水量为 306.7 毫米（1963 年，安新）。小时最大雨强有增大趋势，平均每 10 年增加 1.5 毫米，不同重现期极端强降水强度增幅在 16%~28%。[①]

雄安新区地处大清河中游防洪抗洪的重要节点，距离上游山区主要河道径流汇集区只有 100 多千米，"源短流急"是大清河流域山洪的显著特点，区域内地势低平，西北高、东南低，但坡度很小，地理环境条件所造成的防洪压力更加突出。[②] 20 世纪 60 年代之后，大清河上游建设的大中型水库使平水年和枯水年的上游河道河水只在发生较强降水后短暂出现。大部分时段，干涸的河道因为人类活动而淤积，导致上游出现极端降水时行洪不畅。雄安新区城市建设形成的不透水下垫面占比增加以后，势必提高城市内涝风险。上述各方面的条件导致雄安新区面临水资源短缺、供需矛盾突出的现实，而上游强降水发生后又给新区造成很高的洪涝风险。在抗旱防汛的严峻形势下，宝贵的雨洪资源不仅得不到有效存蓄利用，还会导致内涝或给下游带来防洪压力，所以雄安新区雨洪管理面临着多重压力和挑战。

## （二）雄安新区历史上洪涝灾害频发

雄安新区上游河网密集，9 条河流在白洋淀交汇。年平均降水量只有430 毫米，但年际变化幅度大，且降水主要集中在盛汛期的 7 月份和 8 月份，一次强降水过程往往决定一年的旱涝走势，干旱与洪涝常常交替出现，"十年九旱"又洪涝频繁，具有发生频率高、破坏性大、经济损失严重且社会影响广泛等特点。[③]

史料记载，在 20 世纪 60 年代之前的 300 年间，雄县、容城、安新三县共发生洪涝灾害 139 次，平均 2~3 年发生 1 次。其中造成严重损失的特大洪涝灾害 4 次，分别出现在 1738 年、1801 年、1892 年和 1954 年，平均每 72 年发生 1 次。1796~1827 年、1886~1898 年和 1948~1965 年 3 个时期年代际尺度上洪涝灾害发生频繁且灾情严重。容城县地势相对较高，安新县和雄县滨临河湖、地势低洼地段容易被淹没的村镇占雄安新区面积的20%~30%，特大洪涝年份雄安新区 80% 以上面积被淹。1949 年后雄安新区重要暴雨过程灾情如表 12-1 所示。

---

① 吴晓林，谢伊云 . 基于城市公共安全的韧性社区研究 [J]. 天津社会科学，2018, 9(3): 87–92.
② 郭正阳，董江爱 . 防灾减灾型社区建设的国际经验 [J]. 理论探索，2011(4): 121–123, 131.
③ 俞孔坚 . 三大创新策略综合解决雄安新区的水问题 [J]. 景观设计学，2018, 6(4): 5–13, 4.

表 12-1　1949 年后雄安新区重要暴雨过程灾情统计

| 发生时间 | 暴雨程度 | 影响程度 |
|---|---|---|
| 1954 年 6 月下旬至 9 月初 | 河北中部和太行山区先后出现 7 次暴雨过程 | 潮白河、大清河等先后发生洪水，雄县、容城、安新 3 县遭受严重洪灾，安新、雄县几乎全部被淹。其中雄县 57.9% 的耕地成灾，面积达 260 平方公里；容城县全部 220 平方公里土地被淹，39 个乡中 34 个遭受重灾 |
| 1956 年 7 月 29 日至 8 月 6 日 | 海河流域连续出现大暴雨 | 大清河、子牙河、永定河等堤防多处决口，大清河兰沟洼和白洋淀周边洪水一片，白洋淀周边县城大部分被淹 |
| 1963 年 8 月上旬 | 海河流域过程总降水量达 1329 毫米，内丘獐么降水量达 2050 毫米，邢台司仓站 24 小时降水量达 704 毫米 | 白洋淀水位上涨迅猛，遭受了近 2 个月大面积长时间的洪涝灾害，雄县洪涝成灾面积 113 平方公里，安新县 170 个村庄被洪水浸街，这次暴雨强度之大，受灾面积之广，影响之重为近百年所罕见 |
| 1977 年 7 月 20 日至 8 月 14 日 | 连降暴雨 | 白洋淀及其下游地区水体淹没土地面积累计达 729.9368 平方公里，其中耕地面积 605.776 平方公里，占总淹没面积的 83%；淹没城乡用地面积达 107.604 平方公里，占总淹没面积的 14.7% |
| 2016 年 7 月 19 日至 21 日 | 容城、安新、雄县累计降水量分别为 175.7 毫米、212.6 毫米和 191.7 毫米，容城、安新最大日降水量分别为 167.7 毫米、205.3 毫米，均为有记录以来最大，雄县最大日降水量 178.6 毫米，为有记录以来第二多 | 容城、雄县共计 51.7 万人受灾，农作物受灾面积 400 平方公里以上，直接经济损失 1.1 亿元 |

## （三）历史径流特征分析与内涝风险

汇入白洋淀的上游河流历年径流量变化情况分析结果是，丰水年和枯水年水情变率剧烈，周期变短，年代际内扰动增加，虽然上游水库的拦蓄作用使得洪峰变小，但历时变短，所以致灾性更强。[1]

根据山洪普查数据统计，白洋淀上游河道洪水发生频率最高的是磁河、唐河、大沙河、拒马河，白洋淀上游的山洪发生频率最高的主要在涞源县山

---

[1]　宋晓猛，张建云，占车生，等 . 气候变化和人类活动对水文循环影响研究进展 [J]. 水利学报，2013, 44(7): 779–790.

区，主要山洪年份是 1963 年、1977 年、1988 年、1989 年、1991 年和 2012 年。[①]

依据基于影响的气象灾害风险预警业务标准，将内涝淹没深度按照影响程度分为四个等级标准（见图 12-1）。

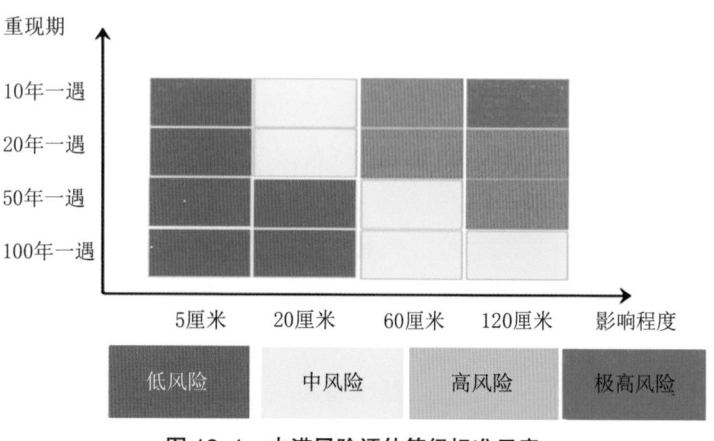

**图 12-1　内涝风险评估等级标准示意**

（1）低风险。内涝有极低影响（淹没水深低于 5 厘米）或发生概率较低（50 年~100 年一遇），且影响低（淹没水深 5~20 厘米）。

（2）中风险。发生概率高（10 年~20 年一遇），但影响低（淹没水深 5~20 厘米）；发生概率较低（50 年~100 年一遇），但影响高（淹没水深 20~60 厘米）；或发生概率极低（100 年一遇），但影响极高（淹没水深高于 60 厘米）。

（3）高风险。发生概率高（10 年~20 年一遇），且影响高（淹没水深 20~60 厘米）；或发生概率较高（20 年~50 年一遇），且影响极高（淹没水深高于 60 厘米）。

（4）极高风险。发生概率极高（10 年一遇），且影响极高（淹没水深高于 60 厘米）。

安新、容城和雄县三县城区多处于内涝风险低的区域，部分建成区内涝风险可达中等风险。内涝风险高的区域多位于雄安新区北部和东南部。

---

①　张建云，宋晓猛，王国庆，等 . 变化环境下城市水文学的发展与挑战——I. 城市水文效应 [J]. 水科学进展，2014, 25(4): 594–605.

对比雄安新区规划图，起步区所处区域局部内涝风险较低，但大部位于内涝风险中高等级区域，且有部分区域处于内涝风险极高的区域。雄安新区地处多条河流流域下游，如果综合上游洪水的叠加和放大效应，城市内涝灾害风险会更加严重。

## （四）未来降水预估

### 1. 预估方法

本研究基于国家气候中心 RegCM4 区域气候模式进行的中等温室气体排放情景（RCP4.5）的 25 千米水平分辨率的 1980~2099 年数值模拟结果，通过统计降尺度和集合平均得到京津冀区域 6.25 千米水平分辨率的预估数据，以 1986~2005 年为基准期，进行了雄安新区未来气候变化预估分析。

### 2. 降水未来变化预估

到 2035 年前后，雄安新区年降水量将增加 7.4%，其中夏季增加 5.5%，冬季减少 10.2%。雄安新区 21 世纪近期（2026~2045 年）夏季和年平均降水相对于 1986~2005 年以增加为主，冬季平均降水以减少为主。具体来看，夏季平均降水增加 5%~10%，冬季平均降水减少 10% 以上，因夏季降水对年降水总量贡献较大，所以年平均降水与夏季降水变化一致，年平均降水的年代际变化特征明显。

### 3. 极端降水事件预估

基于动力和统计联合降尺度得到的 6.25 千米分辨率的气候变化预估数据，计算极端降水事件指数结果，到 21 世纪近期（2026~2045 年），雄安新区极端降水事件增加幅度值在 10%~25%；到 21 世纪末（2006~2098 年）的长期变化趋势显示，雄安新区极端降水事件有明显的年代际变化特征，线性趋势不显著。

### 4. 极端降水风险预估

与气候平均态的分析类似，将 21 世纪近期（2026~2045 年）的多年平均值与 1986~2005 年的多年平均值相减，作为中等温室气体排放情景下 21 世纪近期的气候要素变化。采用吴绍洪等[①] 使用的研究方法，以致灾危险度

---

① 吴绍洪，潘韬，贺山峰. 气候变化风险研究的初步探讨 [J]. 气候变化研究进展，2011, 7(5): 363–368.

指标和承灾体易损度指标估算未来灾害风险度。

$$灾害风险 = 致灾危险度 \times 承灾体易损度 \tag{1}$$

式（1）中，致灾危险度以极端气候事件指数表示，承灾体易损度则使用人口密度和经济量计算。针对不同的灾害风险，根据专家打分法，分别建立承灾体易损度评估模型。

（1）暴雨承灾体易损度。参考吴绍洪等的研究，暴雨承灾体易损度的评估模型为：

$$V_F = 0.5 \times D_{\text{POP}} + 0.5 \times D_{\text{GDP}} \tag{2}$$

式（2）中，两要素人口密度和经济发展程度表现为类似的空间分布，因此基准期内易损度高值区主要分布在人口稠密、经济较为发达的地区。根据 2019 年国务院批复的《河北雄安新区总体规划（2018—2035 年）》，雄安新区主体将在 2035 年建设完毕。从人口规模上看，通过雄安新区用地规模测算的远期人口在 300 万 ~500 万人，属于"Ⅰ型大城市"。在中等排放情景下，随着雄安新区的大规模建设，经济快速发展、人口迅速增长，2035 年前后（2026~2045 年），雄安新区人口密度不超过 1 万人 / 公里²，但起步区及几个外围组团人口相对比较集中，承灾体易损度会明显增加。

（2）暴雨致灾危险度。专家打分法是目前应用较多的权重确定方法。暴雨致灾危险度采用专家打分法进行计算，考虑到地形和下垫面对致灾危险度的影响，根据暴雨发生历史情况，综合考虑 *Rx5day*（最大五日降水量）和 *R20*（极端降水）作为致灾因子指标，地形高度、地形标准差和到河湖距离作为孕灾环境指标。[①] 将各项指标的权重打分表分别提交给暴雨灾害、自然灾害防御、人口资源与环境的相关 10 位专家进行打分，每位专家根据各自的专业经验对上述 5 项指标分别打分（5 项指标的总分为 100 分），对专家的打分值进行平均，将平均值除以 100 分即得到对应的权重值，如式

① 联合国教科文组织. 联合国世界水发展报告：基于自然的水资源解决方案 (2018)[M]. 中国水资源战略研究会 ( 全球水伙伴中国委员会 ) 编译. 北京：中国水利水电出版社，2019: 25–123.

（3），对这些指标分别进行归一化并加权求和。

$$H_F=0.35 \times Rx5day+0.25 \times R20+0.06 \times E+0.12 \times S+0.22 \times B \qquad （3）$$

式（3）中，$H_F$ 是暴雨致灾危险性指数，$E$、$S$ 和 $B$ 是归一化后的地形高度、地形标准差和到河湖距离指标。通过标准化将危险度取值范围限定于 0~1。

按照危险度值分级，Ⅰ（0~0.3）、Ⅱ（0.3~0.4）、Ⅲ（0.4~0.5）、Ⅳ（0.5~0.6）、Ⅴ（0.6~1.0）将暴雨致灾危险度 $H_F$ 划分为 5 个等级（见表 12-2）。按照雄安新区的发展规划，人口和经济体量都将较现状有明显增加，从孕灾环境分布来看，雄安新区的暴雨危险度有一定程度增加。到 2035 年，受未来极端强降水增加的影响，雄安新区Ⅳ级和Ⅴ级危险度的面积比例都在增加，总比例从 34.62% 增加到 44.08%，起步区及几个外围组团的暴雨灾害风险等级将升高到Ⅴ级。未来致灾危险度的空间分布变化不大，相比基准期主要是高危险度的范围向周边扩张，主要河流和水库、湖泊的周边地区，孕灾环境的危险等级较高。

按照雄安新区的发展计划，到 2035 年前后，人口和经济体量都将较现状有明显增加[①]，起步区及几个外围组团的暴雨灾害风险等级将升高到最高级。从孕灾环境分布来看，由于雄安新区地势以及区内白洋淀和密集的河道水系，雄安新区的暴雨承灾体易损度和暴雨致灾危险度异质化特征表现为，（相对于基准期）Ⅲ级区域减少、Ⅳ级区域增大，危险度的平均值高于京津冀其他平原地区。

表 12-2　雄安新区暴雨灾害致灾危险度的等级变化（面积比例）

| 等级 | 致灾危险度等级变化 | |
|:---:|:---:|:---:|
| | 基准期 1986~2005 年 | 2026~2045 年 |
| Ⅰ | 0.00% | 0.00% |
| Ⅱ | 0.00% | 0.00% |
| Ⅲ | 70.59% | 39.22% |
| Ⅳ | 29.41% | 60.78% |
| Ⅴ | 0.00% | 0.00% |

① 李国庆,邢开成,黄大鹏.雄安新区社会重构期暴雨洪涝风险的社区分类调适 [J].中国人口·资源与环境,2020,30(6):53-63.

（3）暴雨灾害风险。以标准化的致灾危险度指标和承灾体易损度指标相乘，来计算灾害风险度。按风险度值 0~0.02、>0.02~0.05、>0.05~0.10、>0.10~0.20、>0.20~1.00 将暴雨灾害风险分为 5 级。表 12-3 给出不同时期各风险等级对应雄安新区的面积百分比。

表 12-3　雄安新区暴雨灾害风险的等级变化（面积比例）

| 等级 | 风险等级变化 | |
| --- | --- | --- |
| | 基准期 1986~2005 年 | 2026~2045 年 |
| I | 88.24% | 0.00% |
| II | 11.77% | 84.31% |
| III | 0.00% | 0.00% |
| IV | 0.00% | 0.00% |
| V | 0.00% | 15.69% |

受承灾体易损度的较大影响，基准期雄安新区起步区多数地区为 I 级风险，外围组团区为 II 级风险。到 2035 年，雄安新区起步区及几个外围组团的风险等级也将升高到 V 级。

## 三　雄安新区应对极端降水基于自然的解决方案

"十三五"期间，中国海绵城市建设创新性地推动了绿色建筑和低碳城市发展，在海绵城市的规划建设和旧城改造以及郊野公园建设中，引入基于自然解决方案的理念，通过减少不透水路面占比、增加波状或下沉式绿地等工程设计方式，提高城区吸收并存储净化雨洪资源的能力，有效地减少城区进入市政排水系统的径流量，不仅部分解决了城市内涝问题，还能降低绿化用水量和废水净化费用，改善城区微气候环境，实现社会经济和生态综合效应的提升。在北京、上海等发达地区为贯彻落实海绵城市的理念，开展基于自然解决方案的实践探索试点，从"渗滞蓄净用排"的技术着手，促进雨水径流自然下渗，以缓慢下渗代替快速排放，缓解市政排水管网压力，减轻城市内涝现象，取得了较好的综合效益和经验。[1] 但中国基于自然解决方案的实践还未成为应对气候变化的主流措施，还缺乏统一规

---

[1]　盛广耀，廖要明，扈海波 . 气候变化下雄安新区洪涝灾害的风险评估及适应措施 [J]. 中国人口·资源与环境，2020, 30(6): 40–52.

范的技术体系和管理机制，公众的环保理念和社会参与度尚显不足，很多基层的地方政府财力和治理能力建设较为薄弱。

为贯彻落实国务院办公厅关于加强城市内涝治理的相关指示精神，2021 年 12 月，河北省人民政府办公厅印发的《河北省城市内涝治理实施方案》要求，到 2025 年，河北各设区市全面落实内涝治理系统化实施方案，50% 以上城区达到海绵城市建设相关技术标准，统筹推进雨洪资源利用与城市内涝治理工作，城市排水防涝工程体系应对极端降水工作取得显著成效，保障重要市政基础设施安全稳定运行的同时，有效存蓄雨洪资源，改善城区居住环境，提高居民幸福指数和获得感。[1]

在气候变化背景下，未来极端降水、干旱等气候事件的发生频次有增加的趋势，气候风险管理依然面临严峻挑战。结合雄安新区的区位条件和自然地理与气候环境，生态安全和水生态安全等问题，雄安新区的规划建设中需要深刻全面地理解和遵循人与自然和谐共生的关系，工程措施与非工程措施有机结合，发挥灵活性、兼容性和适应性优势，达成降低多重风险的协同效益，系统综合地协调管理环境、经济和社会的高质量发展问题，城市生态空间重点关注白洋淀保护与"千年秀林"和城市绿地的建设。根据雄安新区"一主、五辅、多节点"城乡空间格局，以及体现"蓝绿交织、清新明亮、水城共融的生态城市"理念与建设目标，[2] 基于自然解决方案的雄安新区雨洪管理模式应当以综合管理改善生态系统质量供人类可持续利用为主旨，既要抵御和减轻极端气候事件风险，又要为居民提供高质量的生活环境，承担着解决人类社会所面临的风险和挑战与提供人类福祉的双重任务。[3] 基于雄安新区未来社会经济发展和生态空间关注重点以及降水趋势预估和风险分析与评估结果，依据宏观到微观的视角、由表及里的逻辑，从系统性规划、结构性设计和工程性措施三个维度，基于自然解决方案的雄安新区雨洪管理模式应该重点关注以下几点。

---

① 朱守先. 基于极端气候事件能源生态系统的调适与优化——以雄安新区为例 [J]. 中国人口·资源与环境, 2020, 30(6): 64-72.

② COHEN-SHACHAM E G, WALTERS G M. MAGINNIS S, et al. Nature-based solutions to address global societal challenges[M]. Switzerland: IUCN, 2016.

③ KRULL W, BERRY P M, BAUDUCEAU N, et al. Towards an EU research and innovation policy agenda for nature-based solutions & renaturing cities: final report of the Horizon 2020 expert group on "nature-based solutions and re-naturing cities" [M]. Brussels: Publications Office of the European Union, 2015.

## （一）坚持全流域生态保护修复总体规划，提高系统性气候治理能力

科学制订并严格遵循基于自然的解决方案的生态保护修复总体规划和大清河流域系统性治理方案。以大清河流域尤其是上游山区主要汇水区面临的生态环境问题治理为导向，以千年秀林的空间布局与优化和绿色生态农业为指引，以白洋淀为核心和重要节点，开展全流域生态保护修复和山水林田湖系统治理。[①] 严格按照系统性的设计要求，因地制宜，因水制宜，抓好水资源这一华北生态最关键的环境要素，在河长制、湖长制的落实过程中，坚持山水林田湖草整体思维和生态红线划定与保护的基本原则，坚持山区绿化的生态建设与当地农民致富和乡村振兴有机结合，实施全流域整治、森林生态系统修复、坡地农田水土保持及病险水库生态治理，确保各基本地理单元生态质量不下降，全流域生态功能不降低，规模不减少，在确保水库安全的前提下，多蓄水、蓄好水，稳定提高上下游综合生态服务价值，为生态补偿机制的建立与完善和"绿水青山就是金山银山"的资本化实现提供基础保障。

强化生态气候风险评估结果应用，加强空间规划和管控。结合大清河全流域自然山水景观风貌专项规划，编制并严格落实流域河道治理和防洪设施建设管控办法，确定禁建区和严管区，基于大清河流域主汛期强降水集中的气候特点和源短流急的山洪防御形势以及水资源管理、生态安全现实，根据区域性极端降水和山洪发生演进规律，统筹大清河上下游全流域重点地区防洪安全和水资源管理。强化大清河流域上游河道坑塘整治与生态修复，以水污染源头治理和水质提升为目标，科学识别和评估优先治理范围、领域和生态治水措施，促进全流域水生态的治理水平全面提升。以自然恢复为主，并通过实施宜林地造林和封山育林、森林抚育等工程措施，改善植被状况，提升生态系统质量和水源涵养能力。[②] 构建河湖生态走廊，积极营造季节性河流与人工湿地、污水净化设施等半自然化的人工形态，

①　Global Commission on Adaptation.Adapt now: a global call for leadership on climate[EB/OL].2019–09–13[2022–12–11]. https://gca.org/wp-content/uploads/2019/09/GlobalCommission_Report_FINAL.pdf.

②　BONGAARTS J.Summary for policymakers of the global assessment report on biodiversity and ecosystem services of the Intergovernmental Science–Policy Platform on Biodiversity and Ecosystem Services[J].Population and development review, 2019, 45(3): 680–681.

利用河流形态的多样性恢复改善生物群落多样性，总体提高全流域生态质量，为系统性气候治理提供支撑。

## （二）倡导城市级多尺度竖向系统设计，提高城市韧性和生态承载能力

结合雄安新区规划建设和气候风险管理现实，综合考虑地理环境、气候特征、土地利用、道路交通、防洪排水、景观风貌和经济水平等实施条件，加强城市多尺度竖向系统设计，坚持底线思维，强调系统性和整体性，提高现有自然水体和重要生态资源的气候韧性和生态承载力，贯彻落实低碳、绿色的工程理念，将基础设施可持续运行与排水防涝、景观塑造等城市建设环节融入城市规划中。

强化雄安新区竖向规划系统设计，重点考虑蓝绿空间的合理布局，充分利用新区西北高、东南低的自然地貌和雨洪下泄坡度，以及城市基础设施系统的高效衔接及防洪排涝安全的有效保障等因素，随形就势，完善新区外围堤防沿线河道水系的整体竖向形态，科学设置生态沟，加大雨水管网南北向径流收储，提高雨水在管道内的流速。加强雨水排放及自然生态保育和雨洪资源消纳的廊道建设，合理确定公园绿地休闲活动空间的场地建设高程，不断优化蓝绿交织的宜居环境，实现对防洪排涝、土地利用、道路交通、景观风貌和市政管线等系统合理布局的有力支撑。

强化基于自然解决方案的气候适应性城市和景观策略。践行城市级多尺度生态治水理念与方法，尊重生态系统的自然过程，构建城、田、河、水、滩、林等多样性生态景观和开放式生态防洪与水资源管理的海绵系统[1]，全面恢复白洋淀作为蓄滞洪区和生产性湿地的功能，缓解上下游面临的季节性旱涝矛盾，提高雄安新区洪涝自适应性，形成水生态修复、环境保护与绿色能源生产相结合的生态产业化格局。城市组团高地与低洼水塘湿地交替分布，通过淀－库－滞洪区分散式的防洪排涝系统联防调控，有效应对极端降水对城区的威胁，提高雨洪的资源化利用能力，改善水生态环境，消除城水隔离的对抗姿态，增加居民的亲水界面，提升蓝绿交织的城淀融合景观质量。

---

① FIELD C, BARROS V, STOCKER T, et al.Managing the risks of extreme events and disasters to advance climate change adaptation: special report of the intergovernmental panel on climate change[R/OL]. [2022-12-11]. https://www.ipcc.ch/site/assets/uploads/2018/03/SREX_Full_Report-1.pdf.

## （三）坚持趋利避害的总基调，强化生态型基础设施建设

雄安新区大清河流域造林项目和"千年秀林"工程要集中体现打造高品质的生态空间。作为重要的基础设施，"千年秀林"片、廊、环相连的森林生态系统的布局与优化，其生态屏障、水源涵养和优化水循环以及地下水储存和调蓄、更新功能，防御区域性洪水等生态价值不可估量。同时"千年秀林"又是风格独特的文化载体，能呈现人与自然和谐的生态画卷。基于绿化率指标、绿地空间分布以及低影响开发设施落实，构建雨水廊道贯通相邻的供需平衡的空间单元，提升城市绿地系统雨洪调节能力和生态韧性。对于季节性河流滩地和临水土地，以适当增加漫滩和滨岸湿地等生态手段，加强上游流域对雨洪的积存能力，恢复增加自然水循环，降低洪峰流量及流速，推迟洪峰到达时间，减少传统硬化堤岸工程对水质水量和生态活性的不利影响。绿色基础设施与灰色工程基础设施有机结合，综合来水、蓄水、分水、泄水的水量水质，应用南水北调来水、地表水、地下水、非常规水等多水源联合调配技术，充分发挥流域防洪工程体系作用，促进雨洪资源收蓄和暴雨山洪地质灾害防御基础设施的根本优化和生态环境的持续性改善，缓解水资源供需矛盾，大幅降低流域防洪压力和气候风险。

坚持趋利避害的总基调，实现基础工程与水资源配置、气象灾害预报预警和应急指挥等风险管理措施有机结合，根据流域暴雨集中、河流源短流急、洪水陡涨陡落、应对时间紧迫的现实，在确保外围堤防安全和雨洪疏导功能的前提下，发挥大清河水系连通与水安全保障能力，保障上游极端性暴雨导致的山洪顺利下泄，不影响雄安新区主城区，形成基于海绵城市建设的雨水径流源头减控体系，提高主城区海绵城市的标准和城市内部河道排涝标准，规划建设并逐步完善配套的洼地、公园和城市水体等作为蓄滞洪区的水生态空间，并能够与城市周边水系通畅汇流，消纳自然降水，尤其是超出排放能力的洪水，实现上蓄、中疏、下排，有效蓄滞利用雨洪，最大程度涵养自然降水资源，减少内涝风险。[1] 充分考虑白洋淀的水资源

---

① IPCC. Global Warming of 1.5 ℃ .An IPCC Special Report on the impacts of global warming of 1.5 ℃ above pre-industrial levels and related global greenhouse gas emission pathways, in the context of strengthening the global response to the threat of climate change, developmentsustainable, and efforts to eradicate poverty[EB/OL].[2022-12-11]. https://www.ipcc.ch/site/assets/uploads/sites/2/2018/07/sr15_headline_statements.pdf.

承载能力和水资源调蓄功能,以生态环境改善和水生态修复为目标,采取工程性技术手段和管理措施相结合、生态保护与修复和水污染治理相结合、全流域治理和重要节点治理相结合的方法,形成生态旅游和休闲康养为主要特色的可持续生态产业链,提升白洋淀流域生态保护的社会影响力和协同效应,助力雄安新区绿色高质量发展。

## 四 结语与展望

实践证明,在全球变暖、极端天气气候事件多发频发的背景下,雨洪管理将面对更多挑战。随着城市群的发展和城镇化速度的加快,城市人口数量增加与经济活动强度不断增大,加剧了生态、社会、技术融合的复杂性。基于自然解决方案的气候韧性城市建设,以系统性治理和流域尺度管理理念对城市生态系统进行结构完善和功能恢复,才能缓解水资源供需紧张的矛盾,解决城市内涝的根源性问题,实现生态保护与修复和城市防洪减灾目标,代表着体现生态智慧、绿色可持续发展和生态文明建设视野下城市规划与建设的方向。

雄安新区规划建设作为新时期新理念的创新发展示范区,基于自然的解决方案为自然保护、环境改善和气候风险管理领域的创新与变革指明了方向。虽然基于自然的解决方案实践将面临技术体系、工作机制以及资金、配套政策筹措等多方面的问题,但应用先进的基于自然的解决方案理念,以世界眼光和国际标准,学习借鉴国际国内应对气候变化的优秀案例,结合雄安新区实际,在政府相关部门、社会组织、社会公众等多方力量的支持和积极参与下,坚持以防为主、防抗救相结合,突出强化雨洪资源利用和气候风险管理,全面推进基于自然的解决方案在雄安新区规模化实施,全面提高新区的自然灾害综合防范能力和生态保护与资源综合利用水平,能为新区带来良好的环境、社会和经济综合效益,助力雄安新区规划建设、运行安全和社会经济稳定高质量发展。

# 第十三章　系统韧性视角下雄安新区适应性雨洪管理策略[*]

　　由于自然和人为因素的影响，雄安新区存在水灾害（洪涝）、水资源、水环境和水生态等水安全问题并相互关联。历史上雄安三县洪涝灾害频发，且多次发生损失严重的洪涝灾情。同时，雄安地区水资源短缺、干旱的问题也很突出。当地人均水资源量和亩均耕地水资源量仅为全国平均水平的8%和15%[①]，目前主要依靠引黄入冀补淀和南水北调中线外调水源。此外，雄安三县特别是白洋淀地区，还存在着水环境污染、水生态功能受损的问题。水作为雄安新区发展的基础和特色，对雨洪系统的构建提出了更高要求，不仅要应对暴雨洪水可能引发的区域性洪涝和城市内涝的威胁，而且要同时考虑水资源蓄存、水污染治理、水生态修复的问题，思考更加合理的多目标雨洪管理策略。

　　同时气候变化和城市化建设对水系统安全带来双重压力。一方面，在全球变暖的趋势下，发生极端天气及气候事件的不确定性增加。有研究表明，雄安新区及京津冀地区极端强降水事件将增多[②]，而极端天气及气候事

---

　　[*]　本章内容原载于《中国人口·资源与环境》2023年第4期，收入本书时做了一些技术性处理，主要内容未做修改。本章执笔人盛广耀，中国社会科学院生态文明研究智库研究员，主要研究方向为城市与区域发展、城市可持续发展。

　　[①]　李维明，何凡，谷树忠．雄安新区水安全治理形势分析与思路建议[J]．中国水利，2018(23)：7-10.
　　[②]　吴婕，高学杰，徐影．RegCM4模式对雄安及周边区域气候变化的集合预估[J]．大气科学，2018，42(3)：696-705；石英，韩振宇，徐影，等．6.25km高分辨率降尺度数据对雄安新区及整个京津冀地区未来极端气候事件的预估[J]．气候变化研究进展，2019，15(2)：140-149.

件增多是暴雨洪涝灾害事件频发的主要诱因。[①] 另一方面，随着雄安新区城市规模的急剧扩大，洪涝灾害的孕灾环境与成灾机理会产生显著变化，日趋复杂的城市系统将产生更大的不确定性风险。[②] 有大量研究表明，城市化过程将增加城市地区暴雨内涝灾害的风险，产生风险突增效应。城市特别是大城市地区一旦发生洪涝灾害，往往造成严重的社会经济损失。雄安新区未来几十年将处于城市化快速发展的过程中，城市扩张将对洪涝灾害的风险治理产生一系列的压力和影响，而构成一种"胁迫效应"，这对新区的雨洪管理能力提出了严峻挑战。

## 一 问题的提出

灾害风险都是系统性的，灾害影响也都是系统性的，这意味着对灾害的风险治理也应该是系统性的。[③] 一方面，雄安新区建设所面对的水灾害、水资源、水环境以及水生态问题复杂而又相互关联，需要从水系统的角度来考虑城市区域的雨洪管理问题，在暴雨洪涝灾害风险治理的同时，增强水系统的韧性。另一方面，气候变化和城市化建设使暴雨洪涝灾害的风险产生了新的复杂性和不确定性。传统的风险治理方法倾向于基于线性或已确立的因果关系，而面向复杂性和不确定性的系统性风险治理需要识别复杂的因果结构、动态演变和级联或复合影响。[④] 因此，雄安新区需要以系统性思维，构建基于复杂系统、动态过程、复合功能的韧性雨洪系统，实施适应各种不确定性变化的系统性风险治理策略。

联合国减少灾害风险办公室在 2022 年全球评估报告《我们处在风险的世界：为有韧性的未来转变治理方式》中指出，在一个不确定的世界里，理解和减少风险是实现真正可持续发展的关键；抵御未来冲击的最好办法是现在就对系统进行改造，通过韧性建设来应对气候变化，减少造成灾害的脆弱性和灾害所造成的危害。对于系统视角的城市水韧性研究，廖

① 扈海波. 城市暴雨积涝灾害风险突增效应研究进展 [J]. 地理科学进展，2016，35(9): 1075-1086.
② 吴明宇，王忠，张云慧. 城市扩张对洪涝灾害风险的胁迫效应及情景模拟 [J]. 湖北农业科学，2021，60(14): 51-56，89.
③ SILLMANN J, CHRISTENSEN I, HOCHRAINER-STIGLER S, et al. ISC-UNDRR-RISK KAN briefing note on systemic risk[R]. Paris: International Science Council, 2022.
④ United Nations Office for Disaster Risk Reduction. Global assessment report on disaster risk reduction 2022: our world at risk: transforming governance for a resilient future[R]. Geneva, 2022.

桂贤 [①] 提出城市韧性承洪理论，但其更强调城市各子系统对洪水的自然适应性；俞孔坚等 [②] 将城市水系统韧性的管理策略分为结构性措施和非结构性措施；魏依柯等 [③] 则从生态、工程和社会韧性三个层面探讨城市雨洪韧性管理体系；而陈天等 [④] 从水资源调蓄、水生态复育、水安全防控、水气候调节四个方面综合考虑城市水系统的韧性规划对策。具体到雄安新区的水系统问题，俞孔坚 [⑤] 提出综合解决雄安新区水问题的三大创新策略：格局策略、形态策略和过程策略；龚道孝等 [⑥] 从水资源、水环境、水生态和水安全四个维度提出雄安新区新型城市水系统建设标准；陶相婉等 [⑦] 将"全周期管理"理念融入雄安新区水系统管理体系。本研究将系统治理观点与韧性的概念进一步联系起来，明确提出"系统韧性"的概念，以强调复杂适应系统内各系统相互作用与协同的重要性，尝试进一步深化对韧性概念的理解；并通过建立一个综合框架，将其应用于雄安新区雨洪系统规划建设的研究中。

## 二　系统韧性与城市雨洪韧性

### （一）系统韧性的理论解读

韧性理论本身具有系统属性。通常而言，韧性是指一个实体或系统在发生破坏其状态的事件后恢复正常状态的能力。[⑧] 自 20 世纪 70 年代生态学家霍林（Holling）将韧性的概念引入生态学研究后，韧性在许多学科领域

---

① LIAO K H. A theory on urban resilience to floods: a basis for alternative planning practices[J]. Ecology and society, 2012, 17(4): 388–395.

② 俞孔坚，许涛，李迪华，等. 城市水系统弹性研究进展 [J]. 城市规划学刊，2015(1): 75–83.

③ 魏依柯，曹丹，徐若萱，等. 韧性视角下雨洪管理体系建设的国际经验 [C] // 面向高质量发展的空间治理——2020 中国城市规划年会论文集 (01 城市安全与防灾规划 ), 2021: 144–156.

④ 陈天，石川淼，王高远. 气候变化背景下的城市水环境韧性规划研究——以新加坡为例 [J]. 国际城市规划，2021, 36(5): 52–60.

⑤ 俞孔坚. 三大创新策略综合解决雄安新区的水问题 [J]. 景观设计学，2018, 6(4): 5–13, 4.

⑥ 龚道孝，莫罹，刘曦，等. "四水统筹、人水和谐"的雄安新区城市水系统建设标准研究 [J]. 给水排水，2021, 57(11): 62–69.

⑦ 陶相婉，莫罹，龚道孝，等. 雄安新区城市水系统全周期管理机制研究 [J]. 给水排水，2021, 57(11): 77–81.

⑧ HOSSEINI S, BARKER K, RAMIREZ-MARQUEZ J E. A review of definitions and measures of system resilience[J]. Reliability engineering & system safety, 2016, 145: 47–61.

被广泛探讨和应用。这一概念经历了工程韧性、生态韧性、社会生态韧性三次理论认知的拓展，并将韧性研究逐步由简单系统扩展到复杂系统。人们通常将城市作为"复杂系统"来研究，如 Godschalk[1] 将城市描述为由"物理和社会网络的动态联系"组成的"复杂和动态的元系统"；Meerow 等[2] 将"城市系统"概念化为复杂的、适应性强的新兴生态系统，由四个子系统组成：治理网络、网络化物质和能量流、城市基础设施和形态以及社会经济动态。因此在具体的实践应用中，适应环境变化的韧性策略也应该是以系统为导向的，采取更加动态的观点，并将适应能力视为具有韧性的社会生态系统的一个核心特征。[3]

复杂适应系统（Complex Adaptive System，CAS）理论的引入，强化了韧性研究的系统论思维，可以为系统韧性思想的发展提供理论支撑。复杂适应系统理论是在 20 世纪 90 年代被提出的，它是从主体和环境的互动作用去认识和理解复杂系统行为。这一理论创新性地提出了"适应性主体"（Adaptive Agent）的概念，将系统元素看作具有目的性、主动性、适应性和有活力的主体，彼此相互作用、相互适应，突破了把系统元素看成"死"的、被动的对象的观念。[4] 复杂适应系统由一系列具有适应能力的主体及与环境的互动关系构成，不同适应性主体也可互为环境。各主体在交互过程中不断学习，从而调整自身内部结构及行为方式，以适应环境和其他主体，同时也改变着环境；动态变化的环境又会对主体的行为产生约束和影响；如此反复，成为系统发展和进化的基本动因。[5] 复杂适应系统理论不仅有助于理解复杂系统的运作，而且为构建适应变化的韧性系统提供了分析框架。

本研究将韧性理论与复杂适应系统理论联系起来，提出系统韧性的概念。所谓系统韧性是指复杂系统中各子系统及其构成要素和关系相互协同

① GODSCHALK D R. Urban hazard mitigation: creating resilient cities[J]. Natural hazards review, 2003, 4(3): 136–143.

② MEEROW S, NEWELL J P, STULTS M. Defining urban resilience: a review[J]. Landscape and urban planning, 2016, 147: 38–49.

③ NELSON D R, ADGER W N, BROWN K. Adaptation to environmental change: contributions of a resilience framework[J]. Annual review of environment and resources, 2007, 32: 395–419.

④ 陈禹. 复杂适应系统 (CAS) 理论及其应用——由来、内容与启示 [J]. 系统辩证学学报，2001，9(4): 35–39.

⑤ 刘亚非，马德彭，刘新罡. 复杂适应系统 (CAS) 理论在我国环境领域研究中的应用 [J]. 环境与可持续发展，2020，45(3): 93–96.

的整体韧性能力。当复杂系统受到不确定风险的冲击或扰动时，相互依赖的子系统通过主动的共同应对和积极的互动反馈过程，增强系统整体应对风险的能力。认识复杂系统内相互依存的关系对于理解系统韧性至关重要。复杂系统由不同的子系统、组成部分、元素和行动者所构成，它们之间有着不同的相互作用关系，而且通常是多尺度的、网络化的和强耦合的。具有相互依赖关系的复杂系统，每个子系统都会直接或间接影响其他子系统。这种影响取决于系统各个要素如何相互作用，通过积极或消极的反馈过程发生，其可能具有系统韧性，也可能产生系统性风险。从这个意义上讲，系统韧性是相对系统性风险而提出的。系统性风险是由复杂的耦合系统中的相互依赖所引起，其一个关键属性是，它可以跨越与其他系统、部门和地理区域的界限，产生连带影响和级联效应。[1] 当某一系统的风险条件被触发时，其危害会蔓延到其他系统、部门或区域，甚至可能导致整个系统的崩溃。也就是说，任何系统元素及其关系的脆弱性都会被系统的相互依赖性所放大，从而影响整个系统的韧性水平。在复杂的耦合系统中，一个系统的韧性水平会影响其他系统的韧性能力。若要增强复杂系统的整体韧性，就应当把系统中所有要素均纳入考量的范畴，若仅选取其中某一方面或维度进行强化，则可能出现顾此失彼的局面。[2] 总之，系统韧性由不同维度（子系统）的韧性及其积极反馈的协同韧性所构成。系统韧性应当体现在系统要素和结构、系统功能、互动关系和过程等各方面，并相应地具有多种状态的韧性特征，如结构韧性、功能韧性和过程韧性等。

### （二）系统视角的城市雨洪韧性

城市是一个包含自然、经济、社会、基础设施等子系统在内的复杂系统，各子系统及其要素之间相互作用、相互适应，具有典型的复杂适应系统特征。Desouza 等基于复杂适应系统理论，将城市系统元素归为物质（包括资源、过程和建成环境）和社会（包括人、制度和行动）两类组成部分，构建了韧性城市组分及相互作用的分析框架。[3] Meerow 等也将城市系统理论

[1]　SILLMANN J, CHRISTENSEN I, HOCHRAINER-STIGLER S, et al. ISC-UNDRR-RISK KAN briefing note on systemic risk[R]. Paris: International Science Council, 2022.

[2]　郗春媛，张凯，沙华国，等 . 行动困境与韧性之治：边疆地区应急管理现代化瓶颈及其路径——系统韧性视角下云南边疆地区抗疫的实例分析 [J]. 民族学刊，2021, 12(9): 74-83, 122.

[3]　DESOUZA K C, FLANERY T H. Designing, planning, and managing resilient cities: a conceptual framework[J]. Cities, 2013, 35: 89-99.

化为复杂和适应性的系统，强调在多个空间和时间尺度上相互作用的复杂自适应子系统内部和之间的相互联系。[①] 仇保兴依据复杂适应系统理论，将城市韧性的建设分为结构韧性、过程韧性和系统韧性三个层面，其中系统韧性是城市作为不断运作的活有机体所具有的韧性。[②] "100 韧性城市"组织《韧性城市韧性生活》报告则认为："在具体的城市韧性实践中，由于城市系统在不同组分和过程中所存在的多尺度紧密联系性，不管是为了优化提升城市综合韧性，还是聚焦在城市某个方面的特定韧性，城市韧性都应从一种整体性、综合性和系统性的视角出发，以构建城市的长期性的整体韧性为根本目的，并根据城市地方情境落实到所聚焦的具体子系统或功能维度上。"[③]

城市雨洪韧性属于城市特定领域的韧性建设，是韧性城市建设的重要内容。参考相关研究的界定[④]，笔者认为城市雨洪韧性是指城市承受暴雨洪水的能力，即城市系统在遭受暴雨洪水的冲击时，具有吸收、抵抗、恢复和适应的能力。它应具有四个层面的韧性特征：其一，具有吸收暴雨洪水的扰动，并将其作为资源进行利用的能力；其二，具有抵御和接纳洪涝灾害风险的能力；其三，具有洪涝灾害发生后迅速恢复的能力；其四，具有不断学习和调适的自组织能力，能够动态适应环境的变化。

系统韧性的思维为城市雨洪管理提供了新的视角。过去在城市雨洪管理中，主要是以行动者为中心，考虑的是河道堤防、排涝沟渠、城市排水管网等工程性设施系统的建设问题，很少把城市水系统视为一个复杂适应系统。系统韧性视角的城市雨洪韧性是针对系统整体而言的，把城市雨洪系统作为一个包含水系空间、自然生态、基础设施和社会管理等要素在内的复杂适应系统进行研究。从系统的结构和关系来看，城市雨洪韧性系统由空间、生态、设施和社会等多个子系统所构成，它们之间存在紧密的耦

---

① MEEROW S, NEWELL J P, STULTS M. Defining urban resilience: a review[J]. Landscape and urban planning, 2016, 147: 38–49.

② 仇保兴. 基于复杂适应系统理论的韧性城市设计方法及原则 [J]. 城市发展研究, 2018, 25(10): 1–3.

③ 转引自孟海星, 沈清基. 超大城市韧性的概念、特点及其优化的国际经验解析 [J]. 城市发展研究, 2021, 28(7): 75–83.

④ LIAO K H. A theory on urban resilience to floods: a basis for alternative planning practices[J]. Ecology and society, 2012, 17(4): 388–395; 俞孔坚, 许涛, 李迪华, 等. 城市水系统弹性研究进展 [J]. 城市规划学刊, 2015(1): 75–83; 俞茜, 李娜, 王艳艳. 基于韧性理念的洪水管理研究进展 [J]. 中国防汛抗旱, 2021, 31(8): 19–25.

合关系。相应地，城市雨洪韧性的建设也应该是系统性的，包括空间、生态、设施和社会等不同维度的适应性策略，强调雨洪措施组合的多样性、包容性、灵活性和动态性。

城市雨洪系统的建设不应过分依赖某一类措施如工程措施或生态措施，否则将可能出现顾此失彼的情况，而无法应对城市水安全风险的复杂关联性。一方面，在复杂的适应性系统之中，提升系统对单一扰动的抵御能力往往会增加其面对其他扰动时的脆弱性。比如对暴雨洪水的过度排斥而采用快速排水模式，可能会增加水资源短缺的风险；同时，也忽视了暴雨洪水是一种自然过程和生态要素，忽视了自然生态系统在面对暴雨洪水时的吸纳、适应能力。另一方面，在复杂的适应系统中，对某一子系统能力的过度依赖，往往会削弱其他子系统应对风险的能力。比如单纯依靠传统的河道堤防、排水管网等抵抗性工程措施解决洪涝问题，虽可抵御一定设计标准下的暴雨洪水，但无法应对不确定的极端事件发生。同样，摒弃防洪工程设施而只依靠自然生态的适应能力也并不现实。总之，追求系统韧性的城市雨洪管理提倡的是一种综合平衡、灵活多样、动态调适的管理策略，强调系统的整体功能。

## 三　雄安新区暴雨洪涝灾害风险状态分析

自然因素与人为因素共同决定了城市洪涝灾害的风险是动态变化的。基于历史灾情和未来情景下洪涝灾害的风险评估是雄安新区韧性雨洪系统建设的基础。

### （一）从历史灾情看雄安地区洪涝风险特征

长期的历史灾情数据是洪涝灾害风险状况的真实反映。利用雄安三县地方志[①]、水利志[②]等地方史料以及调研所获近年来洪涝灾情记录，对自

---

① 安新县地方志编纂委员会. 安新县志 [M]. 北京：新华出版社，2000；雄县县志编纂委员会. 雄县县志 [M]. 北京：中国社会科学出版社，1992；《容城县志》编辑委员会. 容城县志 [M]. 北京：方志出版社，1999；安新县地方志编纂委员会. 安新县志 (1978~2008)[M]. 北京：方志出版社，2017；雄县地方志编纂委员会. 雄县县志 (1990~2012)[M]. 石家庄：河北人民出版社，2018；容城县地方志编纂委员会. 容城县志 (1990~2010)[M]. 北京：九州出版社，2018.

② 安新县水利志编纂委员会. 安新县水利志 ( 未出版 )[M].1995；雄县水利志编纂委员会. 雄县水利志 [M]. 北京：中国社会出版社，1994.

1510 年（明正德五年）以来雄安地区的历史洪涝灾情数据进行整理。通过这些历史灾情数据，对雄安地区洪涝灾害的脆弱性特征进行分析。

1. 历史灾情的统计分析与空间特征

从历史统计上看，雄安地区是洪涝灾害发生频繁、灾情损失大的脆弱地区，如图 13-1 所示。1510~2020 年共 511 年中，雄安地区有 225 年发生过洪涝灾害，平均 2.3 年发生 1 次。其中，有 23 年安新、雄县、容城三县同时发生大的洪涝灾害，有 93 年两县同时发生洪涝，有 109 年一县发生洪涝。最近 72 年（1949~2020 年），雄安地区有 39 年发生过洪涝灾害，平均 1.8 年发生 1 次。其中，有 6 年三县同年均发生洪涝，20 年两县同年发生洪涝，13 年一县发生洪涝。这一时期洪涝灾害的发生频次要高于地方史料记载的洪涝灾害发生频次。

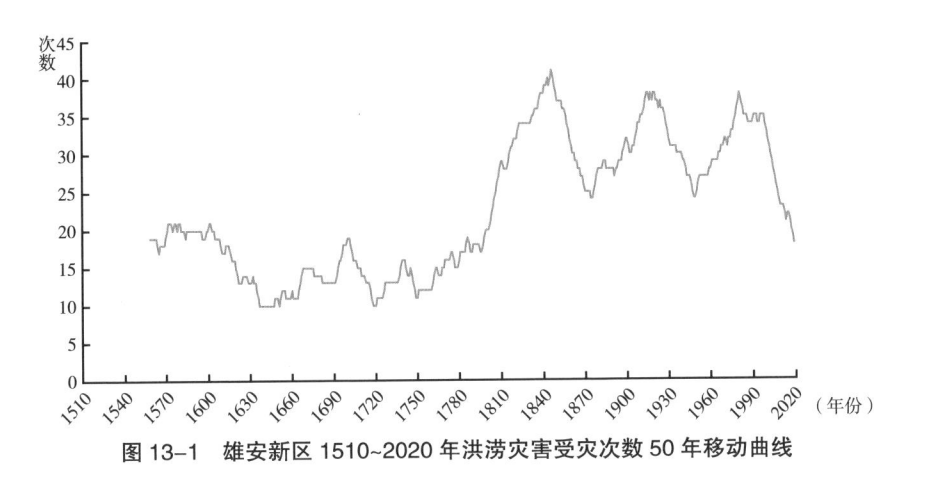

图 13-1　雄安新区 1510~2020 年洪涝灾害受灾次数 50 年移动曲线

最近 40 年雄安地区洪涝灾害发生频次逐渐降低。1949 年后，洪涝灾害主要发生在 1949~1981 年这一时间段。1949~1981 年有 30 年发生过洪涝灾害，仅 1965 年、1971 年和 1972 年未发生洪涝；而且三县、两县同年发生洪涝的年数分别有 5 年、17 年。而 1982~2020 年仅有 9 年发生过洪涝，平均每 4.3 年发生一次；三县、两县同年发生洪涝的年数分别只有 1 年、3 年，其中 1997~2010 年连续 14 年未曾有一县发生过洪涝灾害。

同时，自 20 世纪 80 年代以后，雄安地区洪涝灾害的灾情等级也显著降低。如果用各县农作物受灾面积占耕地面积比例作为划分三县县域洪涝灾

害灾情等级的依据，即大于 60% 为 4 级特别重大、30%~60% 为 3 级重大、15%~30% 为 2 级较大、小于 15% 为 1 级一般洪涝灾害，那么 1949~2020 年，雄安三县共发生 4 级特大洪涝灾害 17 次和 3 级重大洪涝灾害 16 次。其中，4 级特大洪涝灾害均发生在 1949~1981 年，其间还发生了 13 次 3 级重大洪涝灾害；而 1982~2020 年三县仅发生 3 级重大洪涝灾害 3 次，无 4 级特大洪涝。

雄安地区洪涝灾害发生和灾情损失的空间差异大（见表 13-1）。从洪涝灾害空间分布的历史统计看，安新县洪涝灾害发生频次最高，雄县次之，容城县最低；容城县发生洪涝灾害的次数约为安新县的 20%。1510~2020 年，安新、雄县、容城三县有历史记录的较大洪涝灾害分别为 188 次、139 次、37 次。容城县历来是雄安地区洪涝灾害风险相对较小的区域，最近 70 多年的数据也证明了这一点。1949~2020 年，安新、雄县、容城三县分别发生洪涝 35 次、29 次、7 次，发生频次最低的容城县仅平均 10 年发生 1 次。而且在 1982~2020 年，容城县仅发生洪涝灾害 2 次，且无重大和特大洪涝灾害。可见，雄安新区新城所在的容城县县域洪涝频次和灾情等级相对较低。

表 13-1　雄安三县洪涝灾害的空间差异

| 时间区间 | 灾情 | 安新 | 雄县 | 容城 |
|---|---|---|---|---|
| 1510~2020 年（511 年） | 洪涝次数 / 次 | 188 | 139 | 37 |
| | 平均次年数 /（年 / 次） | 2.7 | 3.7 | 13.8 |
| 1949~2020 年（72 年） | 洪涝次数 / 次 | 35 | 29 | 7 |
| | 平均次年数 /（年 / 次） | 2.1 | 2.5 | 10.3 |
| 其中：1949~1981 年（33 年） | 洪涝次数 / 次 | 28 | 24 | 5 |
| | 3 级重大洪涝 / 次 | 8 | 2 | 3 |
| | 4 级特大洪涝 / 次 | 6 | 9 | 2 |
| 1982~2020 年（39 年） | 洪涝次数 / 次 | 7 | 5 | 2 |
| | 3 级重大洪涝 / 次 | 2 | 1 | 0 |
| | 4 级特大洪涝 / 次 | 0 | 0 | 0 |

2. 影响洪涝发生及灾情的风险因素

雄安地区的气候特征和地理环境导致历史上洪涝灾害多发，对土地的不合理开发利用则加重了灾害损失，本地和流域水利建设状况直接关系到

灾害发生及其灾情程度。而地形因素的差异在很大程度上决定了雄安三县洪涝灾害风险的空间异质性。在近几十年水利设施不断建设的情况下，降水量对洪涝灾害的影响已大为减弱。

（1）地形因素对雄安地区洪涝灾害发生的影响大，但雄安新区新城建设区所在的容城县域风险较低。雄安地区处在大清河水系冲积扇上，属太行山麓平原向冲积平原的过渡带，总地势自西北向东南略有倾斜。其中，容城县平均海拔最高，雄县次之，安新县最低；自然坡度比也以容城县最大。这种地形条件决定了安新县县域洪涝灾害发生的风险最高，雄县县域次之，容城县县域最低。根据所设定的雄安地区洪涝灾害风险评估模型的计算[①]：仅就内涝灾害而言，在相同降水和水利设施的条件下，雄县发生内涝的概率为安新县的49%，容城县仅为安新县的2%。

（2）人类活动占用了原有湖泊洼淀的生态空间，导致区域抵御洪涝灾害的能力下降。历史上雄安地区很多年份遇洪涝则"逢灾必重"，其根本原因在于对土地的不合理开发利用，破坏了自然生态系统。据学者对地方史料的研究："白洋淀从元世祖时期（1260~1264年）开始修筑堤埝。明末清初大规模筑堤，隔淀围垦。在不断围垦之下，从清初顺治元年（1644年）到光绪七年（1881年）的237年间，白洋淀的面积缩小了90%。"[②] 大规模围垦造田降低了原有洼淀的水环境承载能力，增加了洪涝灾害发生的风险。雄安地区历史洪涝发生频次高的区域，基本都在原大小淀区及河淀堤防周边的低洼区域。这就是安新县洪涝发生频次高、灾情重的一个很重要原因。

（3）水利设施的大规模建设是近40年雄安地区洪涝灾害发生频次、灾情程度大幅降低的主要原因。雄安新区境内白洋淀承接大清河水系八条河流的洪沥水，河道和淀周堤防的防洪能力对洪涝灾害的发生有很大的影响。历史上特大洪涝灾情均是由洪水过境引发河道或湖淀堤防决口所导致。自20世纪60年代中期大力开展水利工程建设以后，雄安三县再未发生特大洪涝灾害。洪涝灾害的发生及其等级与水利设施的建设状况有很大关系。1963年海河流域特大水灾发生后，河北省制定了治理海河的"两个十年"

---

① 盛广耀，廖要明，扈海波. 气候变化下雄安新区洪涝灾害的风险评估及适应措施 [J]. 中国人口·资源与环境，2020, 30(6): 40-52.

② 陈茂山. 海河流域水环境变迁及其历史启示 [N/OL]. 2010-07-22 [2022-10-13]. http: //sls.iwhr.com/history/qszn/jnwj/webinfo/2010/07/1279703213577772.htm.

规划，即 1964~1973 年、1974~1983 年。根据洪涝灾害风险评估模型计算[1]：不同时期水利设施状况与洪涝灾害发生密切相关，由于水利设施水平的阶段性提高，在相同条件下 1974 年以后雄安地区发生洪涝灾害的概率仅为 1960~1973 年的 32%，1984 年以后雄安地区发生洪涝灾害的概率仅为之前（1960~1983 年）的 10%。

（4）极端降水对雄安地区洪涝灾害发生及灾情的影响大为减弱。随着防洪排涝设施的建设，在有效控制洪灾发生的同时，本地极端降水对区域内涝的威胁也大幅降低。据《安新县水利志》统计，在 20 世纪 60 年代中期以前，往往 100 毫米降雨量就发生严重沥涝，沥涝成灾多在 20 万亩（1 亩 ≈ 666.7 平方米）；20 世纪 60 年代末到 80 年代初，沥涝成灾一般在 3 万亩左右，严重时也在 10 万亩以下；到 20 世纪 80 年代中末期，沥涝灾面积只有 3000 亩左右。[2]通过模型计算也证明：随着水利设施水平的提高，最大日降水量、主汛期降水量以及地形因素对雄安三县洪涝灾害发生的边际影响明显减弱。

## （二）未来情景下洪涝灾害风险特征的变化

气候变化与城市扩张对未来洪涝风险的影响分析是制定适应性雨洪管理策略的依据。气候变化与城市扩张是洪涝风险长期存在不确定性的两大来源。[3]在气候变化和城市发展的情景下，雄安新区洪涝灾害的风险特征将发生变化。气候变化引起极端天气气候事件增多增强，导致洪涝灾害的致灾因子强度增加；而城市化及经济社会的发展对承灾体的暴露度和敏感性产生影响，城市内涝风险将显著增加。

### 1. 气候变化对雄安新区洪涝风险的影响

雄安新区暴雨洪涝灾害的风险分析，要将气候变化可能引起的降水增量因素纳入考量，特别是关键致灾因子的极端降水指标。根据学者们基于 RCP4.5 情景下不同空间尺度的气候变化模拟结果，未来雄安新区及京津冀地

① 盛广耀，廖要明，扈海波.气候变化下雄安新区洪涝灾害的风险评估及适应措施[J].中国人口·资源与环境，2020, 30(6): 40–52.
② 安新县水利志编纂委员会.安新县水利志(未出版)[M].1995.
③ 张会，李铖，程炯，等.基于"H-E-V"框架的城市洪涝风险评估研究进展[J].地理科学进展，2019, 38(2): 175–190.

区极端降水事件将增多。吴婕等[①]所做的 25 千米分辨率尺度的模拟结果显示：21 世纪中期雄安和周边区域最大日降水量将分别增加 16% 和 13% 左右。石英等[②]所做的 6.25 千米分辨率尺度的模拟结果显示：未来雄安新区及京津冀地区最大 5 日降水量、降水强度和大雨日数（≥ 20 毫米）的增加值一般在 0%~25%。而且，雄安新区未来极端降水事件变化的不确定性很大。

气候变化引起发生洪涝的致灾因子强度发生改变，进而将影响雄安新区洪涝灾害的风险特征。按照"概率（Probability）– 后果（Consequence）"分析框架，通过建立基于概率估计的风险评估模型，对极端降水情景下雄安三县发生区域性洪涝灾害的风险进行评估。[③]

（1）雄安新区中安新县、雄县存在较高的内涝发生风险，新城建设所在的容城县发生区域性内涝的风险很低。在原有水利设施不提高的条件下，安新县遭受现 50 年一遇（177 毫米）、雄县遭受 100 年一遇（208 毫米）最大日降水量时就有可能发生内涝灾害；容城县即使超过有记录日降水极值（263 毫米）的 30%（即达到 342 毫米），也不大可能发生内涝灾害。这主要与三县地形和水文条件的差异有关。

（2）本地极端强降水不足以导致高影响等级洪涝灾害的发生。即便最大日降水量达到历史极值（263 毫米）的情况，雄安新区三县也不大可能发生 2 级及以上洪涝灾害。这是因为雄安新区具有较好的蓄滞条件，同时现有水利设施能够控制受灾范围。

（3）在河道湖淀堤防决口导致洪水致灾。与此同时，最大日降水量超过 300 毫米，或者主汛期降水量达到 355 毫米以上时，导致洪、涝灾害叠加，则可能有县域会发生高等级洪涝灾害。由此可见，雄安新区的防洪工程设施建设是控制未来发生严重区域性洪涝灾情的关键。

2. 城市扩张对雄安新区洪涝风险的影响

随着城市化的大规模建设，洪涝灾害承灾体的空间类型、经济和社会内容将发生很大变化，从而导致暴雨洪涝灾害的风险状态发生改变。按照

① 吴婕，高学杰，徐影.RegCM4 模式对雄安及周边区域气候变化的集合预估 [J]. 大气科学，2018, 42(3): 696–705.
② 石英，韩振宇，徐影，等 . 6.25km 高分辨率降尺度数据对雄安新区及整个京津冀地区未来极端气候事件的预估 [J]. 气候变化研究进展，2019, 15(2): 140–149.
③ 盛广耀，廖要明，扈海波 . 气候变化下雄安新区洪涝灾害的风险评估及适应措施 [J]. 中国人口·资源与环境，2020, 30(6): 40–52.

IPCC 第 5 次评估报告所采用的"危险性（Hazard）- 暴露性（Exposure）-脆弱性（Vulnerability）"即"H–E–V"风险评估框架，对雄安新区未来城市发展情景下的风险特征变化进行分析。

（1）危险性特征的变化。主要体现为城市化过程导致暴雨洪涝危险性的增强效应。除气候变化的因素外，雄安新区正在快速推进的城市化过程也可能导致"致灾因子"危险性的增加。其一，城市化过程会对降水过程产生影响，城市地区发生高强度暴雨的可能性增加。已有不少研究表明，城市地区气溶胶浓度、地表粗糙度、水汽输送条件和热岛效应等环境特征，会对城市地区尤其是下风方的暴雨过程起到局部增强作用，局地或短时暴雨雨强和过程雨量可能增加。[①] 其二，城市土地利用及不透水地面面积的扩大将改变所在区域的地表水文特征，自然水循环系统和过程受到影响，城市地区地表径流量增加、径流时间缩短，从而导致致灾因子的危险性增加。甚至局地暴雨及短时强降水就会诱发城市暴雨灾害。

（2）暴露性特征的变化。雄安新区面临城市急剧扩张后暴雨洪涝风险暴露性增大的问题。按照雄安新区规划，到 2035 年人口为 300 万人，建设用地约 300 平方公里，其中起步区城市建设用地约 100 平方公里；到本世纪中叶规划建设用地总面积约 530 平方公里，人口将达到 500 万人。在此城市化建设过程中，人口、产业和资产快速向城市聚集，各类建筑、管线、道路、交通、公共场所以及地下空间和设施众多，人口和工商企业密集，社会经济活动密切频繁。雄安新区暴雨洪涝风险暴露的范围、规模、类型及强度将随之急剧增加。

（3）脆弱性特征的变化。城市因暴雨洪水而引发灾害事件发生的概率和后果，随城市脆弱性状态的变化而变化。随着雄安新区城市规模的不断扩大，城市系统要素、结构和功能更加复杂，与之相关的各类潜在风险隐患更多，城市系统易受不利影响的敏感性和可能性将随之增加。而且城市系统中空间、经济、社会和生态等子系统密切关联，在自然与人为因素的相互作用下，结构性、胁迫性和系统性脆弱相互交织，导致雄安新区对暴雨洪涝的脆弱性进一步增加。

综合以上分析，城市化过程所形成的城市系统内外环境的变化，将导

---

① 扈海波. 城市暴雨积涝灾害风险突增效应研究进展 [J]. 地理科学进展，2016, 35(9): 1075–1086.

致雄安新区洪涝灾害的风险特征发生改变。虽然目前无法对未来城市发展情景下风险状态的改变给出精确的定量结果，但按照 IPCC 评估城市洪涝风险所采用的"H-E-V"框架模型："风险 = 危险性（H）× 暴露性（E）× 脆弱性（V）"，在城市面对暴雨洪涝的危险性、暴露性和脆弱性均大幅增加的情况下，可以肯定的是：与雄安新区建设之前相比，城市暴雨内涝的风险将成倍增加。相较于前文所分析的气候变化下区域性洪涝的风险情况，未来城市暴雨内涝是雄安新区雨洪管理需特别关注的问题。

### 四　基于系统韧性的适应性雨洪管理策略

从对雄安新区暴雨洪涝风险特征及变化的分析中可以得出：从历史灾情看，雄安地区因其自然的本底特征，是气候变化敏感和脆弱的地区；从气候变化看，未来极端强降水事件将增多增强，致灾因子的危险性增大；从城市化的影响看，城市承灾系统更加复杂而敏感，城市暴雨灾害的风险将急剧增加。这对雄安新区的雨洪管理能力提出了严峻挑战。雄安新区在建设过程中，必须要适应暴雨洪涝风险特征的变化，构建与城市发展相匹配的雨洪系统，从各个层面、领域和环节，增强应对雨洪灾害的系统韧性。

系统性和适应性是雄安新区韧性雨洪建设的两大原则。雄安新区的雨洪系统是一个涉及自然、空间、基础设施和社会经济等各类要素的复杂适应系统，其韧性建设的适应性须面向自然环境本底的脆弱性、气候变化风险的高度不确定性和城市复合系统的日趋复杂性；其韧性建设的系统性要综合考虑空间地理要素、自然生态要素、人工环境要素和社会经济要素等多方面因素及其所构成的多层嵌套网络系统的关联性。基于雨洪系统构成的空间系统、生态系统、设施系统和社会系统，本研究从空间、生态、设施和社会四个维度（子系统），提出增强雄安新区雨洪系统韧性的适应性策略。

### （一）空间韧性维度

雨洪系统的空间韧性是指从多空间尺度构筑雨洪系统的整体安全格局，即从流域、区域、城市等空间层面，构筑多层级的整体性雨洪系统。具有空间整体性的雨洪系统，能够通过不同层级雨洪系统的协同互补关系，灵活应对不同强度的洪水、暴雨过程，统筹上中下游地区雨洪调蓄安排，提高极端雨洪状态下流域、区域、城市的水资源承载能力。

1. 从流域层面统筹防洪体系规划建设管理

因洪致灾是雄安新区发生高影响等级洪涝灾害的决定性因素。雄安新区是典型的雨洪同期、风险叠加的洪泛易涝地区，确保雄安新区不发生大的洪涝灾害，必须以流域防洪体系为依托。雄安新区采取提高环新城河道堤防标准（即"围起来"）的防洪策略，这样外围区域及上下游的承洪能力建设就非常重要。因此不仅要重视提高雄安新区防洪防涝设施的规划建设标准，还要考虑大清河流域白洋淀上游水系的防洪、拦蓄、调峰能力，以及下游河道的泄洪能力和蓄滞洪区建设，统筹协调流域性水利设施的规划建设。加强王快、西大洋、安各庄、龙门等水库的联合调度，加强兰沟洼、白洋淀、文安洼等湿地系统的蓄滞能力建设，推进流域不同地区水系网络的互联互通，统筹调配流域水资源，提升大清河流域整体防洪能力。上中下游防洪工程、雨洪系统建设标准应与雄安新区相衔接和匹配，避免流域防洪体系出现顾此失彼的情况。

2. 在区域层面谋划雨洪风险空间管控体系

雄安新区韧性雨洪系统的建设，首先要明确区域空间发展与雨洪安全格局之间的关系。在准确认识自然地理和水文条件的基础上，结合雄安新区生态功能区划和土地利用规划，科学把握区域雨洪空间系统的承载能力。在"北截、中疏、南蓄、适排"排水防涝格局下，根据不同风险等级分区确定洪涝防治标准，采取差别化的风险治理策略，适度提高局部高风险等级区域的防治标准。

目前雄安新区外围组团的防洪、内涝防治采用了统一标准，其他特色小镇也如此。但由于地形、水网密度等因素的影响，相同极端降水条件下，雄安三县县域发生洪涝灾害的风险实际上有很大的区域差异。在气候变化的极端降水增量情景下，安新县县域范围发生洪涝灾害的风险等级远高于雄县和容城县县域。因此，外围组团及其县域的内涝防治标准应根据洪涝灾害风险区划的评估结果确定，不宜采取统一的区域内涝防治标准。

在雄安新区防洪防涝工程设施建成后，雄安新区发生洪灾和区域性涝灾的风险将大为降低，但低洼地发生局部性沥涝灾害的风险依然较高。雄安三县河道、湖淀水系复杂，现有的河道、淀区堤防将境内分割成许多块低洼封闭区，近几十年历次沥涝灾害多发生于此。雄安新区雨洪系统应在科学研究地理、水文因素的基础上，整体谋划区域防洪防涝系统，综合运

用自然雨洪系统的生态韧性和人工雨洪系统的工程韧性。因地制宜地制定低洼易涝区的适应措施，使之能够适应自然的排水和滞蓄环境。

3. 在城市层面实施低影响开发的空间策略

城市内涝是未来雄安新区雨洪灾害防治的重点。具有良好雨洪韧性的城市空间结构可以促进排水、蓄水及水体的就地吸纳，最大化地发挥城市雨洪韧性效能。[①] 雄安新区的规划建设应以地表水系为核心组织城市空间布局，营造合理的"三生"（生产、生活、生态）空间。结合水系自然有机的城市空间格局是营造雄安新区"蓝绿交织、水城共融"的城市景观生态，形成城市雨洪韧性的基础。雄安新区起步区及外围组团建设用地的开发利用要与城市水系、园林绿地规划相结合，通过灰绿蓝多种组合方式的雨洪基础设施，形成城市雨洪韧性的空间网络。除加强城市排水防涝设施的规划建设外，更应按低影响开发理念，以适合地理水文条件的土地利用方式，最大限度减少对原有水文特征和水循环路径的破坏。利用纵横交织的城市水系湿地、森林绿地空间，构建城市内涝防控的生态韧性系统，并将其作为塑造"水城共融"城市特色肌理的空间组织要素。通过合理的空间组织形态，提升雄安新区应对内涝风险的能力，最大限度地避免雨洪灾害的发生。

## （二）生态韧性维度

雨洪系统的生态韧性是指综合运用自然生态系统的水文过程和蓄滞渗透功能，所营造的更具弹性、与水共生共融的生态雨洪系统。自然环境是建立雄安新区生态雨洪系统的空间承载体。雄安新区地势平缓，区内河道纵横，且分布着以白洋淀为代表的洼淀群。从雨洪抵抗的灾害视角看，这样的地形水文条件具有很高的脆弱性。但如果换一个角度，从雨洪适应的生态视角看，它实际上具有形成雨洪生态韧性系统的良好条件。

雄安新区通过营造良好的自然生态系统，在面对暴雨洪水的冲击时，可以通过生态缓冲、湿地吸纳、自然调蓄等功能和水循环过程，依靠系统的自我调节和适应能力维持系统稳定，实现区域水系统安全。构建雨洪生态韧性系统的关键在于自然生态系统结构的完整性、生态网络的连通性和生态服务的功能复合性。

---

① 周艺南，李保炜. 循水造形——雨洪韧性城市设计研究 [J]. 规划师，2017, 33(2): 90–97.

1. 构建蓝绿交织的完整生态雨洪系统

连续、完整的自然生态系统是构建雨洪系统生态韧性的基础。结构、功能完整的生态系统具有较强的自我调节和恢复能力，而不完整的生态系统自我调节功能差，对环境变化敏感，甚至可能崩溃。[①]生态雨洪系统由自然生态系统中的廊道、斑块和关键点所组成，包括由森林、绿地、林带所构成的绿色网络和由河流、沟渠、湖泊、湿地所构成的蓝色网络。雄安新区应在"一淀、三带、九片、多廊"大尺度生态空间格局的基础上，依托自然生态网络，构建具有自然连通性、动态适应性的生态雨洪系统。一方面，要利用城市森林、组团隔离绿带、河道和道路两侧生态廊道，营造大尺度绿色空间和城市内部绿地系统，构建雨洪生态缓冲带，以绿色生态空间滞纳雨洪、减轻河道泄洪压力。另一方面，要以白洋淀为核心，以河道沟渠为联系通道，串联城市组团内外大小生态湿地和景观水体，依靠水系网络自然容蓄和调节雨洪。

2. 提升水系生态网络的自然连通性

生态雨洪韧性提倡基于自然过程的适应性雨洪策略。雄安新区现状湖淀湿地、河流沟渠作为雨洪滞蓄、调控系统，宜于建立基于自然水文环境的生态雨洪网络。发挥其系统性应对能力的关键，在于受纳空间的容水能力和水系网络的连通性。

（1）本着"给水以空间"的原则，采取退让性策略，开展湖淀、湿地的生态修复工作，提高区域内河湖湿地的蓄水容量。在自然本底上，以白洋淀为代表的洼淀群本身就是大清河水系中游的天然缓洪滞洪区。从历史上看，雄安地区洪涝灾害多发始于对洼淀湿地的大规模围垦占用。因此应大力实施退耕还淀工作，逐步恢复白洋淀淀区水面至 360 平方公里左右，修复再现大溇古淀生态风貌；利用自然低洼地，打造汛期滞蓄雨涝的城市郊野湿地公园和具有集蓄雨水功能的街区景观水体。

（2）把雨洪冲击视为水文循环的自然过程，采取疏导性策略，提高水系生态网络的连通性。雄安新区淀区、低洼湿地等承水体被分割限制，河流、沟渠及洼淀之间连通性差，不能充分发挥系统性的生态韧性能力。因

---

① 王晓锋,刘红,袁兴中,等.基于水敏性城市设计的城市水环境污染控制体系研究[J].生态学报, 2016, 36(1): 30–43.

此应开展水系畅通工程，首先是保护入淀、出淀河流的径流路径，开展河道治理工作，恢复白沟引河、萍河、瀑河、曹河、府河、唐河、孝义河、潴龙河 8 条入淀河流水系廊道功能，串联兰沟洼、白洋淀和文安洼 3 大湿地系统，保障赵王新河、大清河通畅。[①] 其次是加强河道、淀泊、规划沟渠和湿地等的有机联系，形成点线面结合、内外相通的水系网络，主要依靠水动力过程自然排蓄、疏导分流雨洪，避免因雨洪压力过于集中带来的风险问题。

3. 发挥生态雨洪系统的多种服务功能

以辩证的思维看待雨洪过程，将雨洪视为雄安新区宝贵的自然资源和必不可少的生态要素。雄安新区属于中国北方严重缺水的地区，历史上旱涝交替，旱灾同样频发，且曾发生连续多年干旱而白洋淀干淀的情形。雨洪过程具有增加水资源、维持水动力、清洁水环境、涵养自然生态等多种功能，对于维系雄安新区健康的生态系统、营造"水城共融"的生态景观具有重要的意义。

雄安新区建设生态雨洪系统，要把防洪防涝、雨洪利用、水系维护、生态治理和功能建设有机结合起来，利用好白洋淀地区所具有的雨洪资源蓄留的良好条件，将雨洪变"害"为"利"。生态雨洪系统不仅要考虑防洪防涝需求，更要重视自然蓄水补水和生态功能维护的需要，兼顾雨洪的使用价值和生态效益。一方面，要充分发挥生态雨洪系统所具有的蓄滞功能，发挥平原洼淀备旱防涝的作用，统筹考虑排水、蓄水和用水的关系，以达到综合防治旱、涝、洪多种水灾害的目标。另一方面，要以区域生态雨洪系统建设为契机，以白洋淀环境治理和生态修复为核心，系统推进自然生态各要素的整体保护、综合治理，发挥生态雨洪网络在修复生态、恢复水循环、调节小气候、保护生物多样性和自然生境中的作用，打造雄安新区良好的人居环境。

## （三）设施韧性维度

雨洪系统的设施韧性是指城市设施系统，包括作为防灾体系的防洪防

---

① 李维明，何凡，谷树忠. 雄安新区水安全治理的对策建议研究 [J]. 中国安全生产科学技术，2018, 14(10): 5–10.

涝设施系统和作为承灾体的城市基础设施系统，在遭受暴雨洪水冲击时，所具有的强健性、冗余性等方面的韧性特征。前者在于维护防洪防涝体系的完整有效，后者在于保证城市系统功能的良性运转。

1. 增强防洪防涝设施系统的工程韧性

雄安新区在应对雨洪灾害的过程中，提倡工程思维与生态理念相融合，结构性措施与非结构性措施配合的雨洪管理模式。自 20 世纪 60 年代中期以后，雄安地区洪涝灾害大为减少的关键因素，在于水利设施的大规模建设和不断完善。构建完善的防洪防涝工程体系，增强雨洪设施系统的工程韧性仍是保障雄安新区水安全的核心内容。根据雄安新区地形水文条件，应建立雨洪调蓄和快速排水两种模式相结合的控制系统，正常状态以蓄为主，超标雨洪快速排放。

（1）完善雄安新区防洪工程体系，科学权衡蓄、滞、泄关系。全面加固河道堤防，将防洪标准提升到规划确定标准。加强白洋淀蓄滞洪区建设，分区段加高加固周边围堤，完善进退洪设施，开展安全区、安全楼、撤退路等蓄滞洪区安全设施建设。改扩建新盖房枢纽、枣林庄枢纽，扩大洪水下泄能力，配套改善下游河网行洪能力。疏通赵王新河、新盖房分洪道等行洪通道，开展河道整治工作，禁止种植高秆作物及修建阻水设施。

（2）完善雄安新区排水防涝设施系统，建设灰绿结合、多级蓄排的雨水控制系统。按照雄安新区"北截、中疏、南蓄、适排"的防涝格局，科学规划生态措施和工程措施相结合的系统化排水防涝体系。统筹构建雨水管渠系统、雨水调蓄系统和超标雨水排放系统，适时调控不同降水强度下的水资源空间去向。结合城市用地竖向规划，合理安排多层级、多功能的雨水调蓄场地和排涝通道。加强城市排水通道、雨水调蓄区、雨水管网和泵站等工程建设。高标准建设起步区雨水管渠系统，提高外围组团排水管网设计标准，全面实现雨污分流制。

（3）雄安新区的雨洪设施系统应当具有动态的适应性，即灵活应对不同等级雨洪冲击。在科学测算不同区域自然系统和人工设施雨洪承载能力的基础上，针对不同暴雨、洪水情景选择不同组合方式的调蓄策略，合理调控白洋淀水位及河道、渠系、湿地等各类水系空间的水域面积。同时，雨洪设施系统还应具有一定的强健性和冗余度，能够应对超标雨水、洪水的极端情况。

2. 增强城市基础设施系统的承灾韧性

基础设施系统是城市安全运行的物质基础，是城市的生命线工程。作为雨洪灾害的承灾体，基础设施系统的韧性状况对于维持城市系统功能有着重大影响。雄安新区作为雨洪风险较高的地区，其基础设施系统的规划建设需充分评估极端降水事件冲击可能造成的后果。确保在极端雨洪情景下，水、电、交通、通信等关键基础设施和医院等重要公共设施能够保持良好运转，将灾害破坏和损失控制在可承受范围内，城市系统及其各子系统整体安全稳定。这需要雄安新区在推进城市雨洪韧性建设的过程中，高标准规划建设具有强韧性的基础设施系统。

（1）避免将基础设施和公共服务设施布置在高风险空间。科学编制雄安新区内涝风险图及城市竖向规划，优化基础设施空间布局，合理规划布置各项生命线工程。重要地段、重要设施应明确竖向规划最低防涝控制标高。同时未来雄安新区将加大地下空间的利用，因而要特别重视地下综合防灾系统的建设。对于地铁、隧道、下沉道路、地下商场等易发生重大灾情的场所应加强防护，确保极端降水情景下的安全。

（2）提高重要基础设施和系统关键节点的灾防标准。在雄安新区整体满足起步区 50 年一遇、外围组团 30 年一遇、其他特色小镇 20 年一遇内涝防治标准的基础上，相应地提高关键基础设施、重要公共服务设施、生命线系统关键节点的防灾标准。实施重要设施设备防护工程。既要在规划建设阶段保证新建基础设施具有高保障的防灾能力；也要对雄安三县县城和其他小城镇老旧基础设施开展强韧性改造，提升新区整体应对雨洪灾害的设施水平。

（3）提高基础设施系统的冗余性。增强基础设施的应急保障能力，是雄安新区应对雨洪灾害必不可少的重要防线。推行分布式、模块化、小型化、并联式城市生命线系统新模式，增强干线系统供应安全，强化系统连通性、网络化，实现互为备份、互为冗余。[①] 一旦灾害发生，造成个别设施或系统局部功能丧失时，二次供水、供配电、通信等后备设施和系统冗余能力能够使其迅速恢复功能，保障系统正常运转。

---

① 中共北京市委办公厅，北京市人民政府办公厅. 关于加快推进韧性城市建设的指导意见 [R]. 北京：北京日报，2021-11-11(003).

## （四）社会韧性维度

雨洪系统的社会韧性是指在体制机制上，保障雨洪管理的系统性、协同性以及学习和调适能力，从社会层面增强风险防范和应对的能力。区域自然系统的水容量是有限度的，城市防洪排涝设施的标准因成本问题也不可能无限提高。不管是生态雨洪系统，还是设施雨洪系统，其作用能否充分发挥，关键还在于雨洪管理的社会组织体系是否完善。同时，雄安新区正处于社会重构期，建立应对暴雨洪涝灾害的社会调适机制同样重要。[①] 面对高度不确定的极端天气气候事件，高效的风险管理体系、有效的社会调适机制可以提升城市防范雨洪灾害的社会韧性，降低灾害带来的影响与损失。

1. 建立多主体协同的组织管理机制

雄安新区雨洪韧性建设涉及流域、区域、城市、组团、社区等多个层面，涉及城市规划、水利水务、生态环境、园林绿化、市政建设等多个领域，涉及规划、建设、运行、应急等多个环节，因此需要建立多部门协同的工作机制，形成系统、完善的管理体系。同时，应建立常态化风险治理与应急灾害管理紧密衔接的管理机制。一方面，要明确相关部门在雨洪风险治理中的责任，形成系统防灾的治理体系。另一方面，要完善多部门、多层级协同的预警、响应、处置的制度规范，形成应灾响应的整体合力。

2. 建立全过程管理的风险管控机制

提高雨洪风险管理的过程韧性，建立风险评估、监测预警、风险控制、应急处置、灾后恢复等全过程的管理机制。尤其要重视现代科技手段和信息技术在雨洪管理中的运用，提高洪涝灾害防控的风险预警、实时监测和应急处置能力。一是提高预报预警的及时性和准确性。在上游洪水来临、强降水发生前及时发布明确的风险警示，并精准送达所有单位和全体市民。二是实现对河湖水位、区域内涝、城市积涝的实时智能监测。在暴雨洪水预警时，及时启动河道和淀区堤防防洪抢险预案、城镇防洪排涝预案、蓄滞洪区运用预案，并对城市低洼地段、地铁、下凹桥区、隧道、排水口等

---

① 李国庆，邢开成，黄大鹏.雄安新区社会重构期暴雨洪涝风险的社区分类调适 [J]. 中国人口·资源与环境，2020, 30(6): 53–63.

各类风险点进行及时管控。三是增强洪涝灾害的应急处置能力。在洪涝风险出现后，做到多部门联勤联动、及时处置，控制灾情的发生和扩大。

3. 建立学习与调适的社会适应机制

具有韧性的社会体系面对环境变化时应当具备较强的学习和调适能力。近些年来雄安新区及周边区域未发生过大的洪涝灾害，蓄滞洪区已多年未启用，社会的灾害意识和应对经验普遍不足。缺乏应对洪涝的经验往往会导致社会对暴雨洪水的危险意识薄弱，对干燥稳定的环境习以为常，一旦防洪排涝工程设施失效，面对危险时将会不知所措。[①] 因此雄安新区韧性雨洪系统的构建，需要通过"学习—调整""刺激—反应"机制，建立具有学习和调适能力的社会适应机制。

## 五 结语

系统韧性不仅是一种系统特征，更是一种思维方式。基于韧性理论和复杂适应系统理论的系统韧性思维，有助于认识和理解动态变化、复杂关联系统的运作，揭示复杂系统韧性建设中要素或子系统间的相互联系和反馈关系，为暴雨洪涝灾害的风险治理和城市韧性雨洪系统的构建提供新的思路和分析框架。

第一，系统韧性的理念与复杂适应系统的韧性建设相契合。本研究将城市雨洪系统视为由水系空间、自然生态、基础设施和社会经济等各类要素及互动关系所构成的复杂适应系统，并将其构成作为韧性系统建构的分析单元。其中任何系统要素及其功能以及结构、关系的脆弱性都会影响整个系统的韧性水平，因此其韧性建设必须是系统性的。

第二，系统韧性思维意味着拥抱不确定性和复杂性。气候变化和城市扩张使未来城市系统的复杂性和暴雨洪涝灾害风险的不确定性增加，也增加了城市雨洪系统韧性建设的复杂性。传统单一目标的韧性策略难以应对多源不确定性风险因素的叠加冲击，追求系统韧性的雨洪管理提倡的是一种综合平衡、灵活多样、动态调适的管理策略，强调依靠系统组成更紧密的增强反馈机制与整体功能，来动态适应内外环境的各种变化。

---

① LIAO K H. A theory on urban resilience to floods: a basis for alternative planning practices[J]. Ecology and society, 2012, 17(4): 388-395.

　　第三，在具体的实践应用方面，本研究评估了雄安新区内外环境变化对城市雨洪韧性建设的影响，包括利用历史数据分析雄安地区自然本底的脆弱性，利用概率估计模型评估气候变化下区域性洪涝灾害的发生概率，利用"危险性－暴露性－脆弱性"的评估框架分析雄安新区城市内涝风险特征的变化。在此基础上，从空间、生态、设施、社会四个维度构建了城市韧性雨洪系统的基本架构，相应地提出以增强系统韧性为导向的适应性雨洪管理策略，以期为雄安新区韧性城市的规划建设提供参考。

# 第十四章　气候变化背景下雄安新区雾霾事件的
日常生活影响与适应策略<sup>*</sup>

　　全球气候变化可能导致大气环境恶化，表现为对大气质量的惩罚效应（简称"气候惩罚"，Climate Penalty）[①]。即便今后人类活动对气候变化的影响能够得到有效管控，气候暖化对大气质量的惩罚仍将可能继续。《国家适应气候变化战略 2035》明确提出，至 2035 年中国将基本建成气候适应型社会。在全球气候变化大背景下，作为"千年大计"设立的雄安新区应将对各种气候相关灾害风险的有效防控纳入城市建设目标，努力将自身建设成为一座气候适应型的"未来之城"。雄安新区位于京津冀地区核心腹地，该区域以雾霾为典型的大气污染问题历来较为突出。在超常规的大气治理下，雄安新区的雾霾问题近年来有了初步缓解，为稳步实现"打造优美自然生态环境"的新区建设目标起到了良好示范效果。但鉴于全球气候变化对区域大气质量的惩罚效应，有必要重新评估雾霾作为一类极端气候事件今后在雄安新区的发生概率及其对城市日常生活常态运行的不利影响，积极探索有效的生活适应方案。

---

　　\*　本章内容原载于《中国人口·资源与环境》2023 年第 4 期。本章执笔人范叶超，博士，中央民族大学民族学与社会学学院副教授，主要研究方向为环境社会学；刘俊言，中央民族大学民族学与社会学学院硕士研究生，主要研究方向为环境社会学；薛珂凝，中央民族大学民族学与社会学学院博士研究生，主要研究方向为环境社会学。

　　①　RASMUSSEN D J, HU J, MAHMUD A, et al.The ozone–climate penalty: past, present, and future[J]. Environmental science & technology, 2013, 47(24): 14258–14266.TURNOCK S T, ALLEN R J, ANDREWS M, et al.Historical and future changes in air pollutants from CMIP6 models[J].Atmospheric chemistry and physics, 2020, 20(23): 14547–14579.FU T M, TIAN H.Climate change penalty to ozone air quality: review of current understandings and knowledge gaps[J].Current pollution reports, 2019, 5(3): 159–171.

## 一　雄安新区的雾霾演化

### （一）雄安新区设立前的雾霾问题及成因

雾霾是中国北方地区常见的一种大气污染现象。雾霾并不是一个严格意义上的科学概念，而是对气象学上（灰）霾（haze）现象的通俗叫法，它有别于单纯的大雾天气，特指"由雾和霾共同造成的水平能见度降低的空气普遍浑浊现象"[①]。科学研究发现，引起雾霾现象的首要污染物是人类活动向大气中排放的悬浮颗粒物（Suspended Particulate Matter），主要包括粒径小于或等于 $10\mu m$ 的颗粒物（$PM_{10}$）和粒径小于或等于 $2.5\mu m$ 的颗粒物（$PM_{2.5}$）。

历史上，雄安新区所处的京津冀地区一直是中国雾霾重灾区。研究表明，1971~2013 年，河北省的霾日数呈稳定上升趋势，平均霾日数由 20 世纪 70 年代的 7 天增加到 2010~2013 年间的 18.1 天，雄安三县（雄县、容城、安新）曾经所属的保定市 1971 年以来的霾日数高居全省第二。[②] 对雄安新区设立前夕大气污染状况的研究发现：2016 年 5 月至 2017 年 4 月，新区 $PM_{2.5}$ 和 $PM_{10}$ 两项污染物的超标天数分别为 170 天（52%）和 118 天（36%），年均浓度高达 $101.3\mu g/m^3$ 和 $144.2\mu g/m^3$，峰值时期甚至达到 $540.1\mu g/m^3$ 和 $642.1\mu g/m^3$。[③]

雄安新区的雾霾成因具有复杂性。从自然条件来看，雄安新区地处京津冀腹地平原，西邻太行山，北望燕山，低层大气受山地 – 平原热力环流、海陆环流影响，在山地与平原交界地带大致沿等高线走向形成一条风场辐合带，成为大气污染物的汇聚地带。秋、冬是雄安新区雾霾的高发季节。雄安新区所在的冀中平原是典型的大陆性季风气候，夏季受西太平洋副热带高压和印度低压影响，盛行由海洋吹向陆地的夏季风，强对流天气频繁，大气层结构不稳定，降雨量大，这些气象条件整体上有利于大气污染物扩

① 洪大用，范叶超，等. 迈向绿色社会：当代中国环境治理实践与影响 [M]. 北京：中国人民大学出版社，2020: 302.
② 吴雁，王荣英，李江波，等.1960~2013 年河北省雾霾天气变化特征 [J]. 干旱气象，2017, 35(3): 391–397.
③ 缪育聪，刘树华. 雄安新区大气污染的气象特征分析 [J]. 科学通报，2017, 62(23): 2666–2673.

散；入秋后，蒙古高压逐渐加强，降水明显减少，静稳天气增多，污染物扩散条件变差。

雄安新区设立前，地方支柱产业为制造业，经营塑料包装、服装、制鞋等粗放型的中小微企业"遍地开花"，地方经济发展对大气质量的压力较大。[①] 华北地区居民日常做饭和冬季采暖长期高度依赖煤炭能源，燃煤造成的煤烟型污染在雄安地区也很突出。[②] 从污染源解析结果来看，区域污染物输送、机动车尾气排放、扬尘、秸秆焚烧等对雄安地区的雾霾问题同样具有不小贡献。

### （二）雄安新区的雾霾现状

"雾霾锁城"的景象既与雄安新区"生态之都"的城市定位不符，也对新区可持续发展构成严峻挑战。雄安新区设立以来，随着产业结构重新布局，加上《大气污染防治行动计划》（2013 年）颁布以来国家针对京津冀地区大气污染问题采取的一系列超常规治理措施，困扰该地区多年的雾霾"顽疾"有了初步好转迹象。2017~2021 年，雄安新区 $PM_{2.5}$ 的年均浓度呈持续下降趋势，由 $66.79\mu g/m^3$ 降至 $49.82\mu g/m^3$；$PM_{10}$ 年均浓度在前三年呈下降趋势，近两年则有所回升（见图 14-1）。尽管目前雄安新区 $PM_{2.5}$ 和 $PM_{10}$ 的年均浓度趋于下降，但仍远远超过了世界卫生组织制定的年均浓度标准（分别为 $5\mu g/m^3$ 和 $15\mu g/m^3$）。

截至目前，雾霾事件在雄安新区仍时有发生。监测数据表明，2017~2021 年，雄安新区每年都有一定比例的天数为重度及以上大气污染，且都以雾霾天气为主（见图 14-2）。

气候变化对雄安新区大气质量的惩罚效应已经显现。受气候变化影响，1961~2018 年，雄安新区年平均风速以每 10 年 0.22 m/s 的速度下降，大气自净能力也以每 10 年 300 kg/km² 的速度下降；新区曾经所属的保定市自 1961 年起每隔 10 年就会增加 2 起雾霾事件，平均每年发生

① 田学斌，柳天恩. 创新驱动雄安新区传统产业转型升级的路径 [J]. 河北大学学报 (哲学社会科学版), 2018, 43(4): 70-75.
② 解淑艳，王帅，张霞，等. 中国北方地区采暖期颗粒物污染现状 [J]. 中国环境监测, 2018, 34(4): 25-33.

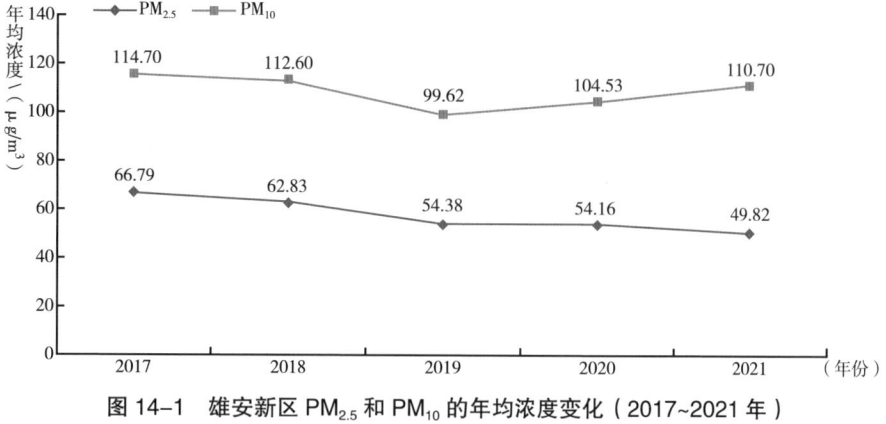

图 14-1 雄安新区 PM$_{2.5}$ 和 PM$_{10}$ 的年均浓度变化（2017~2021 年）

资料来源：河北省气象局。

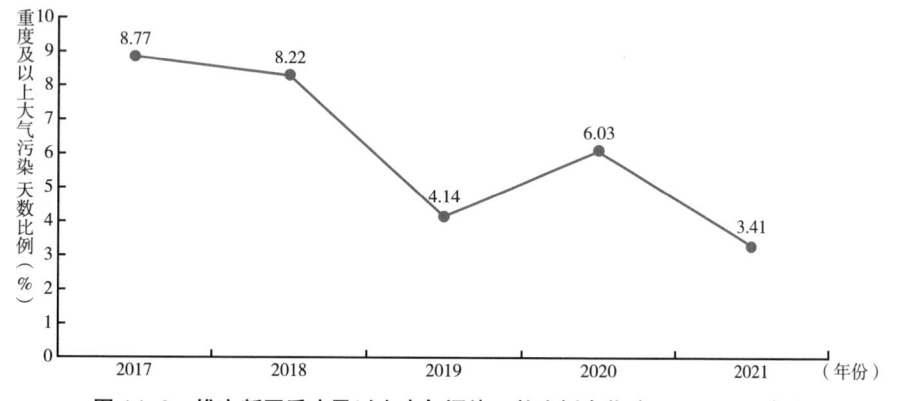

图 14-2 雄安新区重度及以上大气污染天数比例变化（2017~2021 年）

资料来源：河北省气象局。

21 起。[①] 尽管雄安新区近年来在减少地方排放方面做出了巨大努力，但随着新区建设的全面铺开，工地扬尘已成为一个新的突出污染源，未来对大气质量的压力还将继续存在甚至升高。在气候惩罚和大规模城市建设的双重约束下，加上受污染物跨域传输的影响，雄安新区今后仍有一定概率遭遇雾霾事件。

---

① WANG Y J, SONG L C, HAN Z Y, et al. Climate-related risks in the construction of Xiong'an New Area, China[J].Theoretical and applied climatology, 2020, 141(3): 1301-1311.

雾霾具有多重社会危害性，不但会冲击正常的城市生产秩序，还会对居民日常生活的常态运行造成干扰。[①]为适应雾霾事件对城市日常生活的不利影响，雄安新区管委会于 2018 年发布了《河北雄安新区重污染天气应急预案》，根据雾霾污染的危害程度和影响范围倡议不同公众人群采取差异化的适应策略。为考察雾霾事件对未来雄安新区日常生活的扰动，基于社会学视角，本研究将在第二部分探讨雾霾事件影响日常生活的主要机制，并建构相应的科学评估工具。

## 二 雾霾事件对城市日常生活的扰动：影响机制与评价体系

该部分拟从社会学视角来阐释日常生活的本质及其常态运行的基本原理，明确雾霾影响日常生活常态运行的主要机制，在此基础上构建一套适用于评估雾霾事件对城市生活扰动水平的指标体系。

### （一）理解日常生活的常态运行：实践论的视角

日常生活是那些对社会成员而言具有高度熟悉性与重复性的实践（Practices），认识实践的本质与属性是理解日常生活的前提。[②]实践论（Practice Theories）针对日常生活的常态运行提供了一个启发性的视角。[③]根据实践论，日常生活由实践构成，实践即一连串有条理的言谈举止（Organised Doings and Sayings）构成的行动复合体，它们是人们习以为常的那些惯例（Routines），包括吃饭、穿衣、居住、出行、锻炼、购物等。一个社会的日常生活是分布于时间和空间上的各种实践活动关联而成的子系统，也是整个社会系统的基础内容。日常实践活动表现出一定的惯性，通常不易变迁，这是日常生活得以持续常态运行的原因。日常生活常态运行的基本含义是构成日常生活的实践活动（以下简称"日常实践"）随

---

① 李卫兵，张凯霞.空气污染对企业生产率的影响——来自中国工业企业的证据 [J].管理世界，2019, 35(10): 95–112, 119;MU Q, ZHANG S Q. An evaluation of the economic loss due to the heavy haze during January 2013 in China[J]. China environmental science, 2013, 33(11): 2087–2094; 孙鸿鹄，甄峰.居民活动视角的城市雾霾灾害韧性评估——以南京市主城区为例 [J].地理科学，2019, 39(5): 788–796.

② 郑震.论日常生活 [J].社会学研究，2013, 28(1): 65–88, 242.

③ 范叶超.理解内生性：实践论与乡村环境变化研究 [J].南京工业大学学报 (社会科学版), 2021, 20(4): 52–64, 110.

着时间推移依照惯例有序、持续地被开展，即实践再生产（Reproduction of Practices）。换言之，日常实践再生产的失调或中断将导致日常生活的常态运行不同程度受阻。

众多流派的实践论一致认为，日常实践再生产取决于下列四类条件。[①]①物质因素。日常实践总是与特定的物质要素相勾连，包括物品、基础设施、工具、硬件设备等物质要素以及人的身体。②实践者因素。人是实践的载体，是实践者，实践再生产的直接意涵即实践者对一项实践的持续开展。每项日常实践都有其特定的实践者群体（也称"实践共同体"），他们在实践意识（Practical Consciousness）指引下连续地开展实践。③时空因素。日常实践再生产在特定的时间和空间中进行，它们的开展都遵照特定的时间节律（Temporal Rhythm），需要一定的持续时间（Duration），并寓于特定的空间场所内。④实践网络因素。日常实践并非孤立存在，它们之间有着千丝万缕的联系，并形成实践网络。透过实践网络，不同日常实践能够彼此协作并相互影响。

以"做饭"的例子说明以上因素是如何共同决定日常实践再生产的。做饭是古今中外所有社会的一项重要日常实践。就物质因素而言，做饭涉及食材、厨具、自来水系统、燃气系统、吸油烟机等一系列物质安排，其开展对人的身体素质也有诸多要求（如身高一般要高于灶台，嗅觉与味觉灵敏，有足够的臂力"颠勺"，等等）。在许多社会里，女性构成了做饭的主要实践者群体。做饭有着相对固定的时间，通常是在早上、中午和晚上（即"一日三餐"），而厨房是做饭被开展的主要空间场所。做饭不是一项孤立实践，它与买菜、用餐等其他日常实践共同嵌入同一张实践网络中，它们能够透过实践网络实现相互影响。

### （二）雾霾事件对日常实践的影响

本研究关注雾霾事件与日常生活的关系，将日常生活定义为一个社会中的居民为满足不同生活需求而较常开展的所有实践活动的总和，并将日

---

① SCHATZKI T. On practice theory, or what's practices got to do (got to do) with it ? [M].// EDWARDS-GROVES C, GROOTENBOER P, WILKINSON J. Education in an era of schooling. Singapore: Springer, 2018: 151-165.

常实践设置为基本分析单位，考察雾霾事件发生后日常生活再生产可能遭受的冲击。既有证据表明，在雾霾/大气污染情景下，一些典型日常实践的再生产会由于直接受到冲击而失调或中断（见表 14-1）。

基于实践论，结合既有文献发现，本研究梳理出雾霾事件直接影响日常实践再生产的三种机制。

一是约束实践的物质要素。雾霾会严重限制一些日常实践开展所涉及的必要物质要素，进而影响它们的再生产。一方面，雾霾会直接降低大气能见度，导致水陆空交通全面受阻，许多出行类实践的再生产都可能因此中断。另一方面，雾霾暴露对人体健康具有诸多不利影响，诱发呼吸道和心脑血管类疾病，身体的不适导致人们无法从事一些重体力的或对身体素质有一定要求的日常实践活动。此外，在认识到雾霾暴露的健康危害后，人们在雾霾天气也会有意识地减少和停止开展一些高暴露风险的日常实践。

二是缩减实践者群体的规模。日常实践离不开作为实践者的人来开展，实践者规模的显著减少也会干扰日常实践的再生产。雾霾暴露风险的社会分配存在显著差异，从分配结果来看，部分社会人群要承担更多雾霾风险。如果承担了更多雾霾风险的某一人群恰好与某项日常实践的实践者群体重合度较高，由于实践者人数的急剧减少（包括生病、向外迁移），那么该实践的再生产更有可能受雾霾扰动。医学研究发现，老人和儿童是雾霾健康风险的易感人群。在雾霾天气下，像晨练、跳广场舞、上学等以老幼人口为主要实践者群体的日常实践可能会受到剧烈冲击，一些养老类和育儿类的实践也会受到扰动。[1] 环境社会学中的环境公正理论认为，环境风险的社会分配会受到社会经济地位的影响，社会经济地位弱势人群风险规避能力相对较差。[2] 就雾霾风险而言，社会经济地位弱势人群会由于受教育水平相对较低而对雾霾危害认识不足，缺乏雾霾防护信息获取渠道，或者可能受到经济条件限制而较少采取雾霾防护。[3] 正如布迪厄的研究所揭示的，社会经济地位差异导致社会成员参与的日常实践相互区隔（Distinction），像物

---

[1] 谢元博, 陈娟, 李巍. 雾霾重污染期间北京居民对高浓度 $PM_{2.5}$ 持续暴露的健康风险及其损害价值评估 [J]. 环境科学, 2014, 35(1): 1-8.

[2] 洪大用, 龚文娟. 环境公正研究的理论与方法述评 [J]. 中国人民大学学报, 2008, 22(6): 70-79.

[3] SUN C, KAHN M E, ZHENG S.Self-protection investment exacerbates air pollution exposure inequality in urban China[J].Ecological economics, 2017, 131: 468-474.

流配送、街道清洁等日常实践的实践者群体社会经济地位整体偏低。[①]雾霾来袭时，这些日常实践的再生产同样可能会由于实践者规模的明显萎缩而受到扰动。

表 14-1　雾霾 / 大气污染对典型日常实践的直接影响

| 实践类型 | 雾霾敏感实践 | 相关研究证据 |
| --- | --- | --- |
| 睡眠类 | 夜间睡眠 | ① 主要沉积在上呼吸道的 $PM_{10}$ 颗粒物可能会导致炎症和呼吸问题，影响呼吸健康状况，进而增加睡眠呼吸障碍的风险[①]<br>② 对 $PM_{2.5}$ 和 $PM_{10}$ 等污染物的长期暴露会显著引起睡眠障碍[②]<br>③ $PM_{2.5}$ 和 $PM_{10}$ 浓度每上升一个标准差，北京地区大一学生的夜间睡眠时长相应减少 0.55 小时和 0.7 小时[③] |
| 饮食类 | 外出就餐 | 大气污染会降低居民外出就餐的频率和满意度，$PM_{2.5}$ 浓度每上升一个标准差，人们每日外出就餐量和满意度分别下降 1.05% 和 0.06%[④] |
| 出行类 | 驾乘汽车<br>乘坐公共交通<br>骑自行车<br>步行 | ① 雾霾明显抑制了北京私家车主驾车出行的意愿[⑤]<br>② 在雾霾天气下，北京市骑自行车和步行的人分别减少了 60% 以上[⑥]<br>大气污染条件下，高峰期公共自行车的使用规模下降，公共自行车的使用强度降低，主要流向也发生了翻转[⑦] |
| 育儿类 | 陪孩子就医 | ① 2013 年 1 月雾霾期间，济南市儿童内科疾病门诊总量和呼吸系统疾病就诊量分别增加 29.24% 和 26.95%[⑧]<br>② 2013~2016 年大气污染对武汉市儿童门诊量有显著影响，污染物浓度升高会导致儿童呼吸系统门诊量就诊人数增加[⑨] |
| 养老类 | 陪老人就医 | ① 大气污染物浓度上升导致老年慢性阻塞性肺疾病急性加重的住院人数增加[⑩]<br>② 北京市秋冬季空气污染会增加老年变应性鼻炎门诊量，其中 60 岁以上患者约占同期总患病数的 36.72%[⑪] |

① BOURDIEU P.Distinction: a social critique of the judgement of taste[M].Cambridge Mass: Harvard University Press, 1984.

续表

| 实践类型 | 雾霾敏感实践 | 相关研究证据 |
|---|---|---|
| 运动休闲类 | 跑步<br>骑行<br>走步<br>山地骑行<br>越野跑<br>远足<br>遛狗 | ① 大气污染导致肺功能下降，血压升高，以及其他心血管和呼吸系统症状，损害运动能力和表现[12]<br>② 随着大气污染水平的上升，某款健身软件的用户对跑步、骑行和走步等户外锻炼的参与度显著下降[13]<br>③ 公众外出游玩次数和满意度会随着空气污染程度增加而显著减少[14]<br>④ 随着细颗粒物浓度上升，美国盐湖城市民前往郊野参加户外运动休闲活动的人数显著下降[15] |

① FANG S C, SCHWARTZ J, YANG M, et al.Traffic-related air pollution and sleep in the Boston area community health survey[J].Journal of exposure science & environmental epidemiology, 2015, 25 (5): 451-456.

② YU Z B, WEI F, WU M Y, et al.Association of long-term exposure to ambient air pollution with the incidence of sleep disorders: a cohort study in China[J].Ecotoxicology and environmental safety, 2021, 211: 111956.

③ YU H J, CHENG J L, GORDON S P, et al.Impact of air pollution on sedentary behavior: a cohort study of freshmen at a university in Beijing, China[J].International journal of environmental research and public health, 2018, 15 (12): 2811.

④ 郑思齐, 张晓楠, 宋志达, 等 . 空气污染对城市居民户外活动的影响机制: 利用点评网外出就餐数据的实证研究 [J]. 清华大学学报 (自然科学版), 2016, 56 (1): 89-96.

⑤杜轶群 . 雾霾对私家车主交通方式选择行为的影响 [J]. 中国公路学报, 2014, 27 (7): 105-110.

⑥ WANG X Q, YIN C Y, SHAO C F. Relationships among haze pollution, commuting behavior and life satisfaction: a quasi-longitudinal analysis[J]. Transportation research part D: transport and environment, 2021, 92: 102723.

⑦ 曹小曙, 闫家楠, 黄晓燕 . 降雨和空气污染对城市居民公共自行车使用的影响研究: 以西安市为例 [J]. 人文地理, 2019, 34 (1): 151-158.

⑧ 崔亮亮, 李新伟, 耿兴义, 等 .2013 年济南市大气 PM2.5 污染及雾霾事件对儿童门诊量影响的时间序列分析 [J]. 环境与健康杂志, 2015, 32 (6): 489-493.

⑨ 严亚琼, 赵原原, 杨念念, 等 .武汉市大气污染对儿童呼吸系统门诊量影响的时间序列分析 [J]. 中国预防医学杂志, 2020, 21 (9): 969-973.

⑩ 崔飞鹏, 李彩, 李江涛, 等 .大气污染与 AECOPD 老年患者住院人数的相关分析 [J].国际呼吸杂志, 2018, 38 (21): 1651-1656.

⑪ 吕凡, 杨弋, 张雷, 等 .北京秋冬季空气质量指数与老年变应性鼻炎门诊量的短期相关性研究 [J]. 中华老年医学杂志, 2018, 37 (3): 298-300.

⑫ TAINIO M, JOVANOVIC A Z, NIEUWENHUIJSEN M J, et al.Air pollution, physical activity and health: a mapping review of the evidence[J].Environment international, 2021, 147: 105954.

⑬ HU L, ZHU L, XU Y P, et al.Relationship between air quality and outdoor exercise behavior in China: a novel mobile-based study[J].International journal of behavioral medicine, 2017, 24 (4): 520-527.

⑭ 敖长林, 王菁霞, 孙宝生 . 基于大数据的空气质量对公众外出游玩影响研究 [J]. 资源科学, 2020, 42 (6): 1199-1209.

⑮ ZAJCHOWSKI C A B, SOUTH F, ROSE J, et al.The role of temperature and air quality in outdoor recreation behavior: a social-ecological systems approach[J].Geographical review, 2021, 112 (4): 512-531. [LinkOut]

　　三是侵占实践开展的时间与空间。雾霾通常不会立即扩散，而是会持续一段时间。如果承认日常实践受雾霾影响，那么雾霾持续时间越长，意味着会有更多日常实践受到更严重的扰动。相较于完全裸露或敞开的空间，具有一定密闭性的空间（如住宅、办公楼）通常能够有效过滤大气污染物，减少污染物暴露对人体的侵害。因此，雾霾事件来袭时，相较于室内空间，原先在户外场所开展的日常实践会受到更严重的扰动。

　　此外，雾霾事件对日常实践再生产的影响还存在溢出效应。透过日常实践网络，雾霾除了能对部分日常实践造成直接影响，还会间接导致与之关联的其他日常实践再生产的失调或中断。首先，雾霾直接限制了部分日常实践的开展，但为满足生活需求，民众会转向开展同类型的其他实践。例如，在雾霾天气，相当多上班族为避免外出就餐，改为点外卖。[①] 其次，如果某项日常实践具有雾霾敏感性，那么与该项实践存在时间先后顺序联系的其他实践也会相应遭受扰动。出行在现代人日常生活中占据核心地位，是许多其他日常实践开展的前提。鉴于出行类实践对雾霾的高度敏感性，许多其他日常实践的再生产也会间接遭受冲击。例如，雾霾天气造成出行不便，连带影响了看电影这样一项休闲实践，重污染天气下电影院观影人数明显减少。[②]

　　总之，雾霾事件对日常实践再生产的影响具有广泛性和复合性，最终导致日常生活的常态运行受阻（见图14-3）。

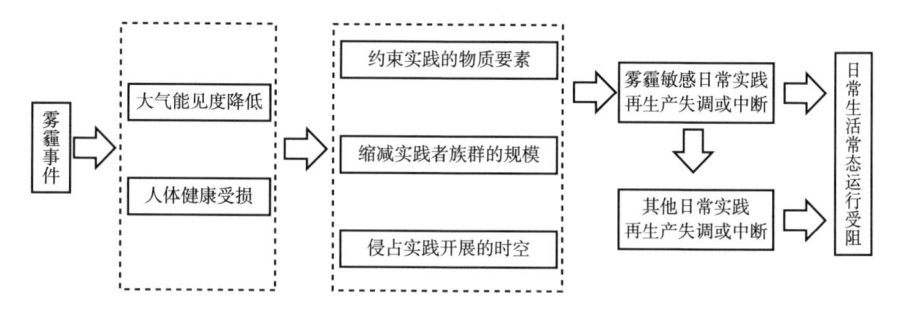

图14-3　雾霾事件对日常实践再生产及日常生活常态运行的影响

①　CHU J H, LIU H M, SALVO A.Air pollution as a determinant of food delivery and related plastic waste[J].Nature human behaviour, 2021, 5(2): 212–220.

②　HE X, LUO Z, ZHANG J. The impact of air pollution on movie theater admissions[J]. Journal of environmental economics and management, 2022, 112: 102626.

## （三）构建城市日常实践雾霾脆弱性的综合评价体系

本研究聚焦雾霾事件对城市层次日常生活常态运行的影响，即特定城市社会在雾霾事件发生时所有日常实践再生产受到的整体扰动，并引入雾霾脆弱性的概念来描述雾霾对城市日常实践再生产的整体扰动情况。利用自然灾害风险评估中常用的层次分析法（Analytic Hierarchy Process，AHP），作者拟构建一个适用于评估城市日常实践雾霾脆弱性的指标体系，该体系的目标层为城市日常实践雾霾脆弱性。基于图 14-3 雾霾事件对日常实践的三种直接影响机制，本研究确立了评估城市日常实践雾霾脆弱性的 3 个准则，分别是物质脆弱性、实践者脆弱性、时空脆弱性，并进一步将每个准则细化为更具体的 6 个二级指标（见图 14-4）。

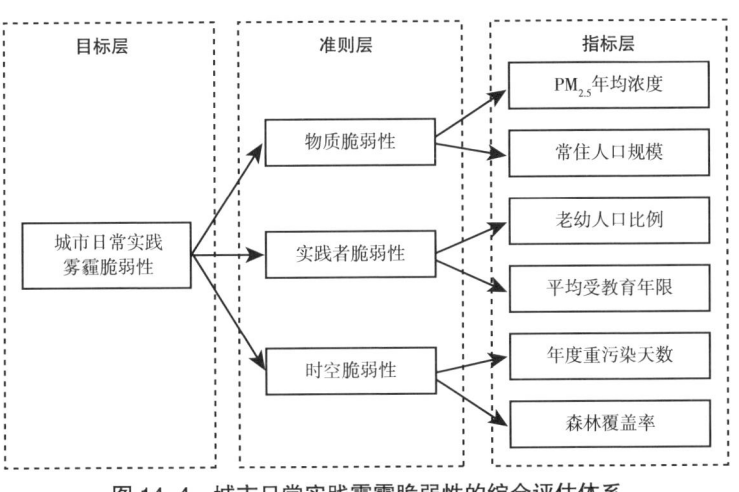

图 14-4　城市日常实践雾霾脆弱性的综合评估体系

物质脆弱性考察的是雾霾事件对城市日常实践物质安排的整体约束情况，包括 $PM_{2.5}$ 年均浓度和常住人口规模两个指标。除相对湿度外，$PM_{2.5}$ 浓度是雾霾事件造成大气能见度下降的关键因素。$PM_{2.5}$ 年均浓度越高，说明大气能见度受雾霾事件影响下降越明显，交通设施受阻的概率也越高，从而干扰出行类实践的开展，并间接影响其他以出行为前提的日常实践的顺利再生产。常住人口规模测量的是雾霾暴露的总人口规模。[1] 在同等污染

---

① 　陈素梅. 北京市雾霾污染健康损失评估：历史变化与现状 [J]. 城市与环境研究，2018, 5(2): 84-96.

水平下，城市常住人口规模越大，说明雾霾事件造成的总体健康损失越大。

实践者脆弱性测量的是实践者群体规模在雾霾下的变化对城市日常实践的整体扰动效应，包括老幼人口比例和平均受教育年限两项指标。老幼人口比例即 60 岁及以上和 0~3 岁人口占城市总人口的比例。教育是测量社会经济地位的一个核心维度，本研究用 15 岁及以上人口平均受教育年限来反映城市人口的社会经济地位分化。一般而言，平均受教育年限越短，说明社会经济地位弱势人群比例越高。一个城市老幼人口比例越高、平均受教育年限越短，雾霾事件对该城市日常实践的总体扰动性越大。

时空脆弱性测量的是雾霾事件对城市日常实践开展时间和空间的整体侵占情况，包括年度重污染天数和森林覆盖率两项指标。年度重污染天数即 AQI 指数分级下全年五级和六级以上重度污染的天数。年度重污染天数越多，说明雾霾事件持续时间越长，对城市日常实践的整体扰动水平越高。森林植被对包括 $PM_{2.5}$ 在内的多重大气污染物具有良好消除作用，在雾霾事件发生时能够有效调控临近空间场所的空气质量。[①] 由此推论，城市森林覆盖率越高，雾霾对户外空间场所开展的日常实践整体扰动性越低。

2022 年 5 月来自环境社会学、灾害社会学、城市社会学、日常生活社会学等领域的 21 名专家受邀评估上述评价体系的科学性。每位专家需填写评估问卷，对准则层的 3 个项目（B1~B3）及下辖指标层 6 个项目（C1~C6）的重要性分别进行打分。综合全部专家的评估结果，通过对项目的重要性进行两两比较，构造判断矩阵。利用 AHP 软件进行一致性检验，发现各级项目的随机一致性比率（CR）均小于 0.1，说明本研究构造的判断矩阵与一致矩阵的差异较小，通过一致性检验（见表 14-2）。

表 14-2　各级指标间的一致性检验结果

| 指标 | $\lambda_{max}$ | CR | 是否通过 |
| --- | --- | --- | --- |
| A | 3.0246 | 0.0236 | 是 |
| B1 | 2.0000 | 0.0000 | 是 |
| B2 | 2.0000 | 0.0000 | 是 |

① 吴海龙，余新晓，师忱，等.$PM_{2.5}$ 特征及森林植被对其调控研究进展 [J]. 中国水土保持科学，2012，10(6)：116–122；DIENER A, MUDU P. How can vegetation protect us from air pollution: a critical review on green spaces' mitigation abilities for air–borne particles from a public health perspective–with implications for urban planning[J].Science of the total environment, 2021, 796: 148605.

| 指标 | $\lambda_{max}$ | CR | 是否通过 |
|---|---|---|---|
| B3 | 2.0000 | 0.0000 | 是 |
| B4 | 2.0000 | 0.0000 | 是 |
| C1 | 4.1144 | 0.0428 | 是 |
| C2 | 4.1144 | 0.0428 | 是 |
| C3 | 4.1144 | 0.0428 | 是 |
| C4 | 4.1144 | 0.0428 | 是 |
| C5 | 4.1144 | 0.0428 | 是 |
| C6 | 4.1144 | 0.0428 | 是 |

将通过了一致性检验的判断矩阵按列归一化，并采用方根法求出各级项目的权重系数（见表14-3），按照权重系数的大小，在评价日常实践雾霾脆弱性的三个准则项中，相对最重要的项目是实践者脆弱性，其次是时空脆弱性和物质脆弱性。结合专家意见：在实践者脆弱性指标方面，老幼人口比例要比平均受教育年限更重要；在时空脆弱性指标方面，森林覆盖率要比年度重污染天数更重要；在物质脆弱性方面，常住人口规模的重要性要大于 $PM_{2.5}$ 年均浓度。

表 14-3　城市日常实践雾霾脆弱性评估权重系数

| 目标层 | 准则层 | 指标层 | 权重系数 |
|---|---|---|---|
| 城市日常实践雾霾脆弱性（A） | 物质脆弱性（B1）（0.1168） | $PM_{2.5}$ 年均浓度（C1） | 0.0292 |
| | | 常住人口规模（C2） | 0.0876 |
| | 实践者脆弱性（B2）（0.6833） | 老幼人口比例（C3） | 0.5125 |
| | | 平均受教育年限（C4） | 0.1708 |
| | 时空脆弱性（B3）（0.1998） | 年度重污染天数（C5） | 0.0666 |
| | | 森林覆盖率（C6） | 0.1332 |

利用该评估体系，本研究下一部分将对雄安新区的日常实践雾霾脆弱性进行跨城市和跨时间的比较分析。

## 三　雄安新区的日常实践雾霾脆弱性评价

### （一）雄安新区建设初期日常实践的雾霾脆弱性：与京津冀地区主要城市的比较

雄安新区的建设于 2017 年启动，目前处在建设初期。本研究首先将现阶段雄安新区的日常实践雾霾脆弱性与京津冀地区其他 9 个主要城市进行了比较（见表 14-4）。考虑到数据可及性，本研究将比较年份确定为 2020 年。从综合评价结果来看，在参与比较的 10 个城市中，日常实践雾霾脆弱性最低的三个城市依次是廊坊（0.0906）、北京（0.0926）和唐山（0.0934）；雄安新区的日常实践雾霾脆弱性在所有城市中位于第三位（0.1067），仅次于邯郸（0.1073）和邢台（0.1072）。分维度来看，雄安新区的时空脆弱性要高于其他所有参与比较的城市，实践者脆弱性也仅次于邢台（与邯郸并列第二），但物质脆弱性却是所有城市中最低的。

表 14-4　雄安新区与京津冀地区其他主要城市的日常实践雾霾脆弱性评价结果

| 地区 | 物质脆弱性 | 实践者脆弱性 | 时空脆弱性 | 综合评价 |
| --- | --- | --- | --- | --- |
| 邯郸 | 0.0115 | 0.0756 | 0.0203 | 0.1073 |
| 邢台 | 0.0098 | 0.0766 | 0.0208 | 0.1072 |
| 雄安新区 | 0.0044 | 0.0756 | 0.0267 | 0.1067 |
| 保定 | 0.0116 | 0.0692 | 0.0209 | 0.1017 |
| 沧州 | 0.0096 | 0.0748 | 0.0171 | 0.1015 |
| 石家庄 | 0.0139 | 0.0658 | 0.0216 | 0.1013 |
| 天津 | 0.0158 | 0.0596 | 0.0222 | 0.0976 |
| 唐山 | 0.0101 | 0.0670 | 0.0164 | 0.0934 |
| 北京 | 0.0226 | 0.0542 | 0.0158 | 0.0926 |
| 廊坊 | 0.0076 | 0.0649 | 0.0182 | 0.0906 |

注：雄安新区 2020 年度 $PM_{2.5}$ 年均浓度和年度重污染天数数据由河北省气象局提供，其他城市数据源自 2020 年度各市生态环境部门发布的数据；常住人口规模、老幼人口比例、平均受教育年限数据来自各市的第七次人口普查公报；雄安新区森林覆盖率数据来自新区 2019 年第四季度自然资源遥感调查，其他城市的数据来自各市 2020 年度《国民经济和社会发展统计公报》和官方公布的数据。

面对雾霾事件，雄安新区现阶段的时空脆弱性问题比较突出。2020 年，雄安新区的重污染天数多达 22 天，高于所有参与比较城市的平均数（13.8 天），要明显多于沧州（8 天）、唐山（9 天）、北京（10 天）和天津（10 天）等城市。经过几年建设，雄安新区的森林覆盖率已经由 2017 年的 11% 提升至 2019 年底的 18.9%，但仍远低于所有参与比较城市的平均水平（32.7%），与北京（44.4%）、石家庄（42.2%）等城市相比仍有不小差距。

与此同时，雄安新区的日常实践雾霾脆弱性还表现在实践者脆弱性方面。根据第七次人口普查结果，截至 2020 年，雄安新区老年（65 岁及以上）和儿童（0~14 岁）的常住人口为 422148 人，占全区总人口的 35.02%，高于所有参与比较城市的平均水平（32.94%），要明显高于北京（25.20%）和天津（28.22%）。在人均受教育年限方面，雄安新区 15 岁及以上人口受教育年限为 8.92 年，低于所有参与比较城市的平均水平（10.17 年），也是所有参与比较城市中最低的。

综合来看，现阶段雄安新区雾霾持续时间较长，森林覆盖率偏低，老幼人口和社会经济地位弱势人群比例偏高，这些因素共同加剧了新区的日常实践雾霾脆弱性。

### （二）未来情景下雄安新区日常实践的雾霾脆弱性

#### 1. 雄安新区未来的生态环境演变预估

雄安新区建设将坚持贯彻绿色低碳的发展理念。与现阶段相比，雄安新区未来的生态环境质量预计将继续改善。本研究重点关注雄安新区未来的大气环境状况和森林覆盖情况。

预估雄安新区的未来大气环境状况是一项富有挑战性的工作，除气候变化的惩罚效应外，大气质量演化还会受减排行动、能源转型、人口增长等诸多其他复杂因素的影响。根据《河北雄安新区规划纲要》，雄安新区未来将继续执行严格的大气治理措施，包括：实行国内最严格的机动车排放标准，严格监管非道路移动源；巩固农村清洁取暖工程效果，实现新区散煤"清零"；构建过程全覆盖、管理全方位、责任全链条的建筑施工扬尘治理体系；根据区域大气传输影响规律，在石家庄—保定—北京大气传输带上，系统治理区域大气环境。随着未来地方排放的大幅减少，区域传输将逐渐成为雄安新区大气污染形成的主要机制，新区雾霾事件的发生与京津冀乃至整个华北

地区的大气环境状况具有更强的共变性，且将对气候变化更加敏感。

已有相当多研究分析了不同气候变化情景下京津冀地区雾霾的演化趋势。一方面，相当多证据表明，气候变化会引起"北极涛动"、东亚冬季风的变弱以及对流层低层的快速增温等现象，这些都是雾霾形成的有利气候条件，将共同导致未来京津冀地区雾霾发生频率的增加。[①] 另一方面，也有研究证据指向气候变化对未来京津冀地区大气质量的惩罚效应并不显著，有利于雾霾扩散的气象条件（如西伯利亚高压变动导致的更频繁的冷锋通风）甚至会增加。[②] 尽管结论存在分歧，但大多数研究一致认为：首先，气候变化对京津冀地区大气质量的影响要到本世纪中晚期才能被明显观察到；其次，从影响规模来看，气候变化对京津冀地区未来很长一段时期内大气环境状况的整体影响有限，综合预计在 10%~30%。

综合既有研究的发现，本研究首先假设气候变化对雄安新区大气质量的惩罚效应至 2035 年尚可忽略，在持续的大气治理下，新区届时可顺利完成"大气环境质量将得到根本改善"的规划目标。至 2035 年，预计未来雄安新区 $PM_{2.5}$ 年均浓度将下降至中国现行的环境空气质量标准规定的一级浓度限值和二级浓度限值之间，即 15~35$\mu g/m^3$，大致相当于 2020 年深圳市和上海市的水平（分别为 19$\mu g/m^3$ 和 31.5$\mu g/m^3$）。参考深圳和上海两市 2020 年的重污染天数，本研究假定雄安新区 2035 年的重污染天数为 3~6 天。本研究假定气候变化对雄安新区大气质量的惩罚效应至 21 世纪中叶后将更加显著，参照既有研究的预估结果，雄安新区 2050 年 $PM_{2.5}$ 年均浓度和年度重污染天数较 2035 年都增长 10%~30%，分别达到 16.5~45.5$\mu g/m^3$ 和 3.3~7.8 天。

① CAI W J, LI K, LIAO H, et al.Weather conditions conducive to Beijing severe haze more frequent under climate change[J].Nature climate change, 2017, 7(4): 257–262；WANG H J, CHEN H P, LIU J P.Arctic sea ice decline intensified haze pollution in eastern China[J].Atmospheric and oceanic science letters, 2015, 8(1): 1–9；ZOU Y F, WANG Y H, ZHANG Y Z, et al.Arctic sea ice, Eurasia snow, and extreme winter haze in China[J].Science advances, 2017, 3(3): e1602751；MAO L, LIU R, LIAO W H, et al.An observation–based perspective of winter haze days in four major polluted regions of China[J].National science review, 2019, 6(3): 515–523.

② SHEN L, JACOB D J, MICKLEY L J, et al.Insignificant effect of climate change on winter haze pollution in Beijing[J].Atmospheric chemistry and physics, 2018, 18(23): 17489–17496；LEUNG D M, TAI A P K, MICKLEY L J, et al.Synoptic meteorological modes of variability for fine particulate matter (PM$_{2.5}$) air quality in major metropolitan regions of China[J].Atmospheric chemistry and physics, 2018, 18(9): 6733–6748.

自启动建设以来，雄安新区便同步开始了大规模的国土绿化工程。在以"千年秀林"项目为依托的大规模人工造林计划下，据《河北雄安新区总体规划（2018—2035 年）》，新区森林覆盖率至 2035 年将达到 40%，预计此后将一直维持在该水平。

2. 雄安新区未来的人口转型预估

与现阶段相比，未来雄安新区人口的规模和结构预计都将发生重大变化。首先是人口规模的变化。雄安新区设立的一个重要目标是集中疏解北京的非首都功能，包括对首都人口压力的疏解。随着雄安新区逐步建成，可以预计新区常住人口未来将出现大规模增长。《河北雄安新区总体规划（2018—2035 年）》对新区人口密度进行了规定，规划建设区将按 1 万人 / 平方公里控制。根据规划，雄安新区远期建设（至 2050 年）用地总规模约 530 平方公里，预计新区最终人口规模约为 530 万人。其次是人口结构的变化。雄安新区未来的大规模人口增长主要是由迁入人口的增加导致的，而迁入人口以青壮年劳动力为主，必将带动新区人口年龄结构和文化结构的转型。

根据相关研究对未来雄安新区人口规模的预测[1]，假定未来新区的迁入人口将达到 300 万 ~400 万人。基于雄安新区第七次人口普查数据，利用 PADIS-INT 人口预测软件，本研究模拟了高、低两种人口迁入方案下新区老幼人口比例的变化。第一种方案假定 2020~2035 年平均每年有 10 万人迁入雄安新区，2035~2050 年之后年均迁入 13 万人，模拟结果显示：新区常住人口规模在 2035 年和 2050 年将分别达到 280.1 万人和 496.7 万人，老幼人口比例依次是 32.7% 和 30.8%。第二种方案假定 2020~2050 年平均每年有 13 万人迁入雄安新区，模拟结果显示：新区常住人口规模在 2035 年和 2050 年将分别增长到 329.8 万人和 551.4 万人，届时老幼人口比例将分别达到 33.3% 和 30.5%。综合来看，与现阶段相比，随着爆发式的人口增长，未来 30 年雄安新区老幼人口比例趋于不断缩减。

人口文化结构方面，根据《河北雄安新区总体规划（2018—2035 年）》，雄安新区 15 岁以上人口的平均受教育年限至 2035 年将由现阶段的 8.92 年提升到 13.5 年。假定雄安新区的人口文化结构至 2050 年将达到全

---

[1] 杨震，荣玥芳，田林，等. 京津冀城市网络协同发展分析及雄安新区人口规模研究 [J]. 干旱区资源与环境，2019, 33(12): 8–15.

球领先水平，人均受教育年限进一步提升至 14 年（相当于现阶段德国的水平）[①]。雄安新区人口文化结构的持续优化趋势表明，新区人口的社会经济地位整体上将不断提升，表现为社会经济弱势人群比例下降。

3. 结果

由以上分析可知，大气质量压力（包括 $PM_{2.5}$ 年均浓度和年度重污染天数）和人口压力（包括常住人口规模）构成了未来 30 年雄安新区发展的两项关键不确定因素。根据大气质量压力和人口压力的不同，研究预设了雄安新区的 4 种未来情景。

情景 I：低大气质量压力 + 低人口压力。在该情景下，到 2035 年和 2050 年，雄安新区的 $PM_{2.5}$ 年均浓度、年度重污染天数、常住人口规模均达到预估最低水平。

情景 II：低大气质量压力 + 高人口压力。在该情景下，到 2035 年和 2050 年，雄安新区的 $PM_{2.5}$ 年均浓度和年度重污染天数达到预估的最低水平，常住人口规模达到预估最高水平。

情景 III：高大气质量压力 + 低人口压力。在该情景下，到 2035 年和 2050 年，雄安新区的常住人口规模达到预估的最低水平，$PM_{2.5}$ 年均浓度和年度重污染天数达到预估最高水平。

情景 IV：高大气质量压力 + 高人口压力。在该情景下，到 2035 年和 2050 年，雄安新区的 $PM_{2.5}$ 年均浓度、年度重污染天数、常住人口规模均达到预估最高水平。

以现阶段情况为基准，本研究分别评估了 4 种不同未来情景下雄安新区的日常实践雾霾脆弱性，结果见表 14-5。

表 14-5　4 种未来情景下雄安新区日常实践的雾霾脆弱性

| 年份 | 物质脆弱性 | 实践者脆弱性 | 时空脆弱性 | 综合评价 |
|---|---|---|---|---|
| 情景 I：低大气质量压力 + 低人口压力 | | | | |
| 2020 | 0.0302 | 0.2478 | 0.1055 | 0.3835 |
| 2035 | 0.0325 | 0.2335 | 0.0468 | 0.3127 |
| 2050 | 0.0541 | 0.2021 | 0.0475 | 0.3037 |

---

① CONCEICAO P. Human development report 2019[EB/OL].[2022–09–10].https://hdr.undp.org/system/files/ documents//hdr2019pdf.

续表

| 年份 | 物质脆弱性 | 实践者脆弱性 | 时空脆弱性 | 综合评价 |
|------|-----------|-------------|-----------|---------|
| 情景Ⅱ：低大气质量压力 + 高人口压力 | | | | |
| 2020 | 0.0290 | 0.2472 | 0.1055 | 0.3817 |
| 2035 | 0.0340 | 0.2360 | 0.0468 | 0.3168 |
| 2050 | 0.0539 | 0.2000 | 0.0475 | 0.3014 |
| 情景Ⅲ：高大气质量压力 + 低人口压力 | | | | |
| 2020 | 0.0199 | 0.2478 | 0.0946 | 0.3623 |
| 2035 | 0.0388 | 0.2335 | 0.0509 | 0.3232 |
| 2050 | 0.0581 | 0.2021 | 0.0543 | 0.3144 |
| 情景Ⅳ：高大气质量压力 + 高人口压力 | | | | |
| 2020 | 0.0223 | 0.2472 | 0.0946 | 0.3641 |
| 2035 | 0.0364 | 0.2360 | 0.0509 | 0.3234 |
| 2050 | 0.0581 | 0.2000 | 0.0543 | 0.3124 |

由表 14-5 可知，在全部预估情景下，与 2020 年相比，2035 年和 2050 年雄安新区的日常实践雾霾脆弱性都要更低，且 2050 年最低。分维度比较来看，未来雄安新区的日常实践雾霾脆弱性下降主要得益于实践者脆弱性和时空脆弱性的降低。在未来 30 年里，人口年龄结构和文化结构不断优化，年度重污染天数明显减少，森林覆盖率大幅提高，这些因素都有助于降低雄安新区的日常实践雾霾脆弱性。伴随雄安新区的逐渐建成，未来雾霾事件对新区日常生活常态运行的整体扰动将趋于下降。但城市人口的爆发式增长将加剧雄安新区的物质脆弱性，与 2020 年相比，新区的物质脆弱性系数至 2035 年和 2050 年都要明显更高。

## 四 雄安新区雾霾事件的生活适应方案

### （一）雾霾事件的生活适应：韧性实践的方案

与暴雨洪涝、高温热浪等其他气候灾害不同，雾霾具有更高的可控性。中国过去十多年的大气污染治理历程充分表明，通过对污染源的有效治理，大气质量能够得到实质改善。但大气治理注定是难以毕其功于一役的长期

事业，加上导致雾霾的首要污染物——PM$_{2.5}$跨域传输的特征，所以即便雾霾问题整体趋于减缓，雾霾事件发生的概率仍旧存在。

近年来，有研究开始关注雾霾多发城市对大气污染的适应性。美国学者 Duh 等较早地将"城市韧性"的概念运用于分析城市系统对大气环境的适应性问题。[1]Ashan 等将大气污染韧性定义为与大气污染的地方利益相关者围绕灾害或脆弱性发展出来的特定适应手段。[2] Cariolet 等从降低排放能力、降低污染物浓度能力和降低暴露能力三个维度评估了法国巴黎及其周边地区在城市规划方面应对交通源大气污染的韧性。[3]

为探索日常生活在减缓气候变化方面的潜力，研究者们基于实践论提出过可持续实践（Sustainable Practices）的解决方案：在顺应实践变迁规律的前提下，通过恰切的制度干预，日常实践能够朝着可持续性的方向发生有序演进，在不降低生活质量的前提下实现日常生活的减碳目标。[4] 实践论对理解日常生活适应气候变化同样具有重要启示。在掌握实践再生产规律的基础上，可以通过规划性的干预手段来强化日常实践再生产的条件，旨在提升日常实践的气候风险适应能力，在遭遇极端气候事件时日常生活能够最大限度维持常态运行。

本研究使用"韧性实践"（Resilient Practices）的概念来指代实践论所倡导的气候变化生活适应方案。所谓韧性实践，即在极端气候事件发生之后，一项日常实践能够以现有或替代的方式继续维持基本的再生产水平，以确保该实践所对应的日常生活需求能够继续获得充分满足的能力。相较于"韧性城市""韧性社区"等先行概念，韧性实践强调应当将日常实践作为韧性建设的基本单元，通过干预日常实践来实现气候适应的目标。对照

① DUH J D, SHANDAS V, CHANG H, et al. Rates of urbanisation and the resiliency of air and water quality[J]. Science of the total environment, 2008, 400(1/2/3): 238–256.

② ASHAN-LEYGONIE C, BAUDET-MICHEL S. Risque, Vulnéra-bilité, résilience: comment les définir dans le cadre d'une étude géographique sur la santé et la pollution atmosphérique en milieu urbain？ [M].// BECERRA S, PELTIER A. Risques et environnement: recherches interdisciplinaires sur la vulnérabilité des sociétés. Paris: L'Harmattan, 2009: 60–68.

③ CARIOLET J M, COLOMBERT M, VUILLET M, et al.Assessing the resilience of urban areas to traffic-related air pollution: application in Greater Paris[J].The Science of the total environment, 2018, 615: 588–596.

④ SHOVE E.Beyond the ABC: climate change policy and theories of social change[J].Environment and planning A: economy and space, 2010, 42(6): 1273–1285.；范叶超 . 社会实践论：欧洲可持续消费研究的一个新范式 [J]. 国外社会科学 , 2017(1): 95–104.

日常实践雾霾脆弱性的决定因素，与雾霾事件相关的韧性实践应具备如下三个特征：一是物质韧性，即实践本身嵌入了适霾的物质要素或者对身体素质要求较低；二是实践者韧性，即实践者群体整体的雾霾风险规避能力较强；三是时空韧性，即实践开展的时间和空间具有相当的灵活性，受雾霾事件的影响较小。

## （二）雄安新区韧性实践建设的对策建议

与现阶段相比，随着生态环境状况的改善和人口结构的转型，未来30年里雾霾事件对雄安新区日常生活的整体扰动将会明显下降。考虑到全球气候变化影响的长期性和极端气候事件的危害性，为提升未来雄安新区应对雾霾事件的能力，更具针对性地增强新区日常生活的气候适应性，本研究尝试从韧性实践建设的角度提出对策建议。

### 1. 增强物质韧性：利用适霾技术重构雾霾敏感实践

日常实践看似不易变迁，实则具有一定程度的可塑性，技术创新是引领实践变迁的重要动力。通过植入雾霾适应技术，能够有效改造一些雾霾敏感的日常实践，增强实践的物质韧性。

出行是现代城市生活的基本需求，但出行类实践最易受雾霾事件影响。雾霾天气下，大气能见度降低，容易出现交通拥堵，出行的交通安全隐患也会升高。与此同时，许多出行类实践的开展过程中往往还伴随高雾霾暴露，有损人体健康。综合比较来看，轨道交通（尤其是地下轨道交通）是受大气能见度限制最小的一类交通技术。目前，具有空气净化和过滤功能的新风系统技术在中国诸多城市的轨道交通系统中获得广泛应用，能够有效减少乘客的雾霾暴露。因此，为增强出行类实践对雾霾事件的物质韧性，建议雄安新区将地铁和有轨电车作为未来重点发展的两类公共交通方式，并在雾霾天气增加运力，以满足新区居民的正常出行需求。

雾霾事件发生时，与户外相比，相对封闭的室内环境大气污染物浓度通常更低，在室内开展的日常实践受到的影响也相对较小。但在长时间门窗关闭的情况下，室内大气质量也会趋于恶化，造成室内污染问题。空气净化技术的应用能够进一步降低室内实践场所的雾霾暴露风险，并改善室内大气质量。通过在住宅、办公楼、超市、餐厅、商场、学校、酒店、健身房、娱乐会所等人员聚集场所安装空气净化设施，在遭遇雾霾事件时能

够有效降低这些日常实践场景的污染物浓度，通过减少雾霾暴露的人体健康危害增强实践的物质韧性。

户外场所日常实践的雾霾适应有两个思路。一是利用便携式防霾技术设备加强对实践者个人的防护。目前市面上的防霾口罩、车载空气净化机、穿戴式空气净化器等技术产品能够为个体提供针对性的有效防护，增强户外实践对雾霾污染的适应性，应在防灾应急的宣传教育培训中向居民大力普及。二是利用避霾性建筑工程技术打造适宜日常实践开展的局部大气环境。气膜建筑是采用特殊建筑纤维膜材的一种新型建筑技术，具有跨度面积大、建设工期短的优点，已被广泛应用于体育场馆和各类临时性集会场所的建设。气膜建筑配备的自动化增压、新风系统和过滤系统让建筑空间内的大气质量能一直维持在优良水平，具备良好的避霾性能。在雾霾高发季节，建议雄安新区利用气膜建筑技术在各社区生活圈内搭建临时性的公共避霾中心，为雾霾天气下居民参与一些原先的户外实践活动提供替代场所和集中防护。

2. 增强实践者韧性：针对重点雾霾脆弱人群制定应急预案

随着大规模人口迁入，雄安新区未来30年的老幼人口比例趋于下降，但老年人和幼儿人群的规模预计将大幅增加。根据规划，雄安新区将大批引进北京疏解企事业单位的职工，这些高学历、高端技术人员构成了新区的新住民，也是未来新区人口的主体。与新住民相比，雄安新区的大多数本地居民以及建设者之家的工人受教育水平不高，属于社会经济地位相对弱势的群体，对各类风险的应对能力较低。[①] 鉴于老年人、幼儿以及社会经济地位弱势群体的日常生活更易受到雾霾事件影响，雄安新区有必要为以上重点雾霾脆弱人群制定防霾应急预案，结合不同人群的日常实践需求提供专门生活救助。

雾霾事件发生后，重点雾霾脆弱人群生活需求的优先次序会发生变化，表现为部分日常实践的相对重要性上升。首先是就医实践。雾霾暴露更容易对老年人（特别是患有呼吸道、心脑血管等基础病的老人）、免疫功能尚未健全的幼儿以及社会经济地位弱势人员（如环卫、建筑、摊贩等从业者）

① 李国庆,邢开成,黄大鹏.雄安新区社会重构期暴雨洪涝风险的社区分类调适[J].中国人口·资源与环境,2020,30(6):53-63.

的健康造成损害，预计这些人群的就医需求在雾霾事件发生后会大幅上涨。其次是照护实践。雾霾暴露造成的身体不适可能会导致一些老人暂时失去生活自理能力，需要专人照护；重度雾霾事件发生后，中小学校和幼儿园通常会采取紧急停课措施，针对儿童的临时照护需求也会上升。最后是物资获取实践。受雾霾事件影响，老年人因外出购物不便对生活物资配送的需求会增加，而社会经济地位弱势人群获取防霾物资的需求也会变得相对紧迫。

为回应重点脆弱人群在雾霾事件下的紧急实践需求，建议雄安新区以社区为单位，在整合社区资源的基础上制定针对性的生活应急预案。首先，建议各社区对社区内雾霾脆弱人员建档立卡，对孤寡独居老年人、空巢老年人、双职工家庭儿童、低收入人员等易受雾霾影响的社区居民进行逐户调研、识别与分类，并确定紧急联络人。其次，建议各社区分别组建由社区医护、社区工作人员、社会工作者、社区商户、居民志愿者等构成的专门生活救援队伍，在雾霾事件发生后，为雾霾脆弱人群提供上门诊疗、紧急送医、临时照护、生活物资配送、防霾物资援助、防霾知识和技能培训等救助服务。

3. 增强时空韧性：将实践的数字化转型融入智慧城市建设

根据城市社会学家卡斯特的网络社会理论，进入 21 世纪以后，信息通信技术正在引领全球社会日常实践的数字化转型，由此涌现出"网购""网约车""上网课""远程医疗""在线健身"等一系列新兴实践形式。与传统实践对以面对面互动为特征的地方空间（Space of Places）的高度依赖不同，数字化实践的再生产主要是在各种网络搭建的流动空间（Space of Flows）中展开。[①] 流动空间的本质是虚拟空间，它的一个重要特征是实践再生产的时间和空间更富弹性，不但实践的开展顺序更加灵活（所谓"无时无刻的时间"，Timeless Time），实践者开展实践甚至不必亲身出席，仅凭线上参与即可完成。就此而言，数字化的实践整体上具有更强的时空韧性，能够让实践的再生产极大地豁免于雾霾事件的扰动。

雄安新区致力于成为一座具有深度学习能力、全球领先的智慧新城。目前，雄安新区已初步建成全国首个城市级智能基础设施平台体系——"一

---

① CASTELLS M.The rise of the network society [M]. Oxford: Blackwell, 1996; 范叶超 . 环境流动 : 全球化时代的环境社会学议程 [J]. 社会学评论 , 2018, 6(1): 56–68.

中心四平台"（城市计算中心、物联网平台、视频一张网平台、CIM平台和块数据平台），基于该平台体系能够开发多样化的智能化应用场景，为新区日常实践的数字化建设创造了有利条件。例如，基于CIM平台搭建的"数字孪生"城市能够精确模拟和还原雄安新区的各类生活场景，使许多日常实践的线上开展更加接近线下真实场景，为一些可能受雾霾事件影响而中断的实践活动提供了临时替代方案。以智慧城市建设为契机，雄安新区应加快推进城市日常生活的数字化转型，探索各类日常实践在"云上之城"开展的潜力，通过培育更具时空韧性的数字实践来防御雾霾事件对新区日常生活的冲击。

# 第十五章　气候适应型城市建设理念与实践*

2023 年 3 月，联合国政府间气候变化专门委员会（IPCC）在瑞士发布的第六次评估报告指出，一个多世纪以来，化石燃料燃烧以及不平等、不可持续的能源和土地使用方式导致全球温升比工业化前水平高出 1.1℃。这不仅造成了更频繁和更强烈的极端气候事件，也给世界每个地区的自然和社会带来了更加危险的影响。除了自然气候变化外，越来越多的损害都与城市化带来的热岛效应、湿岛效应、静岛效应相关，气候韧性发展变得越来越具有挑战性，适应行动迫在眉睫。

2021 年河南郑州"21·7"暴雨、2023 年京津冀"23·7"暴雨因极端强降雨、超标准洪水、特殊地形河势及长期形成的历史遗留问题叠加造成了严重的人员伤亡和巨额财产损失，城市生命线工程、应急管理、指挥调度、预案编审、抢险救援等方面经受了严峻的考验，也不同程度地暴露出一些问题，引发人们对于城市应该如何建设与管理才能更好地适应气候变化的深入思考。深化气候适应型城市建设，提高城市适应气候变化能力，对保障城市安全运行、提高城市竞争力和可持续发展潜力具有重要意义。

## 一　气候适应型城市建设的新理念

提升适应气候变化能力是减轻气候不利影响和风险的现实选择，也是推进生态文明建设、实现高质量发展的重要抓手。气候适应型城市建设

---

* 本章内容原载于《人民论坛》2024 年第 4 期。本章执笔人李国庆，中央民族大学民族学与社会学学院教授、博导。

的理念内涵是将城市风险应对工作前置，从关注"事后如何除错"转变为"事前如何防错"，注重气候风险管控如何顺利开展。安全的目标不再局限于以往应急管理思维下的如何减少已经发生的损失，即不再只是关注危险事件的"有"，而是更加关注如何消除潜在风险，实现危险因素的"无"，是气候风险评估模型与适应气候变化路径有机衔接的生动实践。①

当前，气候风险成为现代社会中的重要风险，应对气候风险是城市建设的重要内容，也是城市治理体系和治理能力现代化的具体体现。气候变化既可以通过极端天气气候事件对城市产生突发性影响，如城市内涝、高温热浪等，即所谓的"黑天鹅"事件；还可以通过气候要素的缓慢变化对城市产生长期性影响，如平均气温上升、海平面上升等，即"灰犀牛"事件。气候适应型城市要求城市凭借自身潜能，在面对长期气候变化和极端天气气候事件时维持城市的平稳有序运行，其实质是建设气候韧性城市。韧性城市与传统的应急响应从属不同范畴，特指城市系统基于事前嵌入的城市灾后复兴规划与修复工程规划的科学规划，在城市遭遇突发风险时，能够在维持其基本结构和功能的前提下，主动消减风险冲击，快速恢复灾前状态，并实现城市自我优化提升。

从应用范围看，韧性城市广泛包括了对各种自然灾害和社会冲击的适应能力。气候适应是韧性城市的一个重要维度，主要考虑到气候变化导致的极端气候事件给城市带来的影响。以建设韧性城市为目标的气候适应型城市需要具备三个特点：一是减缓，即最大程度降低极端气候事件对城市造成的负面影响，降低暴露度和脆弱性以减少损害。二是适应，即城市在面对气象灾害冲击时，自身主动去适应日益加剧的气候风险，将极端气候事件高发视为城市发展过程需面临的新常态，通过城市内外部系统的风险转移及风险共担加以应对。三是恢复，即城市能够快速从极端天气的扰动中恢复正常运转，并且从中实现城市系统的重构和优化提升。气候适应型城市主要包括七大支柱，即城市规划、基础设施设计和建设标准、建筑、生态系统、水系统、风险综合管理、科技支撑。气候适应型城市的建设主体包含政府、企业、社区以及公民。

2022年，生态环境部等17部门联合印发《国家适应气候变化战略

---

① 〔丹〕埃里克·胡纳根.安全的新内涵与实践：基于韧性理论[M].马晓雪、乔卫亮译.北京：社会科学文献出版社，2021.

2035》，明确适应气候变化应坚持"主动适应、预防为主，科学适应、顺应自然，系统适应、突出重点，协同适应、联动共治"的基本原则，指出了气候适应型城市的四个基本特征：一是突出气候变化监测预警，完善气候变化观测网络，强化气候变化监测预测预警，加强气候变化影响和风险评估，强化综合防灾减灾等任务举措。二是区分自然生态系统和经济社会系统两个维度，分别明确了水资源、基础设施与重大工程、敏感二三产业、健康与公共卫生、城市与人居环境等重点领域的适应任务。三是多维度构建适应气候变化的区域格局，将适应气候变化与国土空间规划结合，提出覆盖京津冀、长江经济带、粤港澳大湾区、长三角、黄河流域等重大战略区域适应气候变化任务。四是更加注重机制建设和部门协调，进一步强化组织实施、财政支撑、科技支撑、国际合作等能力保障措施。[①]

## 二 气候适应型城市建设的路径

气候适应型城市建设以应对极端气候事件为重要目标并兼顾长期性气候风险，需要搭建治理体系和治理能力框架，针对气候风险的自然物理属性和社会文化属性，确立"双体系"适应模式。"双体系"适应模式由技术支撑体系和社会服务体系组成：一是智能应灾技术体系，具体路径为建设拥有自主应灾能力的基础设施系统、区域能源管理系统、各部门相互联系且功能互补的分析决策与联动控制机制；二是智慧应灾社会体系，具体路径为搭建以政府为核心的公助体系、以社区和机构为核心的共助体系、以个体与家庭为核心的自助体系。智能应灾技术体系和智慧应灾社会体系的有效结合能够全方位、多角度提升城市应对风险的能力，形成城市韧性建设与管理的新范式。[②]

### （一）构建智能应灾技术体系

智能应灾技术体系主要关注城市应对风险过程中的技术韧性问题，分别从技术的结构性、过程性和系统性出发强化韧性，旨在确保城市面临突

---

① 李惠民，邱萍，张西，等.气候适应型城市的规划要素及对我国 28 个试点方案的综合评价 [J]. 环境保护，2020, (12).
② 李国庆，李紫昂，邢开成.适应气候风险的韧性城市治理双体系建设——雄安新区气候风险适应模式 [J]. 中国人口·资源与环境，2023, (4).

发灾害时拥有静态基础设施的抵抗力和动态城市运转的维持力。

结构性技术体系以基础设施为核心，在城市规划建设过程嵌入应对气候风险的一整套技术体系，形成应对极端气候事件的物质基础。第一，以城市气候风险评估为先导，强化系统性城市空间韧性规划。筑牢基于流域上下游、左右岸的自然水系疏浚系统。其中，根据流域地理环境和雨型特征设计疏浚系统以应对暴雨洪涝，基于主导风向设计城市通风廊道以应对高温热浪和雾霾灾害是核心思路。第二，以应对极端气候事件为目标，提高城市生命线工程的抗灾能力。水电路气房讯邮等能源、交通、物流基础设施是城市的生命线工程，是城市应对暴雨洪涝、高温热浪等极端气候事件的关键防线。城市地下空间面对突发灾害的脆弱性较强，提高城市生命线工程、地下空间防灾抗灾标准，是城市空间防灾能力建设的重要任务和关键环节。第三，以"十防九空"的低悔原则，健全气象信息发布与相应机制。气象预报预警服务是防灾减灾的"消息树""发令枪"，需要赋予应急管理部门关键指挥管理权力，不断健全气象部门直达基层责任人的预警"叫应"机制，通过网络信息平台第一时间发布灾害信息。尤其在应对重大气象灾害时，要以"宁可十防九空，也不心存侥幸"的低悔原则来处置，高频次发布监测预报预警信息，递进式提示高级别预警发布后的应急响应行动措施，确保防汛措施关口前移。

过程性技术体系以能源、交通、信息网络为支撑，强化极端气候事件、公共突发事件的应急响应预案编制和防灾培训、应急演练；在灾害来临时，"以令为号"，根据预警等级和响应方案，严格落实主体责任，确保城市基本功能正常稳定，维持经济活动和生活秩序的顺畅运行状态；迅速恢复因突发气象灾害冲击而导致的部分城市功能失灵，在非正常状态下及时协调启动城市能源保稳、交通保畅、通信保供的"B计划"，确保城市能源、交通、通信等重要基础设施能为城市生产生活秩序恢复提供强力支撑。

系统性技术体系以"两个坚持，三个转变"的防灾减灾抗灾理念为指导，在气候适应型城市规划的基础上，确保"政府主导、部门协同、公共参与"的原则得到技术上的有效支撑与落实，关键是在自然系统、社会系统和政策系统之间建立静态结构与过程性的关联，通过气象、交通、环保等多部门数据共享与全系统性方位资源整合，实现能源、交通、水文、医疗等城市子系统技术体系间的协调性、替代性，确保气候风险评估、适应

型行动、治理机制有机贯通，实现各部门功能的全域联通与互补，形成无缝衔接、协同畅通的城市有机应灾系统。

## （二）构建智慧应灾社会体系

气候风险不仅取决于致灾因子的等级和强度，同时与承灾体的脆弱性和暴露度有关，是由极端气候事件的致灾因子（Hazard）和承灾体的暴露度（Exposure）、脆弱性（Vulnerability）构成的非线性函数。城市作为适应气候变化的重要单元，气候适应型城市建设就是通过技术、政策和战略等措施有效降低人类和自然系统的气候脆弱性和暴露度。智慧应灾社会体系主要关注城市应对风险的社会韧性，通过构建应对气候变化风险的管理制度与组织架构，提升政府、社区、家庭及个体的应灾能力。

### 1. 建立公助体系——政府部门的公共安全体系

韧性城市的功能不仅体现在灾中救助过程，更重要的是灾前和灾后阶段。韧性城市社会评价指标包括地区经济能力、社会人口能力、社区参与能力，而这些韧性城市目标的实现，均需以政府为主导，辨析社区居民的脆弱性和暴露度。城市经济社会的整体发展水平决定着灾前规划、灾中救助和灾后恢复的能力。灾前阶段公助系统的核心功能是健全当地的灾害识别图谱，提高信息采集能力，针对暴雨洪涝、高温热浪等主要气候风险，精准评估、预测当地各类风险，完善防灾能力评估体系，对未来气候风险可能产生的对于重要基础设施和敏感行业、重点人群的影响与危害，按照时间序列、风险等级排列出与所处环境相对应的可能发生的风险链等。

第一，完善组织构成与统筹机制。在推进多元主体风险共治的今天，城市各级政府机构仍然是智慧应灾社会体系的主体力量。完善应急处置机构，强化风险管理主体责任是气候风险适应体系的灵魂，是建设韧性、安全、安心的城市环境的组织保障。组织体系需要以城市应急管理部门为核心，搭建独立、专职、高级别的智能城市应急管理指挥系统，将应急部门从多个职能部门中垂直单列出来，建立高于各职能部门、相对独立的城市应急管理系统，高效协调处置各类突发事件。

第二，实施按时间序列的灾情预判，提升应灾精细化程度。城市应急管理部门首先需要对当地的潜在灾害风险做出精细化评估，进一步提升灾情信息采集能力；预测未来气候风险对居民和建筑可能产生的影响，按照

时间顺序依次排列出当地可能发生的次生、衍生灾害传导链条。根据各种历史数据与气象资料，预测不同区域的风险类别与风险等级，绘制灾害地图，对各类应灾物资进行合理储备，确保突发情境下物资及时、有序调配。

第三，加大新闻报道透明度和权威性，积极回应社会关切，正确引导舆情。信息传播的首要作用是及时发布风险信息，细化信息传播渠道，以提升信息传播时效性。城市各类新闻媒体应在第一时间发布避险指南、城市交通、水电供应等实时信息，及时引导舆论方向，确保民众面对灾情时科学理性，维系从容应对的心理韧性，为政府公助系统发挥作用提供保障。

2.建立共助体系——社区与机构的共同安全体系

社区在城市中具有基础性地位，既是风险后果的最直接承担者，也是风险预防与事后恢复的主体性参与者，在遭遇突发事件时，同一社区的居民能够实现信息共享和相互救助。城市应灾和救助专业机构是城市应灾主体，但同时需要注意，社会组织和城市居民同为有效的应灾主体，因此需要建立由专业机构和社区居民参与的共助体系，共助共同规划。

第一，发挥社区风险沟通作用。共助体系的组织结构与应对思路是，气候风险无法抗拒，但是城市和社区的应灾能力和恢复能力可以通过风险韧性规划管理加以提升。社区韧性指社区组织沟通、动员居民备灾应灾的能力以及社区在灾后重建过程中的居民参与能力。风险沟通是气候适应的重要环节，包括向公众传达信息、提高其风险意识的过程，也是一个公众参与，为风险治理表达意见的过程。首先需要按照事前性防灾思维制定社区防灾预案。城市要以社区为单位建立起具有针对性的应灾预案、受灾者生活支援对策以及社区恢复方案。同时，社区要对潜在的灾害风险进行持续性宣传，定期组织居民进行风险演练，确保社区在遭受突发灾害事件时居民能够平稳应对，维持基本秩序。其次，社区的灾害韧性建立在社区气候风险脆弱性评估与灾害图编制能力的基础之上。社区作为灾害图（Hazard Map）的编制主体，要在地图中清晰标明灾害的发生地点、受灾范围、受灾程度，以及最近的紧急避难场所、到达场所的避难路径等，以此作为应对突发灾害的标准化管理前提。最后，开发灾情下老年群体也能够使用的避难信息平台查询界面，提高危机管理与抗风险能力，做好避险前期准备。

第二，重视社区与机构从灾中到灾后的风险全过程管理。韧性社区构建在时间维度上涉及事前性防灾、过程性防灾和结果性防灾。首先，发挥社区自身力量，弥补公助力量可能出现的短期失灵。灾害发生时，需要社区的多元主体积极响应，社区党组织、社区居委会、业主委员会和物业公司各负其责，发挥好指挥引领、配合协调及资源保障功能。社区还需要组织个人和驻区单位参与社区应灾规划，确保居民熟知避难场所位置和转移方式。同时，社区通过购买公共服务，事先规划民间志愿救援队在灾中参与救援，以弥补政府救援可能的未达之处。其次，社区要关注脆弱人群，对老人、儿童、残疾人等重点脆弱群体进行信息备案，定期开展社区应急演练与宣传培训，确保灾害来临时引导脆弱人群自救互救，有效应对。最后，社区需要建立完善互助互救模式，通过创造交流机会、改善网络等措施增强居民间的相互联系，拓宽社区线上线下信息交流渠道，提升信息传播效率，增强社区集体行动能力。

第三，强化社区系统协调管理能力。社区作为风险发生的重要场所，不仅是风险的最直接应对者，更是风险预防与事后恢复的主体性参与者。中国的社区是一个集"管理"、"服务"与"自治"于一体的社会单元，多个主体共同参与社区事务治理。社区党组织与社区居委会一方面要积极响应政府对各类自然风险与社会风险的预防、应对与恢复举措，实现社区与政府的联动；另一方面及时上传基层的应险信息与资讯，以便政府部门及时调整战略方案，保障风险应对的高效性。社区居民不应是社区的被组织者，还应该动用风险救助的地方性知识，发挥个体之间的共助力量，提高自救与互救能力，减少风险带来的各种威胁与伤害。

社区的气候韧性能力提升需要各个治理主体的力量贡献与通力合作。社区不是一个孤立的组织单元，社区周边商业组织对维护公共安全同样具有重要作用。作为社区社会活动的重要补充社会资源，这些商户在满足社区居民的日常生活需求的同时，还为居民提供了社会交流与互动的场所，是共助体系不可或缺的组成部分。

3. 建立自助体系——个体与家庭的自身安全体系

在风险应对过程中，个体是直面风险的第一主体，特别是社区中"老、弱、病、残"等脆弱性较强的群体的自助能力提升更为关键。面对极端气候的潜在风险，家庭和个体生活者自助能力的培养是推进韧性社区和韧性

城市建设的重要基石。增强家庭自助体系应对风险的能力，实施充分的风险沟通，才能够有效提高韧性社区和韧性城市建设的质量，形成家庭、社区、政府三级有效联动的风险应对机制。

第一，从个体的事前防范出发，需要建立基于居民空间移动惯例的适应模式。空间分化是城市的典型特征，从居住空间出发、经由公共空间到达工作学习空间的通勤通学日常往复移动惯例是制定风险应对的空间秩序的依据。城市生活者的空间移动单位是个体，应对突发性极端气候风险，需要形成个体视角的风险适应模式。个体适应首先是提升风险感知和识别的防灾意识，能够正确识别风险并结合自身能力做出正确判断。其次是提升自身安全防护能力和应急技能，其核心是熟知避难场所、逃生路线并具有一定的自救能力，懂应急、能应急。最后是建立公助体系、共助体系对自助体系的支持网络，及时传递信息，避免孤岛效应，帮助个体认识所处环境，做出正确预判和自救决策。

第二，锻造个体在气候灾害全过程的韧性。从适应的全过程看，气候风险中的自助在事前包括居民平时的生活环境质量的提升、风险应对信息保障和避险自救能力的强化；事中体现在风险发生时确认人身安全、收集风险信息和寻求风险救助；事后包括个体参与灾后生活环境更快、更好地重建。

第三，形成自助与公助、共助的系统互动。从系统性出发，灾害自助不仅需要提升个体和家庭在应对风险时的自助能力，同时更强调自助与公助、共助之间的系统性联动。城市的防灾计划需要纳入居民和地方民间团体自下而上制定的生活化的灾害预案，居民要真正成为防灾计划的制定与实施主体。唯有把居民个体、家庭与社区、政府联系起来，在应对风险中的事前预防、事中应对和事后恢复全过程中形成系统运行的韧性社会自助、共助和公助体系，才能形成个人家庭与社会网络资源的联结，高效适应气候变化带来的不确定性风险。

## 三 气候适应型城市建设的重点

为积极探索和总结气候适应型城市建设路径和模式，提高城市适应气候变化能力，2023 年出台的《关于深化气候适应型城市建设试点的通知》规定了十项重点任务。这十项措施的实质在于从完善城市适应气候变化治

理体系入手，建立健全组织协调机制，强化城市气候变化影响和风险评估，构建高精度城市气候变化监测、预测和预估基础数据集，开展城市细致气候特征分析，绘制城市气候风险地图，提升极端天气气候事件风险监测预警和应急管理能力，为气候适应行动提供组织与信息保障。

对照智能应灾技术体系和智慧应灾社会体系"双体系"框架，建设气候适应型城市，需要基础设施建设与社会韧性提升双管齐下。城市适应气候变化能力建设首先是基础设施建设，包括四项内容：一是提升城市基础设施气候韧性：建立健全基础设施建档制度，对城市基础设施安全风险进行源头管控、过程监测、预报预警、应急处置和综合治理。二是确保城市水安全：统筹流域防洪与城市防洪排涝，建设和完善源头减排、蓄排结合、排涝除险、超标应急的排水防涝体系，践行海绵城市建设理念。三是保障城市交通安全运行：完善城市应急通道网络，提高城市高速公路应急抢通和快速修复能力，保障极端天气气候事件下的防灾救灾道路畅通。四是提升城市生态系统服务功能：实施基于自然的解决方案，构建蓝绿交织、清新明亮的复合生态网络和功能健全、连续完整的城市生态安全屏障。

在基础设施建设基础上，气候适应型城市建设需要同步提升社会韧性：一是要推进适应气候变化教育进机关、进校园、进社区、进企业、进农村，充分调动多元主体适应气候变化积极性。二是推进城市气候适应行动，开展城市气候风险监测、评估与预估，关注重点区域、敏感行业、脆弱人群特征和时空分布，有针对性地发布灾害防御、健康保健和危险防护相关指南，提升城市气候适应整体能力。

气候适应型城市需要将气候风险适应直接纳入城市基础设施的规划与建设，同时需要搭建应灾的社会体系，健全周边政策与制度环境，充分调动企业、公众以及社会组织的积极作用，助力适应主体的应灾能力充分发挥。未来气候适应型城市需要通过响应、检测、学习和预测等途径，培育城市应对气候风险的韧性潜能。把城市的韧性能力建立在基于智能技术的基础设施硬件基础上，为气候适应行动的制定奠定坚实的基础；同时还要在城市和社区搭建公助、共助、自助智慧应灾社会体系。针对不同气候风险类型，解析气候风险的自然物理特性和社会文化特性，丰富适应行动的多样性、长期性以及治理主体的多元性，实现城市气候韧性保障物质能力与城市、社区应灾社会能力的同步提升。

# 参考文献

2019 年全球气候状况声明全方位聚焦气候变化影响 [N]. 中国气象报 ,2020-03-19(03).

埃里克·克里纳伯格 . 热浪 : 芝加哥灾难的社会剖析 [M]. 徐家良 , 孙龙 , 王彦玮 , 译 . 北京 : 商务印书馆 ,2014.

埃里克·胡纳根 . 安全的新内涵与实践 : 基于韧性理论 [M]. 马晓雪 , 乔卫亮 , 译 . 北京 : 社会科学文献出版社 ,2021.

艾婉秀 , 肖潺 , 曾红玲 , 等 . 气候变化对雄安新区城市建设的影响及应对策略 [J]. 科技导报 , 2019, 37(20):12-18.

安新县地方志编纂委员会 . 安新县志 [M]. 北京 : 新华出版社 ,2000.

安新县地方志编纂委员会编 . 安新县志 :1978—2008[M]. 北京 : 方志出版社 ,2017.

安新县水利志编纂委员会 . 安新县水利志 ( 未出版 )[M].1995.

安新县水利志编纂委员会 . 安新县水利志 [M]. 石家庄 : 河北省水利志丛书 ,1995.

敖长林 , 王菁霞 , 孙宝生 . 基于大数据的空气质量对公众外出游玩影响研究 [J]. 资源科学 ,2020,42(6):1199-1209.

白志杰 , 任丹丹 , 杨艳敏 , 等 . 雄安新区上游农业种植结构及需水时空演变 [J]. 中国生态农业学报 ,2019,27(7):1067-1077.

包耀宗 . 雄安新区地热资源开发利用示范区发展初探 [J]. 建筑经济 ,2020,41(S2):320-323.

北京市统计局 . 北京统计年鉴 (2009) [M]. 北京 : 中国统计出版社 ,2010.

毕君 , 王超 , 尤海舟 . 基于温室气体清单的河北省森林碳汇量研究 [J]. 生态科学 ,2016,35(4):113-118.

毕玮, 汤育春, 冒婷婷, 孙新红, 李启明. 城市基础设施系统韧性管理综述 [J]. 中国安全科学学报, 2021,31(6):14-28.

蔡之兵. 雄安新区的战略意图、历史意义与成败关键 [J]. 中国发展观察, 2017(8) :9-13.

曹文静, 孙傅, 刘益宏, 曾思育. 极端高温事件对城市用水量和供水管网系统的影响 [J]. 气候变化研究进展, 2018,14(5):485-494.

曹小曙, 闫家楠, 黄晓燕. 降雨和空气污染对城市居民公共自行车使用的影响研究——以西安市为例 [J]. 人文地理, 2019,34(1):151-158.

曹永强, 王怡涵, 冯兴兴, 等. 河北省夏玉米不同生育期干旱时空分析 [J]. 华北水利水电大学学报 (自然科学版),2020,41(4):1-9.

曾少军. 北京绿色奥运 "碳中和" 路径探讨 [J]. 投资北京, 2008(2):82-83.

陈劲. 雄安新区: 全球创新发展的新高地 [J]. 中国科学院院刊, 2017,32(11):1256-1259

陈茂山. 海河流域水环境变迁及其历史启示 [N/OL].2010-07-22,http://sls.iwhr.com/history/qszn/jnwj/webinfo/2010/07/1279703213577772.htm.

陈强. 高级计量经济学及 Stata 应用 (第二版)[M]. 北京: 高等教育出版社, 2014.

陈素梅. 北京市雾霾污染健康损失评估: 历史变化与现状 [J]. 城市与环境研究, 2018(2):84-96.

陈迎. 碳中和概念再辨析 [J]. 中国人口·资源与环境, 2022,32(4):1-12.

陈禹. 复杂适应系统 (CAS) 理论及其应用——由来、内容与启示 [J]. 系统辩证学学报, 2001(4):35-39.

郗春媛, 张凯, 沙华国, 许鹏. 行动困境与韧性之治: 边疆地区应急管理现代化瓶颈及其路径——系统韧性视角下云南边疆地区抗疫的实例分析 [J]. 民族学刊, 2021,12(9):74-83,122.

迟妍妍, 许开鹏, 王晶晶, 等. 京津冀地区生态空间识别研究 [J]. 生态学报, 2018,38 (23):8555–8563.

崔飞鹏, 李彩, 李江涛, 等. 大气污染与 AECOPD 老年患者住院人数的相关分析 [J]. 国际呼吸杂志, 2018,38(21):1651-1656.

崔亮亮, 李新伟, 耿兴义, 等.2013 年济南市大气 PM2.5 污染及雾霾事件对儿童门诊量影响的时间序列分析 [J]. 环境与健康杂志, 2015,32(6):489-

493.

崔鹏,李德智,陈红霞,崔庆斌.社区韧性研究述评与展望:概念、维度和评价 [J]. 现代城市研究 ,2018(11):120-121.

大矢根淳.灾害与城市.都市社会とリスク [M]. 東京 : 東信堂 ,2005:280.

戴娟,潘益农,刘青,等.改进的 AHP 在县域尺度暴雨洪涝风险评价的应用 [J]. 气象科学 ,2014,34(4):428-434.

戴维·R·戈德沙尔克,许婵.城市减灾:创建韧性城市 [J]. 国际城市规划 ,2015,30(2):22-29.

杜吴鹏,杜维俊,轩春怡,等.京津冀城市群高温灾害风险区划研究 [J]. 南京大学学报 ( 自然科学 ),2014,50(6):829-837.

杜祥琬,周大地.中国的科学、绿色、低碳能源战略 [J]. 中国工程科学 ,2011,13(6):4-10,18.

杜轶群.雾霾对私家车主交通方式选择行为的影响 [J]. 中国公路学报 ,2014,27(7):105-110.

范叶超.环境流动:全球化时代的环境社会学议程 [J]. 社会学评论 ,2018,6(1):56-68.

范叶超.理解内生性:实践论与乡村环境变化研究 [J]. 南京工业大学学报 ( 社会科学 ),2021,20(4):52-64.

范叶超.社会实践论:欧洲可持续消费研究的一个新范式 [J]. 国外社会科学 ,2017(1):95-104.

方精云,刘国华,朱彪,王效科,刘绍辉.北京东灵山三种温带森林生态系统的碳循环 [J]. 中国科学（D 辑 : 地球科学 ）,2006(6):533-543.

封志明,杨艳昭,游珍.雄安新区的人口与水土资源承载力 [J]. 中国科学院院刊 ,2017,32(11):1216-1223.

冯德莱恩:欧盟必须在 2027 年前逐步停止从俄罗斯进口化石燃料 [EB/OL].[2022-03-16].http://bg.mofcom.gov.cn/article/ddgk/zwjingji/202203/20220303285098.shtml.

冯锦明,王君,严中伟.城市化气候效应研究的新进展 [J]. 气象科技进展 ,2014,4(5):21-29.

凤蔚,祁晓凡,李海涛,等.雄安新区地下水位与降水及北太平洋指数的小波分析 [J]. 水文地质工程地质 ,2017,44(6):1-8.

富永健一 . 日本的阶层结构 [M]. 东京 : 东京大学出版会 ,1979.

葛全胜 , 董晓峰 , 毛其智 , 等 . 雄安新区 : 如何建成生态与创新之都 [J]. 地理研究 ,2018,37(5):849-869.

葛全胜 , 杨林生 , 金凤君 , 等 . 雄安新区资源环境承载力评价和调控提升研究 [J]. 中国科学院院刊 ,2017,32(11):1206-1215.

管志贵 , 田学斌 , 孔佑花 . 基于区块链技术的雄安新区生态价值实现路径研究 [J]. 河北经贸大学学报 ,2019,40(3):77-86.

郭正阳 , 董江爱 . 防灾减灾性社区建设的国际经验 [J]. 理论探索 ,2011(4):121-131.

国家发展和改革委员会能源研究所 "中国可持续发展能源暨碳排放情景分析" 课题组 . 中国可持续发展能源暨碳排放情景分析综合报告 [R].2003:37.

国家能源局 . 中国低碳能源 [J]. 中国工程咨询 ,2011(3):4-7.

国务院发展研究中心 "雄安新区能源发展规划研究" 课题组 , 高世楫 , 郭焦锋 , 郝爱兵 , 吴爱民 , 唐金荣 , 李继峰 , 周锦明 , 高峰 , 马君华 . 雄安新区零碳智慧绿色能源体系的实现路径 [J]. 发展研究 ,2018(9):16-19.

国务院批复同意《河北雄安新区总体规划 (2018—2035 年 )》[N]. 人民日报 ,2019-01-03(04).

韩振宇 , 童尧 , 高学杰 , 等 . 分位数映射法在 RegCM4 中国气温模拟订正中的应用 [J]. 气候变化研究进展 ,2018,14(4):331-340.

郝志新 , 熊丹阳 , 葛全胜 . 过去 300 年雄安新区涝灾年表重建及特征分析 [J]. 科学通报 ,2018,63 (22):2302-2310.

河北省统计局 . 河北经济年鉴 (2018)[M]. 北京 : 中国统计出版社 ,2019.

河北雄安新区规划纲要读本编写组 . 河北雄安新区规划纲要读本 [M]. 北京 : 人民出版社 ,2018.

河田惠昭 . 津波災害—減災社会を築く [M]. 東京 : 岩波新書 ,2018.

洪大用 , 范叶超 . 迈向绿色社会 [M]. 北京 : 中国人民大学出版社 ,2020.

洪大用 , 龚文娟 . 环境公正研究的理论与方法述评 [J]. 中国人民大学学报 ,2008,22(6):70-79.

胡恒智 , 顾婷婷 , 田展 . 气候变化背景下的洪涝风险稳健决策方法评述 [J]. 气候变化研究进展 ,2018,14(1):77-85.

胡庆明.雄安新区首单绿色"碳中和"债券发行[J].中国石油石化,2022(10):69.

胡实,莫兴国,林忠辉.未来气候情景下我国北方地区干旱时空变化趋势[J].干旱区地理,2015,38(2):239-248.

扈海波.城市暴雨积涝灾害风险突增效应研究进展[J].地理科学进展,2016,35(9):1075-1086.

黄崇福,郭君,艾福利,吴彤.洪涝灾害风险分析的基本范式及其应用[J].自然灾害学报,2013,22(4):11-23.

黄弘.构建安全韧性雄安新区[M].北京:科学出版社,2021.

黄群慧.京津冀协同发展中的雄安新区产业定位[J].经济研究参考,2018(1):3-6.

黄淑玲,骆高远.平原水体气候效应及合理利用初探——以嘉兴市为例[J].地域研究与开发,1996,15(2):94-96.

贾佳,胡泽勇.中国不同等级高温热浪的时空分布特征及趋势[J].地球科学进展,2017,32(5):546-559.

贾秋兰,赵玉兵,王小娟,等.1972—2012年白洋淀湿地潜在蒸散量变化分析[J].农学学报,2018,8(5):10-14.

姜鲁光,吕佩忆,封志明,等.雄安新区土地利用空间特征及起步区方案比选研究[J].资源科学,2017,39(6):991-998.

姜巍,高卫东.山东省能源系统开发对区域发展的影响[J].济南大学学报(自然科学版),2011,25(1):83-88.

蒋雯京,程春梅,张艳蓓,等.基于GIS/AHP集成的浙江省洪涝灾害风险评估[J].测绘通报,2019(2):125-130.

解淑艳,王帅,张霞,等.中国北方地区采暖期颗粒物污染现状[J].中国环境监测,2018,34(4):25-33.

金雅宁."碳中和"的概念及影响[J].世界环境,2021(1):23-25.

康西言,李春强,杨荣芳.河北省冬小麦生育期干旱特征及成因分析[J].干旱地区农业研究,2018,36(3):210-217.

李博.生态学[M].北京:高等教育出版社,2000.

李国庆,李紫昂,邢开成.适应气候风险的韧性城市治理双体系建设——雄安新区气候风险适应模式[J].中国人口·资源与环境,2023,33(4):1-12.

李国庆 , 邢开成 , 黄大鹏 . 雄安新区社会重构期暴雨洪涝风险的社区分类调适 [J]. 中国人口·资源与环境 ,2020(6):53-63.

李国庆 . 城市安全与社区风险防控体系建设 [M]. 中国城市发展报告 No.9. 北京 : 社会科学文献出版社 ,2016:263-278.

李国庆 . 韧性城市的建设理念与实践路径 [J]. 人民论坛 ,2021(25):86-89.

李海宾 . 雄安新区人口与环境系统协调发展研究 [D]. 西南财经大学 ,2020.

李惠民 , 邱萍 , 张西等 . 气候适应型城市的规划要素及对我国 28 个试点方案的综合评价 [J]. 环境保护 ,2020,48(13):17-24.

李维明 , 何凡 , 谷树忠 . 雄安新区水安全治理的对策建议研究 [J]. 中国安全生产科学技术 ,2018,14(10):5-10.

李维明 , 何凡 , 谷树忠 . 雄安新区水安全治理形势分析与思路建议 [J]. 中国水利 ,2018(23):7-10.

李卫兵 , 张凯霞 . 空气污染对企业生产率的影响 [J]. 管理世界 ,2019 (10):95-119.

李显风 , 师春香 , 胡佳军 , 等 .CLDAS 数据质量在线评估系统的设计与实现 [J]. 气象科技 ,2017(6):1116-1124.

李兴荣 , 胡非 , 舒文军 , 等 . 北京秋季城市热岛效应及其气象影响因子 [J]. 气候与环境研究 ,2008(3):69-77.

李远平 , 杨太保 , 包训成 . 大别山北坡典型区域暴雨洪涝风险评价研究——以安徽省六安市为例 [J]. 长江流域资源与环境 ,2014,23(4):582-587.

李植鹏 . 深圳电网负荷与气温的关系研究 [J]. 电气技术 ,2016(11):87-90.

梁宏飞 . 日本韧性社区营造经验及启示——以神户六甲道车站北地区灾后重建为例 [J]. 规划师 ,2017,33(8):38-43.

梁林 , 曾建丽 , 刘兵 . 雄安新区未来人口趋势预测及政策建议 [J]. 当代经济管理 ,2019,41(7):59-67.

梁林 , 赵玉帛 , 武晓洁 . 人口流视角下京津冀城市网络时空特征研究——基于雄安新区成立前后的对比 [J]. 经济与管理 ,2019,33(2):1-8.

廖峰 , 徐聪颖 , 姚建刚 , 蔡剑彪 , 陈素玲 . 常德地区负荷特性及其影响因素分析 [J]. 电网技术 ,2012,36(7):117-125.

廖桂贤 , 林贺佳 , 汪洋 . 城市韧性承洪理论——另一种规划实践的基础 [J]. 国际城市规划 ,2015,30(2):36-47.

廖要明,黄大鹏.雄安新区气候特征及变化趋势分析 [J].中国农学通报,2020,36(23):90–105.

廖要明,张存杰.基于 MCI 的中国干旱时空分布及灾情变化特征 [J].气象,2017,43(11):1462-1469.

廖玉芳,温家洪,郭凌曜,李英.关于气候适应型城市建设的思考 [C]//.第 35 届中国气象学会年会 SS2 科学家论坛:城市气候变化特征、原因和影响.[出版者不详],2018:20-28.

林亦府,孟佳辉,汪明琦.自助、共助与公助:日本的灾害应急管理模式 [J].中国行政管理,2022(5):136-143.

铃木広.災害都市の研究 [M].北九州:九州大学出版会,1998.

刘大川,周磊,武建军.干旱对华北地区植被变化的影响 [J].北京师范大学学报 (自然科学版),2017,53(2):222-228.

刘佳骏.国外典型大都市区新城规划建设对雄安新区的借鉴与思考 [J].经济纵横,2018(1):114-122.

刘俊国,赵丹丹,叶斌.雄安新区白洋淀生态属性辨析及生态修复保护研究 [J].生态学报,2019,39(9):3019-3025

刘丽香,杨凯,叶家惠,等.雄安新区城市热岛效应的空间异质性 [J].环境工程技术学报,2021,11(3):546-553.

刘树华,刘振鑫,李炬,等.京津冀地区大气局地环流耦合效应的数值模拟 [J].中国科学 (D 辑:地球科学),2009,39(1):88-98.

刘熙明,胡非,李磊,等.北京地区夏季城市气候趋势和环境效应的分析研究 [J].地球物理学报,2006,49(3):689-697.

刘晓东,尤莉,宋昊泽,等.基于 GIS 和 AHP 的雷电灾害风险区划分析与评估——以内蒙古雷灾为例 [J].中国农学通报,2019,35(20):75-82.

刘亚非,马德彭,刘新罡.复杂适应系统 (CAS) 理论在我国环境领域研究中的应用 [J].环境与可持续发展,2020,45(3):93-96.

刘亚龙,刘亚辉.论乾隆时期雄安三县的自然灾害 [J].防灾科技学院学报,2019,21(2):86-91.

刘元玲.作为概念、目标、方法的"碳中和"[J].中华环境,2021(Z1):57-59.

刘原嘉,王娟,金泽林.雄安新区 NDVI 变化对热环境影响分析 [J].测绘科学,2020,45(11):107-114.

柳田邦男 . 阪神 · 淡路大震災 10 年 [M]. 東京 : 岩波書店 ,2017.

卢阳旭 . 国外灾害社会学中的城市社区应灾能力研究——基于社会脆弱性视角 [J]. 城市发展研究 ,2013,20(9):83-87.

吕凡 , 杨弋 , 张雷 , 等 . 北京秋冬季空气质量指数与老年变应性鼻炎门诊量的短期相关性研究 [J]. 中华老年医学杂志 ,2018,37(3):298-300.

马丁 . 雄安新区暴雨特性分析 [J]. 河北水利 ,2019(5): 44-45.

马峰 , 王贵玲 , 张薇 , 朱喜 , 张汉雄 , 岳高凡 . 雄安新区容城地热田热储空间结构及资源潜力 [J]. 地质学报 ,2020,94(7):1981-1990.

马丽梅 , 史丹 , 裴庆冰 . 中国能源低碳转型 (2015—2050): 可再生能源发展与可行路径 [J]. 中国人口 · 资源与环境 ,2018,28(2):8-18.

马晓倩 , 刘征 , 赵旭阳 , 等 . 京津冀雾霾时空分布特征及其相关性研究 [J]. 地域研究与开发 ,2016,35(2):134-138.

孟广文 , 吕佩忆 , 封志明 , 等 . 雄安新区 : 地理学面临的机遇与挑战 [J]. 地理研究 ,2017,36 (6):1003-1013

孟海星 , 沈清基 . 超大城市韧性的概念、特点及其优化的国际经验解析 [J]. 城市发展研究 ,2021,28(7):75-83.

苗正伟 , 徐利岗 , 路梅 . 基于 SPEI 指数的京津冀地区干旱特征分析 [J]. 人民黄河 , 2018,40(7): 51-57.

莫建雷 , 段宏波 , 范英 , 等 . 《巴黎协定》中我国能源和气候政策目标 : 综合评估与政策选择 [J]. 经济研究 ,2018,53(9):168-181.

缪育聪 , 刘树华 . 雄安新区大气污染的气象特征分析 [J]. 科学通报 ,2017,62(23):2666-2670.

倪鹏飞 . 雄安新区 : 建设可持续竞争力的理想城市 [J]. 中国科学院院刊 ,2017,32(11):1260-1265

倪晓娇 , 南颖 , 朱卫红 , 等 . 基于多灾种自然灾害风险的长白山地区生态安全综合评价 [J]. 地理研究 ,2014,33(7):1348-1360.

潘家华 , 郑艳 , 田展 . 长三角城市密集区气候变化适应性及管理对策研究 [M]. 北京 : 中国社会科学出版社 ,2018.

潘家华主编 . 中国生态文明建设年鉴 2017 [M]. 北京 : 中国社会科学出版社 ,2018.

庞忠和 , 孔彦龙 , 庞菊梅 , 等 . 雄安新区地热资源与开发利用研究 [J]. 中国

科学院院刊 ,2017,32(11):1224-1230.

彭建 ,李慧蕾 ,刘焱序 ,等 .雄安新区生态安全格局识别与优化策略 [J]. 地理学报 ,2018,73(4):701-710.

朴世龙 ,张新平 ,陈安平 ,等 .极端气候事件对陆地生态系统碳循环的影响 [J]. 中国科学 :地球科学 ,2019,49(9):1321-1334.

祁新华 ,程煜 ,李达谋 ,等 .西方高温热浪研究述评 [J]. 生态学报 ,2016, 36(9):2773-2779.

秦大河 .中国极端天气气候事件和灾害风险管理与适应国家评估报告 [M]. 北京 :科学出版社 ,2020.

覃毅 .雄安新区传统产业的功能定位与转型升级 [J]. 改革 ,2019(1):77-86.

仇保兴 .基于复杂适应系统理论的韧性城市设计方法及原则 [J]. 城市发展研究 ,2018,25(10):1-3.

冉世民 .根治海河 :"治水大军"用奋斗成就梦想 [N]. 河北日报 ,2018-05-31(11).

容城县地方志编纂委员会 .容城县志 (1990—2010)[M]. 北京 :九州出版社 ,2018.

《容城县志》编辑委员会 .容城县志 [M]. 北京 :方志出版社 ,1999.

邵亦文 ,徐江 .城市韧性 :基于国际文献综述的概念解析 [J]. 国际城市规划 ,2015,30(2):48-54.

佘颖 ."千年秀林"美雄安 [N]. 经济日报 ,2019-5-11.

盛广耀 ,廖要明 ,扈海波 .气候变化下雄安新区洪涝灾害的风险评估及适应措施 [J]. 中国人口·资源与环境 ,2020(6):40-52.

石英 ,韩振宇 ,徐影 ,等 .6.25 km 高分辨率降尺度数据对雄安新区及整个京津冀地区未来极端气候事件的预估 [J]. 气候变化研究进展 ,2019,15(2):140-149.

宋连春 ,高荣 ,李莹 ,等 .1961—2012 年中国冬半年霾日数的变化特征及气候成因分析 [J]. 气候变化研究进展 , 2013, 9 (5):313-318.

苏珊·C.莫泽 ,麦斯威尔·T.博伊考夫 .气候变化适应——科学与政策联动的成功实践 [M]. 曲建生 ,王立伟 ,译 . 北京 :科学出版社 ,2017.

苏亚男 ,何依伶 ,马锐 ,等 .气候变化背景下高温天气对职业人群劳动生产率的影响 [J]. 环境卫生学杂志 ,2018,8(5):40-46.

孙鸿鹄,甄峰.居民活动视角的城市雾霾灾害韧性评估——以南京市主城区为例[J].地理科学,2019,39(5):788-796.

孙帅,师春香,梁晓,等.不同陆面模式对我国地表温度模拟的适用性评估[J].应用气象学报,2017,28(6):737-749.

谭跃进,邓宏钟.复杂适应系统理论及其应用研究[J].系统工程,2001(5):1-6.

田大庆,王奇,叶文虎.三生共赢:可持续发展的根本目标与行为准则[J].中国人口·资源与环境,2004(2):9-12.

田丽,张云颖.城市韧性理论与实践进展研究[C]//面向高质量发展的空间治理——2021中国城市规划年会论文集(01城市安全与防灾规划).北京:中国城市规划学会,2021:103-113.

田学斌,柳天恩.创新驱动雄安新区传统产业转型升级的路径[J].河北大学学报(哲学社会科学版),2018,43(4):70-75.

童尧,高学杰,韩振宇,等.基于RegCM4的中国区域日尺度降水模拟误差订正[J].大气科学,2017(41):1156-1166.

外冈秀俊.3·11複合被害[M].東京:岩波書店,2012.

汪超.迈向富有韧性的社区治理研究[J].城市发展研究,2021,28(12):32-36.

王文涛、曲建.适应气候变化的国际实践与中国战略[M].北京:气象出版社,2017.

王晓锋,刘红,袁兴中,任海庆,岳俊生,熊森.基于水敏性城市设计的城市水环境污染控制体系研究[J].生态学报,2016,36(1):30-43.

王彦芳,边继云,李国庆.未来情景下高温对雄安新区产业劳动生产率的影响及应对策略[J].中国人口·资源与环境,2020(6):73-83.

魏淑秋.农业气象统计[M].福州:福建科学技术出版社,1985.

温泉沛,霍治国,马振峰,等.中国中东部地区暴雨气候及其农业灾情的风险评估[J].生态学杂志,2011,30(10):2370-2380

温泉沛,周月华,霍治国,等.气候变暖背景下东南地区暴雨洪涝灾害风险变化[J].生态学杂志,2017,36(2):483-490.

吴海龙,余新晓,师忱,等.PM2.5特征及森林植被对其调控研究进展[J].中国水土保持科学,2012,10(6):116-122.

吴婕,高学杰,徐影.RegCM4模式对雄安及周边区域气候变化的集合预估[J].大气科学,2018,42(3):696-705

吴明宇 , 王忠 , 张云慧 . 城市扩张对洪涝灾害风险的胁迫效应及情景模拟 [J].
　　湖北农业科学 ,2021,60(14):51-56,89.

吴绍洪 , 高江波 , 邓浩宇 , 等 . 气候变化风险及其定量评估方法 [J]. 地理科
　　学进展 ,2018,37(1):28-35.

吴晓林 , 谢伊云 . 基于城市公共安全的韧性社区研究 [J]. 天津社会科
　　学 ,2018,220(3):89-94.

吴雁 , 王荣英 , 李江波 , 等 .1960—2013 年河北省雾霾天气变化特征 [J]. 干
　　旱气象 ,2017,35(3):391-397.

伍红雨 , 邹燕 , 刘尉 . 广东区域性暴雨过程的定量化评估及气候特征 [J]. 应
　　用气象学报 ,2019,30(2):233–244

武国春 . 灾害救助的社会学研究 [M]. 北京 : 北京大学出版社 ,2014.

西沢雅道 , 筒井智士 . 地区防災計画制度入門 [M]. 東京 :NTT 出版株式会
　　社 ,2014.

奚文怡 , 蒋慧 , 鹿璐 , 等 . 城市的交通 "净零" 排放 : 路径分析方法、关键举
　　措和对策建议 [R].WRI,2019.

夏军 , 张永勇 . 雄安新区建设水安全保障面临的问题与挑战 [J]. 中国科学院
　　院刊 ,2017,32(11):1199-1205

肖嗣荣 , 弓冉 . 白洋淀气候效应的研究 [J]. 河北省科学院学报 ,1988(1):58-64.

肖新煌 , 周素卿 , 黄书礼 . 台湾的都市气候议题与治理 [M]. 台北 : 台大出版
　　中心 ,2017.

肖玉航 . 碳中和概念的机会与风险 [J]. 理财 ,2021(5):36-37.

谢伏瞻 , 刘雅鸣 . 气候变化绿皮书 : 应对气候变化报告 (2018)[M]. 北京 : 社
　　会科学文献出版社 ,2018.

谢元博 , 陈娟 , 李巍 . 雾霾重污染期间北京居民对高浓度 PM2.5 持续暴露的
　　健康风险及其损害价值评估 [J]. 环境科学 ,2014,35(1):1-8.

新研究量化气候变化和极端气候事件对能源系统的影响 [N]. 中国气象
　　报 ,2020-03-19(03).

雄安高铁站屋顶光伏项目达成首笔国际绿色碳交易 [EB/OL].[2022-03-16].
　　http://www.xiongan.gov.cn/2021-07/31/c_1211269686.htm.

雄安绿研智库有限公司 . 雄安新区绿色发展报告 2017—2019: 新生城市的
　　绿色初心 [M]. 北京 : 中国城市出版社 ,2020.

雄安新区资源环境承载力评价和调控提升研究课题组 . 雄安新区资源环境承
　　载力评价和调控提升研究 [J]. 中国科学院院刊 ,2017,32(11):1206-1215.

雄县水利志编纂委员会 . 雄县水利志 [M]. 北京 : 中国社会出版社 ,1994.

雄县地方志编纂委员会 . 雄县志 :1990—2012. 石家庄 : 河北人民出版社 ,2018.

雄县县志编纂委员会 . 雄县志 [M]. 北京 : 中国社会科学出版社 ,1992.

徐江 , 邵亦文 . 韧性城市 : 应对城市危机的新思路 [J]. 国际城市规
　　划 ,2015,30(2):1-3.

徐匡迪 , 何立峰 , 赵克志 , 等 . 河北雄安新区解读 [M]. 北京 : 人民出版社 ,2017.

徐卫华 , 欧阳志云 ,VAN DUREN I, 等 . 白洋淀地区近 16 年芦苇湿地面积变
　　化与水位的关系 [J]. 水土保持学报 ,2005(4):181-184,189.

许吟隆 , 郑大玮 , 李阔 , 高新全 . 边缘适应 : 一个适应气候变化新概念的提出
　　[J]. 气候变化研究进展 ,2013,9(5):376-378.

许月卿 , 邵晓梅 , 刘劲松 . 河北省水旱灾害发生情况统计分析 [J]. 国土与自
　　然资源研究 ,2001(2):6-8.

严亚琼 , 赵原原 , 杨念念 , 等 . 武汉市大气污染对儿童呼吸系统门诊量影响
　　的时间序列分析 [J]. 中国预防医学杂志 ,2020,21(9):969-973.

杨红龙 , 许吟隆 , 陶生才 , 等 . 高温热浪脆弱性与适应性研究进展 [J]. 科技
　　导报 ,2010,28(19):98-102.

杨开忠 , 单菁菁 , 彭文英 . 更加重视基于流域的生态文明建设 [N]. 光明日
　　报 ,2020-8-17(16).

杨立 , 郝晋珉 , 艾东 , 类淑霞 , 双文元 . 基于区域碳平衡的土地利用结构调
　　整——以河北省曲周县为例 [J]. 资源科学 ,2011,33(12):2293-2301.

杨震 , 荣玥芳 , 田林 , 等 . 京津冀城市网络协同发展分析及雄安新区人口规
　　模研究 [J]. 干旱区资源与环境 ,2019(12):8-15.

叶文虎 , 陈国谦 . 三种生产论 : 可持续发展的基本理论 [J]. 中国人口·资源
　　与环境 ,1997(2):14-18.

叶振宇 . 雄安新区与京、津及河北其他地区融合发展的前瞻 [J]. 发展研
　　究 ,2017(7):15-18.

易雨君 , 徐雯钦 , 刘泓汐 . 雄安新区洪涝灾害等级序列重建及防洪标准分析
　　[J]. 中国科学 : 技术科学 ,2022(52):1-12.

尹小礼 . 我国雾霾治理存在的问题及措施 [J]. 北方环境 ,2019(1):197-198.

俞孔坚,许涛,李迪华,王春连.城市水系统弹性研究进展 [J].城市规划学刊,2015(1):75-83.

俞孔坚.三大创新策略综合解决雄安新区的水问题 [J].景观设计学,2018,6(4):5-13.

俞茜,李娜,王艳艳.基于韧性理念的洪水管理研究进展 [J].中国防汛抗旱,2021,31(8):19-25.

岳岩裕,吴翠红,周悦,等.不同环流背景下极端高温天气特征和预报服务要点 [J].干旱气象,2018,36(6):1027-1034

翟盘茂,袁宇锋,余荣,等.气候变化和城市可持续发展 [J].科学通报,2019,64(19):1995-2001.

张国华,张江涛,金晓青,等.京津冀城市高温的气候特征及城市化效应 [J].生态环境学报,2012,21(3):455-463.

张会,李铖,程炯,吴志峰,吴艳艳.基于 "H-E-V" 框架的城市洪涝风险评估研究进展 [J].地理科学进展,2019,38(2):175-190.

张君枝,袁冯,王冀,等.全球升温 1.5℃和 2.0℃背景下北京市暴雨洪涝淹没风险研究 [J/OL].气候变化研究进展 :1-12[2019-12-28].http://kns.cnki.net/kcms/detail/11.5368.P.20191210.1025.002.html.

张雷,谢辉,陈文言,等.现代能源生态系统建设 :一种理论探讨 [J].自然资源学报,2004,19(4):525-530.

张雷.能源生态系统 :西部地区能源开发战略研究 [M].北京 :科学出版社,2007.

张雷.能源生态系统发育——兼论西部能源资源开发 [J].自然资源学报,2006,21(2):188-195.

张梦嫚,吴秀芹.近 20 年白洋淀湿地水文连通性及空间形态演变 [J].生态学报,2018,38(12):4205-4213.

张青云,吕伟娅,徐炳乾.华北地区城市绿地固碳能力测算研究 [J].环境保护科学,2021,47(1):41-48.

张文龙,崔晓鹏.近 50 a 华北暴雨研究主要进展 [J].暴雨灾害,2012,31(4):384-391.

张永泽,张诗雨,朱雨萌."碳中和" 数据中心的概念、特征与实现路径 [J].通信世界,2021(16):28-30.

张正斌 . 关于在雄安新区成立国家绿色先进农业研究院的建议 [J]. 中国科学
　　院院刊 ,2017,32(11):1249-1255.

张正涛 , 高超 , 刘青 , 翟建青 , 王艳君 , 苏布达 , 田红 . 不同重现期下淮河流
　　域暴雨洪涝灾害风险评价 [J]. 地理研究 ,2014,33(7):1361-1372.

张自银 , 马京津 , 雷杨娜 . 北京市夏季电力负荷逐日变率与气象因子关系 [J].
　　应用气象学报 ,2011,22(6):760-765.

郑国光 , 矫梅燕 , 丁一汇 , 等 . 中国气候 [M]. 北京 : 中国气象出版社 ,2019.

郑国光 , 钟开斌 , 王宏伟 . 推进城市基层应急治理体系和能力现代化 [J]. 新
　　华文摘 ,2022(18):13-18.

郑景云 , 郝志新 , 方修琦 , 等 . 中国过去 2000 年极端气候事件变化的若干特
　　征 [J]. 地理科学进展 ,2014,33(1):3-12.

郑思齐 , 张晓楠 , 宋志达 , 等 . 空气污染对城市居民户外活动的影响机制 :
　　利用点评网外出就餐数据的实证研究 [J]. 清华大学学报 ( 自然科学
　　版 ),2016,56(1):89-96.

郑艳 , 张万水 . 从《黄帝内经》看"韧性城市"建设的理与法 [J]. 城乡规
　　划 ,2018(5):1-7.

郑艳 . 适应型城市 : 将适应气候变化与气候风险管理纳入城市规划 [J]. 城市
　　发展研究 ,2012,19(1):47-51.

郑震 . 论日常生活 [J]. 社会学研究 ,2013,28(1):65-88.

郑祚芳 , 任国玉 , 王耀庭 , 等 . 大型人工湖气候效应观测研究——以密云水
　　库为例 [J]. 地理科学 ,2017,37(12):1933-1941.

郑祚芳 , 张秀丽 , 丁海燕 . 近 50 年北京地区主要灾害性天气事件变化趋势 [J].
　　自然灾害学报 ,2012,21(1):47–52.

中共北京市委办公厅 , 北京市人民政府办公厅 . 关于加快推进韧性城市建设
　　的指导意见 [N], 北京日报 ,2021-11-11(003).

中共中央、国务院决定设立河北雄安新区 [EB/OL].2017[2019-10-1].http://
　　www.gov.cn/xinwen/2017-04/01/content_5182824.htm.

中共中央国务院关于完整准确全面贯彻新发展理念做好碳达峰碳中和工作
　　的意见 [N]. 人民日报 ,2021-10-25(01,06).

中国 21 世纪议程管理中心 . 国家适应气候变化科技发展战略研究 [M]. 北京 :
　　科学出版社 ,2017.

中国科学院地理科学与资源研究所能源战略研究小组.中国区域结构节能潜力分析 [M].北京:科学出版社,2007.

中国科学院可持续发展战略研究组.中国可持续发展战略报告:探索中国特色的低碳道路 [M].北京:科学出版社,2009.

中国气象局气候变化中心.中国气候变化蓝皮书 (2021)[M].北京:科学出版社,2022.

《中国气象灾害大典》编委会编.中国气象灾害大典·河北卷 [M].北京:气象出版社,2007.

周鸣盛.盛夏中国北方的超强区域性持续暴雨 [J].气象,1994,20(7):3-8.

周启星,李晓晶,欧阳少虎.关于"碳中和生物"环境科学的新概念与研究展望 [J].农业环境科学学报,2022,41(1):1-9.

周伟铎,庄贵阳.雄安新区零碳城市建设路径 [J].中国人口·资源与环境,2021,31(9):122-134.

周艺南,李保炜.循水造形——雨洪韧性城市设计研究 [J].规划师,2017,33(2):90-97.

周月华,彭涛,史瑞琴.我国暴雨洪涝灾害风险评估研究进展 [J].暴雨灾害,2019,38(5):494-501.

朱江,马柱国,严中伟,等.气候变化背景下雄安新区发展中面临的问题 [J].中国科学院院刊,2017,32(11):1231-1236.

朱婧,刘学敏,初钊鹏.低碳城市能源需求与碳排放情景分析 [J].中国人口·资源与环境,2015,25(7):48-55.

朱守先.基于极端气候事件能源生态系统的调适与优化——以雄安新区为例 [J].中国人口·资源与环境,2020(6):64-72.

朱守先.新时代县域能源生态系统演进与优化探讨 [J].城市,2018(9):66-72.

朱树源,张国斌,李少虎.雄安新区地热资源综合利用研究 [J].中国煤炭地质,2018,30(05):20-23.

朱喜,王贵玲,马峰,蔺文静,张薇,张保建,贾小丰,张汉雄.雄安新区地热资源潜力评价 [J/OL].地球科学:1-23[2022-10-30].http://kns.cnki.net/kcms/detail/42.1874.p.20220621.1102.008.html.

株式会社日立制作所城市解决方案业务单元.日本智慧城市发展与柏之叶智慧城市建设 [M].李国庆,译.北京:社会科学文献出版社,2017.

庄贵阳, 周伟铎. 非国家行为体参与和全球气候治理体系转型——城市与城市网络的角色 [J]. 外交评论 ( 外交学院学报 ),2016,33(3):133-156.

《自然》同时发表七篇文章探讨极端天气事件如何影响能源系统 [N]. 科技日报 ,2020-02-21(08).

ALTINSOY H, YILDIRIM H A. Labor productivity losses over western Turkey in the twenty-first century as a result of alteration in WBGT[J]. International journal of biometeorology, 2015, 59(4): 463-471.

ANDERSEN O B, SENEVIRATNE S I, HINDERER J, et al. GRACE - derived terrestrial water storage depletion associated with the 2003 European heat wave[J]. Geophysical research letters, 2005, 32(18): 18405.

ASHAN-LEYGONIE C, BAUDET-MICHEL S. Risque, vulnérabilité, résilience : comment les définir dans le cadre d'une étude géographique sur la santé et la pollution atmosphérique en milieu urbain?.[M]// BECERRA S, PELTIER A. Risques et environnement: recherches interdisciplinaires sur la vulnérabilité des sociétés. Paris: L'Harmattan, 2009: 60-68.

AUFFHAMMER M, BAYLIS P, HAUSMAN C H. Climate change is projected to have severe impacts on the frequency and intensity of peak electricity demand across the United States[J]. Proceedings of the National Academy of Sciences of the United States of America, 2017, 114(8): 1886-1891.

Aziz, R., Yucel, I. & Yozgatlgil, C. Nonstationarity impacts on frequency analysis of yearly and seasonal extreme temperature in Turkey[J]. Atmo. Res.,2020(238):104875.

Baeumler A, Ijjasz-Vasquez E, Mehndiratta S. Sustainable low-carbon city development in China [R/OL]. Washington, D.C., World Bank Group, 2012.http://documents.worldbank.org/curated/en/576131468261265617/Sustainable-low-carbon-city-development-in-China.

BARTON A H.1969, Community in Disaster: a sociological analysis of collective stress situation[M]. 阿部北夫 , 译 . 災害の行動科学 [M]. 東京 : 学陽書房, 1974 : 36.

BASAGAÑA X, ESCALERA-ANTEZANA J P, DADVAND P, et al. High ambient temperatures and risk of motor vehicle crashes in Catalonia, Spain (2000-2011): a time-series analysis[J]. Environmental health perspectives, 2015, 123(12): 1309-1316.

BOSETTI V, et al. Sensitivity to energy technology costs: A multi-model comparison analysis[J]. Energy policy, 2015(80): 244–263.

Bourdieu P. Distinction a social critique of the judgement of taste[M]// Grusky D. Inequality: classic readings in race, class, and gender. Routledge, 2018: 287-318.

BUCK A L. New equations for computing vapor pressure and enhancement factor[J]. Journal of applied meteorology, 1981, 20(12): 1527-1532.

BURKE M, HSIANG S M, MIGUEL E. Global non-linear effect of temperature on economic production[J]. Nature, 2015, 527(7577): 235-239.

CAI W, LI K, LIAO H, et al. Weather conditions conducive to Beijing severe haze more frequent under climate change[J]. Nature climate change, 2017, 7(4): 257-262.

CANNON A J, SOBIE S R, MURDOCK T Q. Bias correction of GCM precipitation by quantile mapping: how well do methods preserve changes in quantiles and extremes?[J]. Journal of climate, 2015, 28(17): 6938-6959.

CARIOLET J M, COLOMBERT M, VUILLET M, et al. Assessing the resilience of urban areas to traffic-related air pollution: Application in Greater Paris[J]. Science of the total environment, 2018, 615: 588-596.

CASTELLS M. The rise of the network society[M]. Oxford: Blackwell, 1996.

Cheng LY et al. Non-stationary extreme value analysis in a changing climate[J]. Climate change, 2014(127): 353–369.

China's achievements, new goals and new measures for nationally determined contributions [EB/OL]. [2022-06-16].https://unfccc.int/sites/default/files/ NDC/2022-06/China%E2%80%99s%20Achievements%2 C%20 New%20Goals%20and%20New%20Measures%20for%20Nationally%20

Determined%20Contributions.pdf.

China's mid-century long-term low greenhouse gas emission development strategy [EB/OL]. [2022-06-16].https://unfccc.int/sites/default/files/resource/China%E2%80%99s%20Mid-Century%20Long-Term%20Low%20Greenhouse%20Gas%20Emission%20Development%20Strategy.pdf.

CHU J, LIU H, SALVO A. Air pollution as a determinant of food delivery and related plastic waste[J]. Nature human behaviour, 2021, 5(2): 212-220.

Cohen-Shacham, E., G. Walters, C. Janzen, S.Maginnis (eds). 2016. Nature-based solutions to address global societal challenges.

Coles, S. An introduction to statistical modeling of extreme values[M]. London: Springer, 2001.

CONCEICAO P. Human development report 2019[OL]. New York: United Nations Development Programme, 2019, https://hdr.undp.org/system/files/documents//hdr2019pdf.

CREUTZIG F, et al. The underestimated potential of solar energy to mitigate climate change[J]. Nature energy, 2017, 2(9): 369-382 .

CUTTER S L, BARNES L, BERRY M, et al. A place-based model for understanding community resilience to natural disasters[J]. Global environmental change,2008, 18(4).

Dapeng Huang, Lei Zhang, Ge Gao, et al. Projected changes in population exposure to extreme heat in China under a RCP8.5 scenario[J]. Journal of geographical sciences, 2018, 28 (10): 1371-1384.

Desouza K C , Flanery T H . Designing, planning, and managing resilient cities: a conceptual framework[J]. Cities, 2013, 35(dec.):89-99.

DIENER A, MUDU P. How can vegetation protect us from air pollution? a critical review on green spaces' mitigation abilities for air-borne particles from a public health perspective-with implications for urban planning[J]. Science of the total environment, 2021, 796. DOI: https://doi.org/10.1016/j.scitotenv.2021.148605.

DOTTORI F , SZEWCZYK W , CISCAR J C , et al. Author correction:

increased human and economic losses from river flooding with anthropogenic warming[J]. Nature climate change, 2018,8(9):781-786.

DUAN H B, FAN Y, ZHU L. What's the most cost-effective policy of $CO_2$ targeted reduction: an application of aggregated economic technological model with CCS? [J]. Applied energy, 2013, 112(12):866-875.

DUH J D, SHANDAS V, CHANG H, et al. Rates of urbanisation and the resiliency of air and water quality[J]. Science of the total environment, 2008, 400(1-3): 238-256.

EU (European Union), 2015. Towards an EU research and innovation policy agenda for nature-based solutions & renaturing cities.

Extremes makeover [J/OL]. Nature energy, 2020(5):93. https://doi.org/10.1038/s41560-020-0572-2.

FANG S C, SCHWARTZ J, YANG M, et al. Traffic-related air pollution and sleep in the Boston Area Community Health Survey[J]. Journal of exposure science & environmental epidemiology, 2015, 25(5): 451-456.

FU T, TIAN H. Climate change penalty to ozone air quality: review of current understandings and knowledge gaps [J]. Current pollution reports, 2019, 5(3): 159-171.

GARCIA-ARISTIZABAL A, et al. Analysis of non-stationary climate-related extreme events considering climate change scenarios: an application for multi-hazard assessment in the Dar es Salaam region, Tanzania[J]. Natural hazards, 2015(75): 289-320.

GCA(Global Commission on Adaptation), 2019.Adapt now: a global call for leadership on climate.

Giorgi F, Coppola E, Solmon F, et al. RegCM4: model description and preliminary tests over multiple CORDEX domains[J]. Clim. Res., 2012(52): 7–29.

GRIFFIN P A. Energy finance must account for extreme weather risk [J/OL]. Nature energy, 2020 (5):98–100. https://doi.org/10.1038/s41560-020-0548-2.

GRUBLER A, et al. A low energy demand scenario for meeting the 1.5 ℃ target and

sustainable development goals without negative emission technologies[J]. Nature energy, 2018, 3(6): 515–527.

GUNDLACH J. Climate risks are becoming legal liabilities for the energy sector [J/OL]. Nature energy, 2020, (5):94–97. https://doi.org/10.1038/s41560-019-0540-x.

Han, Z.Y,. Shi, Y., Wu, J., Xu, Y. & Zhou B.T. Combined dynamical and statistical downscaling for high-resolution projections of multiple climate variables in the Beijing-Tianjin-Hebei region of China[J]. J. Appl. Meteorol. Clim.,2019(58): 2387-2403.

Hashmi, M.Z., Shamseldin, A.Y. & Melville, B.W. Comparison of SDSM and LARS-WG for simulation and downscaling of extreme precipitation events in a watershed[J]. Stoch. Environ. Res. Risk. Assess., 2011(25): 475–484.

HE C, JIANG K, CHEN S, et al. Zero $CO_2$ emissions for an ultra-large city by 2050: case study for Beijing[J]. Current opinion in environmental sustainability, 2019(36): 141-155.

He X, Luo Z, Zhang J. The impact of air pollution on movie theater admissions[J]. Journal of environmental economics and management, 2022, 112. DOI: https://doi.org/10.1016/j.jeem.2022.102626.

Hosseini S , Barker K , Ramirez-Marquez J E . A review of definitions and measures of system resilience[J]. Reliability engineering & system safety, 2016, 145(JAN.):47-61.

HUANG Dapeng, LIAO Yaoming, HAN Zhenyu. Projection of key meteorological hazard factors in Xiongan new area of Hebei province, China [J]. Scientific reports, 2021(11):18675. https://doi.org/10.1038/s41598-021-98160-z.

HU L., ZHU L., XU Y., et al. Relationship between air quality and outdoor exercise behavior in China: a novel mobile-based study[J]. International journal of behavioral medicine, 2017, 24(4): 520-527.

Intergovernmental Panel on Climate Change. The synthesis report (SYR) of the IPCC fifth assessment report (AR5)[R]. IPCC, 2014. https://www.

ipcc.ch/report/ar5/syr/.

IPBES, 2019. Summary for policymakers of the global assessment report on biodiversity and ecosystem services of the Intergovernmental Science-Policy Platform on Biodiversity and Ecosystem Services.

IPCC, 2012. Managing the Risks of Extreme Events and Disasters to Advance Climate Change Adaptation. A Special Report of Working Groups I and II of the Intergovernmental Panel on Climate Change.

IPCC. Global warming of 1.5℃: An IPCC special report on the impacts of global warming of 1.5℃ above pre-industrial levels and related global greenhouse gas emission pathways, in the context of strengthening the global response to the threat of climate change, sustainable development, and efforts to eradicate poverty[R]. Geneva: IPCC, 2018.

IRENI-SABAN L. Challenging disaster administration: toward community-based disaster resilience[J]. Administration & society, 2013, 45(6).

JACOB D J, WINNER D A. Effect of climate change on air quality[J]. Atmospheric environment, 2009, 43(1): 51-63.

JAFFE A M. Financial herding must be checked to avert climate crashes [J/OL]. Nature energy, 2020(5):101-103. https://doi.org/10.1038/s41560-020-0551-7.

KAYA Y, YOKOBORI K. Environment, energy, and economy: Strategies for sustainability[M]. Tokyo: United Nations University Press, 1997.

KILKIŞ Ş, KILKIŞ B. An urbanization algorithm for districts with minimized emissions based on urban planning and embodied energy towards net-zero energy targets[J]. Energy, 2019(179): 392-406.

KING G, ZENG L. Logistic regression in rare events data [J]. Political analysis, 2001,9(2):137-163.

KJELLSTROM T, KOVATS R S, LLOYD S J, et al. The direct impact of climate change on regional labor productivity[J]. Archives of environmental & occupational health, 2009, 64(4): 217-227.

Koutsoyiannis, D. & Baloutsos, G. Analysis of a long record of annual maximum rainfall in Athens, Greece, and design rainfall inferences[J].

Natural hazards, 2000(22): 29–48

KRIEGLER E, MOURATIADOU I, LUDERER G, et al. Will economic growth and fossil fuel scarcity help or hinder climate stabilization?[J]. Climatic change, 2016, 136(1):7-22.

LAAIDI K, ZEGHNOUN A, DOUSSET B, et al. The impact of heat islands on mortality in Paris during the August 2003 heat wave[J]. Environmental health perspectives, 2012, 120(2): 254-259.

LABAKA L, HERNANTES J, SARRIEGI J M. Resilience framework for critical infrastructures: An empirical study in a nuclear plant[J]. Reliability engineering & system safety, 2015(141).

LEUNG D M, TAI A P K, MICKLEY L J, et al. Synoptic meteorological modes of variability for fine particulate matter (PM 2.5) air quality in major metropolitan regions of China[J]. Atmospheric chemistry and physics, 2018, 18(9): 6733-6748.

Long-term strategies portal [EB/OL]. [2022-06-16]. https://unfccc.int/process/the-paris-agreement/long-term-strategies.

LUDERER G, et al. Residual fossil $CO_2$ emissions in 1.5–2 ℃ pathways[J]. Nature climate change, 2018,8(7): 626–633.

LÜTZKENDORF T, BALOUKTSI M. On net zero GHG emission targets for climate protection in cities: more questions than answers? [C]. IOP conference series: earth and environmental science,2019(323): 12073.

MAO L, LIU R, LIAO W, et al. An observation-based perspective of winter haze days in four major polluted regions of China[J]. National science review, 2019, 6(3): 515-523.

MARANGONI G , TAVONI M , BOSETTI V, et al. Sensitivity of projected long-term $CO_2$ emissions across the Shared Socioeconomic Pathways[J]. Nature climate change,2017, 7(1): 113–119.

MATSUMOTO K. Climate change impacts on socioeconomic activities through labor productivity changes considering interactions between socioeconomic and climate systems[J]. Journal of cleaner production, 2019(216): 528-541.

MCCOLLUM D L, GAMBHIR A, ROGELJ J, et al. Energy modellers should explore extremes more systematically in scenarios [J/OL]. Nature energy, 2020 (5):104–107. https://doi.org/10.1038/s41560-020-0555-3.

MCCOLLUM DL, et al. Improving the behavioral realism of global integrated assessment models: an application to consumers' vehicle choices[J]. Transportation research part D: transport and environment, 2017(55): 322–342.

MILLER N L, HAYHOE K, JIN J, et al. Climate, extreme heat, and electricity demand in California[J]. Journal of applied meteorology and climatology, 2008, 47(6): 1834-1844.

MU Q, ZHANG S Q. An evaluation of the economic loss due to the heavy haze during January 2013 in China[J]. China environmental science, 2013, 33(11): 2087-2094.

Nationally determined contributions registry [EB/OL]. [2022-06-16]. https://unfccc.int/NDCREG.

Nelson D R , Adger W N , Brown K . Adaptation to environmental change: contributions of a resilience framework[J]. Social science electronic publishing, 2007, 32(1).

NORDHAUS, W. An optimal transition path for controlling greenhouse gases[J]. Science, 1992, 258(5086):1315–1319.

OBRADOVICH N, MIGLIORINI R, PAULUS M P, et al. Empirical evidence of mental health risks posed by climate change[J]. Proceedings of the National Academy of Sciences of the United States of America, 2018, 115(43): 10953-10958.

O'NEILL B C, CARTER T R, EBI K, et al. Achievements and needs for the climate change scenario framework[J]. Nature climate change. 2020,10(12): 1074-1084.

ORLOV A, SILLMANN J,VIGO I. Better seasonal forecasts for the renewable energy industry [J/OL]. Nature energy, 2020 (5):108-110. https://doi.org/10.1038/s41560-020-0561-5.

Otto, C., Piontek, F., Kalkuhl, M. et al. Event-based models to understand the

scale of the impact of extremes [J/OL]. Nature energy, 2020 (5):111-114. https://doi.org/10.1038/s41560-020-0562-4.

PALECKI M A, CHANGNON S A, KUNKEL K E. The nature and impacts of the July 1999 heat wave in the midwestern United States: learning from the lessons of 1995[J]. Bulletin of the American meteorological society, 2001, 82(7): 1353-1368.

Paris Agreement [EB/OL]. [2022-06-16]. https://unfccc.int/files/essential_background/convention/application/pdf/english_paris_agreement.pdf.

PARTAL, T, KAHYA, E. Trend analysis in Turkish precipitation data[J]. Hydrol. Process., 2006(20): 2011-2026.

PERERA A T D, NIK V M, CHEN D, et al. Quantifying the impacts of climate change and extreme climate events on energy systems [J/OL]. Nature energy, 2020 (5):150-159.https://doi.org/10.1038/s41560-020-0558-0

PERRY A. Will predicted climate change compromise the sustainability of Mediterranean tourism?[J]. Journal of sustainable tourism, 2006, 14(4): 367-375.

PIETZCKER R C, et al. System integration of wind and solar power in integrated assessment models: a cross-model evaluation of new approaches[J].Energy economics,2017(64): 583–599.

POPP A, et al. Land-use futures in the shared socio-economic pathways[J]. Global environmental change, 2017(42): 331–345.

RASMUSSEN D J, HU J, MAHMUD A, et al. The ozone–climate penalty: past, present, and future[J]. Environmental science & technology, 2013, 47(24): 14258-14266.

Resilience Alliance. Urban resilience research prospectus[M]. Canberra: CSIRO, 2007.

RIAHI K, VUUREN D P, KRIEGLER E, et al. The shared socioeconomic pathways and their energy, land use, and greenhouse gas emissions implications: an overview[J]. Global environmental change, 2017(42): 153-168.

ROGELJ J, LUDERER G, PIETZCKER R C, et al. Energy system

transformations for limiting end-of-century warming to below 1.5 ℃ [J]. Nature climate change, 2016, 5(6):519-527.

ROGELJ J, SCHAEFFER M, MEINSHAUSEN M, et al. Zero emission targets as long-term global goals for climate protection[J]. Environmental research letters, 2015, 10(10): 1-11.

ROSE S, TURNER D, Blanford G, et al. Understanding the social cost of carbon: a technical assessment. EPRI technical update report [R]. Palo Alto: Electric Power Research Institute, 2014.

ROSON R, SARTORI M. Estimation of climate change damage functions for 140 regions in the GTAP9 database[M]. The world Bank, 2016.

RUTTY M, SCOTT D. Will the Mediterranean become "too hot" for tourism? a reassessment[J]. Tourism and hospitality planning & development, 2010, 7(3): 267-281.

SAATY T L. A scaling method for priorities in hierarchical structures[J]. Journal of mathematical psychology, 1977(15): 234-281.

SCHATZKI T. On practice theory, or what's practices got to do (got to do) with it?.[M]// EDWARDS-GROVES C, GROOTENBOER P, WILKINSON J. Education in an era of schooling. Singapore: Springer, 2018: 151-165.

SHEN L, JACOB D J, MICKLEY L J, et al. Insignificant effect of climate change on winter haze pollution in Beijing[J]. Atmospheric chemistry and physics, 2018, 18(23): 17489-17496.

SHOVE E. Beyond the ABC: climate change policy and theories of social change[J]. Environment and planning A, 2010, 42(6): 1273-1285.

Sillmann J, Christensen I, Hochrainer-Stigler S, et al. ISC-UNDRR-RISK KAN Briefing note on systemic risk[R], Paris, France, International Science Council, 2022.

SLUISVELD MAE., Martínez S H, Daioglou V, et al. Exploring the implications of lifestyle change in 2 ℃ mitigation scenarios using the IMAGE integrated assessment model[J]. Technological forecasting and social change, 2016(102): 309–319.

SMITH P, BUSTAMANTE M. Agriculture, forestry and other land use (AFOLU). In: Climate change 2014: Mitigation of climate change[R]. Cambridge University Press, Cambridge, United Kingdom and New York, NY, USA:811–922.

SONG Xiaomeng, ZOU Xianju, ZHANG Chunhua, et al. Multiscale spatio-temporal changes of precipitation extremes in Beijing–Tianjin–Hebei region, China during 1958–2017[J]. Atmosphere, 2019,10(8):462-462.

STOCKHOLM ENVIRONMENT INSTITUTE. Low emissions analysis platform (LEAP). Software version: 2020.1.0.2[CP]. Somerville, MA, USA. https://leap.sei.org/default.asp?action=license.

SUN C, KAHN M E, ZHENG S. Self-protection investment exacerbates air pollution exposure inequality in urban China[J]. Ecological economics, 2017(131): 468-474.

SUZUKI-PARKER A, KUSAKA H. Future projections of labor hours based on WBGT for Tokyo and Osaka, Japan, using multi-period ensemble dynamical downscale simulations[J]. International journal of biometeorology, 2016, 60(2): 307-310.

TAINIO M, ANDETSEN Z J, NIEUWENHUIJSEN M J, et al. Air pollution, physical activity and health: a mapping review of the evidence[J]. Environment international, 2021(147). DOI: https://doi.org/10.1016/j.envint.2020.105954.

TAKAKURA J, FUJIMORI S, TAKAHASHI K, et al. Cost of preventing workplace heat-related illness through worker breaks and the benefit of climate-change mitigation[J]. Environmental research letters, 2017, 12(6): 064010.

TAYLOR T, ORTIZ R A. Impacts of climate change on domestic tourism in the UK: a panel data estimation[J]. Tourism economic, 2009, 15(4): 803-812.

Tramblay, Y. et al. Climate change impacts on extreme precipitation in Morocco[J]. Global planet. change,2012(82-83): 104–114.

TURNOCK S T, ALLEN R J, ANDREWS M, et al. Historical and future

changes in air pollutants from CMIP6 models[J]. Atmospheric chemistry and physics, 2020, 20(23): 14547-14579.

United Nations Framework Convention on Climate Change [EB/OL]. [2022-06-16].https://unfccc.int/files/essential_background/background_publications_htmlpdf/application/pdf/conveng.pdf.

Vuuren D P V, Stehfest E, Elzen M G J D, et al. RCP2.6: Exploring the possibility to keep global mean temperature increase below 2℃ [J]. Climatic change, 2011, 109(1): 95–116.

WANG H, CHEN H, LIU J. Arctic sea ice decline intensified haze pollution in eastern China[J]. Atmospheric and oceanic science letters, 2015, 8(1): 1-9.

WANG X, YIN C, SHAO C. Relationships among haze pollution, commuting behavior and life satisfaction: a quasi-longitudinal analysis[J]. Transportation research part D: transport and environment, 2021, 92. DOI: https://doi.org/10.1016/j.trd.2021.102723.

WANG Y, SONG L, HAN Z, et al. Climate-related risks in the construction of Xiongan New Area, China[J]. Theoretical and applied climatology, 2020, 141(3): 1301-1311.

Wi, S., Valdés, J.B., Steinschneider, S. & Kim, T. Non-stationary frequency analysis of extreme precipitation in South Korea using peaks-over-threshold and annual maxima[J]. Stoch. Environ. Res. Risk Assess., 2016(30): 583-606.

WILLETT K M, SHERWOOD S. Exceedance of heat index thresholds for 15 regions under a warming climate using the wet - bulb globe temperature[J]. International journal of climatology, 2012, 32(2): 161-177.

World Meteorological Association. The global climate 2001-2010: a decade of climate extremes, summary report[R]. 2013.

WU C Y H, ZAITCHIK B F, GOHLKE J M. Heat waves and fatal traffic crashes in the continental United States[J]. Accident analysis & prevention, 2018(119): 195-201.

XIA Y, LI Y, GUAN D, et al. Assessment of the economic impacts of heat waves: a case study of Nanjing, China[J]. Journal of cleaner production, 2018(171): 811-819.

XING Chengguo, ZHAO Shuqin, YAN Haiming, et al. Ecological compensation mechanism for Beijing–Tianjin–Hebei region based on footprint balance and footprint deficit [J]. Ecological economy, 2020,16(3):218-229.

YAMAJI K，MATSUHASHI R，NAGATA Y，et al. A study on economic measures for $CO_2$ reduction in Japan [J]. Energy policy, 1993, 21(2): 123.

Yamaji, K., Matsuhashi, R., Nagata, Y. Kaya, Y., An integrated system for $CO_2$/ Energy / GNP analysis: case studies on economic measures for $CO_2$ reduction in Japan [EB/OL].Workshop on $CO_2$ reduction and removal: measures for the next century, March 19, 1991, International Institute for Applied Systems Analysis, Laxenburg, Austria.

Yang, J., Pei, Y., Zhang, Y.W. & Ge, Q.S. Risk assessment of precipitation extremes in northern Xinjiang, China [J]. Theor. Appl. Climatol., 2018(132): 823–834.

YANG Wenxia, LI Hongyu, LI Zongtao, et al. Analysis on vapor field for the drought causes in Beijing, Tianjin and Hebei districts in recent years [J]. Agricultural science & technology, 2010,11(1):117–121.

YU H, CHENG J, GORDON S P, et al. Impact of air pollution on sedentary behavior: a cohort study of freshmen at a university in Beijing, China[J]. International journal of environmental research and public health, 2018, 15(12). DOI: https://doi.org/10.3390/ijerph15122811.

YU Z, WEI F, WU M, et al. Association of long-term exposure to ambient air pollution with the incidence of sleep disorders: a cohort study in China[J]. Ecotoxicology and environmental safety, 2021(211). DOI: https://doi.org/10.1016/j.ecoenv.2021.111956.

ZAJCHOWSKI C A, SOUTH F, ROSE J., et al. The role of temperature and air quality in outdoor recreation behavior: a social-ecological systems approach[J]. Geographical review, 2021, 112(4): 512-531.

ZANDER K K, BOTZEN W J W, OPPERMANN E, et al. Heat stress causes substantial labour productivity loss in Australia[J]. Nature climate change, 2015, 5(7): 647-651.

ZHANG Y Z. Study on the path of "Near-zero Emission" coal-based clean energy ecosystem development[J]. Frontiers of engineering management, 2014, 1(1): 37-41.

ZOU Y, WANG Y, ZHANG Y, et al. Arctic sea ice, Eurasia snow, and extreme winter haze in China[J]. Science advances, 2017, 3(3). https://doi.org/10.1126/sciadv.1602751.

Zwiers, F.W., Zhang, X.B. & Feng, Y. Anthropogenic influence on long return period daily temperature extremes at regional scales[J]. Journal of Climate, 2011(24): 881–892.

# 本书执笔者

第一篇　第一章　廖要明（国家气候中心）

　　　　　　　　黄大鹏（国家气候中心）

　　　　　第二章　廖要明

　　　　　　　　黄大鹏

　　　　　第三章　盛广耀（中国社会科学院生态文明研究所）

　　　　　　　　廖要明

　　　　　　　　扈海波（北京城市气象研究所）

第二篇　第四章　黄大鹏

　　　　　　　　廖要明

　　　　　　　　韩振宇（国家气候中心）

　　　　　第五章　李国庆（中央民族大学）

　　　　　　　　邢开成（河北省气候中心）

　　　　　　　　黄大鹏

　　　　　第六章　王彦芳（河北地质大学）

　　　　　　　　边继云（河北省社会科学院经济研究所）

　　　　　　　　李国庆

第三篇　第七章　朱守先（中国社会科学院生态文明研究所）

　　　　　第八章　周伟铎（上海社会科学院生态与可持续发展研究所）

　　　　　　　　庄贵阳（中国社会科学院生态文明研究所）

　　　　　第九章　朱守先

第四篇　第十章　李国庆

　　　　　　第十一章　李国庆

　　　　　　　　　　　李紫昂（中央民族大学）

　　　　　　　　　　　邢开成

　　　　　　第十二章　邢开成

　　　　　　　　　　　贾桂梅（保定市气象局）

　　　　　　　　　　　刘咪咪（河北省气候中心）

　　　　　　　　　　　李国庆

　　　　　　第十三章　盛广耀

　　　　　　第十四章　范叶超（中央民族大学）

　　　　　　　　　　　刘俊言（中央民族大学）

　　　　　　　　　　　薛珂凝（中央民族大学）

　　　　　　第十五章　李国庆

# 后　记

　　设立雄安新区，是以习近平同志为核心的党中央深入推进京津冀协同发展作出的一项重大决策部署，旨在集中疏解北京非首都功能，探索人口经济密集地区优化开发新模式，调整优化京津冀城市布局和空间结构，培育创新驱动与高质量发展的新引擎。本书付梓之际，适逢雄安新区设立七周年，七年来，筚路蓝缕、夙兴夜寐，坚持高起点规划、高标准建设、高质量发展，定民之居，成民之事，地上、地下、云上"三座城"同步推进，雄安新区拔节生长，未来之城拔地而起，一座现代化新城雏形已经显现，正在努力建设成为"妙不可言、心向往之"的城市典范，"千年大计、国家大事"创时代标杆建设日臻完善。

　　气候变化是全人类面临的共同挑战，雄安新区设立甫始，科技部国家重点研发计划资助项目"京津冀超大城市和城市群的气候变化影响和适应研究"鉴往知来，未寒积薪，设立"雄安新区气候变化风险评估及'三生'适应模式研究"课题，拟通过预估雄安新区气候变化风险，提出应对气候变化的"三生"适应模式，以期为雄安新区高质量规划和建设提供科学支撑。

　　课题研究历时五年，其中时逢三年疫情，课题组勠力同心、锲而不舍，先后到雄安新区调研 10 余次，与雄安新区管委会和雄县、安新及容城三县职能部门深入开展交流座谈，赴新区安置区工地、建设者之家、待征迁村庄多次实地考察，并利用地方志等历史资料，充分了解气候风险与调适的信息传播与应对策略水平。研究期间，课题组先后到日本、瑞士、德国以及我国台湾地区开展气候风险评估与适应模式学术交流活动，他山之石，可以攻玉，通过积极学习借鉴应对气候变化的先进实践经验，为促进研究科学化、规范化积累素材与有益成果。

　　课题组通过分析雄安新区气候风险识别技术，构建出应对极端气候的

智能应灾技术体系和智慧应灾社会体系,创立了雄安新区"二三三七"适应气候变化的"三生"模式,提出了新一代智能城市绿色技术体系与智慧城市社会体系建设策略,为雄安新区建设国际绿色发展城市典范和美丽中国先行区提供了决策支持。

课题研究期间,《中共中央国务院关于支持河北雄安新区全面深化改革和扩大开放的指导意见》《河北雄安新区启动区控制性详细规划》《河北雄安新区起步区控制性规划》等一系列重量级政策文件相继出台,从宏观发展战略和微观规划设计等视角,为建设高质量高水平社会主义现代化城市,打造新时代高质量发展样板,努力成为中国式现代化建设的先行区示范区在政策上保驾护航。

本书作为"雄安新区气候变化风险评估及'三生'适应模式研究"课题的最终研究成果,凝聚了课题组和专家团队的集体智慧。作为专项研究,本书可为雄安新区促进高质量发展,特别是在绿色发展领域建成城市典范提供理论支撑。由于资料及研究的局限性,书中难免存在谬误之处,欢迎业界交流与批评指正。百尺竿头,更进一步,相信关于雄安新区的系统性研究将为其建成人类发展史上的典范城市给予更多的理论贡献和智力支持。

朱守先

中国社会科学院生态文明研究所人居环境研究中心

2024 年 10 月 1 日

## 图书在版编目(CIP)数据

气候变化风险评估及适应模式：以雄安新区为例 /
李国庆等著. -- 北京：社会科学文献出版社，2025. 1
（中央民族大学社会学与社会工作丛书）
ISBN 978-7-5228-3613-3

Ⅰ.①气… Ⅱ.①李… Ⅲ.①气候变化－风险评价－
雄安新区 Ⅳ.①P467

中国国家版本馆CIP数据核字（2024）第091008号

中央民族大学社会学与社会工作丛书
气候变化风险评估及适应模式
——以雄安新区为例

著　者 / 李国庆　朱守先　等

出 版 人 / 冀祥德
责任编辑 / 黄金平　刘学谦
责任印制 / 王京美

出　　版 / 社会科学文献出版社·文化传媒分社（010）59367004
　　　　　　地址：北京市北三环中路甲29号院华龙大厦　邮编：100029
　　　　　　网址：www.ssap.com.cn
发　　行 / 社会科学文献出版社（010）59367028
印　　装 / 天津千鹤文化传播有限公司

规　　格 / 开　本：787mm×1092mm　1/16
　　　　　　印　张：21.25　字　数：340千字
版　　次 / 2025年1月第1版　2025年1月第1次印刷
书　　号 / ISBN 978-7-5228-3613-3
审 图 号 / 冀雄S（2024）5号
定　　价 / 158.00元

读者服务电话：4008918866

2018 年科技部国家重点研发计划课题（批准号：2018YFA0606304）成果

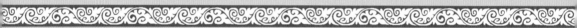